"十三五"普通高等教育规划教材

语音信号处理

（C++版）

梁瑞宇　赵　力　王青云　唐闰臣　等编著

机 械 工 业 出 版 社

本书介绍了语音信号处理的基础、原理、方法和应用，并且给出一些语音信号处理关键算法的C++函数。全书共分12章。第1章介绍了语音信号处理的发展历程和相关研究方向；第2~4章介绍了语音信号处理的一些基础理论、方法和参数；第5~12章按语音信号处理的研究方向，分别介绍了语音增强、说话人识别、语音识别、语音信号情感处理、语音合成与转换、声源定位、语音隐藏和语音编码的基础理论和算法原理。在附录中，介绍了本书涉及的C++类库及引入的函数库，并且以基于Visual Studio的语音录放程序为例，详细介绍了基于MFC的语音处理框架及程序实现。

本书可作为计算机和通信与信息系统等学科相关专业的高年级本、专科学生和研究生的教材用书或教学参考用书，也可作为从事语音信号处理的科研工程技术人员的辅助读物和参考用书。

本书配有电子教案和程序代码，读者可登录机械工业出版社网站（www.cmpedu.com）免费注册，审核通过后下载，也可联系编辑索取（电话010-88379753，QQ6142415）。

图书在版编目（CIP）数据

语音信号处理：C++版/梁瑞宇等编著．—北京：机械工业出版社，2018.1（2024.7重印）
“十三五”普通高等教育规划教材
ISBN 978-7-111-58755-2

Ⅰ.①语… Ⅱ.①梁… Ⅲ.①语声信号处理-C语言-程序设计-高等学校-教材 Ⅳ.①TN912.3 ②TP312.8

中国版本图书馆CIP数据核字（2017）第312905号

机械工业出版社（北京市百万庄大街22号 邮政编码 100037）
策划编辑：李馨馨　　责任编辑：李馨馨
责任校对：张艳霞
责任印制：常天培

固安县铭成印刷有限公司印刷

2024年7月第1版·第2次印刷
184mm×260mm·23印张·558千字
标准书号：ISBN 978-7-111-58755-2
定价：59.80元

凡购本书，如有缺页、倒页、脱页，由本社发行部调换

电话服务
服务咨询热线：(010)88379833
读者购书热线：(010)88379649

网络服务
机 工 官 网：www.cmpbook.com
机 工 官 博：weibo.com/cmp1952
教育服务网：www.cmpedu.com
金 书 网：www.golden-book.com

前　　言

语音信号处理是以语音语言学和数字信号处理为基础而形成的一门涉及面很广的综合性学科，与心理学、生理学、计算机科学、通信与信息科学以及模式识别和人工智能等学科都有着非常密切的关系。该学科始终与信息科学中最活跃的前沿学科保持密切的联系，并且一直是数字信号处理技术发展的重要推动力量，从而能够长期地、深深地吸引广大科研工作者不断地进行研究和探讨。

本书较全面地反映了现代语音信号处理的主要内容和发展方向，主要面向信号与信息处理、电路与系统、通信与电子工程、模式识别与人工智能、计算机信息处理等学科有关专业的高年级本科生和研究生，也可以作为从事语音信号处理这一领域科研工作的技术人员参考书。因此，本书在内容上强调基本概念和基本理论方法的掌握，并突出各部分的相互联系。此外，考虑到语音信号处理的实用性很强，本书在介绍基本理论和基本算法的基础上，给出部分 C ++ 程序实现，使学习人员可以边学习理论边实践，有助于知识的理解和记忆。

本书的参考学时为本科生 32 学时、研究生 40 学时，可以根据不同的教学要求对内容进行适当取舍，灵活安排授课学时数。全书共分为 12 章，具体内容如下：

第 1 章简要介绍了语音信号处理的发展历程和当前的主要研究方法，以及本书的章节安排情况。

第 2 章介绍了语音信号处理的基础知识，包括语音的发音和感知机理、语音信号的数学模型、语音信号的基本参数以及语音的基本表征方法等。

第 3 章介绍了语音信号的预处理方法（包括分帧与加窗、趋势项和直流量的消除、预加重和去加重）以及 4 种语音信号的基本分析方法，包括时域分析、频域分析、倒谱分析和线性预测分析。

第 4 章介绍 3 种语音信号的特征提取技术，包括端点检测、基音周期估计和共振峰估计。其中，端点检测算法包括双门限法、自相关法、谱熵法、比例法和谱距离法；基音周期估计算法包括信号预处理、自相关法、平均幅度差函数法、倒谱法、简化逆滤波法以及后处理法；共振峰估计算法包括倒谱法和线性预测法。

第 5 章介绍了语音增强的基本原理和典型算法。首先介绍了语音和噪声特性、人耳的声音感知特性和语音质量的评价标准，然后依次介绍 4 种语音增强算法：谱减法、维纳滤波法、自适应滤波器法和基于听觉掩蔽效应的语音增强方法。

第 6 章介绍了说话人识别算法。首先介绍了说话人识别的原理及系统结构，然后介绍了两种典型的说话人识别系统，分别是基于 VQ 的说话人识别系统和基于 GMM 的说话人识别系统。最后介绍了说话人识别的研究难点。

第 7 章介绍了语音识别算法。首先介绍了语音识别基本原理与系统构成，然后介绍了基于动态时间规整的语音识别系统和基于隐马尔可夫模型的语音识别系统，最后介绍了算法的评测方法。

第 8 章介绍了语音信号中的情感信息处理的基本原理。首先介绍了情感理论和语音数据库的建立方法，然后介绍了一些常用的语音情感特征及其提取算法，最后介绍了3种语音情感识别算法，包括K近邻分类器、支持向量机和人工神经网络。

第9章介绍了语音合成与转换的基本原理。首先介绍了帧合成技术，然后介绍了3种语音合成算法，包括线性预测合成法、共振峰合成法和基音同步叠加技术，接着介绍了语音信号的变速和变调的原理和实现方法，最后介绍了语音转换的基本原理和研究方向。

第10章介绍了声源定位的基本原理。依次介绍了双耳听觉定位原理及方法和3种基于传声器阵列的声源定位方法，即基于最大输出功率的可控波束形成算法、基于到达时间差的定位算法和基于高分辨率谱估计的定位算法。此外，还介绍了传声器阵列模型以及可用于声源定位研究的房间回响模型。

第11章介绍了语音隐藏的基本原理。首先介绍了信息隐藏基础理论，然后主要介绍了两种语音隐藏算法：低比特位编码法和回声隐藏算法，最后介绍了算法的常用评价指标以及未来的研究方向。

第12章介绍了语音编码的基本原理。首先介绍了语音编码的理论基础，然后介绍语音编码的主要性能指标，接着依次介绍了3种语音编码算法的基本原理和典型代表，最后对未来研究进行了展望。

在附录中，给出了书中涉及的C++类库及引入的函数库和基于Visual Studio的语音采集程序框架及实现。

需要说明的是，书中加“[C]”的章节包含关键算法的C++函数及说明。

本书主要由梁瑞宇、赵力、王青云和唐闺臣编著，并由梁瑞宇统稿。参加本书编写和校对整理工作的还有包永强、谢跃和赵立业。本书的出版得到了江苏高校品牌专业建设工程项目（项目编号：PPZY2015A035）和江苏省2016年度教育科学规划重点资助课题（项目编号：B-a/2016/01/44）的资助。作者参考和引用了一些学者的研究成果，具体见参考文献。在此，作者向这些文献的著作者表示敬意和感谢，同时诚势感谢给予此书指导和帮助的老师和同学们。

本书还可以配套《语音信号处理实验教程》（ISBN 978-7-111-53071-8）使用，以方便教师根据不同的学生层次和要求来组织实验教学，加深学生对知识的理解和掌握。

语音信号处理是一门理论性强、实用面广、内容新、难度大的交叉学科，同时这门学科又处于快速发展之中，尽管作者在编写过程中始终注重理论紧密联系实际，力求以尽可能简明、通俗的语言，深入浅出、通俗易懂地将这门学科介绍给读者，但因作者水平有限、时间较仓促，缺点错误在所难免，敬请广大读者批评指正。

编　者

目　　录

第1章　绪　　论

1.1　语音信号的发展历程

通过语音传递信息是人类最重要、最有效、最常用和最方便的交换信息的形式。语言是人类特有的功能，声音是人类常用的工具，是相互传递信息的最主要的手段。因此，语音信号是人们进行思想沟通和情感交流的最主要的途径。并且，由于语言和语音与人的智力活动密切相关，与社会文化和进步紧密相连，所以它具有最大的信息容量和最高的智能水平。现在，人类已开始进入了信息化时代，用现代手段研究语音处理技术，使人们能更加有效地产生、传输、存储、获取和应用语音信息，这对于促进社会的发展具有十分重要的意义。

让计算机能听懂人类的语言，是人类自计算机诞生以来梦寐以求的想法。随着计算机越来越向便携化方向发展，以及计算环境的日趋复杂化，人们越来越迫切要求摆脱键盘的束缚而代之以语音输入这样便于使用的、自然的、人性化的输入方式。尤其是汉语，它的汉字输入一直是计算机应用普及的障碍，因此，利用汉语语音进行人机交互是一个极其重要的研究课题。作为高科技应用领域的研究热点，语音信号处理技术从理论的研究到产品的开发已经走过了几十个春秋并且取得了长足的进步。它正在直接与办公、交通、金融、公安、商业、旅游等行业的语音咨询与管理，工业生产部门的语声控制，电话和电信系统的自动拨号、辅助控制与查询以及医疗卫生和福利事业的生活支援系统等各种实际应用领域相接轨，并且有望成为下一代操作系统和应用程序的用户界面。可见，语音信号处理技术的研究将是一项极具市场价值和挑战性的工作。我们今天进行这一领域的研究与开拓就是要让语音信号处理技术走入人们的日常生活当中，并不断朝向更高目标而努力。

语音信号处理作为一个重要的研究领域，已经有很长的研究历史。但是它的快速发展可以说是从1940年前后Dudley的声码器和Potter等人的可见语音开始的。20世纪60年代初期，由于Faut和Stevens的努力，奠定了语音生成理论的基础，在此基础上语音合成的研究得到了扎实的进展。60年代中期形成的一系列数字信号处理方法和技术，如数字滤波器、快速傅里叶变换（FFT）等成为语音信号数字处理的理论和技术基础。在方法上，随着电子计算机的发展，以往的以硬件为中心的研究逐渐转移到以软件为主的处理研究。然而，语音识别难度使得该技术在20世纪70年代的发展几乎停滞不前。但是，在整个70年代期间还是有几项研究成果对语音信号处理技术的进步和发展产生了重大的影响：70年代初由板仓提出的动态时间规整技术，使语音识别研究在匹配算法方面开辟了新思路；70年代中期线性预测技术被用于语音信号处理，此后隐马尔可夫模型法也获得初步成功，该技术后来在语音信号处理的多个方面获得巨大成功；70年代末，Linda、Buzo、Gray和Markel等人首次解决了矢量量化码书生成的方法，并首先将矢量量化技术用于语音编码获得成功。从此矢量量化技术不仅在语音识别、语音编码和说话人识别等方面发挥了重要作用，而且很快推广到其他许多领域。因此，20世纪80年代开始出现的语音信号处理技术产品化的热潮，与上述语音信号处理新技术的推动作用是分不开的。

20世纪80年代，由于矢量量化、隐马尔可夫模型和人工神经网络等相继被应用于语音信号处理，并经过不断改进与完善，使得语音信号处理技术产生了突破性的进展。其中，隐马尔可夫模型作为语音信号的一种统计模型，在语音信号处理的各个领域中获得了广泛的应用。其理论基础是1970年前后，由Baum等人建立起来的，随后，由美国卡内基梅隆大学的Baker和美国IBM公司的Jelinek等人将其应用到语音识别中。由于美国贝尔实验室的Rabiner等人在80年代中期，对隐马尔可夫模型深入浅出的介绍，才使世界各国从事语音信号处理的研究人员有所了解和熟悉，进而成为一个公认的研究热点，也是目前语音识别等的主流研究途径。

进入20世纪90年代以来，语音信号处理在实用化方面取得了许多实质性的研究进展。其中，语音识别逐渐从实验室走向实用化。一方面，对声学语音学统计模型的研究逐渐深入，鲁棒的语音识别、基于语音段的建模方法及隐马尔可夫模型与人工神经网络的结合成为研究的热点。另一方面，为了语音识别实用化的需要，说话人自适应、听觉模型、快速搜索识别算法以及进一步的语言模型的研究等课题倍受关注。

语音信号处理这门学科之所以能够长期地、深深地吸引广大科学工作者不断地对其进行研究和探讨，除了它的实用性之外，另一个重要原因是，它始终与当时信息科学中最活跃的前沿学科保持密切的联系，并且一起发展。语音信号处理是以语音语言学和数字信号处理为基础而形成的一门涉及面很广的综合性的学科，与心理学、生理学、计算机科学、通信与信息科学以及模式识别和人工智能等学科都有着非常密切的关系。对语音信号处理的研究一直是数字信号处理技术发展的重要推动力量。因为许多处理的新方法的提出，都是先在语音处理领域中获得成功，然后再推广到其他领域的。例如，许多高速信号处理器的诞生和发展是与语音信号处理的研究发展分不开的，语音信号处理算法的复杂性和实时处理的要求，促使人们去设计许多先进的高速信号处理器。这种产品问世之后，又首先在语音信号处理应用中得到最有效的推广应用。语音信号处理产品的商品化对这样的处理器有着巨大的需求，因此它反过来又进一步推动了微电子技术的发展。

1.2 语音信号处理的研究方向

语音信号处理是目前发展最为迅速的信息科学技术之一，其研究涉及一系列前沿课题，且处于迅速发展之中。概括来讲，当前的研究方向主要包括九大类。

(1) 语音增强

语音增强是指当语音信号被各种各样的噪声干扰、甚至淹没后，从噪声背景中提取有用的语音信号，抑制、降低噪声干扰的技术。然而，由于干扰通常都是随机的，从带噪语音中提取完全纯净的语音几乎不可能。语音增强不但与语音信号数字处理理论有关，而且涉及人的听觉感知和语音学范畴。再者，噪声的来源众多，因应用场合而异，它们的特性也各不相同。所以必须针对不同噪声，采用不同的语音增强对策。

(2) 说话人识别

说话人识别通过对说话人语音信号的分析处理，自动确认识别人是否在所记录的话者集合中，以及进一步确认说话人是谁。和语音识别技术很相似，都是在提取原始语音信号中某些特征参数的基础上，建立相应的参考模板或模型，然后按照一定的判决规则进行识别。语音识别中，尽可能将不同人说话的差异归一化；说话人识别中，力求通过将语音信号中的语义信息平均化，挖掘出包含在语音信号中的说话人的个性因素，强调不同人之间的特征差异。说话人识别是交叉运用心理学、生理学、数字信号处理、模式识别、人工智能等知识的一门综合性研究课题。根据识别对象的不同，说话人识别可分为三类，文本有关、文本无关和文本提示型。

（3）语音识别

语音识别主要指让机器听懂人说的话，即在各种情况下，准确地识别出语音的内容，从而根据其信息，执行人的各种意图。近20年来，语音识别技术取得显著进步，开始从实验室走向市场。随着云计算技术的发展，目前语音识别作为信息技术领域重要的科技发展技术，已经广泛用于工业、家电、通信、汽车电子、医疗、家庭服务、消费电子产品等各个领域。未来语音识别的关键研究在于如何进一步提高算法的鲁棒性。语音识别技术所涉及的领域包括：信号处理、模式识别、概率论和信息论、发声机理、听觉机理和人工智能等。目前，语音识别方法一般有模板匹配法、随机模型法和概率语法分析法三种。

（4）语音情感识别

计算机对从传感器采集来的信号进行分析和处理，从而得出对方（人）正处在的情感状态，这种行为叫作情感识别。从生理·心理学的观点来看，情绪是有机体的一种复合状态，既涉及体验又涉及生理反应，还包含行为。目前对于情感识别有两种方式，一种是检测生理信号如呼吸、心律和体温等，另一种是检测情感行为如面部特征表情识别、语音情感识别和姿态识别。目前，关于情感信息处理的研究正处在不断的深入之中，而其中语音信号中的情感信息处理的研究正越来越受到人们的重视。

（5）语音合成与转换

语音合成，又称文语转换技术，是将任意文字信息实时转换为标准流畅的语音朗读出来。该技术涉及声学、语言学、数字信号处理、计算机科学等多个学科，是中文信息处理领域的一项前沿技术。文语转换过程是先将文字序列转换成音韵序列，再由系统根据音韵序列生成语音波形。

和语音合成原理相似的一种语音处理应用是语音转换，和语音合成不同的是，语音合成是根据参数特征合成语音，而语音转换是将某种特征的语音转换为另一种特征语音。语音合成的研究已有多年的历史，从技术方式上讲可分为波形合成法、参数合成法和规则合成方法；从合成策略上讲可分为频谱逼近和波形逼近。

（6）声源定位

声源定位技术的研究目标是方向估计和距离估计，即主要研究系统接收到的语音信号相对于接收传感器是来自什么方向和什么距离的。声源定位是一个有广泛应用背景的研究课题，其在军用、民用、工业上都有广泛应用。声源定位技术的内容涉及了信号处理、语言科学、模式识别、计算机视觉技术、生理学、心理学、神经网络以及人工智能技术等多种学科。传统的声源定位技术分为基于最大输出功率的可控波束形成法、高分辨率谱估计法和到达时间差的声源定位法。

（7）语音隐藏

语音隐藏技术是指将特定的信息嵌入到数字化的语音中。在某些场合，信息隐藏比加密更安全，因为信息加密是隐藏信息的内容，而信息隐藏是隐藏信息的存在性。信息隐藏的目的不在于限制正常的信息存取和访问，而在于保证隐藏的信息不引起监控者的注意和重视，从而减少被攻击的可能性。典型的数字语音信息隐藏技术主要有回声隐藏算法、相位编码算法、扩频算法、Patchwork 算法以及标量量化算法。尽管不同的使用场合对语音信息隐藏的要求不同，也没有确定的评判标准及评估系统来判断一种信息隐藏方法的优劣，但从比较广泛的应用范围来考虑，安全性、隐蔽性、鲁棒性和隐藏容量或速率是隐藏技术的主要性能指标。

（8）语音编码

编码、传输、存储和译码是语音数字传输和数字存储的必要过程。随着语音通信技术的发展，压缩语音信号的传输带宽，增加信道的传输速率，成为人们追求的目标。语音编码在实现这一目标的过程中担当了重要的角色。语音编码就是对模拟的语音信号进行编码，将模拟信号转换成数字信号，从而降低传输码率并进行数字传输。语音编码的基本方法可分为波形编码、参量编码（音源编码）和混合编码。

（9）声反馈抑制

声学回声是指扬声器播出的声音在被受话方听到的同时，也通过多种路径被送话器拾取到。在很多情况下都会产生回波，如会议电视系统、免提电话、可视电话终端及移动通信等。回波会严重影响语音的清晰度，更为致命的是，当反馈严重时会产生自激啸叫，使整个系统无法工作。常用的声反馈抑制算法主要包含三类：增益衰减、陷波器和自适应滤波器。增益衰减法的主要思路是降低回声出现通道的增益；而陷波器法最初主要针对静态因素产生的回声而设计。目前，应用较多的是自适应滤波器法。

1.3 本书结构

语音信号处理是研究用数字信号处理技术对语音信号进行处理的一门学科。语音信号处理的理论和研究包括紧密结合的两个方面：一方面是从语音的产生和感知来对其进行研究，这一研究与语音语言学、认知科学、心理学和生理学等学科密不可分；另一方面是将语音作为一种信号来处理，包括传统的数字信号处理技术以及一些新的应用于语音信号的处理方法和技术。

本书将系统介绍语音信号处理的基础、原理、方法和应用。全书共分 12 章，其中第 2 章介绍了语音信号处理的基础知识，包括语音的产生与感知、语音产生的数学模型、语音的常用参数语音信号的数字化，以及语音信号的表征等；第 3 章介绍了语音信号的预处理以及四种基本分析方法，包括时域分析、频域分析、倒谱分析和线性预测分析；第 4 章介绍三种语音信号的特征提取技术，包括端点检测、基音周期估计和共振峰估计。第 5 ~ 12 章分别介绍了语音信号处理的各种典型应用，包括语音增强、说话人识别、语音识别、语音信号中的情感信息处理、语音合成与转换、声源定位、语音隐藏和语音编码。需要说明的是，书中加“［C］”的章节包含关键算法的 C ++ 函数及说明，所包含的基本类库可参见附录 A。

语音信号处理是目前发展最为迅速的信息科学技术之一，其研究涉及一系列前沿课题，且处于迅速发展之中。因此本书的宗旨是在系统地介绍语音信号处理的基础、原理、方法和应用的同时，向读者介绍该学科领域一些基本算法、核心理论和基础应用。数字语音信号处理属于应用科学，因此本书不同于以往教材的关键在于，不仅提供了理论知识，而且在关键章节给出了基于 C ++ 的函数功能实现代码。此外，本书附录中给出了基于 Visual Studio 2013 的语音录放程序实现案例，供语音信号处理初学者学习。本书在每一章后面都附有课外思考题，建议学习者进行选做，并进行计算机上机实验以获得实际经验，帮助自己尽快掌握所学的知识。

第2章 语音信号处理的基础知识

2.1 语音的产生与感知

2.1.1 人类发音系统

语音是从肺部呼出的气流通过在喉头至嘴唇的器官的各种作用而发出的。作用的方式有三种：①把从肺部呼出的直气流变为音源，即交流的断续流或者乱流；②对音源进行共振和反共振，使其带有音色；③从嘴唇或鼻孔向空间辐射。

与发出语言声音有关的各器官叫作发音器官。人的发音器官包括：肺、气管、喉（包括声带）、咽、鼻和口，如图2-1所示。这些器官共同形成一条形状复杂的管道。喉的部分称为声门。从声门到嘴唇的呼气通道叫作声道。声道的形状主要由嘴唇、腭和舌头的位置来决定。声道形状的不断改变会发出不同的语音。

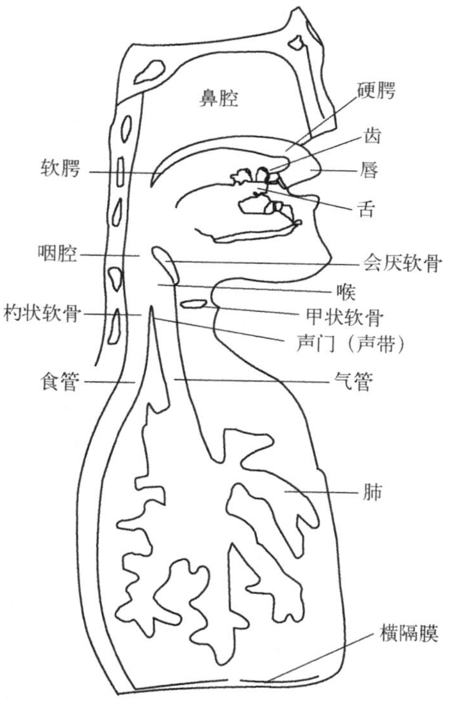

图2-1 发音器官的部位和名称

声道是自声门（声带）之后对发音起决定性作用的器官。在说话的时候，声门处气流冲击声带产生振动，然后通过声道响应变成语音。由于发不同音时，声道的形状不同，所以能够听到不同的语音。声道的形状主要由嘴唇、腭和舌头的位置来决定。声道中各器官对语音的作用称为调音。口腔是声道最重要的部分，它的大小和形状可以通过调整舌、唇、齿和腭来改变。舌最活跃，它的尖部、边缘部、中央部都能分别自由活动，整个舌体也能上下前后活动；双唇位于口腔的末端，也可活动成展开的（扁平的）或圆形的形状；齿的作用是发齿化音的关键；腭中的软腭是发鼻音与否的阀门，而硬腭及齿龈则是声道管壁的构成部分，同样参与了发音过程。

产生语音的能量，来源于正常呼吸时肺部呼出的稳定气流。气管是由一些环状软骨组成的，讲话时它将来自肺部的空气送到喉部。“喉”是由许多软骨组成的，对发音影响最大的是从喉结至杓状软骨之间的韧带褶，称为声带。呼吸时左右两声带打开，讲话时则合拢起来。而声带之间的部位称为声门。声门的开启和关闭是由两个杓状软骨控制的，它使声门呈Λ形状开启或关闭。讲话时声带受声门下气流的冲击而张开；但由声带韧性迅速地闭合，随后又张开与闭合，这样不断重复。不断地张开与闭合的结果，使声门向上送出一连串喷流而形成一系列脉冲。声带每开启和闭合一次的时间即声带的振动周期就是音调周期或基音周期，它的倒数称为基音频率。基音频率范围随发音人的性别、年龄而定。老年男性偏低，小孩和青年女性偏高。基音频率决定了声音频率的高低，频率快则音调高，频率慢则音调低。

2.1.2 人类听觉系统

人的听觉系统是一个十分巧妙的音频信号处理器。听觉系统对声音信号的处理能力来自于它巧妙的生理结构。从听觉生理学角度来说，人耳的听觉系统可认为是从低到高的一个序列表示，一般分为听觉外周和听觉中枢两个部分，如图 2-2 所示。听觉外周包括位于脑及脑干以外的结构，即外耳、中耳、内耳和蜗神经，主要完成声音采集、频率分解以及声能转换等功能；听觉中枢包含位于听神经以上的所有听觉结构，对声音有加工和分析的作用，主要包括感觉声音的音色、音调、音强、判断方位等功能，还承担与语言中枢联系和实现听觉反射的功能。

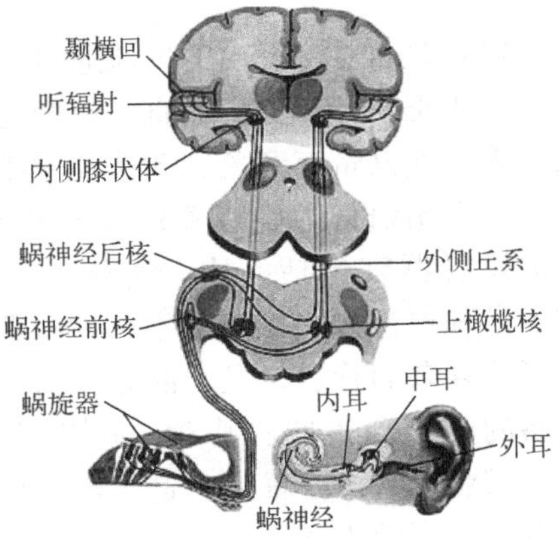

图 2-2　人耳听觉神经系统

外耳是指能从人体外部看见的耳朵部分，即耳郭和外耳道。耳郭对称地位于头两侧，主要结构为软骨。耳郭具有两种主要功能，它即能排御外来物体以保护外耳道和鼓膜，还能起到从自然环境中收集声音并导入外耳道的作用。当声音向鼓膜传送时，由于外耳道的共振效应，会使声音得到 10 dB 左右的放大。此外，外耳道具有保护鼓膜的作用，耳道的弯曲形状使异物很难直入鼓膜，耳毛和耳道分泌的耵聍也能阻止进入耳道的小物体触及鼓膜。外耳道的平均长度为 2.5 cm，可控制鼓膜及中耳的环境，保持耳道温暖湿润，使外部环境不影响中耳和鼓膜。从声音的感知角度来说，外耳主要起着声源定位和声音放大的作用。

中耳由鼓膜、中耳腔和听骨链组成。听骨链包括锤骨、砧骨和镫骨，悬于中耳腔。中耳的基本功能是把声波传送到内耳。声音以声波方式经外耳道振动鼓膜，鼓膜斜位于外耳道的末端呈凹型，正常为珍珠白色，振动的空气粒子产生的压力变化使鼓膜振动，从而使声能通过中耳结构转换成机械能。由于鼓膜前后振动使听骨链做活塞状移动，鼓膜表面积比镫骨足板大好几倍，声能在此处放大并传输到中耳。由于表面积的差异，鼓膜接收到的声波就集中到较小的空间，声波在从鼓膜传到前庭窗的能量转换过程中，听小骨使得声音的强度增加了 30 dB。同时，在一定声强范围内，听小骨对声音进行线性传递，而在特强声时，听小骨进行非线性传递，从而对内耳起到保护的作用。

内耳是位于颞骨岩部内的一系列管道腔，通常可看成三个独立的结构：半规管、前庭和耳蜗。前庭是卵圆窗内微小的、不规则开关的空腔，是半规管、镫骨足板和耳蜗的汇合处。半规管可以感知各个方向的运动，起到调节身体平衡的作用。耳蜗是被颅骨所包围的像蜗牛一样的结构，内耳在此将中耳传来的机械能转换成神经电冲动传送到大脑。耳蜗长约 3.5 cm，呈螺旋状盘旋 2.5 ~ 2.75 圈。它是一根密闭的管子，内部充满淋巴液。耳蜗由三个分隔的部分组成：鼓阶、中阶和前庭阶。其中，中阶的底膜称为基底膜，基底膜之上是柯蒂氏器官，它由耳蜗覆膜、外毛细胞（共三列，约 2 万个）以及内毛细胞（共一列，约 3500 个）构成。毛细胞上部的微绒毛受到耳蜗内流体速度变化的影响，从而引起毛细胞膜两边电位的变化，在一定条件下造成听觉神经的发放或抑制。

2.1.3　听觉感知特性[C]

1. 听觉选择性

并非所有的声音都能被人耳听到，这取决于声音的强度和其频率范围。一般人可以感觉到 20 Hz ~ 20 kHz、强度为 −5 dB ~ 130 dB 的声音信号。超过该范围的音频成分就是听不到的部分，因而不属于语音信号处理的范畴。此外，听觉还受到年龄影响，一般听觉好的成年人能听到的声音频率在 30 ~ 16000 Hz 之间，老年人则常在 50 ~ 10000 Hz 之间。

人的听觉选择性一部分由耳蜗的时频分析特性决定。当声音经外耳传入中耳时，镫骨的运动引起耳蜗内流体压强的变化，从而引起行波沿基底膜的传播。不同频率的声音产生不同的行波，其峰值出现在基底膜的不同位置上。基底膜的振动引起毛细胞的运动，使得毛细胞上的绒毛发生弯曲。绒毛的弯曲使毛细胞产生去极化或超极化，从而引起神经的发放或抑制。在基底膜不同部位的毛细胞具有不同的电学与力学特征。在耳蜗的基部，基底膜窄而劲度强，外毛细胞及其绒毛短而有劲度，对高频成分比较敏感；在耳蜗的顶部，基底膜宽而柔和，毛细胞及其绒毛也较长而柔和，对低频成分比较敏感。这种结构上的差异使得耳蜗具有不同的机械谐振特性和电谐振特性。有学者认为这种差异可能是确定频率选择性的最重要因素。如果信号是一个多频率信号，则产生的行波将沿着基底膜在不同的位置产生最大幅度。从这个意义上讲，耳蜗就像一个频谱分析仪，将复杂的信号分解成各种频率分量。

这种频率选择性通常由一组基于等效矩形带宽（Equivalent Rectangular Band，ERB）刻度的伽马通（Gammatone）滤波器实现，每个滤波器模拟基底膜不同部位最大位移处的响应。伽马通滤波器只需要采用较少的参数就能较好地模拟基底膜的滤波功能，不仅能体现耳蜗基底膜尖锐的滤波特点，而且具有冲激响应函数简单的特点，易于推导出传递函数，便于性能分析。

伽马通滤波器是一个由伽马（Gamma）分布调制的纯音调函数，可表示为如下公式：

$$g_m(t) = t^{n-1}\mathrm{e}^{-2\pi B_m t}\cos(2\pi f_m t + \phi_m)\mu(t), 1 \leqslant m \leqslant N \tag{2-1}$$

初始条件为 $t<0$ 时，$\mu(t)=0$，$t>0$ 时，$\mu(t)=1$。其中，ϕ_m 表示相位；N 表示滤波器的个数，当 $N=32$ 时，对应的频率覆盖范围为 80 Hz ~ 4 kHz；n 为滤波器的阶数，研究表明，4 阶的伽马通滤波器能够很好地模拟基底膜的滤波特性；f_m 是各个滤波器的中心频率，也就是基底膜的特征频率；B_m 是中心频率 f_m 在等效矩形带宽域上的变换频率，其决定了脉冲响应的衰减速度。f_m 与 B_m 的关系式为

$$B_m = 1.019\mathrm{ERB}(f_m) \tag{2-2}$$

在听觉心理学中，每个滤波器的等效矩形带宽的一般关系式为

$$\mathrm{ERB}(f_m, \mathrm{EarQ}, \mathrm{minBW}, \mathrm{order}) = \left[\left(\frac{f_m}{\mathrm{EarQ}}\right)^{\mathrm{order}} + \mathrm{minBW}^{\mathrm{order}}\right]^{\frac{1}{\mathrm{order}}} \tag{2-3}$$

其中，minBW 为低频信道的最小带宽；EarQ 是高频处的渐近滤波器性能；order 为控制参数。Glasberg 和 Moore 推荐参数 order = 1，minBW = 24.7，EarQ = 9.26449，则式(2-3) 可变为

$$\mathrm{ERB}(f_m)=24.7\left(4.37\times\frac{f_m}{1000}+1\right) \tag{2-4}$$

第 k 个滤波器通道的中心频率 f_m 的计算公式如下：

$$f_m=-C+\mathrm{e}^{\frac{m\ln\left(\frac{f_{\min}+C}{f_{\max}+C}\right)}{N}}\times(f_{\max}+C) \tag{2-5}$$

其中，$C=\mathrm{EarQ}\times\mathrm{minBW}=228.83$；$f_{\max}$(Hz) 为最高截止频率，通常取为采样率的一半；$f_{\min}$(Hz) 为最低截止频率，$1\leqslant m\leqslant N$。

实际应用需要将伽马通滤波器从连续域转化为离散域。在滤波器的性能不被影响的前提下，令 $B=2\pi B_m$，$\omega_m=2\pi f_m$，伽马通滤波器的冲激响应函数可简化为

$$g(t)=t^{n-1}\mathrm{e}^{-Bt}\cos(2\pi f_m t)\qquad 1\leqslant m\leqslant N \tag{2-6}$$

对该简化形式的伽马通函数进行拉普拉斯（Laplace）变换，得到 4 阶的伽马通函数的极点形式在 S 域上的传递函数为

$$G(s)=\frac{[s+B+(\sqrt{2}+1)\omega_m][s+B-(\sqrt{2}+1)\omega_m][s+B+(\sqrt{2}-1)\omega_m][s+B-(\sqrt{2}-1)\omega_m]}{[(s+B+\mathrm{j}\omega_m)(s+B-\mathrm{j}\omega_m)]^4} \tag{2-7}$$

然后根据 S 域到 Z 域（离散域）的映射关系式 $z=\mathrm{e}^{sT}$，其中，T 为采样周期，由冲激响应不变法可得对应的 z 域传递函数为

$$\begin{aligned}G(z)=&\frac{T-Ta_3[a_1+(\sqrt{2}+1)a_2]z^{-1}}{1-2a_1a_3z^{-1}+a_3^2z^{-2}}\times\frac{T-Ta_3[a_1-(\sqrt{2}+1)a_2]z^{-1}}{1-2a_1a_3z^{-1}+a_3^2z^{-2}}\\&\times\frac{T-Ta_3[a_1+(\sqrt{2}-1)a_2]z^{-1}}{1-2a_1a_3z^{-1}+a_3^2z^{-2}}\times\frac{T-Ta_3[a_1-(\sqrt{2}-1)a_2]z^{-1}}{1-2a_1a_3z^{-1}+a_3^2z^{-2}}\end{aligned} \tag{2-8}$$

其中，$a_1=\cos(\omega_m T)$；$a_2=\sin(\omega_m T)$；$a_3=\mathrm{e}^{-BT}$。式（2-8）中分母和分子分别乘以 $-2z^2$，可得到

$$\begin{aligned}G(z)=&\frac{-2Tz^2+2Ta_3[a_1+\sqrt{(2^{3/2}+3)}a_2]z}{-2z^2+4a_1a_3z-2a_3^2}\times\frac{-2Tz^2+2Ta_3[a_1-\sqrt{(2^{3/2}+3)}a_2]z}{-2z^2+4a_1a_3z-2a_3^2}\\&\times\frac{-2Tz^2+2Ta_3[a_1+ca_2]z^{-1}}{-2z^2+4a_1a_3z-2a_3^2}\times\frac{-2Tz^2+2Ta_3[a_1-\sqrt{(-2^{3/2}+3)}a_2]z}{-2z^2+4a_1a_3z-2a_3^2}\end{aligned} \tag{2-9}$$

通过观察分母的阶数可知：4 阶的伽马通滤波器是通过 8 阶的 z 域传递函数来实现的，进一步分解将每个伽马通滤波器由 4 个二阶传递函数级联实现，即 $G(z)=H_1(z)\times H_2(z)\times H_3(z)\times H_4(z)$。4 个 2 阶传递函数的数学表达式可写为如下形式：

$$\frac{A_0+\dfrac{A_1}{z}+\dfrac{A_2}{z^2}}{1+\dfrac{B_1}{z}+\dfrac{B_2}{z^2}}=\frac{A_0z^2+A_1z+A_2}{z^2+B_1z+B_2} \tag{2-10}$$

则有

$$H_1(z)=\frac{Tz^2-Ta_3[a_1+\sqrt{(2^{3/2}+3)}a_2]z}{z^2-2a_1a_3z+a_3^2} \tag{2-11}$$

$$H_2(z)=\frac{Tz^2-Ta_3[a_1-\sqrt{(2^{3/2}+3)}a_2]z}{z^2-2a_1a_3z+a_3^2} \tag{2-12}$$

$$H_3(z)=\frac{Tz^2-Ta_3[a_1+\sqrt{(-2^{3/2}+3)}a_2]z}{z^2-2a_1a_3z+a_3^2} \tag{2-13}$$

$$H_4(z)=\frac{Tz^2-Ta_3[a_1-\sqrt{(-2^{3/2}+3)}a_2]z}{z^2-2a_1a_3z+a_3^2} \tag{2-14}$$

由式（2-11）~式（2-14）可知，$A_0=T$，$A_2=0$，$B_0=1$，$B_1=-2a_1a_3$，$B_2=a_3^2$，$A_{11}=-Ta_3[a_1+\sqrt{(2^{3/2}+3)}a_2]$，$A_{12}=-Ta_3[a_1-\sqrt{(2^{3/2}+3)}a_2]$，$A_{13}=-Ta_3[a_1+\sqrt{(-2^{3/2}+3)}a_2]$，$A_{14}=-Ta_3[a_1-\sqrt{(-2^{3/2}+3)}a_2]$。
其中，$a_1=\cos(\omega_m T)$，$a_2=\sin(\omega_m T)$，$a_3=\mathrm{e}^{-BT}$。由 Z 域公式 $G(z)$ 可知，转换函数在中心频率处的增益为

$$\text{gain}=|G(\mathrm{e}^{\mathrm{j}2\pi f_m T})| \tag{2-15}$$

至此，转换函数的系数以及增益都可得到。将脉冲激励 $x=\delta(t)$ 通过系统即可得到系统的冲激响应 $G(z)$，然后除以增益 gain 来归一化中心频率响应，得到的输出响应即为系统响应。图 2-3 为按 ERB 刻度划分的 24 通道的滤波器响应图。

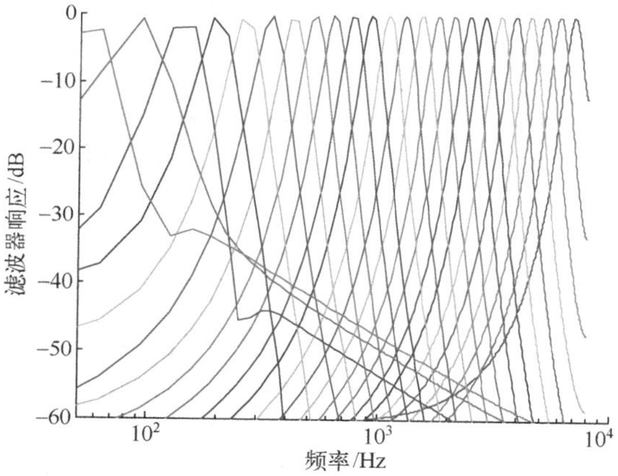

图 2-3　24 通道伽马通滤波器响应图

伽马通滤波器的滤波系数的计算函数

名称：MakeERBFilters

定义格式：

```
void MakeERBFilters(std::vector<std::vector<double>> &fcoefs, int numChannal, int SampleRate,
double lowFraq)
```

函数功能：生成 gammatone 滤波器系数。

参数说明：

fcoefs 为滤波器组中心频率系数；numChannal 为通道数；SampleRate 为采样频率；lowFraq 为低频截止频率。

程序清单：

```
void MakeERBFilters(std::vector<std::vector<double>> &fcoefs, int numChannal, int SampleRate, double lowFraq)
{
    double T = 1/double(SampleRate);
    std::vector<double> cf(numChannal,0);
    std::vector<double> ERB(numChannal, 0);
    std::vector<double> B(numChannal, 0);
    double highFraq = SampleRate/2;
    double EarQ = 9.264490;
    double minBW = 24.70;
    Complex compT(T, 0);
    Complex j(0, 1);
    int order = 1;
    for (int i = 0; i < numChannal; i++)
    {
    cf[i] = -(EarQ * minBW) + exp((i+1) * (-log(highFraq + EarQ * minBW) + log(lowFraq + EarQ * minBW))/numChannal) * (highFraq + EarQ * minBW);
    }       //计算滤波器通道的中心频率,参见式(2-5)
    for (int i = 0; i < numChannal; i++)
    {
        ERB[i] = pow(pow((cf[i]/EarQ), order) + pow(minBW, order), 1/order);//参见式(2-3)
        B[i] = 1.019 * 2 * _pi_ * ERB[i];      //参见式(2-2)
    }
    for (int i = 0; i < numChannal; i++)
    {
        fcoefs[i][0] = T;
        double A11 = -(2 * T * cos(2 * cf[i] * _pi_ * T)/exp(B[i] * T) + 2 * sqrt(3 + pow(2, 1.5)) * T * sin(2 * cf[i] * _pi_ * T)/exp(B[i] * T))/2;
        double A12 = -(2 * T * cos(2 * cf[i] * _pi_ * T)/exp(B[i] * T) - 2 * sqrt(3 + pow(2, 1.5)) * T * sin(2 * cf[i] * _pi_ * T)/exp(B[i] * T))/2;
        double A13 = -(2 * T * cos(2 * cf[i] * _pi_ * T)/exp(B[i] * T) + 2 * sqrt(3 - pow(2, 1.5)) * T * sin(2 * cf[i] * _pi_ * T)/exp(B[i] * T))/2;
        double A14 = -(2 * T * cos(2 * cf[i] * _pi_ * T)/exp(B[i] * T) - 2 * sqrt(3 - pow(2, 1.5)) * T * sin(2 * cf[i] * _pi_ * T)/exp(B[i] * T))/2;
        fcoefs[i][1] = A11; fcoefs[i][2] = A12; fcoefs[i][3] = A13; fcoefs[i][4] = A14;
        fcoefs[i][5] = 0; fcoefs[i][6] = 1;
        double B1 = -2 * cos(2 * cf[i] * _pi_ * T)/exp(B[i] * T);
        double B2 = exp(-2 * B[i] * T);
        fcoefs[i][7] = B1; fcoefs[i][8] = B2;
        Complex compC(cf[i],0);
        Complex compB(B[i],0);
        double gain = abs((-2.0 * compT * exp(4.0 * _pi_ * j * compT * compC) + 2.0 * exp(-compB * compT + 2.0 * compC * compT * _pi_ * j) * compT * (cos(2.0 * _pi_ * compT * compC)
```

```
        - sqrt(3.0 - pow(2.0, 3.0/2.0)) * sin(2.0 * _pi_ * compC * compT))) * ( -2.0
    * compT * exp(4.0 * _pi_ * j * compT * compC) + 2.0 * exp( - compB * compT + 2.0 * compC
    * compT * _pi_ * j)
        * compT * (cos(2.0 * _pi_ * compT * compC) + sqrt(3.0 - pow(2.0, 3.0/2.0)) *
    sin(2.0 * _pi_ * compC * compT))) * ( - 2.0 * compT * exp (4.0 * _pi_ * j * compT *
    compC) +
        2.0 * exp( - compB * compT + 2.0 * compC * compT * _pi_ * j) * compT * ( cos(2.0
    * _pi_ * compT * compC) - sqrt(3.0 + pow(2.0, 3.0/2.0)) * sin(2.0 * _pi_ * compC *
    compT)))
        * ( -2.0 * compT * exp(4.0 * _pi_ * j * compT * compC) + 2.0 * exp( - compB *
    compT + 2.0 * compC * compT * _pi_ * j) * compT * (cos(2.0 * _pi_ * compT * compC)
        + sqrt(3.0 + pow(2.0, 3.0/2.0)) * sin(2.0 * _pi_ * compC * compT)))/pow
    ( -2.0/exp(2.0 * compB * compT) -2.0 * exp(4.0 * _pi_ * j * compT * compC) +
        2.0 * (1.0 + exp(4.0 * _pi_ * j * compT * compC))/exp(compT * compB), 4));
                                        //参见式(2-8)和式(2-15)
    fcoefs[i][9] = gain;
    }
}
```

2. 人耳听觉掩蔽效应

心理声学中的听觉掩蔽效应是指在一个强信号附近，弱信号将变得不可闻，被掩蔽掉。例如，工厂机器噪声会淹没人的谈话声音。此时，被掩蔽掉的不可闻信号的最大声压级称为掩蔽门限或掩蔽阈值，在这个掩蔽阈值以下的声音将被掩蔽掉。图 2-4 为 1 kHz 掩蔽声的掩蔽曲线。图中最底端的曲线表示最小可听阈曲线，即在安静环境下，人耳对各种频率声音可以听到的最低声压，可见人耳对低频率和高频率是不敏感的，而在 1 kHz 附近最敏感。上面的曲线表示由于在 1 kHz 频率的掩蔽声的存在，使得听阈曲线发生变化。本来可以听到的 3 个被掩蔽声，变得不可听，即低于掩蔽曲线的声音即使阈值高于安静听阈也将变得不可闻。

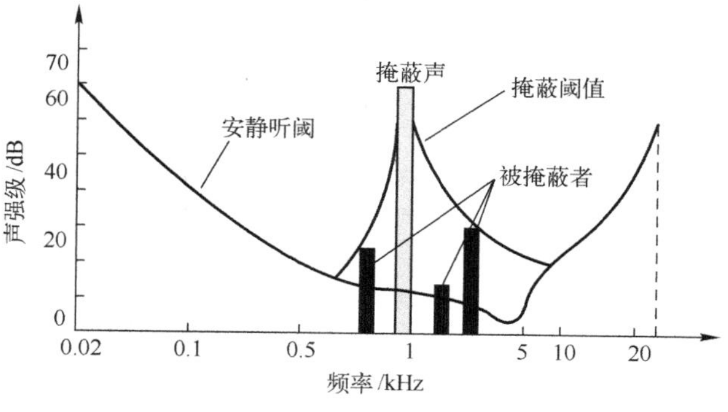

图 2-4　1 kHz 掩蔽声的掩蔽曲线

掩蔽效应分为同时掩蔽和短时掩蔽。同时掩蔽是指同时存在的一个弱信号和一个强信号频率接近时，强信号会提高弱信号的听阈，当弱信号的听阈被升高到一定程度时就会导致这个弱信号变得不可闻。例如，同时出现的 *A* 声和 *B* 声，若 *A* 声原来的阈值为 50 dB，由于另一个频率不同的 *B* 声的存在使 *A* 声的阈值提高到 68 dB，我们将 *B* 声称为掩蔽声，*A* 声称为被掩蔽声。68 dB - 50 dB = 18 dB 为掩蔽量。掩蔽作用说明：当只有 *A* 声时，必须把声压级在 50 dB 以上的声音信号传送出去，50 dB 以下的声音是听不到的。但当同时出现了 *B* 声时，由于 *B* 声的掩蔽作用，使 *A* 声中的声压级在 68 dB 以下部分已听不到了，可以不予传送，而只传送 68 dB 以上的部分即可。一般来说，对于同时掩蔽，掩蔽声越强，掩蔽作用越大；掩蔽声与被掩蔽声的频率靠得越近，掩蔽效果越显著。两者频率相同时掩蔽效果最大。

当 *A* 声和 *B* 声不同时出现时也存在掩蔽作用，称为短时掩蔽。短时掩蔽又分为后向掩蔽和前向掩蔽。掩蔽声 *B* 即使消失后，其掩蔽作用仍将持续一段时间，约 0.5 ~ 2 s，这是由于人耳的存储效应所致，这种效应称为后向效应。若被掩蔽声 *A* 出现后，相隔 0.05 ~ 0.2 s 之内出现了掩蔽声 *B*，它也会对 *A* 起掩蔽作用，这是由于 *A* 声尚未被人所反应接受而强大的 *B* 声已来临所致，这种掩蔽称为前向掩蔽。

由于声音频率与掩蔽曲线不是线性关系，因此为从感知上来统一度量声音频率，引入“临界频带”的概念。临界频带的定义为用一中心频率为 f，带宽为 Δf 的白噪声来掩蔽一频率为 f 的纯音，先将这个白噪声的强度调节到使被掩蔽纯音恰好听不见为止。然后，保持单位频率的噪声强度（即噪声谱密度）不变，将 Δf 由大到小逐渐变化直到小到某个临界值时，纯音可以听见。如果再进一步减小 Δf，被掩蔽音 f 就会越来越清晰。这里刚刚开始能听到被掩蔽声时的 Δf 宽的频带，叫作频率 f 处的临界频带。当掩蔽噪声的带宽窄于临界带的带宽时，能掩蔽住纯音 f 的强度是随噪声的带宽的增加而增加的，但当掩蔽噪声的带宽达到临界带后，继续增加噪声带宽就不再引起掩蔽量的提高了。临界带宽是随中心频率而变的，被掩蔽纯音的频率（即临界带的中心频率）越高，临界带宽就越宽。临界频带也可定义为：一个给定的正弦纯音在基底膜上能够产生谐振反应的那一部分。一个频率群的划分相当于基底膜分成许多很小的部分，每一部分对应一个频率群。通常认为，在 20 Hz ~ 16 kHz 范围内有 24 个临界频带，如表 2-1 所示。临界频带的单位为 Bark（巴克）。1 Bark 等于一个临界频带的宽度，当 $f<500$ Hz 时，1 Bark ≈ $f/100$；否则，1 Bark ≈ $9+4\log(f/1000)$。

表 2-1　临界频带划分表

临　界	频率/Hz			临界	频率/Hz		
频带	低端	高端	带宽	频带	低端	高端	带宽
0	0	100	100	13	2000	2320	320
1	100	200	100	14	2320	2700	380
2	200	300	100	15	2700	3150	450
3	300	400	100	16	3150	3700	550
4	400	510	110	17	3700	4400	700
5	510	630	120	18	4400	5300	900
6	630	770	140	19	5300	6400	1100
7	770	920	150	20	6400	7700	1300
8	920	1080	160	21	7700	9500	1800
9	1080	1270	190	22	9500	12000	2500
10	1270	1480	210	23	12000	15500	3500
11	1480	1720	240	24	15500	22050	6550
12	1720	2000	280				

研究表明，在 A 声被 B 声掩蔽的情况下，当 A 声的频率处在以 B 声为中心的临界带的频率范围内时，掩蔽效应最为明显，当 A 声处在 B 声的临界带以外时，仍然会产生掩蔽效应，这种掩蔽效应应取决于 A 声和 B 声的频率间隔相当于几个临界带，这一间隔越宽，掩蔽效应越弱。

掩蔽效应是指人的耳朵只对最明显的声音反应敏感，而对于不敏感的声音，反应则较不敏感。MP3 等压缩编码便是听觉掩蔽的重要应用，在这些编码中只突出记录了人耳较为敏感的中频段声音，而对较高和较低的频率的声音则简略记录，从而大大压缩了所需的存储空间。掩蔽效应不仅是听觉生理现象，也是心理现象，"鸡尾酒效应"就是其中的一例。鸡尾酒效应是指当注意力十分集中时，或对比较熟悉的声音，人的听觉可以从相当严重的掩蔽噪声下，有选择地倾听想要听的声音。

由上可知，人的听觉系统对声音的感知是一个极为复杂的过程，它包含自下而上（数据驱动）和自上而下（知识驱动）两方面的处理。前者显然是基于语音信号所含有的信息，但光靠这些信息还不足以进行声音的理解。听者还需要利用一些先验知识来加以指导。从另外一个角度看，人对声音的理解不仅和听觉系统的生理结构密切相关，而且与人的听觉心理特性密切相关。

2.2　语音产生的数学模型

基于人的发音器官的特点和语音产生的机理，本节将讨论语音信号产生的数学模型。从人的发音器官的机理来看，发不同性质的声音时，声道的情况是不同的。另外，声门和声道的相互耦合，还会形成语音信号的非线性特性。因此，语音信号是非平稳随机过程，其特性是随着时间变化的，所以模型中的参数应该是随时间而变化的。但语音信号特性随着时间变化是很缓慢的，所以可以做出一些合理的假设，将语音信号分为一些相继的短段进行处理，在这些短段中可以认为语音信号特性是不随着时间变化的平稳随机过程。这样在这些短段时间内表示语音信号时，可以采用线性时不变模型。

通过上面对发音器官和语音产生机理的分析，可以将语音生成系统分成三个部分，在声门（声带）以下，称为"声门子系统"，它负责产生激励振动，是"激励系统"；从声门到嘴唇的呼气通道是声道，是"声道系统"；语音从嘴唇辐射出去，所以嘴唇以外是"辐射系统"。

2.2.1　激励模型

激励模型一般分成浊音激励和清音激励。发浊音时，由于声带不断张开和关闭，将产生间歇的脉冲波。这个脉冲波的波形类似于斜三角形的脉冲，如图 2-5a 所示。它的数学表达式如下：

$$g(n)=\begin{cases}(1/2)[1-\cos(\pi n/T_1)], & 0\leqslant n\leqslant T_1\\ \cos[\pi(n-T_1)/2T_2], & T_1\leqslant n\leqslant T_1+T_2\\ 0, & \text{其他}\end{cases}\tag{2-16}$$

式中，T_1 为斜三角波上升部分的时间；T_2 为其下降部分的时间。单个斜三角波波形的频谱 $G(e^{jw})$ 的图形如图 2-5b 所示。由图可见，它是一个低通滤波器。它的 z 变换的全极模型的

形式是

$$G(z)=\frac{1}{(1-e^{-cT}z^{-1})^2} \tag{2-17}$$

式中，c 是一个常数。显然，上式表示斜三角波形可描述为一个二极点的模型。因此，斜三角波形串可视为加权单位脉冲串激励上述单个斜三角波模型的结果。而该单位脉冲串及幅值因子则可表示成下面的 z 变换形式：

$$E(z)=\frac{A_v}{1-z^{-1}} \tag{2-18}$$

所以，整个浊音激励模型可表示为

$$U(z)=G(z)E(z)=\frac{A_v}{1-z^{-1}}\frac{1}{(1-e^{-cT}z^{-1})^2} \tag{2-19}$$

也就是说浊音激励波是一个以基音周期为周期的斜三角脉冲串。

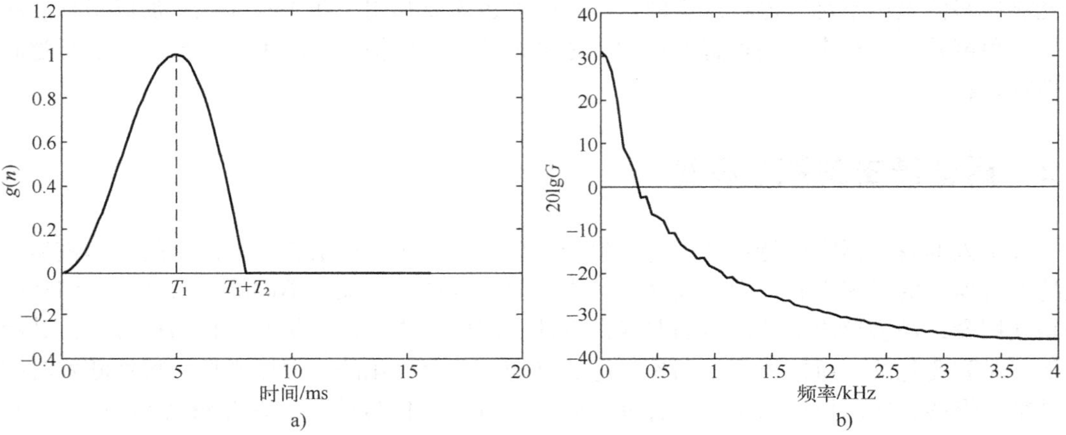

图 2-5　激励模型响应

a）时域波形　b）频谱波形

发清音时，无论是发阻塞音或摩擦音，声道都被阻碍形成湍流。所以，可把清音激励模拟成随机白噪声。实际情况下，一般使用均值为 0、方差为 1，且时间或/和幅值上为白色分布的序列。

应该指出，简单地把激励分为浊音和清音两种情况是不全面的。实际上对于浊辅音，尤其是其中的浊擦音，即使把两种激励简单地叠加起来也是不行的。但是，若将这两种激励源经过适当的网络之后，是可以得到良好的激励信号的。为了更好地模拟激励信号，还有人提出在一个音调周期时间内用多个斜三角波（例如三个）脉冲串的方法；此外，还有用多脉冲序列和随机噪声序列的自适应激励的方法等。

2.2.2　声道模型

目前最常用的声道建模方法有两种：一是把声道视为由多个等长的不同截面积的管子串联而成的系统，称为“声管模型”；另一个是把声道视为一个谐振腔，称为“共振峰模型”。声音在经过共振腔时，受到腔体的滤波作用，使得频域中不同频率的能量重新分配，一部分因为共振腔的共振作用得到强化，另一部分则受到衰减。由于能量分布不均匀，强的部分犹如山峰一般，故而称之为共振峰。在语音声学中，共振峰决定着元音的音质，而在计算机音乐中，其是决定音色和音质的重要参数。

1. 声管模型

最简单的声道模型是将其视为由多个不同截面积的管子串联而成的系统，在语音信号的某一段短时间内，声道可表示为形状稳定的管道，如图 2-6 所示。每个管子可看作一个四端网络，该网络具有反射系数，此时声道可由一组截面积或一组反射系数来表示。

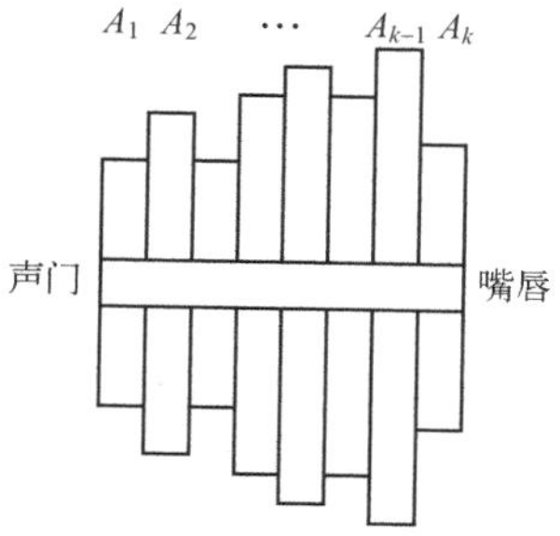

图 2-6　声道的声管模型剖面图

通常用 A 表示声管的横截面积。由于语音的短时平稳性，可假设在短时间内，各段管子的截面积 A 是常数。设第 m 段和第 $m+1$ 段声管的截面积分别为 A_m 和 A_{m+1}。$k_m=(A_{m+1}-A_m)/(A_{m+1}+A_m)$，称为面积相差比，其取值范围为 $-1<k_m<1$。

2. 共振峰模型

共振峰模型把声道视为一个谐振腔，该腔体的谐振频率就是共振峰。由于人耳听觉的柯蒂氏器官的纤毛细胞就是按频率感受而排列其位置的，所以这种共振峰的声道模型方法是非常有效的。一般来说，一个元音用前三个共振峰来表示就足够了；而对于较复杂的辅音或鼻音，大概要用到前五个以上的共振峰才行。

从物理声学观点来看，均匀断面的声管的共振频率很容易推导出。一般成人的声道约为 17 cm 长，因此开口时的共振频率为

$$F_i=\frac{(2i-1)c}{4L} \tag{2-20}$$

式中，$i=1,2,\cdots$为正整数，表示共振峰的序号；c 为声速；L 为声管长度。由此可知，前三个共振峰频率为 $F_1=500\text{ Hz}$，$F_2=1500\text{ Hz}$，$F_3=2500\text{ Hz}$。发元音 e[θ]时声道的开头最接近于均匀断面，所以其共振峰也最接近上述数值。但是发其他音时，声道的形状很少是均匀断面的，因此还须研究如何从语音信号求出共振峰的方法。另外，除了共振峰频率之外，相应的参数还应包括共振峰带宽和幅度等。

基于物理声学的共振峰理论，可以建立起三种实用的共振峰模型：级联型、并联型和混合型。

（1）级联型

该理论认为声道是一组串联的二阶谐振器。从共振峰理论来看，整个声道具有多个谐振频率和多个反谐振频率，所以可被模拟为一个零极点的数学模型；但对于一般元音，则用全极点模型表示即可。对应的传递函数 $V(z)$ 可表示为

$$V(z)=\frac{G}{1-\sum_{k=1}^{N}a_k z^{-k}} \tag{2-21}$$

式中，N 是极点个数；G 是幅值因子；a_k 是常系数。此时，$V(z)$ 可分解为多个二阶极点网

络的串联，即

$$V(z)=\prod_{k=1}^{M}\frac{1-2e^{-\pi B_kT}\cos(2\pi F_kT)+e^{-2\pi B_kT}}{1-2e^{-\pi B_kT}\cos(2\pi F_kT)z^{-1}+e^{-2\pi B_kT}z^{-2}}=\prod_{i=1}^{M}\frac{a_i}{1-b_iz^{-1}-c_iz^{-2}} \tag{2-22}$$

其中，

$$\begin{aligned}c_i&=-\exp(-2\pi B_iT)\\ b_i&=2\exp(-\pi B_iT)\cos(2\pi F_iT)\\ a_i&=1-b_i-c_i\end{aligned} \tag{2-23}$$

式中，M 是小于$(N+1)/2$ 的整数；T 是取样周期。此时，$G=a_1a_2a_3\cdots a_M$。若 z_k 是第 k 个极点，则有 $z_k=e^{-\pi B_kT}e^{-j2\pi F_kT}$。取式（2-22）中的某一级，设为

$$V_i(z)=\frac{a_i}{1-b_iz^{-1}-c_iz^{-2}} \tag{2-24}$$

则其幅频特性如图 2-7 所示。

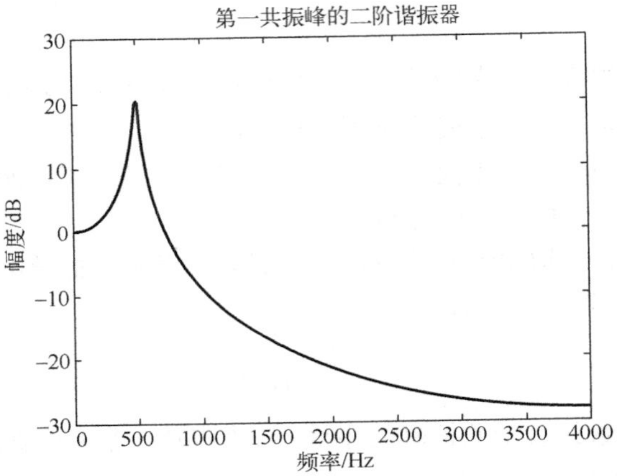

图 2-7　二阶谐振器

当 $N=10$ 时，$M=5$。此时，整个声道可模拟成如图 2-8 所示的模型。图中的激励模型和辐射模型，可以参照本节的介绍，G 是幅值因子。

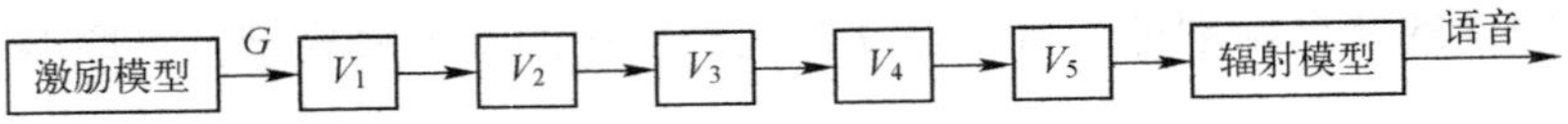

图 2-8　级联型共振峰模型

（2）并联型

对于非一般元音以及大部分辅音，必须考虑采用零极点模型。此时，模型的传递函数如下：

$$V(z)=\frac{\sum_{r=0}^{R}b_rz^{-r}}{1-\sum_{k=1}^{N}a_kz^{-k}} \tag{2-25}$$

通常，$N>R$，且设分子与分母无公因子及分母无重根，则上式可分解为如下部分分式之和的形式：

$$V(z)=\sum_{i=1}^{M}\frac{A_i}{1-B_iz^{-1}-C_iz^{-2}} \tag{2-26}$$

上式为并联型的共振峰模型。图 2-9 为 $M=5$ 时的并联型共振峰模型。

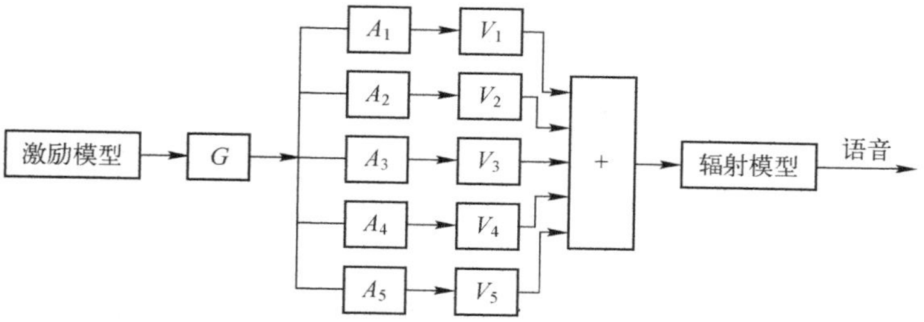

图 2-9　并联型共振峰模型

（3）混合型

上述两种模型中，级联型比较简单，可以用于描述一般元音。级联的级数取决于声道的长度。一般成人的声道长度约 17 cm，取 3 ~5 级即可，对于女子或儿童，则可取 4 级。对于声道特别长的男子，也许要用到 6 级。当鼻化元音或鼻腔参与共振，以及阻塞音或摩擦音等情况时，级联模型就不能胜任了。这时腔体具有反谐振特性，必须考虑加入零点，使之成为零极点模型。采用并联结构的目的就在于此，它比级联型复杂些，每个谐振器的幅度都要独立地给以控制。但是，该模型的适用范围比较广，对于鼻音、塞音、擦音以及塞擦音等都可以。

将级联模型和并联模型结合起来的混合模型也许是比较完备的一种共振峰模型，如图 2-10 所示。根据要描述的语音，自动地进行切换。图中的并联部分，从第一到第五共振峰的幅度都可以独立地进行控制和调节，用来模拟辅音频谱特性中的能量集中区。此外，并联部分还有一条直通路径，其幅度控制因子为 AB，这是专为一些频谱特性比较平坦的音素（如：[f]，[p]，[b] 等）而考虑的。

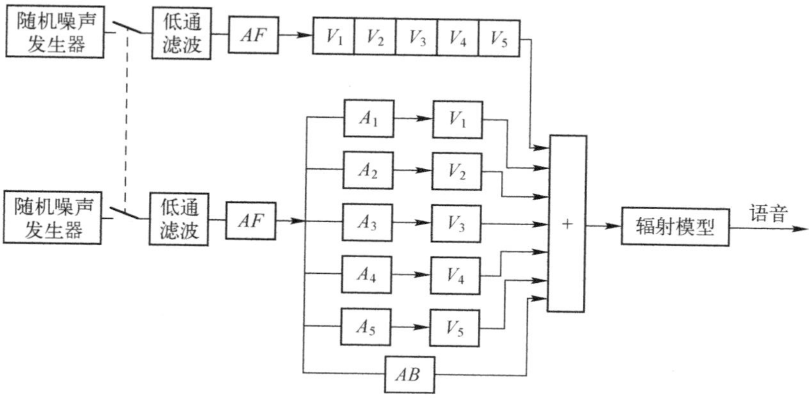

图 2-10　混合型共振峰模型

2.2.3 辐射模型

从声道模型输出的是速度波 $u_L(n)$，而语音信号是声压波 $p_L(n)$，二者之倒比称为辐射阻抗 Z_L。该阻抗表征口唇的辐射效应，也包括圆形的头部的绕射效应等。如果认为口唇张开的面积远小于头部的表面积，则可近似地看成平板开槽辐射的情况。此时，可推导出辐射阻抗的公式如下：

$$z_L(\Omega)=\frac{j\Omega L_r R_r}{R_r+j\Omega L_r} \tag{2-27}$$

式中，$R_r=\frac{128}{9\pi^2}$，$L_r=\frac{8a}{3\pi c}$，这里，a 是口唇张开时的开口半径，c 是声波传播速度。

由于辐射引起的能量损耗正比于辐射阻抗的实部，所以辐射模型是一阶类高通滤波器。由于除了冲激脉冲串模型 $E(z)$ 之外，斜三角波模型是二阶低通，而辐射模型是一阶高通，所以，在实际信号分析时，常用所谓“预加重技术”。即在取样之后，插入一个一阶的高通滤波器。此时，只剩下声道部分，就便于声道参数的分析了。在语音合成时再进行“去加重”处理，就可以恢复原来的语音。常用的预加重因子为 $[1-(R(1)z^{-1}/R(0))]$。这里，$R(n)$ 是信号 $s(n)$ 的自相关函数。通常对于浊音，$R(1)/R(0)\approx 1$；而对于清音，则该值可取得很小。

2.2.4 数学模型与实现[C]

综上所述，完整的语音信号的数字模型可以用激励模型、声道模型和辐射模型这三个子模型的串联来表示。如图 2-11 所示，它的传递函数 $H(z)$ 可表示为：

$$H(z)=AU(z)V(z)R(z) \tag{2-28}$$

式中，$U(z)$ 是激励信号，浊音时 $U(z)$ 是声门脉冲即斜三角形脉冲序列的 z 变换；在清音的情况下，$U(z)$ 是一个随机噪声的 z 变换。$V(z)$ 是声道传递函数，既可用声管模型，也可以共振峰模型等来描述。实际上就是全极点模型：

$$V(z)=\frac{1}{1-\sum_{k=1}^{N}a_k z^{-k}} \tag{2-29}$$

而 $R(z)$ 则可由式（2-27）按如下方法来得到。先将该式改写为拉普拉斯变换形式：

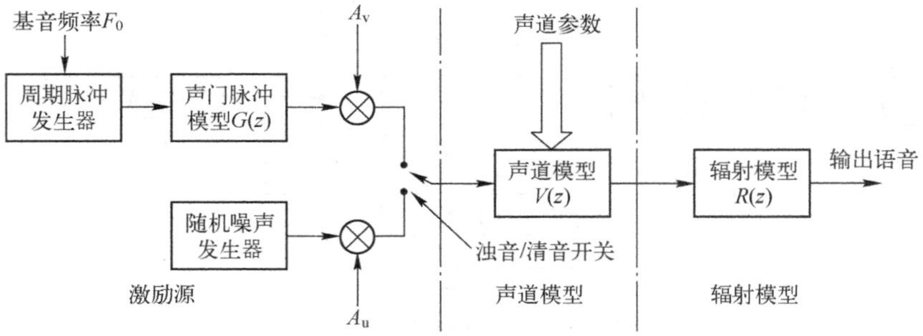

图 2-11 语音信号产生的离散时域模型

$$z_L(s)=\frac{sR_rL_y}{R_r+sL_r} \tag{2-30}$$

然后使用数字滤波器设计的双线性变换方法将上式转换成 z 变换的形式：

$$R(z)=R_0\frac{(1-z^{-1})}{(1-R_1z^{-1})} \tag{2-31}$$

若略去上式的极点（R_1 值很小），即得一阶高通的形式：

$$R(z)=R_0(1-z^{-1}) \tag{2-32}$$

应该指出，式（2-28）所示模型的内部结构并不和语音产生的物理过程相一致，但这种模型和真实模型在输出处是等效的。另外，这种模型是“短时”的模型，因为一些语音信号的变化是缓慢的，例如元音在 10～20 ms 内其参数可假定不变。这里声道转移函数 $V(z)$ 是一个参数随时间缓慢变化的模型。另外，这一模型认为语音是声门激励源激励线性系统——声道所产生的（实际上，声带—声道相互作用的非线性特征还有待研究）。另外，模型中用浊音和清音这种简单的划分方法是有缺陷的，对于某些音是不适用的，如浊音当中的摩擦音，这种音要有发浊音和发清音的两种激励，而且两者不是简单的叠加关系。对于这些音可用一些修正模型或更精确的模型来模拟。

基于上述学习，下面给出一段基于语音生成模型的简单元音的合成程序，供大家学习参考。程序能根据给定的三个共振峰频率合成简单音素，如元音‘a’的前三个共振峰频率为［730 1090 2440］，元音‘i’的前三个共振峰频率为［270 2290 3010］，元音‘u’的前三个共振峰频率为［300 870 2240］。

音素生成的函数实现

名称：PronunciationSimulation

定义格式：

```
void PronunciationSimulation(std::vector<double> &out_dataArray, double SpeechLenth, double Pitch,double SampleRate, double Formant1, double Formant2, double Formant3)
```

函数功能：基于语音信号产生的离散模型生成基本音素。

参数说明：

out_dataArray 为输出合成语音波形；SpeechLenth 为语音长度；Pitch 为基音频率；SampleRate 为采样频率；Formant1 为第一共振峰频率；Formant2 为第二共振峰频率；Formant3 为第三共振峰频率。

程序清单：

```
void PronunciationSimulation(std::vector<double> &out_dataArray, double SpeechLenth, double Pitch,double SampleRate, double Formant1, double Formant2, double Formant3)
{
std::vector<double>in_DataLenth(SpeechLenth, 0);
std::vector<double> out1;
std::vector<double> out2;
std::vector<double>points(SpeechLenth, 0);
std::vector<double>indices(SpeechLenth, 0);
```

```
int j = 0;
for (int i = 0; i < SpeechLenth; i + = SampleRate/Pitch)
{
    points[j] = i;
    indices[j] = floor(i);
    j ++;
}
for (int i = 0; i < j; i ++)
{
    in_DataLenth[indices[i]] = indices[i] + 1 - points[i];
    in_DataLenth[indices[i] + 1] = points[i] - indices[i];          //参见式(2-16)
}
double r = exp( -250 * 2 * _pi_/SampleRate);
std::vector < double > a;
std::vector < double > b;
a. push_back(1.0); a. push_back(0); a. push_back( -r * r);
b. push_back(1.0); b. push_back(0); b. push_back(0);
a. shrink_to_fit();
b. shrink_to_fit();
std::vector < double > dataArray = filter(b, a, in_DataLenth);
int bw = 50;
if (Formant1 > 0)
{
    double cft = Formant1/SampleRate;
    double q = Formant1/bw;
    double rho = exp( -_pi_ * cft/q);
    double theta = 2 * _pi_ * cft * sqrt(1 - 1/(4 * q * q));
    double a2 = -2 * rho * cos(theta);                              //参见式(2-23)
    double a3 = rho * rho;
    std::vector < double > a;
    std::vector < double > b;
    a. push_back(1.0); a. push_back(a2); a. push_back(a3);
    b. push_back(1.0 + a2 + a3); b. push_back(0); b. push_back(0);
    a. shrink_to_fit();
    b. shrink_to_fit();
    out1 = filter(b, a, dataArray);                                 //参见式(2-22)
}
if (Formant2 > 0)
{
    double cft = Formant2/SampleRate;
    double q = Formant2/bw;
    double rho = exp( -_pi_ * cft/q);
```

```
        double theta = 2 * _pi_ * cft * sqrt(1 - 1/(4 * q * q));
        double a2 = -2 * rho * cos(theta);                    //参见式(2-23)
        double a3 = rho * rho;
        std::vector < double > a;
        std::vector < double > b;
        a.push_back(1.0); a.push_back(a2); a.push_back(a3);
        b.push_back(1.0 + a2 + a3); b.push_back(0); b.push_back(0);
        a.shrink_to_fit();
        b.shrink_to_fit();
        out2 = filter(b, a, out1);                            //参见式(2-22)
    }
    if (Formant3 > 0)
    {
        double cft = Formant3/SampleRate;
        double q = Formant3/bw;
        double rho = exp(-_pi_ * cft/q);
        double theta = 2 * _pi_ * cft * sqrt(1 - 1/(4 * q * q));
        double a2 = -2 * rho * cos(theta);                    //参见式(2-23)
        double a3 = rho * rho;
        std::vector < double > a;
        std::vector < double > b;

        a.push_back(1.0); a.push_back(a2); a.push_back(a3);
        b.push_back(1.0 + a2 + a3); b.push_back(0); b.push_back(0);
        a.shrink_to_fit();
        b.shrink_to_fit();
        out_dataArray = filter(b, a, out2);                   //参见式(2-22)
    }
}
```

2.3 语音的常用参数

由于人耳听觉系统非常复杂，迄今为止人类对它的生理结构和听觉特性还不能从生理解剖角度完全解释清楚。所以，对人耳听觉特性的研究目前仅限于在心理声学和语言声学。心理声学涵盖了人耳所能接受的声学内容，即声音使人们“感觉如何”，以人的主观感受来评价声音的各种特性。人耳对不同强度、不同频率声音的听觉范围称为声域。在人耳的声域范围内，声音听觉心理的主观感受主要有响度、音高、音色等特征和掩蔽效应、高频定位等特性。其中响度、音高、音色可以在主观上用来描述具有振幅、频率和相位三个物理量的任何复杂的声音，故又称为声音“三要素”。而在多种音源场合，人耳掩蔽效应等特性更重要，它是心理声学的基础。另外，表征声音的其他物理特性还有音长，音长是由振动持续时间的长短决定的，持续的时间长，音则长，反之则短。

图 2-12 表征了不同声音要素的特点。

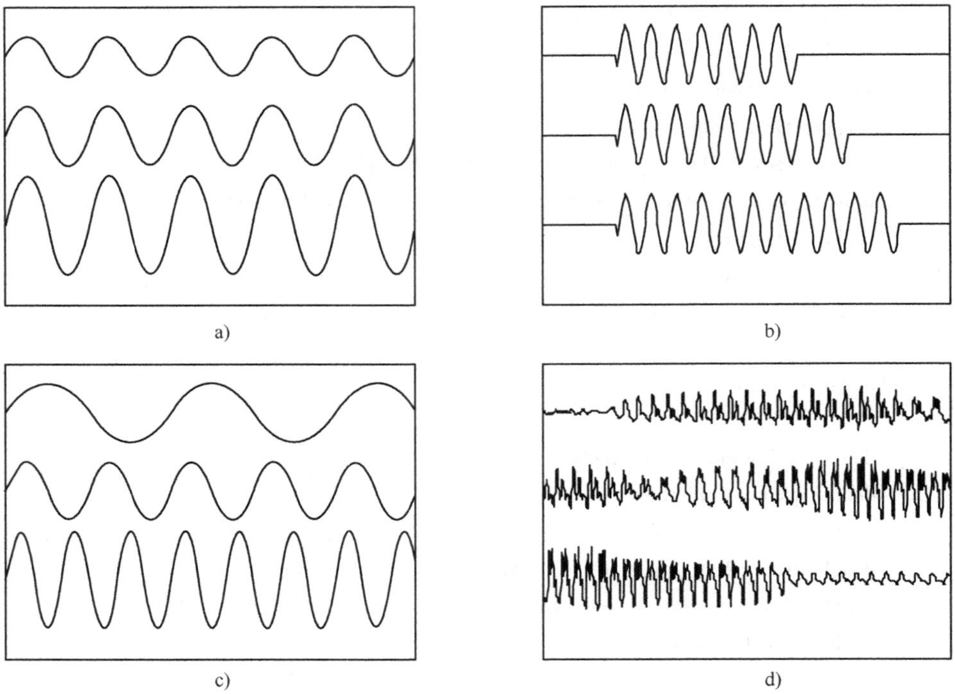

图 2-12　声学的四种物理学要素

a）音强对应振幅大小　b）音强对应声波持续时间　c）音高对应频率高低　d）音质不同时波形有别

2.3.1　强度与响度[C]

强度是一个物理测量值，以 dB IL（声强级）、dB SPL（声压级）、dB HL（听力级）或 dB SL（感觉级）为单位。而响度属于心理范畴即人耳辨别声音由强到弱的等级概念。少量增加一个微弱声音的强度，感觉的响度会增加很大。若想使响的声音更响比使弱的声音更响，需要增加更大的强度。

1. 声压与声压级

声压是定量描述声波的最基本的物理量，它是由于声扰动产生的逾量压强，是空间位置和时间的函数。由于声压的测量比较易于实现，而且通过声压的测量也可以间接求得质点振速等其他声学参量，因此，声压已成为人们最为普遍采用的定量描述声波性质的物理量。通常讲的声压值得是有效声压，即在一定时间间隔内将瞬时声压对时间求均方根值所得。设语音长度为 T，离散点数为 N，则有效声压的计算公式为

$$p_{\mathrm{e}}=\sqrt{\frac{1}{T}\sum_{n=1}^{N}x^{2}\Delta t}=\sqrt{\frac{1}{N\Delta t}\sum_{n=1}^{N}x^{2}\Delta t}=\sqrt{\frac{1}{N}\sum_{n=1}^{N}x^{2}} \tag{2-33}$$

式中，x 表示语音信号的采样点。只要保证所取的点数 N 足够大，即可保证计算的准确性。

声音的有效声压与基准声压之比，取以 10 为底的对数，再乘以 20，即为声压级（Sound Pressure Level，SPL），通常以符号 L_{p} 表示，单位为 dB，即

$$L_p = 20\lg \frac{p_e}{p_{ref}} \tag{2-34}$$

式中，p_e 为待测声压的有效值；p_{ref}为参考声压，在空气中参考声压一般取 20 μPa。

2. 声强与声强级

在物理学中，声波在单位时间内作用在与其传递方向垂直的单位面积上的能量称为声强。日常生活中能听到的声音其强度范围很大，最大和最小之间可达 10^{12}倍。用声强的物理学单位表示声音强弱很不方便。当人耳听到两个强度不同的声音时，感觉的大小大致上与两个声强比值的对数成比例。因此，用对数尺度来表示声音强度的等级，其单位为分贝（dB），即

$$L_I = 10\lg(I/I_0) \tag{2-35}$$

在声学中用 10^{-12} W/m²作为参考声强（I_0）。

声强的计算函数实现

名称：SoundIntensity

定义格式：

```
void SoundIntensity(std::vector<double> &in_dataArray, std::vector<double> &out_dataArray, int nFrames, int nFrameLength, int nFrameInc, int m_window_type)
```

函数功能：计算输入语音信号的声强。

参数说明：

in_dataArray 为输入序列；out_dataArray 为输出声强数据；nFrames 为帧数；nFrameLength 为帧长度；nFrameInc 为帧移；window_type 为窗函数类型（矩形窗、hanning 窗、hamming 窗）。

程序清单：

```
void SoundIntensity(std::vector<double> &in_dataArray, std::vector<double> &out_dataArray, int nFrames, int nFrameLength, int nFrameInc, int m_window_type)
{
std::vector<std::vector<double>> Array2D(nFrames, std::vector<double>(nFrameLength, 0));
DivFrame(in_dataArray, nFrameLength, nFrameInc, Array2D, m_window_type);  //分帧,加窗
double sum;
for (int i=0; i<nFrames; i++)
{
    sum=0;
    for (int j=0; j<nFrameLength; j++)
    {
        sum+=pow(Array2D[i][j], 2);                                    //参见式(2-33)
    }
    out_dataArray[i]=20*log10((sqrt(sum/nFrameLength))/2e-5);         //参见式(2-34)
}
}
```

3. 响度

对于响度的心理感受，一般用单位宋（Sone）来度量，并定义1 kHz、40 dB的纯音的响度为1Sone。响度的相对量称为响度级，它表示的是某响度与基准响度比值的对数值，单位为方（phon），即当人耳感到某声音与1 kHz单一频率的纯音同样响时，该声音声压级的分贝数即为其响度级。可见，无论在客观和主观上，这两个单位的概念是完全不同的，除1 kHz纯音外，声压级的值一般不等于响度级的值，使用中要注意。

响度是听觉的基础。正常人听觉的强度范围为－5～130 dB。固然，超出人耳的可听频率范围的声音，即使响度再大，人耳也听不出来（即响度为零）。但在人耳的可听频域内，若声音弱到或强到一定程度，人耳同样是听不到的。

当声音弱到人的耳朵刚刚可以听见时，此时的声音强度为“听阈”。例如，1 kHz纯音的声强达到10^{-16} W/cm^2（定义成0 dB声强级）时，人耳刚能听到，此时的主观响度级定为零方。实验表明，听阈是随频率变化的。测出的“听阈—频率”曲线如图2-13所示。图中最靠下面的一根曲线叫作“零方等响度级”曲线，也称“绝对听阈”曲线，即在安静环境中，能被人耳听到的纯音的最小值。另一种极端的情况是声音强到使人耳感到疼痛。实验表明，如果频率为1 kHz的纯音的声强级达到120 dB左右时，人的耳朵就感到疼痛，这个阈值称为“痛阈”。对不同的频率进行测量，可以得到“痛阈—频率”曲线，也就是图2-13中最靠上面的一根曲线。这条曲线也就是120方等响度级曲线。

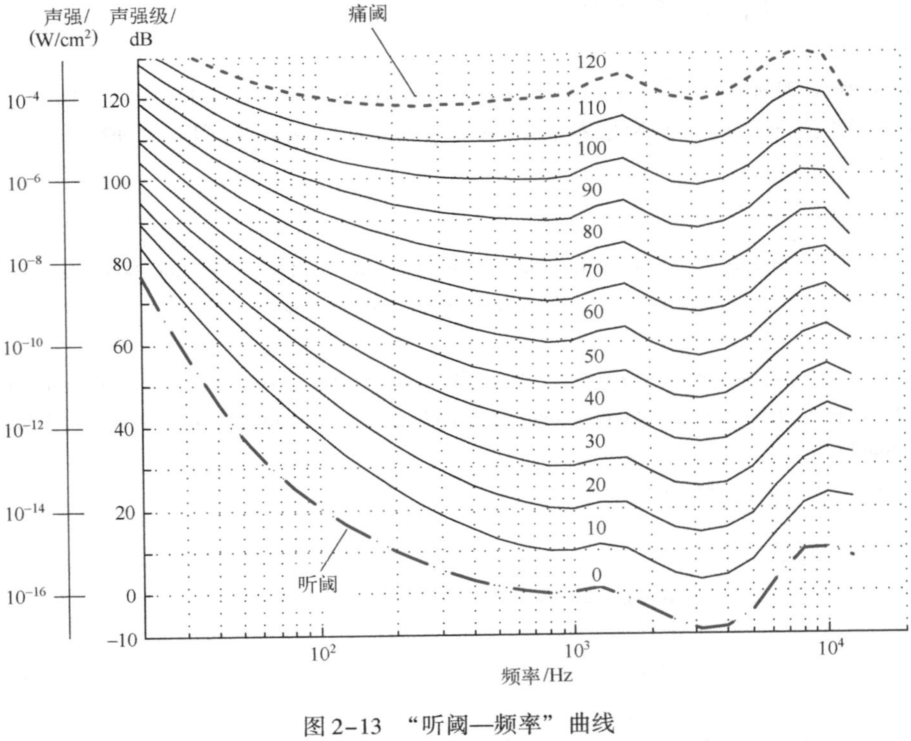

图2-13 “听阈—频率”曲线

在“听阈—频率”曲线和“痛阈—频率”曲线（弗莱彻—芒森曲线）之间的区域就是人耳的听觉范围。这个范围内的等响度级曲线也是用同样的方法测量出来的。通常认为，对于 1 kHz 纯音，0 ~ 20 dB 为宁静声，30 ~ 40 dB 为微弱声，50 ~ 70 dB 为正常声，80 ~ 100 dB 为响音声，110 ~ 130 dB 为极响声。而对于 1 kHz 以外的可听声，在同一级等响度曲线上有无数个等效的声压—频率值，由图 2-13 可以看出，200 Hz 的 30 dB 的声音和 1 kHz 的 10 dB 的声音在人耳听起来具有相同的响度，这就是所谓的“等响”。

小于 0 dB 闻阈和大于 140 dB 痛阈时为不可听声，即使是人耳最敏感频率范围的声音，人耳也觉察不到。人耳对不同频率的声音闻阈和痛阈不一样，灵敏度也不一样。如图 2-13 所示，人耳的痛阈受频率的影响不大，而闻阈随频率变化相当剧烈。人耳对 3 ~ 5 kHz 声音最敏感，幅度很小的声音信号都能被人耳听到，而在低频区（如小于 800 Hz）和高频区（如大于 5 kHz）人耳对声音的灵敏度要低得多。响度级较小时，高、低频声音灵敏度降低较明显，而低频段比高频段灵敏度降低更加剧烈，一般应特别重视加强低频音量。通常 200 ~ 3000 Hz 语音声压级以 60 ~ 70 dB 为宜，频率范围较宽的音乐声压以 80 ~ 90 dB 最佳。

4. 等响度曲线

当不同频率的声音有同样响度的时候，它们的强度并不一定是一样的。这样就产生了等响度曲线，即把不同频率和不同强度的纯音和 1 kHz 的纯音做等响度的配对。对于等响曲线的研究，最早可追溯到 1927 年 Kingsbury 的工作，由于他是对单耳听觉条件下的等响曲线进行的测量，因此受到了一定限制。2003 年，Suzuki 和 Takeshima 根据新近的研究数据对标准等响曲线进行了重新修订，公布了 ISO 226 - 2003 版等响曲线。

根据 ISO 226 - 2003 标准，等响曲线的定义如下。

假设频率为 f 的纯音的响度级为 L_N，则其声压级 L_p 为

$$L_p = \left(\frac{10}{\alpha_f} \cdot \lg A_f - L_U + 94\right) \tag{2-36}$$

这里，

$$A_f = 4.47 \times 10^{-3} \times (10^{0.0025L_N} - 1.15) + [0.4 \times 10^{\left(\frac{T_f + L_U}{10} - 9\right)}]^{\alpha_f} \tag{2-37}$$

式中，T_f 为听力阈值，α_f 为响度感知指数，L_U 为以 1000 Hz 为标准所计算的线性传递函数的幅值。参数的具体数值见表 2-2。

注：式（2-36）的适用范围为 20 ~ 80phon（5 ~ 12.5 kHz）或 90phon（20 ~ 4000 Hz）。

表 2-2　等响度曲线参数表

频率/Hz	α_f	L_U/dB	T_f/dB
20	0.532	-31.6	78.5
25	0.506	-27.2	68.7
31.5	0.48	-23.0	59.5
40	0.455	-19.1	51.1
50	0.432	-15.9	44
63	0.409	-13.0	37.5
80	0.387	-10.3	31.5
100	0.367	-8.1	26.5
125	0.349	-6.2	22.1

（续）

频率/Hz	α_f	L_U/dB	T_f/dB
160	0.33	-4.5	17.9
200	0.315	-3.1	14.4
250	0.301	-2.0	11.4
315	0.288	-1.1	8.6
400	0.276	-0.4	6.2
500	0.267	0	4.4
630	0.259	0.3	3
800	0.253	0.5	2.2
1000	0.25	0	2.4
1250	0.246	-2.7	3.5
1600	0.244	-4.1	1.7
2000	0.243	-1.0	-1.3
2500	0.243	1.7	-4.2
3150	0.243	2.5	-6.0
4000	0.242	1.2	-5.4
5000	0.242	-2.1	-1.5
6300	0.245	-7.1	6
8000	0.254	-11.2	12.6
10000	0.271	-10.7	13.9
12500	0.301	-3.1	12.3

根据计算公式，可以绘制出如图2-13所示的等响度曲线。从图上可知，当声压级在80 dB以上时，各个频率的声压级与响度级的数值就比较接近了，这表明当声压级较高时，人耳对各个频率的声音的感觉基本是一样的。

等响度曲线的计算函数实现

名称：EqualLoudnessCurve

定义格式：

```
void EqualLoudnessCurve(std::vector<double> &af, std::vector<double> &Lu, std::vector<double>
&Tf, double phon, std::vector<double> &Lp)
```

函数功能：计算等响度曲线。

参数说明：

af为响度感知指数；Lu为以1000 Hz为标准所计算的线性传递函数的幅值；Tf为听力阈值；phon为响度级；Lp为输出的等响度数据。

程序清单：

```
void EqualLoudnessCurve(std::vector<double> &af, std::vector<double> &Lu, std::vector<double>
&Tf, double phon, std::vector<double> &Lp)
```

```
{
for ( int i =0; i < af. size( ); i ++ )
{
    double tempAf =4. 47e -3 * ( pow( 10, 0. 025 * phon) -1. 15) + pow( (0. 4 * pow( 10, ( ( Tf[ i ]
+ Lu[ i ] )/10) -9) ), af[ i ] ); //参见式(2-37)
    double tempLp = ( (10/af[ i ] ) * log10( tempAf) ) - Lu[ i ] +94;//参见式(2-36)
    Lp. push_back( tempLp);
}
Lp. shrink_to_fit( );
}
```

2.3.2 频率与音高

以赫兹（Hz）为单位所测得的物理量——频率，在听者来说感知为心理量——音高，即用人的主观感觉来评价所听到的声音是高调还是低调。客观上音高大小主要取决于声波基频的高低，频率高则音调高，反之则低，单位用赫兹（Hz）表示。主观感觉的音高单位是美（Mel），通常定义响度为 40phen 的 1 kHz 纯音的音高为 1000 mel。赫兹与"美"同样是表示音高的两个不同概念而又有联系的单位。主观音高与客观音高的关系是

$$\mathrm{Mel}=2595\lg(1+f/700) \tag{2-38}$$

其中，f 的单位为 Hz。由此可见，这是两个既不相同又有联系的单位。相应的"频率—音高"曲线如图 2-14 所示。

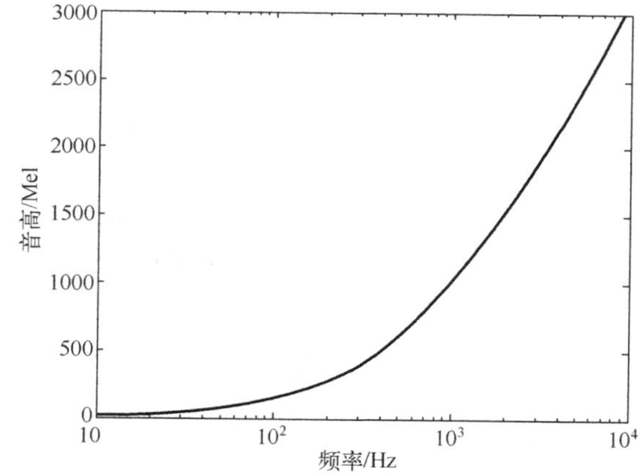

图 2-14 "频率—音高"曲线

人耳对响度的感觉有一个从闻阈到痛阈的范围。响度的测量是以 1 kHz 纯音为基准，同样，音高的测量是以 40 dB 声强的纯音为基准。实验证明，音高与频率之间的变化并非线性关系，除了频率之外，音高还与声音的响度及波形有关。音高的变化与两个频率相对变化的对数成正比。不管原来频率是多少，只要两个 40 dB 的纯音频率都增加 1 个倍频程（即 1 倍），人耳感受到的音高变化则相同。在音乐声学中，音高的连续变化称为滑音，1 个倍频

程相当于乐音提高了一个八度音阶。根据人耳对音高的实际感受，人的语音频率范围可放宽到80 Hz～12 kHz，乐音较宽，效果音则更宽。

测量主观音高时，让实验者听两个声强级为 40 dB 的纯音，固定其中一个纯音的频率，调节另一个纯音的频率，直到他感到后者的音高为前者的两倍，就标定这两个声音的音高差为两倍。实验表明，音高与频率之间也不是线性关系。

2.3.3 音色与音质

音色是指声音的感觉特性。音调的高低取决于发声体振动的频率，响度的大小取决于发声体振动的振幅。不同的发声体由于材料、结构不同，发出声音的音色也就不同。通过音色的不同去分辨不同的发声体，音色是声音的特色，根据不同的音色，即使在同一音高和同一声音强度的情况下，也能区分出是不同乐器或人发出的。

音色又称音品，由声音波形的谐波频谱和包络决定。声音波形的基频所产生的最清楚的音称为基音，各次谐波的微小振动所产生的声音称为泛音。单一频率的音称为纯音，具有谐波的音称为复音。每个基音都有固有的频率和不同响度的泛音，借此可以区别其他具有相同响度和音调的声音。声音波形各次谐波的比例和随时间的衰减大小决定了各种声源的音色特征，其包络是每个周期波峰间的连线，包络的陡缓影响声音强度的瞬态特性。声音的音色色彩纷呈，变化万千，高保真音响的目标就是要尽可能准确地传输、还原重建原始声场的一切特征，使人们其实地感受到诸如声源定位感、空间包围感、层次厚度感等各种临场听感的立体环绕声效果。

需要把音色和音质区别开来。“音质”笼统的意义是声音的品质，但是在音响技术中它包含了三方面的内容：声音的音高，即音频的强度或幅度；声音的音调，即音频的频率或每秒变化的次数；声音的音色，即音频泛音或谐波成分。

从以上主观描述声音的三个主要特征看，人耳的听觉特性并非完全线性。声音传到人的耳内经处理后，除了基音外，还会产生各种谐音及它们的和音和差音，并不是所有这些成分都能被感觉。人耳对声音具有接收、选择、分析、判断响度、音高和音品的功能，例如，人耳对高频声音信号只能感受到对声音定位有决定性影响的时域波形的包络（特别是变化快的包络在内耳的延时），而感觉不出单个周期的波形和判断不出频率非常接近的高频信号的方向；以及对声音幅度分辨率低，对相位失真不敏感等。这些涉及心理声学和生理声学方面的复杂问题。

2.4 语音信号的数字化

语音信号的数字化一般包括放大及增益控制、反混叠滤波、采样、A/D 转换及编码（一般就是 PCM 码），如图 2-15 所示。

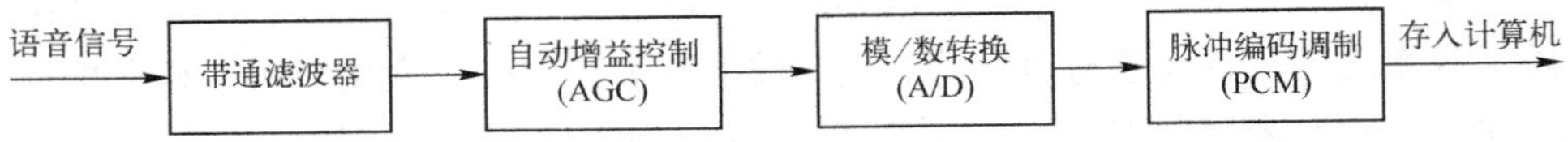

图 2-15　语音信号的数字化过程框图

预滤波的目的有两个：①抑制输入信号各频域分量中频率超出 $f_S/2$ 的所有分量（f_S 为采样频率），以防止混叠干扰。②抑制 50 Hz 的电源工频干扰。这样，预滤波器必须是一个带通滤波器，设其上、下截止频率分别是 f_H 和 f_L，则对于绝大多数语音编译码器，$f_H=3400$ Hz、$f_L=60\sim100$ Hz、采样率为 $f_S=8$ kHz；而对于语音识别而言，当用于电话用户时，指标与语音编译码器相同。在使用要求较高或很高的场合，$f_H=4500$ Hz 或 8000 Hz、$f_L=60$ Hz、$f_S=10$ kHz 或 20 kHz。语音信号经过预滤波和采样后，由 A/D 转换器转换为二进制数字码。

A/D 转换中要对信号进行量化，量化不可避免地会产生误差。量化后的信号值与原信号值之间的差值称为量化误差，又称为量化噪声。若信号波形的变化足够大或量化间隔 Δ 足够小，可以证明量化噪声符合具有下列特征的统计模型：①它是平稳的白噪声过程。②量化噪声与输入信号不相关。③量化噪声在量化间隔内均匀分布，即具有等概率密度分布。

若用 σ_x^2 表示输入语音信号序列的方差，$2X_{max}$ 表示信号的峰值，B 表示量化字长，σ_e^2 表示噪声序列的方差，则可证明量化信噪比 SNR（信号与量化噪声的功率比）为

$$\mathrm{SNR(dB)}=10\lg\left(\frac{\sigma_x^2}{\sigma_e^2}\right)=6.02B+4.77-20\lg\left(\frac{X_{max}}{\sigma_x}\right) \tag{2-39}$$

假设语音信号的幅度服从拉普拉斯分布，此时信号幅度超过 $4\sigma_x$ 的概率很小，只有 0.35%，因而可取 $X_{max}=4\sigma_x$，则使式（2-39）变为

$$\mathrm{SNR(dB)}=6.02B-7.2 \tag{2-40}$$

上式表明量化器中每 bit 字长对 SNR 的贡献约为 6 dB。当 $B=7$ bit 时，SNR = 35 dB。此时量化后的语音质量能满足一般通信系统的要求。然而，研究表明，语音波形的动态范围达 55 dB，故 B 应取 10 bit 以上。为了在语音信号变化的范围内保持 35 dB 的信噪比，常用 12 bit 来量化，其中附加的 5 bit 用于补偿 30 dB 左右的输入动态范围的变化。

A/D 转换器分为线性和非线性两类。目前采用的线性 A/D 转换器绝大部分是 12 位的（即每一个采样脉冲转换为 12 位二进制数字）。非线性 A/D 转换器则是 8 位的，它与 12 位线性转换器等效。有时为了后续处理，要将非线性的 8 位码转换为线性的 12 位码。

数字化的反过程就是从数字化语音中重构语音波形。由于进行了以上处理，所以在接收语音信号之前，必须在 D/A 后加一个平滑滤波器，对重构的语音波形的高次谐波起平滑作用，以去除高次谐波失真。事实上，预滤波、采样、A/D 和 D/A 转换、平滑滤波等许多功能可以用一块芯片来实现，在市场上能购到各种这样的实用芯片。

2.5 语音信号的表征

2.5.1 时域表示

在时间域里，语音信号可以直接用它的时域波形表示出来，通过观察时域波形可以看出语音信号的一些重要特性。图 2-16 是汉语拼音“sou ji”的时间波形。该段语音波形的采样

频率为 16 kHz，量化精度为 16 bit。图中用点线将时域波形分为四段，分别表示单音节［s］、［ou］、［j］、［i］的波形。由于在时域波形里各个单音节间不好明显地分界，因此，图中的分段只是粗略的。观察语音信号时间波形的特性，可以通过对语音波形的振幅和周期性来观察不同性质的音素的差别。

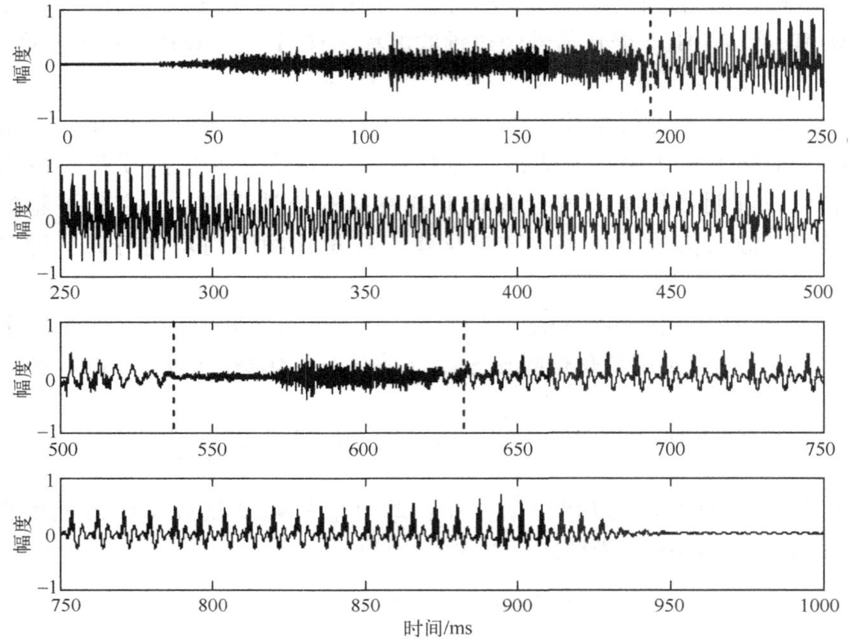

图 2-16　汉语拼音“sou ji”的时间波形

从图 2-16 可以看出，清辅音［s］、［j］和元音［ou］、［i］这两类音的时间波形有很大区别。因为音节［s］和音节［k］都是清辅音，所以它们的波形类似于白噪声，振幅很小，没有明显的周期性。而元音［ou］和［i］都具有明显的周期性，且振幅较大。该周期对应的就是声带振动的频率，即基音频率，是声门脉冲的间隔。如果考察其中一小段元音语音波形，一般可从它的频谱特性大致看出其共振峰特性。

2.5.2　频谱表示

语音信号属于短时平稳信号，一般认为在 10～30 ms 内语音信号特性基本上是不变的，或者变化很缓慢。因此可以从中截取第 n 段信号 x_n 进行频谱分析，计算的对数谱可以表示为

$$Y=20\log|\mathrm{FFT}(x_n(m)w(m))|=20\log\left|\sum_{m=0}^{N-1}x_n(m)w(m)\mathrm{e}^{-\mathrm{j}wm}\right| \tag{2-41}$$

此处，$w(m)$代表窗函数。本例选择汉明窗，可以使信号更加连续，避免出现吉布斯效应。此外，还可以使原本没有周期性的语音信号呈现出周期函数的部分特征。图 2-17 为按式(2-41) 计算的音素［ou］的对数谱。样本长度为256。因为采样率为 8 kHz，所以该语音段的持续时间为 32 ms。为了提高频率分辨率，本例采用附加零点的方法将信号长度延长一倍。从音素［ou］的频谱图上能直接看出浊音的基音频率及谐波频率。在 0～3 kHz 之间几乎有

12 个峰点，因此基音频率约为 250 Hz。通过对比观察时域波形图中［ou］的周期之间的距离可以证明这里的推算是正确的。在图 2-17 中，350～400 ms 之间大约有 12.5 个周期，由此可以估计周期约为 250 Hz，这两种结果是相当一致的。另外，图 2-17 显示出频谱中有几个明显的凸起点，对应的频率点就是共振峰频率，表明元音频谱具有明显的共振峰特性。

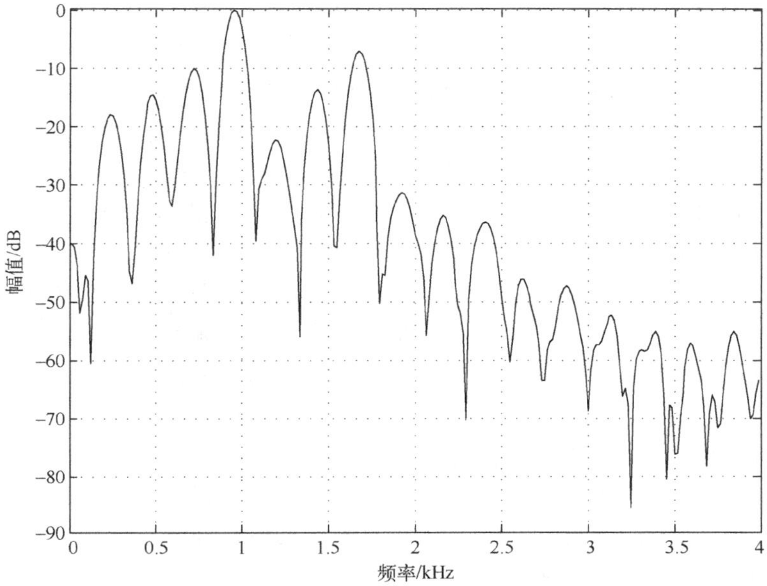

图 2-17　元音［ou］的频谱图

同时，清辅音［j］的对数谱显示在图 2-18 中，可以看出频谱峰点之间的间隔是随机的，表明清辅音［j］中没有周期分量，这与其时域波形也是一样的。

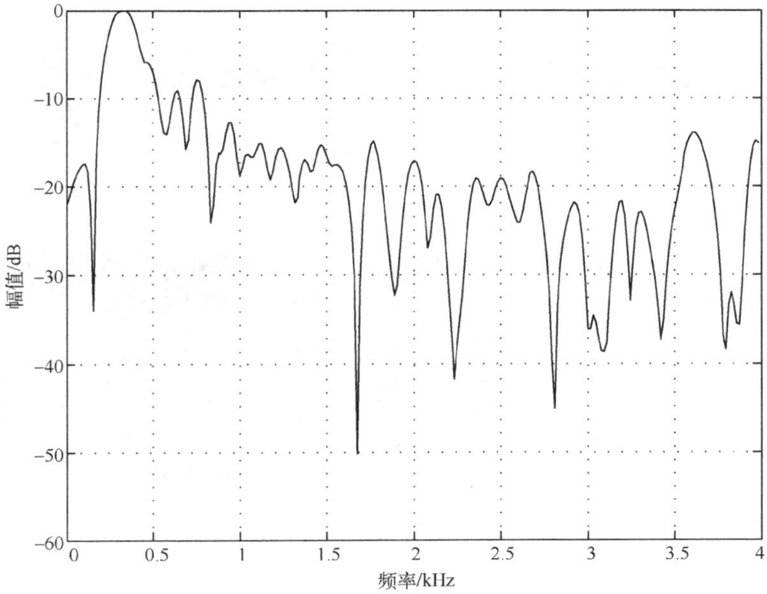

图 2-18　清辅音［j］的频谱图

本节只是对语音信号进行简要分析，详细的语音信号频谱分析方法将在第3章介绍。

2.5.3 语谱图

语音的时域分析和频域分析是语音分析的两种重要方法。但是，这两种单独分析的方法均有局限性：时域分析对语音信号的频率特性没有直观的了解；而频域分析出的特征中又没有语音信号随时间的变化关系。语音信号是时变信号，所以其频谱也是随时间变化的。但是由于语音信号随时间变化是很缓慢的，因而在一段短时间内（如10～30 ms之间，即所谓的一帧之内）可以认为其频谱是固定不变的，这种频谱又称为短时谱。短时谱只能反映语音信号的静态频率特性，不能反映语音信号的动态频率特性。因此，人们致力于研究语音的时频分析特性，把和时序相关的傅里叶分析的显示图形称为语谱图。语谱图是一种三维频谱，它是表示语音频谱随时间变化的图形，其纵轴为频率，横轴为时间，任一给定频率成分在给定时刻的强弱用相应点的灰度或色调的浓淡来表示。用语谱图分析语音又称为语谱分析。语谱图中显示了大量与语音的语句特性有关的信息，它综合了频谱图和时域波形的特点，明显地显示出语音频谱随时间的变化情况，或者说是一种动态的频谱。

语谱图的实际应用之一是可用于确定不同的讲话人。语谱图上因其不同的黑白程度，形成了不同的纹路，称之为“声纹”，它因人而异，即不同讲话者语谱图的声纹是不同的。因而可以利用声纹鉴别不同的讲话人。这与不同的人有不同的指纹，根据指纹可以区别不同的人是一个道理。虽然对采用语谱图的讲话人识别技术的可靠性还存在相当大的怀疑，但目前这一技术已在司法法庭中得到某些认可及采用。

图2-19为语句“zhao ci bai di cai yun jian”（朝辞白帝彩云间）的语谱图，其中横轴坐标为时间，纵轴坐标为频率。语谱图中的花纹有横杠、乱纹和竖直条等。横杠是与时间轴平

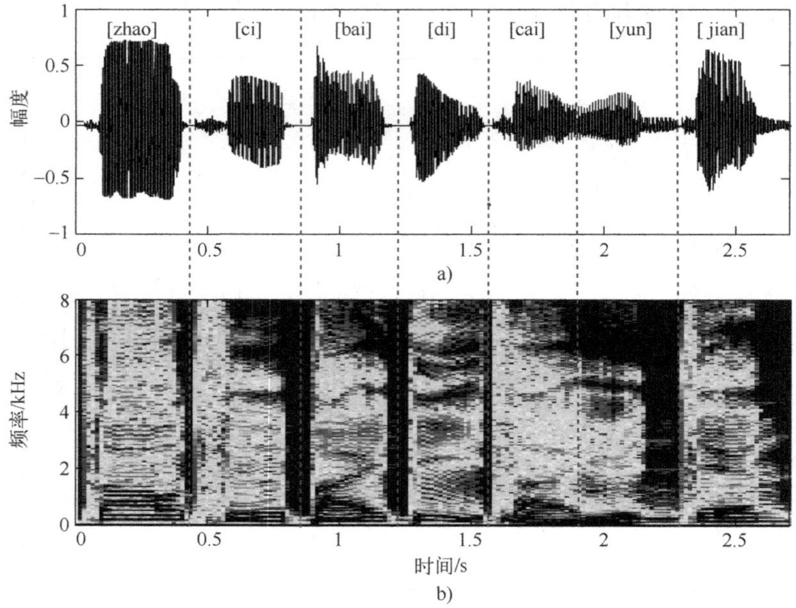

图2-19 “朝辞白帝彩云间”的语谱图

a）时域波形 b）语谱图

行的几条深黑色带纹，它们相应于短时谱中的几个凸出点，也就是共振峰。从横杠对应的频率和宽度可以确定相应的共振峰频率和带宽。在一个语音段的语谱图中，有没有横杠出现是判断它是否是浊音的重要标志。竖直条是语谱图中出现与时间轴垂直的一条窄黑条。每个竖直条相当于一个基音，条纹的起点相当于声门脉冲的起点，条纹之间的距离表示基音周期。条纹越密表示基音频率越高。元音一般对应横杠，如图中［ao］、［ai］等，指示了共振峰的存在。清辅音从语谱图上看，表现为乱纹，如图中［c］、［j］等，乱纹的深浅和上下限反映了噪声能量在频域中的分布。

2.6　思考与复习题

1. 人的发音器官有哪些？人耳听觉外周和听觉中枢的功能是什么？

2. 人耳听觉的掩蔽效应分为哪几种？掩蔽效应对研究语音信号处理系统有什么启示？

3. 根据发音器官和语音产生机理，语音生成系统可分成哪个部分？各有什么特点？

4. 语音信号的数学模型包括哪些子模型？激励模型是怎样推导出来的？辐射模型又是怎样推导出来的？它们各属于什么性质的滤波器？

5. 什么是声强和声压？它们之间有什么关系？

6. 什么是响度？它是如何定义的？

7. 什么是音高？它与频率的关系如何？

8. 在语音信号参数分析前为什么要进行预处理，有哪些预处理过程？

9. 语谱图有何特点？为什么采用语谱图来表征语音信号？

10. 试编写语音信号对数谱的 C++ 函数，并结合附录的程序编程进行验证。

第 3 章　语音信号分析方法

3.1　概述

语音信号分析是语音信号处理的前提和基础，只有分析出最代表语音信号本质特征的参数，才能有效利用这些参数进行语音信号处理。比如，语音合成的音质好坏，语音识别率的高低，都取决于对语音信号分析的准确性和精确性。因此，语音信号分析在语音信号处理应用中具有举足轻重的地位。

贯穿于语音分析全过程的是“短时分析技术”。因为，语音信号从整体来看其特性及表征其本质特征的参数均是随时间而变化的，所以它是一个非平稳态过程，不能用处理平稳信号的数字信号处理技术对其进行分析处理。但是，由于不同的语音是由人的口腔肌肉运动构成声道某种形状而产生的响应，而这种口腔肌肉运动相对于语音频率来说是非常缓慢的。因此，虽然语音信号具有时变特性，但是在一个短时间范围内（一般认为在 10～30 ms 的短时间内），其特性基本保持不变即相对稳定。所以，在短时间范围内可以将语音信号看作是一个准稳态过程，即短时平稳性。任何语音信号的分析和处理必须建立在“短时”基础上，即进行“短时分析”，将语音信号分为一段一段来分析其特征参数。通常，每一段被称为一“帧”，帧长一般取 10～30 ms。此时，对于整体的语音信号来讲，分析出得到的参数应该是由每一帧特征参数组成的特征参数时间序列。

根据所分析出的参数的性质的不同，语音信号分析可分为时域分析、频域分析、倒谱域分析和线性预测分析等。本章主要介绍了相关分析方法的一些基本参数和理论。

3.2　语音信号预处理

3.2.1　分帧与加窗[C]

对于语音信号处理来说，一般每秒约取 33～100 帧，视实际情况而定。分帧虽然可以采用连续分段的方法，但一般采用如图 3-1 所示的交叠分段的方法，这是为了保证帧与帧之间平滑过渡，保持其连续性。前一帧和后一帧的交叠部分称为帧移。帧移与帧长的比值一般取为 0～1/2。分帧是用可移动的有限长度窗口进行加权的方法来实现的，即用一定的窗函数来乘以语音信号。

设语音波形时域信号为 $x(m)$、加窗分帧处理后得到的第 n 帧语音信号为 $x_n(m)$，则 $x_n(m)$ 满足下式：

$$x_n(m) = w(m)x(n+m) \qquad 0 \leqslant m \leqslant N-1 \tag{3-1}$$

此处，N 代表帧长。在语音信号数字处理中常用的窗函数 $w(m)$ 有矩形窗、汉明窗和汉宁窗等，表达式如下：

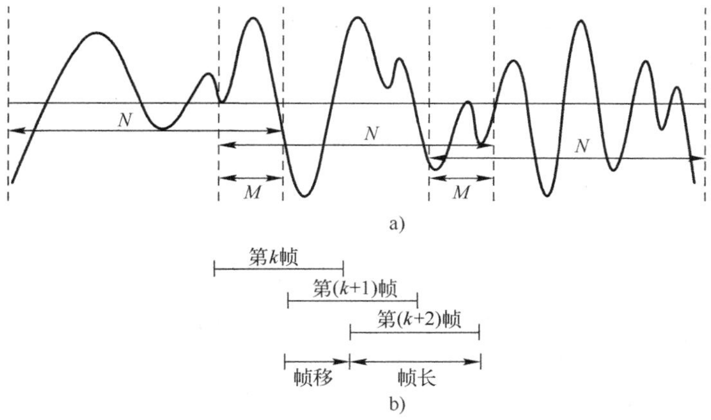

图 3-1　语音分帧示例
a) N 为帧长，M 为帧间重叠长度　b) 帧长和帧移

1) 矩形窗：

$$w(n)=\begin{cases}1, & 0\leqslant n\leqslant N-1\\ 0, & n=\text{其他}\end{cases} \tag{3-2}$$

2) 汉宁窗：

$$w(n)=\begin{cases}0.5(1-\cos(2\pi n/(N-1))), & 0\leqslant n\leqslant N-1\\ 0, & n=\text{其他}\end{cases} \tag{3-3}$$

3) 汉明窗：

$$w(n)=\begin{cases}0.54-0.46\cos[2\pi n/(N-1)], & 0\leqslant n\leqslant N-1\\ 0, & n=\text{其他}\end{cases} \tag{3-4}$$

此处，N 代表窗口长度。对应的时域波形如图 3-2 所示。

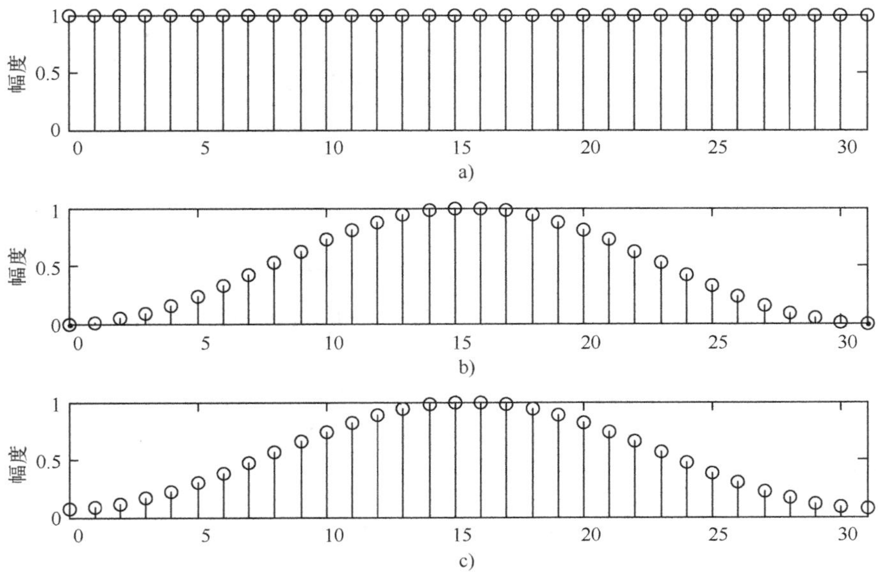

图 3-2　三种窗函数的时域波形

从图中可知，不同窗函数 $w(n)$ 的形状差别比较大，因此对于短时分析参数的特性影响很大。选择合适的窗口可使短时参数更好地反映语音信号的特性变化。此外，窗函数的长度也是一个关键参数。

1. 窗口的形状

虽然不同的短时分析方法以及求取不同的语音特征参数可能对窗函数的要求不尽一样，但一般来讲，一个好的窗函数的标准是：在时域，由于是语音波形乘以窗函数，所以要减小时间窗两端的坡度，使窗口边缘两端不引起急剧变化而平滑过渡到零，从而以使截取出的语音波形缓慢降为零，减小语音帧的截断效应；在频域，窗函数要有较宽的 3 dB 带宽以及较小的边带最大值。此处以典型的三种窗函数为例进行比较，其他窗函数可参阅有关书籍。

1）对于矩形窗来说，式（3-2）对应的数字滤波器的频率响应为

$$W_R(w)=\sum_{n=0}^{N-1}e^{-jwnT}=\frac{\sin(NwT/2)}{\sin(wT/2)}e^{-jwT(N-1)/2} \tag{3-5}$$

该响应具有线性的相位—频率特性，其频率响应的第一个零值所对应的频率为 f_s/N。这里，f_s 为采样频率。

2）对于汉宁窗来说，其对应的数字滤波器的频率响应为

$$W_{Han}(w)=0.5W_R(w)+0.25\left[W_R\left(w-\frac{2\pi}{N-1}\right)+W_R\left(w+\frac{2\pi}{N-1}\right)\right] \tag{3-6}$$

由式（3-6）可知，汉宁窗的频谱由三部分矩形窗频谱相加而得，旁瓣可互相抵消，从而使能量集中在主瓣，主瓣宽度增加 1 倍。

3）对于汉明窗来说，其对应的数字滤波器的频率响应为

$$W_{Ham}(w)=0.54W_R(w)+0.23\left[W_R\left(w-\frac{2\pi}{N-1}\right)+W_R\left(w+\frac{2\pi}{N-1}\right)\right] \tag{3-7}$$

汉明窗是对汉宁窗的改进，在主瓣宽度（对应第一零点的宽度）相同的情况下，旁瓣进一步减小，可使 99.96% 的能量集中在主瓣内。

三种窗函数的主要性能对比如表 3-1 所示。

表 3-1　矩形窗与汉明窗的比较

窗　类　型	旁瓣峰值	主瓣宽度	最小阻带衰减
矩形窗	-13	$4\pi/N$	-21
汉宁窗	-31	$8\pi/N$	-44
汉明窗	-41	$8\pi/N$	-53

从表 3-1 可知，汉宁窗和汉明窗的主瓣宽度比矩形窗大一倍，即带宽约增加一倍，同时其带外衰减也比矩形窗大一倍多。矩形窗的谱平滑性能较好，但损失了高频成分，使波形细节丢失；而汉宁窗和汉明窗则相反。从此点来看，后两种窗函数比矩形窗更为合适。因此，对语音信号的短时分析来说，窗口的形状是至关重要的。选用不同的窗口，将使时域分析的一些参数结果不同。

窗函数的函数实现

名称：window

定义格式：

```
void window(std::vector<double> &in_out_window, int window_type)
```

函数功能：获得指定的窗函数。

参数说明：

in_out_window 为窗函数数据；window_type 为窗函数类型（矩形窗，hanning 窗，hamming 窗）。

程序清单：

```
void window(std::vector<double>&in_out_window, int window_type)
{
int nFrameLength = in_out_window.size();
for (int i=0; i<nFrameLength; i++)
{
    if (window_type == WindowHanning)
    {in_out_window[i] =0.5 -0.5 * cos((2 * double(i)/(nFrameLength-1) -1) * pi); }
                                                                    //参见式(3-3)
    else if (window_type == WindowHamming)
    {in_out_window[i] =0.54 -0.46 * cos((2 * double(i)/(nFrameLength-1) -1) * pi); }
                                                                    //参见式(3-4)
    else
    {in_out_window[i] =1; }                    //参见式(3-2)
}
```

2. 窗口的长度

采样周期 $T_s = 1/f_s$、窗口长度 N 和频率分辨率 Δf 之间存在下列关系：

$$\Delta f = \frac{1}{NT_s} \tag{3-8}$$

可见，采样周期一定时，Δf 随窗口宽度 N 的增加而减小，即频率分辨率相应得到提高，但同时时间分辨率降低；如果窗口取短，频率分辨率下降，而时间分辨率提高。因而，频率分辨率和时间分辨率是矛盾的，应该根据不同的需要选择合适的窗口长度。对于时域分析来讲，如果 N 很大，则它等效于很窄的低通滤波器，语音信号通过时，反映波形细节的高频部分被阻碍，短时能量随时间变化很小，不能真实的反映语音信号的幅度变化；反之，N 太小时，滤波器的通带变宽，短时能量随时间有急剧的变化，不能得到平滑的能量函数。

此外，窗口长度的选择更重要的是要考虑语音信号的基音周期。通常认为在一个语音帧内应包含 1～7 个基音周期。然而，不同人的基音周期变化很大，从女性和儿童的 2 ms 到老年男子的 14 ms（即基音频率的变化范围为 500～70 Hz），所以 N 的选择比较困难。通常在 8 kHz 取样频率下，N 折中选择为 80～160 点为宜（即 10～20 ms 持续时间）。

经过分帧处理后，语音信号就被分割成一帧一帧的加窗短时信号，然后再把每一个短时语音帧看成平稳的随机信号，利用数字信号处理技术来提取语音特征参数。在进行处理时，按帧从数据区中取出数据，处理完成后再取下一帧，最后得到由每一帧参数组成的语音特征参数的时间序列。因此，在对一个语音信号处理系统进行性能评价时，作为语音参数分析条件，采用的窗函数、帧长和帧移等参数都必须交代清楚以供参考。

信号分帧的函数实现

名称：DivFrame

定义格式：

```
void DivFrame ( std:: vector < double > &InputVoice, std:: vector < std:: vector < double >> &OutputVoice, int nFrameLength, int nFrameInc, int window_type)
```

函数功能：对输入语音数据分帧。

参数说明：

InputVoice 为输入语音序列；OutputVoice 为分帧后数据；nFrameLength 为帧长度；nFrameInc 为帧移；window_type 为窗函数类型（矩形窗、hanning 窗、hamming 窗）。

程序清单：

```
void DivFrame ( std:: vector < double > &InputVoice, std:: vector < std:: vector < double >>
&OutputVoice,int nFrameLength, int nFrameInc, int window_type)
{
int nSampleLength = InputVoice. size( );                                        //采样数据长度
int n_Frames = ceil( double( nSampleLength - nFrameLength) /nFrameInc) + 1;  //计算帧数
std: :vector < double > filter( nFrameLength) ;
window( filter, window_type) ;                                                  //计算窗函数
for (int i = 0; i < n_Frames; i ++ )
{

    for (int j = 0; j < nFrameLength; j ++ )
    {
        if (i * nFrameInc + j  < nSampleLength)
            OutputVoice[ i] [ j] = InputVoice[ i * nFrameInc + j]  *  filter[ j]; //对帧内数据加窗
        else
            OutputVoice[ i] [ j] = 0;
    }
}
}
```

3.2.2 消除趋势项和直流分量

1. 消除趋势项误差

在采集语音信号数据的过程中，由于测试系统的某些原因在时间序列中会产生的一个线性的或者慢变的趋势误差，例如放大器随温度变化产生的零漂移，传声器低频性能的不稳定或传声器周围的环境干扰，总之使语音信号的零线偏离基线，甚至偏离基线的大小还会随时间变化。零线随时间偏离基线被称为信号的趋势项。趋势项误差的存在，会使相关函数、功率谱函数在处理计算中出现变形，甚至可能使低频段的谱估计完全失去真实性和正确性，所以应该将其去除。一般情况下测量被测物体的加速度比测量位移和速度方便得多。但由于信号中含有长

周期趋势项，在对数据进行二次积分时得到的结果可能完全失真，因此消除长周期趋势项是振动信号预处理的一项重要任务。直流分量的消除比较简单，即减去语音信号的平均项即可。而对于线性趋势项或多项式趋势项，常用的消除趋势项的方法是用多项式最小二乘法。

设实测语音信号的采样数据为$\{x_k\}(k=1,2,3,\cdots,n)$，$n$ 为样本总数，由于采样数据是等时间间隔的，为简化起见，令采样时间间隔 $\Delta t=1$。用一个多项式函数 $\hat{x}_k$ 表示语音信号中的趋势项：

$$\hat{x}_k=a_0+a_1k+a_2k^2+\cdots+a_mk^m=\sum_{j=0}^{m}a_jk^j(k\in[1,n]) \tag{3-9}$$

为了确定系数 a_j，令函数 $\hat{x}_k$ 与离散数据 x_k 的误差二次方和为最小，即

$$E=\sum_{k=1}^{n}(\hat{x}_k-x_k)^2=\sum_{k=1}^{n}\left(\sum_{j=0}^{m}a_jk^j-x_k\right)^2 \tag{3-10}$$

对 E 求偏导，得

$$\frac{\partial E}{\partial a_i}=2\sum_{k=1}^{n}k^i\left(\sum_{j=0}^{m}a_jk^j-x_k\right)=0,\quad i\in[0,m] \tag{3-11}$$

依次对 a_i 求偏导，可得 $m+1$ 元线性方程组

$$\sum_{k=1}^{n}\sum_{j=0}^{m}a_jk^{j+i}-\sum_{k=1}^{n}x_kk^i=0,\quad i\in[0,m] \tag{3-12}$$

通过解方程组求出 $m+1$ 个待定系数 a_j。各式中，m 为设定的多项式阶次。

当 $m=0$ 时求得的趋势项为常数，有

$$\sum_{k=1}^{n}a_0k^0-\sum_{k=1}^{n}x_kk^0=0 \tag{3-13}$$

解方程得

$$a_0=\frac{1}{n}\sum_{k=1}^{n}x_k \tag{3-14}$$

由此可知，当 $m=0$ 时的趋势项为信号采样数据的算术平均值，也就是直流分量。消除常数趋势项的计算公式为

$$y_k=x_k-\hat{x}_k=x_k-a_0 \tag{3-15}$$

当 $m=1$ 时为线性趋势项，有

$$\begin{cases}\sum_{k=1}^{n}a_0k^0+\sum_{k=1}^{n}a_1k-\sum_{k=1}^{n}x_kk^0=0\\ \sum_{k=1}^{n}a_0k+\sum_{k=1}^{n}a_1k^2-\sum_{k=1}^{n}x_kk=0\end{cases} \tag{3-16}$$

解方程组得

$$\begin{cases}a_0=\dfrac{2(2n+1)\sum_{k=1}^{n}x_k-6\sum_{k=1}^{n}x_kk}{n(n-1)}\\ a_1=\dfrac{12\sum_{k=1}^{n}x_kk-6(n-1)\sum_{k=1}^{n}x_k}{n(n-1)(n+1)}\end{cases} \tag{3-17}$$

消除线性趋势项的计算公式为

$$y_k = x_k - \hat{x}_k = x_k - (a_0 + a_1 k) \tag{3-18}$$

当 $m \geqslant 2$ 时为曲线趋势项。在实际语音信号数据处理中，通常取 $m=1 \sim 3$ 来对采样数据进行多项式趋势项消除的处理。图 3-3 为多项式趋势项消除的范例。

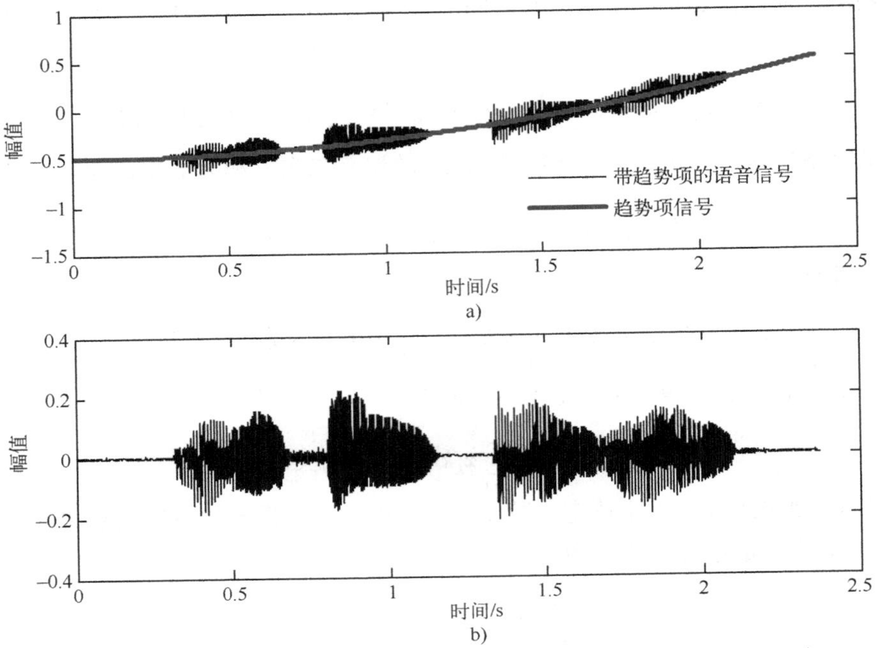

图 3-3　消除趋势项效果图

2. 数字滤波器

在采集语音信号时，交流隔离不好常会将工频 50 Hz 的交流声混入到语音信号中，因此需要采用高通滤波器滤除工频干扰；此外，由于基音的频率较低，通常位于 60～450 Hz 之间。因此，在基音提取算法中，为了抗干扰，常设计低通滤波器来提取低频段信号。本节不讨论数字滤波器的理论实现，所需知识可参考相关数据，只列出相关的 MATLAB 函数供大家参考学习。

常用的经典 IIR 数字滤波器包含巴特沃斯滤波器、切比雪夫 I 型滤波器、切比雪夫 II 型滤波器和椭圆滤波器四类。基于 MATLAB 的数字滤波器设计步骤如下。

（1）根据设计指标确定滤波器参数

滤波器的设计指标包括：通带截止频率 Wp 和阻带截止频率 Ws，其取值范围为 0～1 之间，当其值为 1 时代表采样频率的一半。通带和阻带区的波纹系数分别是 Rp 和 Rs。

不同类型（高通、低通、带通和带阻）滤波器对应的 Wp 和 Ws 值遵循以下规则：

1）高通滤波器：Wp 和 Ws 为一元矢量且 Wp > Ws。

2）低通滤波器：Wp 和 Ws 为一元矢量且 Wp < Ws。

3）带通滤波器：Wp 和 Ws 为二元矢量且 Wp < Ws，如 Wp = [0.2,0.7]，Ws = [0.1,0.8]。

4）带阻滤波器：Wp 和 Ws 为二元矢量且 Wp > Ws，如 Wp = [0.1,0.8]，Ws = [0.2,0.7]。

常用的滤波器函数有以下几种。

1）巴特沃斯滤波器：[n,Wn] = buttord(Wp,Ws,Rp,Rs)；

2）切比雪夫 I 型滤波器：[n,Wn] = cheb1ord（Wp,Ws,Rp,Rs)；

3）切比雪夫 II 型滤波器：[n,Wn] = cheb2ord(Wp,Ws,Rp,Rs)；

4）椭圆滤波器：[n,Wn] = ellipord(Wp,Ws,Rp,Rs)。

其中，n 代表滤波器阶数，Wn 为滤波器的截止频率（无论高通、带通还是带阻滤波器在设计中最终都等效于一个低通滤波器）。

（2）采用 MATLAB 函数设计数字滤波器

数字滤波器设计函数包括以下几种。

1）巴特沃斯滤波器：[n,Wn] = butter(n,Wn,'ftype')；

2）切比雪夫 I 型滤波器：[n,Wn] = cheby1(n,Rp,Wn,'ftype')；（通带等波纹）

3）切比雪夫 II 型滤波器：[n,Wn] = cheby2(n,Rs,Wn,'ftype')；（阻带等波纹）

4）椭圆滤波器：[n,Wn] = ellip(n,Rp,Rs,Wn,'ftype')；

这里，'ftype'的取值包括'high'，'low'，'stop'，分别指代高通、低通和带阻（通）。

3.2.3 预加重与去加重

对于语言和音乐来说，其功率谱随频率的增加而减小，其大部分能量集中在低频范围内，这就造成语音信号高频端的信噪比可能降到不能容许的程度。此外，由于语音信号中较高频率分量的能量小，很少有足以产生最大频偏的幅度，因此产生最大频偏的信号幅度多数是由信号的低频分量引起。而调频系统的传输带宽是由需要传送的消息信号（调制信号）的最高有效频率和最大频偏决定的，所以调频信号并没有充分占用给予它的带宽。但是，接收端输入的噪声频谱却占据了整个调频带宽，即鉴频器输出端的噪声功率谱在较高频率上已被加重了。

为了抵消这种不希望有的现象，在调频系统中普遍采用一种叫作预加重和去加重措施，其中心思想是利用信号特性和噪声特性的差别来有效地对信号进行处理。在噪声引入之前采用适当的网络（预加重网络），人为地加重（提升）输入调制信号的高频分量。然后在接收机鉴频器的输出端，再进行相反的处理，即采用去加重网络把高频分量去加重，恢复原来的信号功率分布。在去加重过程中，同时也减小了噪声的高频分量，但是预加重对噪声并没有影响，因此有效地提高了输出信噪比。很多信号处理都使用这个方法，对高频分量电平提升（预加重）然后记录（调制、传输），播放（解调）时对高频分量衰减（去加重）。录音带系统中的杜比系统是个典型的例子。假设信号高频分量为 10，经记录后，再播放时，引入的磁带本底噪声为 1，那么还原出来信号高频段信噪比为 10:1；如果在记录前对信号的高频分量提升，假设提升为 20，经记录后再播放时，引入的磁带本底噪声为 1。假设此时的信噪比依然是 10:1，但是由于高频分量是被提升的，在对高频分量进行衰减的同时，磁带本底噪声也被衰减，即将信号高频分量衰减还原到原来的 10 时，本底噪声也被降低到 0.5。

常用所谓“预加重技术”是在取样之后，插入一个一阶的高通滤波器，实验效果如

图 3-4 所示。常用的预加重因子为 $1-\frac{R(1)}{R(0)}z^{-1}$。这里，$R(n)$ 是语音信号 $s(n)$ 的自相关函数。对于浊音来说，通常 $R(1)/R(0)\approx1$；而对于清音，该值可取得很小。在语音播放时再进行“去加重”处理，即预加重的反处理，对应的去加重因子为 $1\Big/\left(1-\frac{R(1)}{R(0)}z^{-1}\right)$。

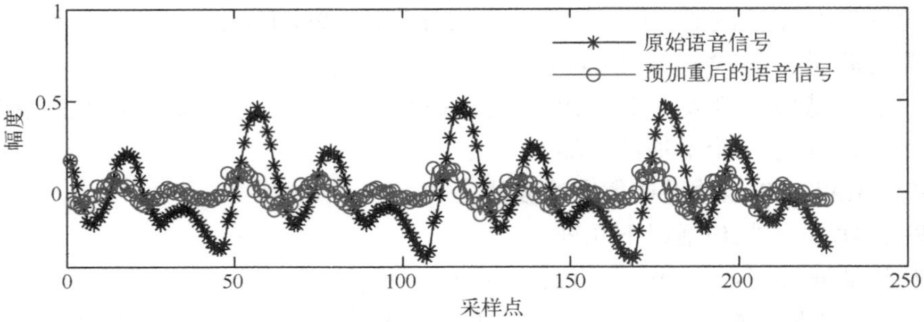

a)

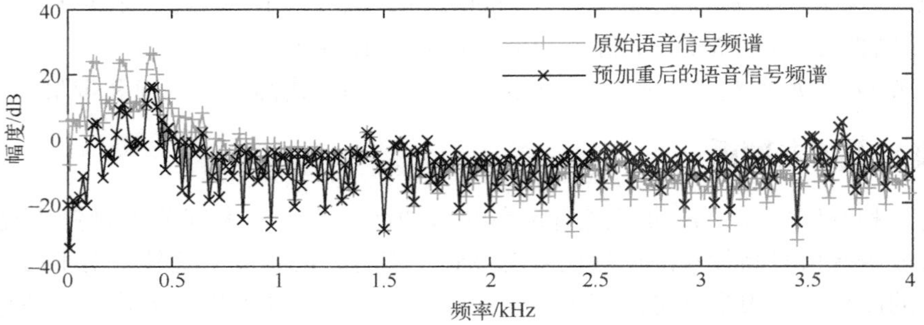

b)

图 3-4　语音信号处理预加重效果图

a）原始语音信号和预加重后的语音信号　b）预加重前后的语音信号频谱

3.3　语音信号的时域分析[C]

语音信号的时域分析就是分析和提取语音信号的时域参数。语音信号本身就是时域信号，因此进行语音分析时，最先接触到并也是最直观的是其时域波形。所以，时域分析是最早使用，也是应用最广泛的一种分析方法，这种方法直接利用语音信号的时域波形。时域分析通常用于最基本的参数分析及应用，如语音端点检测、预处理等。该分析方法的特点包括：

1）语音信号表达比较直观、物理意义明确。

2）实现简单、运算量少。

3）可得到语音的一些重要的参数。

4）可使用示波器等通用设备进行观测，使用简单。

语音信号的时域参数有短时能量、短时过零率、短时自相关函数和短时平均幅度差函数等，这些都是语音信号的最基本的短时参数，在各种语音信号数字处理技术中都有相关应用。但是，通常计算这些参数时，时域信号都要进行加窗处理，常用的窗函数有矩形窗和汉明窗等。

3.3.1 短时能量及短时平均幅度

设第 n 帧语音信号 $x_n(m)$ 的短时能量用 E_n 表示，则其计算公式如下：

$$E_n = \sum_{m=0}^{N-1} x_n^2(m) \tag{3-19}$$

E_n 是一个度量语音信号幅度值变化的函数，但它有一个缺陷，即它对高电平非常敏感（因为计算时采用的是信号的平方）。为此，可采用另一个度量语音信号幅度值变化的函数，即短时平均幅度函数 M_n，定义为

$$M_n = \sum_{m=0}^{N-1} |x_n(m)| / N \tag{3-20}$$

M_n 也是一帧语音信号能量大小的表征，它与 E_n 的区别在于计算时小取样值和大取样值不会因取平方而造成较大差异，在某些应用领域中会带来一些好处。

短时能量和短时平均幅度函数的主要用途有：

1）可以区分浊音段与清音段，因为浊音时 E_n 值比清音时大得多。

2）可以用来区分声母与韵母的分界，无声与有声的分界，连字（指字之间无间隙）的分界等。

3）作为一种超音段信息，用于语音识别。

图 3-5 为基于一帧信号的短时能量和短时平均幅度。从图中可知，短时能量的幅值要比短时平均幅度大得多，这符合理论分析的结果。但是，从两种参数的波形可知，两者的包络变化都和原信号的包络变化相似，属于一类特征参数。

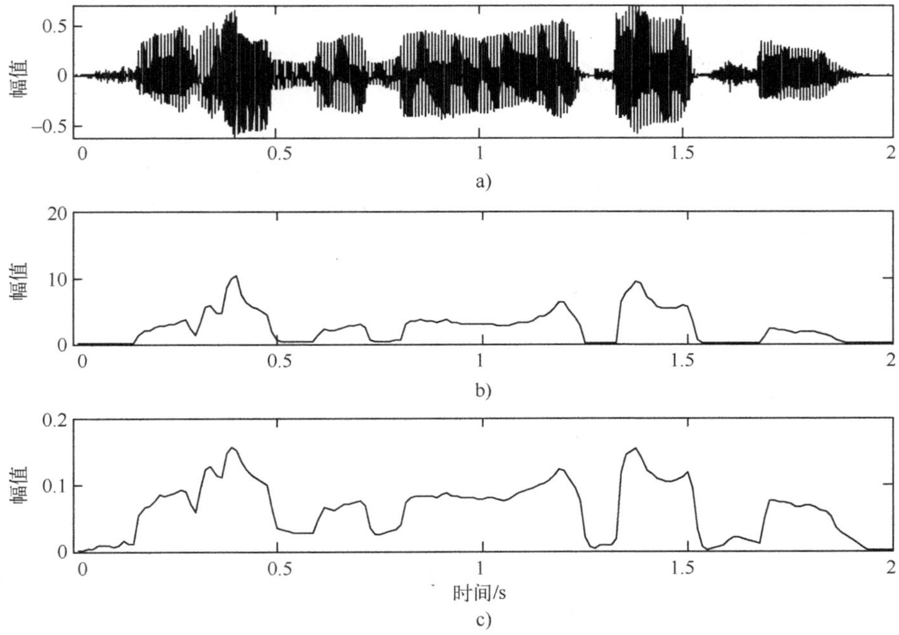

图 3-5 一帧信号的短时能量和短时平均幅度

a）语音波形 b）短时能量 c）短时平均幅度

短时能量的函数实现

名称：GetFrameEnergy

定义格式：

```
void GetFrameEnergy( std::vector < double > &in_dataArray, std::vector < double > &out_dataArray,
int nFrameLength, int nFrameInc,int window_type)
```

函数功能：计算输入语音数据的短时能量。

参数说明：

in_dataArray 为输入序列，必须是数组；out_dataArray 为输出帧能量，每一帧一个数据；nFrameLength 为帧长度；nFrameInc 为帧移动；window_type 为窗函数类型（矩形窗，hanning 窗、hamming 窗）。

程序清单：

```
void GetFrameEnergy( std::vector < double > &in_dataArray, std::vector < double > &out_dataArray,
int nFrameLength, int nFrameInc,int window_type)
{
int nSampleLength = in_dataArray.size();//样本长度
int nFrames = GetFrames(nSampleLength, nFrameLength, nFrameInc);
out_dataArray.resize(nFrames);
std::vector < std::vector < double >> Array2D(nFrames, std::vector < double > (nFrameLength, 0));
DivFrame(in_dataArray, nFrameLength, nFrameInc, Array2D, window_type);//分帧
for (int i = 0; i < nFrames; i ++)
{
    out_dataArray[i] = 0;
    for (int j = 0; j < nFrameLength; j ++)
    {
        out_dataArray[i] + = pow(Array2D[i][j], 2);    //短时能量,参见式(3-19)[ * ]
        //out_dataArray[i] + = std::abs(Array2D[i][j])/nFrameLength;    //短时平均幅度,参
见式(3-20)
    }
}
}
```

[*]：对于有些短时参数来说，相应的计算步骤大部分相同，只有标 * 的程序段不同，考虑到篇幅，后述章节中只做简要说明。

3.3.2 短时过零率

短时过零率表示一帧语音中信号波形穿过横轴（零电平）的次数。过零分析是语音时域分析中最简单的一种。对于连续语音信号，过零即意味着时域波形通过时间轴；而对于离散信号，如果相邻的取样值改变符号则称为过零。过零率就是样本改变符号的次数。

定义语音信号 $x_n(m)$ 的短时过零率 Z_n 为

$$Z_n = \frac{1}{2}\sum_{m=0}^{N-1} \left| \mathrm{sgn}[x_n(m)] - \mathrm{sgn}[x_n(m-1)] \right| \tag{3-21}$$

式中，sgn[ ]是符号函数，即

$$\mathrm{sgn}[x] = \begin{cases} 1, & (x \geqslant 0) \\ -1, & (x < 0) \end{cases} \tag{3-22}$$

在实际中求过零率参数时，需要注意的是，如果输入信号中包含有 50 Hz 的工频干扰或者 A/D 转换器的工作点有偏移（等效于输入信号有直流偏移），往往会使计算的过零率参数很不准确。为解决工频干扰问题，A/D 转换器前的防混叠带通滤波器的低端截频应高于 50 Hz，以有效地抑制电源干扰；对于工作点偏移问题，可以采用低直流漂移器件，也可以在软件上加以解决，即算出每一帧的直流分量并予以滤除。

需要说明的是，实际上求短时平均过零率并不是按照式（3-21）计算，而是使用另一种方法。由于发生过零时，离散信号相邻的取样值符号改变，那么相邻值的乘积一定为负数，即 $x_n(m)x_n(m+1)<0$。通过统计小于零的个数，获得短时平均过零率。

短时过零率也是比较有用的特征参数，如可用于区分清音和浊音。图 3-6 为一帧语音的短时过零率，语音内容为“此恨绵绵无绝期”。从图中可知，当发清辅音［c］、［j］、［q］时，短时过零率的数值较大。发其他音时，短时过零率的数值偏小。对于浊音来说，尽管声道有若干个共振峰，但由于声门波引起谱的高频跌落，所以其语音能量约集中在 3 kHz 以下。对于清音来说，多数能量出现在较高频率上。高频就意味着高的平均过零率，低频意味着低的平均过零率，所以可以认为浊音具有较低的过零率，而清音具有较高的过零率。当然，这种高低仅是相对而言，并没有精确的数值关系。

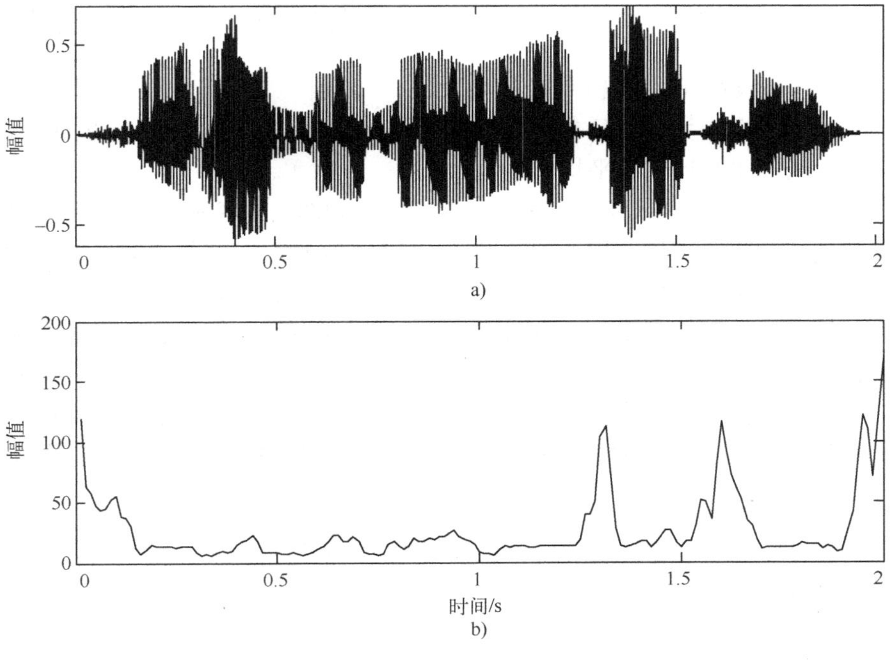

图 3-6　一帧信号的短时过零率

a）语音波形　b）短时过零率

此外，利用短时平均过零率还可以从背景噪声中找出语音信号，用于判断寂静无声段和有声段的起点和终点位置。在孤立词的语音识别中，必须要在一连串连续的语音信号中进行适当分割，找出每一个单词的开始和终止位置，这在语音处理中是一个基本问题。在背景噪声较小时用平均能量识别较为有效，而在背景噪声较大时用平均过零数识别较为有效。但是研究表明，在以某些音为开始或结尾时，如当弱摩擦音（如［f］、［h］等音素）、弱爆破音（如［p］、［t］、［k］等音素）为语音的开头或结尾，以鼻音（如［ng］、［n］、［m］等音素）为语音的结尾时，只用其中一个参数来判别语音的起点和终点是有困难的，必须同时使用这两个参数。

C 程序实现中只需将计算短时能量程序中标 * 的程序段替换为

```
if (Array2D[i][j-1] * Array2D[i][j] <0)    //短时过零率,参见式(3-21)
        out_dataArray[i] ++;
```

3.3.3 短时自相关

相关分析是一种常用的时域波形分析方法，并有自相关和互相关之分。在语音信号分析中，可用自相关函数求出浊音的基音周期，也可用于语音信号的线性预测分析。

定义语音信号 $x_n(m)$ 的短时自相关函数为 $R_n(k)$，其计算式如下：

$$R_n(k)=\sum_{m=0}^{N-1-k}x_n(m)x_n(m+k)\qquad(0\leqslant k\leqslant K)\tag{3-23}$$

式中，K 是最大的延迟点数。

短时自相关函数具有以下性质：

1）如果 $x_n(m)$ 是周期的（设周期为 N_{p}），则自相关函数是同周期的周期函数，即 $R_n(k)=R_n(k+N_{\mathrm{p}})$。

2）$R_n(k)$ 是偶函数，即 $R_n(k)=R_n(-k)$。

3）当 $k=0$ 时，自相关函数具有最大值，即 $R_n(0)\geqslant|R_n(k)|$，并且 $R_n(0)$ 等于确定性信号序列的能量或随机性序列的平均功率。

图 3-7 是按式（3-23）计算的自相关函数。图 b 和图 c 是音素［c］的一帧语音及其对应的短时自相关值；图 d 和图 e 是音素［i］的一帧语音及其对应的短时自相关值。语音信号在一段时间内的周期是变化的，甚至在很短一段语音内也不同于一个真正的周期信号段，不同周期内的信号波形有一定变化。由图 3-7e 可见，对应于浊音语音的自相关函数，具有一定的周期性。在相隔一定的取样后，自相关函数达到最大值。浊音语音的周期可用自相关函数的第一个峰值的位置来估算。而在图 3-7c 上自相关函数没有很强的周期峰值，表明清音信号［c］缺乏周期性，其自相关函数有一个类似于噪声的高频波形，有点像语音信号本身。

短时自相关的函数实现

名称：GetFrameAutoCorrlation

定义格式：

```
void GetFrameAutoCorrlation(std::vector<double> &in_dataArray, std::vector<double> &out_dataArray)
```

函数功能：计算输入一帧语音数据的短时自相关。
参数说明：
in_dataArray 为输入一帧数据；out_dataArray 为输出短时自相关。
程序清单：

```
void GetFrameAutoCorrlation(std::vector<double> &in_dataArray, std::vector<double> &out_data-
Array)
{
int nFrameLength = in_dataArray.size();
out_dataArray.resize(nFrameLength);
double Sum;
for (int k = 0; k < nFrameLength; k ++)
{
    Sum = 0;
    for (int j = 0; j < nFrameLength - k; j ++)
    {Sum = Sum + in_dataArray[j + k] * in_dataArray[j];        //短时自相关,参见式(3-23)
[*]}
    out_dataArray[k] = Sum;
}
}
```

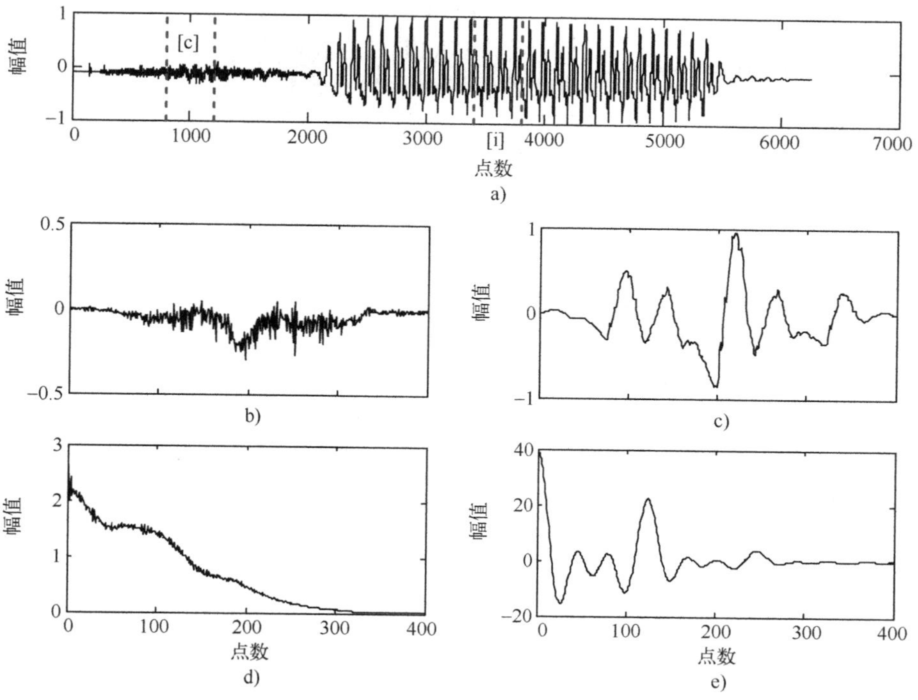

图 3-7　短时自相关显示（$N=400$ 的汉明窗）

a）语音信号［ci］　b）［c］帧波形　c）［c］帧短时自相关　d）［i］帧波形　e）［i］帧短时自相关

3.3.4 短时平均幅度差

虽然短时自相关函数是语音信号时域分析的重要参量，但是由于乘法运算所需要的时间较长，因此自相关函数的运算量很大。利用快速傅里叶变换等简化计算方法都无法避免乘法运算。为了避免乘法，常常采用另一种与自相关函数有类似作用的参量，即短时平均幅度差函数。

平均幅度差函数能够代替自相关函数进行语音分析，是基于一个事实：如果信号是完全的周期信号（设周期为 N_p），则相距为周期的整数倍的样点上的幅值是相等的，即

$$d(n)=x(n)-x(n+k)=0 \quad (k=0, \pm N_p, \pm 2N_p, \cdots) \tag{3-24}$$

对于实际的语音信号，$d(n)$虽不为零，但其值很小。这些极小值将出现在整数倍周期的位置上。为此，短时平均幅度差函数可定义为

$$F_n(k)=\sum_{m=1}^{N-k+1}|x_n(m+k-1)-x_n(m)| \tag{3-25}$$

显然，如果 $x(n)$ 在窗口取值范围内具有周期性，则 $F_n(k)$ 在 $k=N_p, 2N_p, \cdots$ 时将出现极小值。如果两个窗口具有相同的长度，则可以得到类似于相关函数的一个函数。如果一个窗口比另一个窗口长，则有类似于修正自相关函数的那种情况。图 3-8 是按式（3-25）计算的短时平均幅度差函数。显然，对于周期性的浊音，$F_n(k)$也呈现周期性。不过，对比图 3-7 可知，与 $R_n(k)$相反的是在周期的各个整数倍点上 $F_n(k)$具有谷值而不是峰值。此外，同短时自相关相似的是，清音也没有明显的极小值。

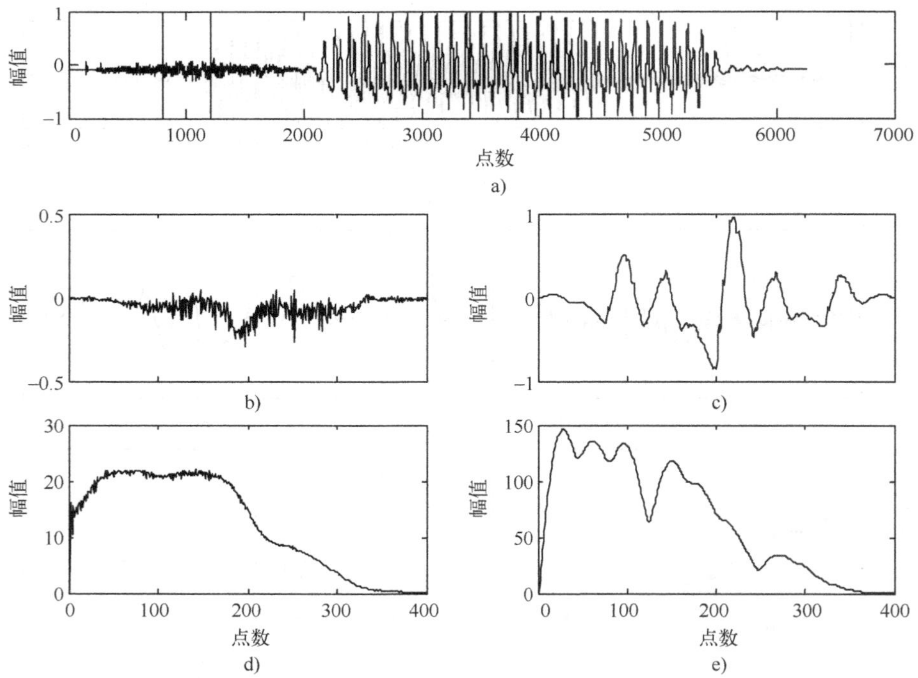

图 3-8 短时平均幅度差显示（$N=400$ 的汉明窗）

a）语音信号［ci］ b）［c］帧波形 c）［c］帧短时平均幅度差
d）［i］帧波形 e）［i］帧短时平均幅度差

显然，计算 $F_n(k)$ 只需加、减法和取绝对值的运算，与自相关函数的加法与乘法相比，其运算量大大减少，尤其在用硬件实现语音信号分析时有很大好处。为此，短时平均幅度差已被用在许多实时语音处理系统中。

C 程序实现中只需将短时自相关函数中标＊的程序段替换为

```
Sum = Sum + abs( in_dataArray [ j + k ] – in_dataArray [ j ] );    //短时平均幅度差,参见式(3-25)
```

3.4 语音信号的频域分析

3.4.1 短时傅里叶变换

语音信号的频域分析就是分析语音信号的频域特征。从广义上讲，语音信号的频域分析包括语音信号的频谱、功率谱、倒频谱、频谱包络分析等。其中，最常用的频域分析方法是傅里叶变换法。但是傅里叶变换是一种信号的整体变换，要么完全在时域，要么完全在频域进行分析处理，无法给出信号的频谱如何随时间变化的规律。而有些信号，例如语音信号，它具有很强的时变性，在一段时间内呈现出周期性信号的特点，而在另一段时间内呈现出随机信号的特点，或者呈现出两个混合的特性。对于频谱随时间变化的确定性信号以及非平稳随机信号，利用傅里叶变换分析方法有很大的局限性，或者说是不合适的。此时，必须采用短时傅里叶变换才能分析相应时间区域内信号的频率特征。

短时傅里叶变换是和傅里叶变换相关的一种数学变换，用以确定时变信号其局部区域正弦波的频率与相位。其基本思想是：选择一个时频局部化的窗函数，假定该分析窗函数在一个短时间间隔内是平稳（伪平稳）的，使语音信号与该窗函数的乘积在不同的有限时间宽度内是平稳信号，从而计算出各个不同时刻的功率谱。由于短时傅里叶变换使用固定的窗函数，因此窗函数一旦选定，短时傅里叶变换的分辨率也就确定。如果要改变分辨率，则需要重新选择窗函数。短时傅里叶变换用来分析分段平稳信号或者近似平稳信号犹可，但是对于非平稳信号，当信号变化剧烈时，要求窗函数有较高的时间分辨率；而波形变化比较平缓的时刻，主要是低频信号，则要求窗函数有较高的频率分辨率。短时傅里叶变换不能兼顾频率与时间分辨率的需求。短时傅里叶变换窗函数受到海森伯格不确定准则的限制，时频窗的面积不小于2，说明了短时傅里叶变换窗函数的时间与频率分辨率不能同时达到最优。

对第 n 帧语音信号 $x_n(m)$ 进行离散时域傅里叶变换，可得到短时傅里叶变换，其定义如下：

$$X_n(\mathrm{e}^{\mathrm{j}w}) = \sum_{m=0}^{N-1} x(m)w(n-m)\mathrm{e}^{-\mathrm{j}wm} \tag{3-26}$$

由定义可知，短时傅里叶变换实际就是窗选语音信号的标准傅里叶变换。这里，窗函数 $w(n-m)$ 是一个“滑动的”窗口，它随 n 的变化而沿着序列 $x(m)$ 滑动。由于窗口是有限长度的，满足绝对可和条件，所以这个变换是存在的。当然窗口函数不同，傅里叶变换的结果也将不同。

设语音信号序列和窗口序列的标准傅里叶变换均存在，当 n 取固定值时，$w(n-m)$ 的傅里叶变换为

$$\sum_{m=-\infty}^{\infty} w(n-m)\mathrm{e}^{-\mathrm{j}wm} = \sum_{m=-\infty}^{\infty} w(n-m)\mathrm{e}^{-\mathrm{j}w(m-n)} \cdot \mathrm{e}^{-\mathrm{j}wn} = \mathrm{e}^{-\mathrm{j}wn} \cdot W(\mathrm{e}^{-\mathrm{j}w}) \tag{3-27}$$

根据卷积定理，有

$$X_n(\mathrm{e}^{\mathrm{j}w}) = X(\mathrm{e}^{\mathrm{j}w}) * [\mathrm{e}^{-\mathrm{j}wn} \cdot W(\mathrm{e}^{-\mathrm{j}w})] \tag{3-28}$$

因为上式右边两个卷积项均为关于角频率 w 的以 2π 为周期的连续函数，所以也可将其写成以下的卷积积分形式：

$$\begin{aligned} X_n(\mathrm{e}^{\mathrm{j}w}) &= \frac{1}{2\pi}\int_{-\pi}^{\pi}[W(\mathrm{e}^{-\mathrm{j}\theta})\mathrm{e}^{-\mathrm{j}n\theta}] \cdot [X(\mathrm{e}^{\mathrm{j}(w-\theta)})]\mathrm{d}\theta \\ &= \frac{1}{2\pi}\int_{-\pi}^{\pi}[W(\mathrm{e}^{\mathrm{j}\theta})\mathrm{e}^{\mathrm{j}n\theta}] \cdot [X(\mathrm{e}^{\mathrm{j}(w+\theta)})]\mathrm{d}\theta \end{aligned} \tag{3-29}$$

即 $X_n(\mathrm{e}^{\mathrm{j}w})$ 是 $x(m)$ 的离散时域傅里叶变换 $X(\mathrm{e}^{\mathrm{j}w})$ 和 $w(m)$ 的离散时域傅里叶变换 $W(\mathrm{e}^{\mathrm{j}w})$ 的的周期卷积。

根据信号的时宽带宽积为一常数的性质，可知 $W(\mathrm{e}^{\mathrm{j}w})$ 主瓣宽度与窗口宽度成反比，N 越大，$W(\mathrm{e}^{\mathrm{j}w})$ 的主瓣越窄。由式（3-29）可知，为了使 $X_n(\mathrm{e}^{\mathrm{j}w})$ 再现 $X(\mathrm{e}^{\mathrm{j}w})$ 的特性，相对于 $X(\mathrm{e}^{\mathrm{j}w})$ 来说，$W(\mathrm{e}^{\mathrm{j}w})$ 必须是一个冲激函数。所以，为了使 $X_n(\mathrm{e}^{\mathrm{j}w}) \rightarrow X(\mathrm{e}^{\mathrm{j}w})$，需 $N\rightarrow\infty$；但是 N 值太大时，信号的分帧又失去了意义。尤其是 N 值大于语音的音素长度时，$X_n(\mathrm{e}^{\mathrm{j}w})$ 已不能反映该语音音素的频谱。因此，应折中选择窗的宽度 N。另外，窗的形状也对短时傅里叶频谱有影响，如矩形窗，虽然频率分辨率很高（即主瓣狭窄尖锐），但由于第一旁瓣的衰减很小，有较大的上下冲，采用矩形窗时求得的 $X_n(\mathrm{e}^{\mathrm{j}w})$ 与 $X(\mathrm{e}^{\mathrm{j}w})$ 的偏差较大，这就是吉布斯效应，所以不适合用于频谱成分很宽的语音分析中。而汉明窗在频率范围中的分辨率较高，而且旁瓣的衰减大，具有频谱泄漏少的优点，所以在求短时频谱时一般采用具有较小上下冲的汉明窗。

与离散傅里叶变换和连续傅里叶变换的关系一样，如令角频率 $w = 2\pi k/N$，则得离散的短时傅里叶变换，它实际上是 $X_n(\mathrm{e}^{\mathrm{j}w})$ 在频域的取样，如下所示：

$$X_n(\mathrm{e}^{\mathrm{j}\frac{2\pi k}{N}}) = X_n(k) = \sum_{m=0}^{N-1} x_n(m)\mathrm{e}^{-\mathrm{j}\frac{2\pi km}{N}} \quad (0 \leqslant k \leqslant N-1) \tag{3-30}$$

在语音信号数字处理中，都是采用 $x_n(m)$ 的离散傅里叶变换（DFT）$X_n(k)$ 来替代 $X_n(\mathrm{e}^{\mathrm{j}w})$，并且可以用高效的快速傅里叶变换（FFT）算法完成由 $x_n(m)$ 至 $X_n(k)$ 的转换。当然，这时窗长 N 必须是 2 的倍数 2^L（L 是整数）。根据傅里叶变换的性质，实数序列的傅里叶变换的频谱具有对称性。因此，全部频谱信息包含在长度为 $N/2+1$ 的 $X_n(k)$ 里。另外，为了使 $X_n(k)$ 具有较高的频率分辨率，所取的 DFT 以及相应的 FFT 点数 N_1 应该足够多，但有时 $x_n(m)$ 的长度 N 要受到采样率和短时性的限制。

此处略举两例供大家体会：

1）当采样率为 8 kHz 且帧长为 20 ms 时，$N=160$。而 N_1 一般取 256、512 或 1024，为了将 $x_n(m)$ 的点数从 N 扩大为 N_1，可以采用补 0 的办法，在扩大的部分添若干个 0 点，然后再对添 0 后的序列进行 FFT。

2）在 10 kHz 的范围内采样求频谱，并要求频率分辨率在 30 Hz 以下。由 $10\ \mathrm{kHz}/N_1 < 30$，得 $N_1 > 333$，所以 $N_1 = 2^L$ 要取比 333 大的值，这时可取 $N_1 = 2^9 = 512$ 点，不足的部分采

用补0的办法解决，此时频率分辨率（即频率间隔）为10 kHz/512 = 19.53 Hz，采样后的该帧信号频率处在$0\sim2^L\times19.53$ Hz之间。因此，原连续信号频率就处在$0\sim2^L\times19.53$ Hz之间（即$f_{max}=5$ kHz），必须在0～5 kHz频率范围内求其频谱。

3.4.2 功率谱估计[C]

在语音信号数字处理中，功率谱具有重要意义。其中，对自相关序列求傅里叶变换的估计方法，称为周期图法，即

$$P_{per}(e^{jw}) = \sum_{k=-N+1}^{N-1} R_n(k)e^{-jwk} \tag{3-31}$$

其中，自相关序列的估计可表示为

$$R_n(k) = \frac{1}{N}\sum_{m=-\infty}^{\infty} x_n(m+k)x_n^*(m) = \frac{1}{N}x_n(k) * x_n^*(-k) \tag{3-32}$$

取其傅里叶变换并利用卷积定理，可得周期图为

$$P_{per}(e^{jw}) = \frac{1}{N}X_n(e^{jw}) \cdot X_n^*(e^{jw}) = \frac{1}{N}|X_n(e^{jw})|^2 \tag{3-33}$$

其中，$X_n(e^{jw})$为第n帧数据序列$x_n(m)$的离散傅里叶变换，即

$$X_n(e^{jw}) = \sum_{m=-\infty}^{\infty} x_n(m)e^{-jwm} = \sum_{m=0}^{N-1} x_n(m)e^{-jwm} \tag{3-34}$$

所以，周期图正比于序列的傅里叶变换的幅度平方。当对各帧功率谱求平均时，便是平均周期图法。

除了功率谱外，第2章介绍的语谱图，也是基于短时傅里叶方法计算。

平均周期图法求功率谱密度的函数实现

名称：GetFramePeriodDogram

定义格式：

```
void GetFramePeriodDogram(vector<double> &pFrameData, vector<double> &pFramePsd, int nSegLength, int nSegOverlap, int SegWindowType)
```

函数功能：平均周期图法求功率谱密度。

参数说明：

pFrameData为输入数据；pFramePsd为输出功率谱密度；nSegLength为帧长度；nSegOverlap为帧移；m_window_type为窗函数类型（矩形窗，汉宁窗和汉明窗）。

程序清单：

```
void GetFramePeriodDogram(vector<double> &pFrameData, vector<double> &pFramePsd, int nSegLength, int nSegOverlap, int SegWindowType)
{
int nFrameLength = pFrameData.size();//数据长度
int nSegments = int(ceil(double(nFrameLength - nSegLength)/nSegOverlap) + 1);
vector<vector<double>> Array2D2(nSegments, vector<double>(nSegLength, 0));
DivFrame(pFrameData, nSegLength, nSegOverlap, Array2D2, SegWindowType);
```

```
        std::vector<std::complex<double>> item2;
        item2.resize(nSegLength);
        for (int i=0; i<nSegLength; i++)
        {
            pFramePsd[i] =0;
        }
        for (int i=0; i<nSegments; i++)
        {
            for (int j=0; j<nSegLength; j++)
            item2[j] = std::complex<double>((Array2D2[i][j]), 0);
            CFFT f(item2);
            f.fft();
            for (int k=0; k<nSegLength; k++)
            {
                pFramePsd[k] +=pow(abs(f.dData[k]), 2);//参见式(3-33)
            }
        }
        for (int i=0; i<nSegLength; i++)
        {
            pFramePsd[i] /=nSegments;
        }
    }
```

此处，定义了一个 FFT 类，具体格式如下：

```
class CFFT
{
public:
    CFFT();                                       //构造函数
    CFFT(vector<complex<double>> x);             //带参数初始化
    void fft(int N);                              //执行指定长度 FFT 运算
    void fft();                                   //执行默认长度 FFT
    void ifft();                                  //执行默认长度 IFFT
    ~CFFT();                                      //析构函数
private:
//蝶形运算
void butterfly(Complex in1, Complex in2, int N, int k, Complex &out1, Complex &out2, BOOL flag);
    //倒转输入数据的二进制序号来重新排序
    vector<complex<double>> fft_order(vector<complex<double>> x);
    int inverse_order(int x, int N);              //N 位二进制逆序
public:
    vector<complex<double>> dData;
    int Len;                                      //fft 长度,默认为数据长度
```

```
    public:
        vector<complex<double>> GetData();                    //返回 dData
        int GetLen();                                          //返回 len
};
```

3.4.3 短时谱的临界带特征矢量

利用短时傅里叶变换求取的语音信号的短时谱，是按实际频率分布的，而符合人耳的听觉特性的频率分布应该是按临界带频率分布的。所以，如果按实际频率分布的频谱作为语音特征，由于它不符合人耳的听觉特性，将会降低语音信号处理系统的性能。基于短时傅里叶变换，可以将线性频谱转化为临界带频谱特征。具体步骤如下。

第一步，首先求出一帧加窗语音 $x_n(m)$：$m=0\sim(N-1)$的功率谱，即快速傅里叶变换的模平方值$|X_n(k)|^2$。设定 FFT 的点数为 512，则可以得到$|X_n(k)|^2$与原始加窗模拟语音的频谱模平方$|X_n(\exp(j\omega_k))|^2$，两者的关系为

$$|X_n(k)|^2=|X_n(\exp(j\omega_k))|^2,\quad k=0\sim511 \tag{3-35}$$

式中，$\omega_k=2\pi f_k$，$f_k=\frac{f_s}{512}k$。

第二步，在$f=0\sim f_s/2$ 中确定$\hat{f}_1,\hat{f}_2,\hat{f}_3,\cdots$，若干个临界带频率分割点。确定的方法是将 $i=1,2,3,\cdots$代入式（3-36），即可求出相应的$\hat{f}_i$（以Hz为单位）。

$$i=\frac{26.81\hat{f}_i}{(1960+\hat{f}_i)}-0.53 \tag{3-36}$$

由式可得$\hat{f}_1=118.6\,\text{Hz}$，$\hat{f}_2=188.7\,\text{Hz}$，$\hat{f}_3=297.2\,\text{Hz}$，…，$\hat{f}_{16}=3151\,\text{Hz}$。这样$\hat{f}_1\sim\hat{f}_2$构成第 1 临界带、$\hat{f}_2\sim\hat{f}_3$构成第 2 临界带，等等。将每个临界带中的$|X_n(k)|^2$取和即可得到相应的临界带特征矢量。

如果用 $G=[g_1,g_2,\cdots,g_l,\cdots,g_L]$表示临界带特征矢量，当$f_s=8\,\text{kHz}$，频谱范围为 0.1 ~ 3.7 kHz，$L=16$ 时，每一个分量可用式（3-37）计算：

$$g_l=\sum_{\hat{f}_l<\hat{f}_k\leqslant\hat{f}_{l+1}}|X_n(k)|^2,l=1\sim16 \tag{3-37}$$

临界带特征矢量从人耳对频率高低的非线性心理感觉角度反映了语音短时幅度谱的特征。它的畸变可以用欧氏距离来度量，所需的变换可以用高效的快速傅里叶来完成，因而使用此特征矢量时计算开销较小，可以用它来作为语音识别系统特征矢量。

3.5 语音信号的倒谱分析

语音信号的倒谱分析就是求取语音倒谱特征参数的过程，它可以通过同态处理来实现。同态信号处理也称为同态滤波，它实现了将卷积关系变换为求和关系的分离处理，即解卷。对语音信号进行解卷，可将语音信号的声门激励信息及声道响应信息分离开来，从而求得声道共振特征和基音周期，用于语音编码、合成、识别等。解卷并求取倒谱特征参数的方法主

要有同态信号处理和线性预测两类，本章主要介绍同态信号处理，预测分析将在下一节进行介绍。

3.5.1 同态信号处理的基本原理

日常生活中的许多信号，并不是加性信号而是乘积性信号或卷积性信号，如语音信号、图像信号、通信中的衰落信号、调制信号等。这些信号要用非线性系统来处理，而同态信号处理就是将非线性问题转化为线性问题的处理方法。按被处理的信号分类，同态信号处理大体分为乘积同态处理和卷积同态处理两种。由于语音信号可视为声门激励信号和声道冲激响应的卷积，所以本节仅讨论卷积同态信号处理。

设声门激励信号为 $x_1(n)$，声道冲激响应信号为 $x_2(n)$，则语音信号 $x(n)$ 可表示为

$$x(n)=x_1(n)*x_2(n) \tag{3-38}$$

为了将参与卷积的各个信号分开，便于表示和处理，同态处理是常用的方法之一。这是一种将卷积关系变为求和关系的分离技术。一般同态系统可分解为三个部分，如图 3-9 所示。

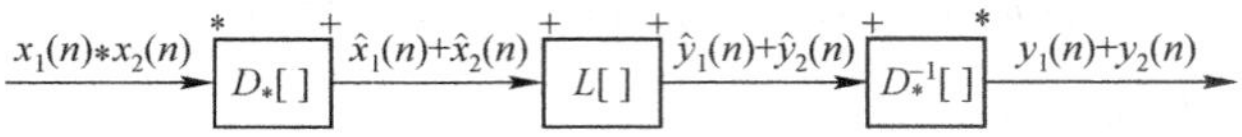

图 3-9 同态系统的组成

如图 3-9 所示，系统包括两个特征子系统（取决于信号的组合规则）$D_*[\ ]$ 和 $D_*^{-1}[\ ]$，一个线性子系统（取决于处理的要求）$L[\ ]$。图中，符号 *、+ 和 · 分别表示卷积、加法和乘法运算。

第一个子系统 $D_*[\ ]$ 如图 3-10 所示，完成将卷积性信号转化为加性信号的运算，即对于信号 $x(n)=x_1(n)*x_2(n)$ 进行如下运算处理：

$$\begin{cases}(1)\ Z[x(n)]=X(z)=X_1(z)X_2(z)\\(2)\ \ln X(z)=\ln X_1(z)+\ln X_2(z)=\hat{X}_1(z)+\hat{X}_2(z)=\hat{X}(z)\\(3)\ Z^{-1}[\hat{X}(z)]=Z^{-1}[\hat{X}_1(z)+\hat{X}_2(z)]=\hat{x}_1(n)+\hat{x}_2(n)=\hat{x}(n)\end{cases} \tag{3-39}$$

第二个子系统是一个普通线性系统，满足线性叠加原理，用于对加性信号进行线性变换。由于 $\hat{x}(n)$ 为加性信号，所以第二个子系统可对其进行需要的线性处理得到 $\hat{y}(n)$。

第三个子系统是逆特征系统 $D_*^{-1}[\ ]$，如图 3-11 所示通过对 $\hat{y}(n)=\hat{y}_1(n)+\hat{y}_2(n)$ 进行逆变换，使其恢复为卷积性信号，处理如下：

$$\begin{cases}(1)\ Z[\hat{y}(n)]=\hat{Y}(z)=\hat{Y}_1(z)+\hat{Y}_2(z)\\(2)\ \exp \hat{Y}(z)=Y(z)=Y_1(z)\cdot Y_2(z)\\(3)\ y(n)=Z^{-1}[Y_1(z)\cdot Y_2(z)]=y_1(n)*y_2(n)\end{cases} \tag{3-40}$$

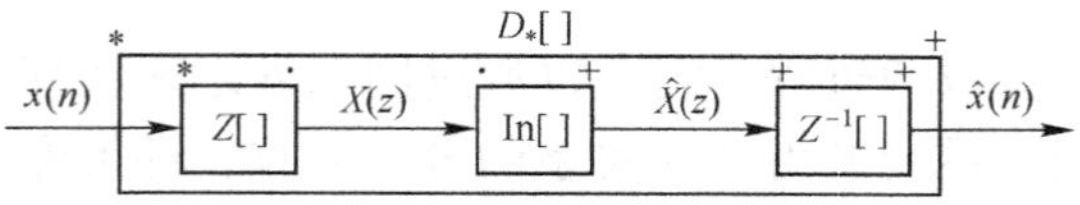

图 3-10 特征子系统 $D_*[\ ]$ 的组成

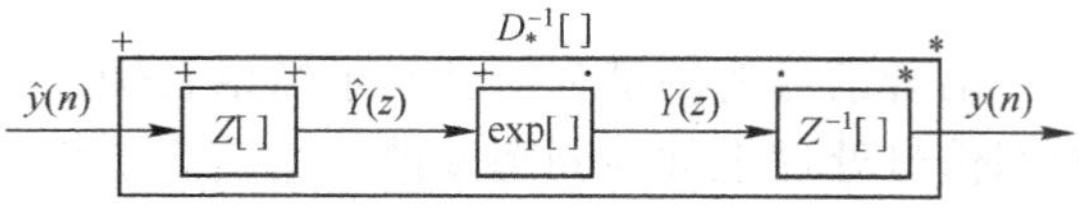

图 3-11 特征子系统 $D_*^{-1}[\ ]$ 的组成

由此可知，通过第一个子系统 $D_*[\ ]$，可以将 $x(n)=x_1(n)*x_2(n)$ 变换为 $\hat{x}(n)=\hat{x}_1(n)+\hat{x}_2(n)$。此时，如果 $\hat{x}_1(n)$ 与 $\hat{x}_2(n)$ 处于不同的位置并且互不交替，那么适当地设计线性系统，便可将 $x_1(n)$ 与 $x_2(n)$ 分离开来。图 3-12 为倒谱分离的效果图。

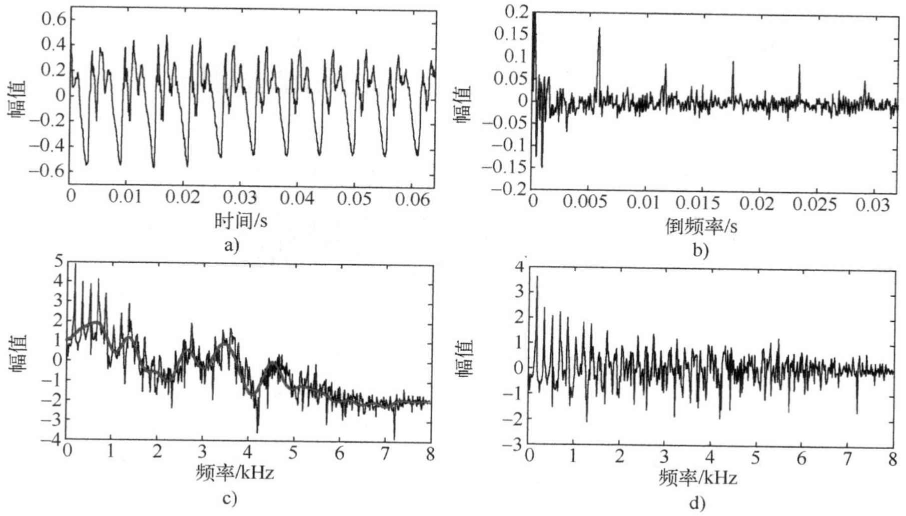

图 3-12　声门激励信号和声道冲激响应分离效果图

3.5.2　复倒谱和倒谱[C]

在 $D_*[\ ]$ 和 $D_*^{-1}[\ ]$ 系统中，$\hat{x}(n)$ 和 $\hat{y}(n)$ 信号也均是时域序列，但是它们与 $x(n)$ 和 $y(n)$ 所处的离散时域不同，称为复倒频谱域。$\hat{x}(n)$ 是 $x(n)$ 的复倒频谱域，简称复倒谱。其表达式如下：

$$\hat{x}(n)=Z^{-1}[\ln Z[x(n)]] \tag{3-41}$$

在绝大多数数字信号处理中，$X(z)$、$\hat{X}(z)$、$Y(z)$、$\hat{Y}(z)$ 的收敛域均包含单位圆，因而 $D_*[\ ]$ 和 $D_*^{-1}[\ ]$ 系统有如下形式：

$$D_*[\ ]:\begin{cases}\mathcal{F}[x(n)]=X(\mathrm{e}^{\mathrm{j}\omega})\\ \hat{X}(\mathrm{e}^{\mathrm{j}\omega})=\ln[X(\mathrm{e}^{\mathrm{j}\omega})]\\ \hat{x}(n)=\mathcal{F}^{-1}[\hat{X}(\mathrm{e}^{\mathrm{j}\omega})]\end{cases} \tag{3-42}$$

$$D_*^{-1}[\ ]:\begin{cases}\hat{Y}(\mathrm{e}^{\mathrm{j}\omega})=\mathcal{F}[\hat{y}(n)]\\ Y(\mathrm{e}^{\mathrm{j}\omega})=\exp[\hat{Y}(\mathrm{e}^{\mathrm{j}\omega})]\\ y(n)=\mathcal{F}^{-1}[Y(\mathrm{e}^{\mathrm{j}\omega})]\end{cases} \tag{3-43}$$

设 $X(\mathrm{e}^{\mathrm{j}\omega})=|X(\mathrm{e}^{\mathrm{j}\omega})|\mathrm{e}^{\mathrm{j}\arg[X(\mathrm{e}^{\mathrm{j}\omega})]}$，则对其取对数得

$$\hat{X}(\mathrm{e}^{\mathrm{j}\omega})=\ln|X(\mathrm{e}^{\mathrm{j}\omega})|+\mathrm{j}\arg[X(\mathrm{e}^{\mathrm{j}\omega})] \tag{3-44}$$

如果只考虑 $\hat{X}(\mathrm{e}^{\mathrm{j}\omega})$ 的实部，得

$$c(n)=\mathcal{F}^{-1}[\ln|X(e^{j\omega})|] \tag{3-45}$$

式中，$c(n)$是$x(n)$对数幅值谱的傅里叶逆变换，称为倒频谱，简称倒谱。倒谱对应的量纲是“Quefrency”，它也是一个新造的英文词，是由“Frequency”转变而来的，因此也称为“倒频”，它的量纲是时间。倒谱是非常有用的语音参数。由于浊音信号的倒谱中存在着峰值，出现位置等于该语音段的基音周期，而清音的倒谱中则不存在峰值。因此，利用这个特性就可以判断清浊音或者估计浊音的基音周期，具体效果如图3-13所示。

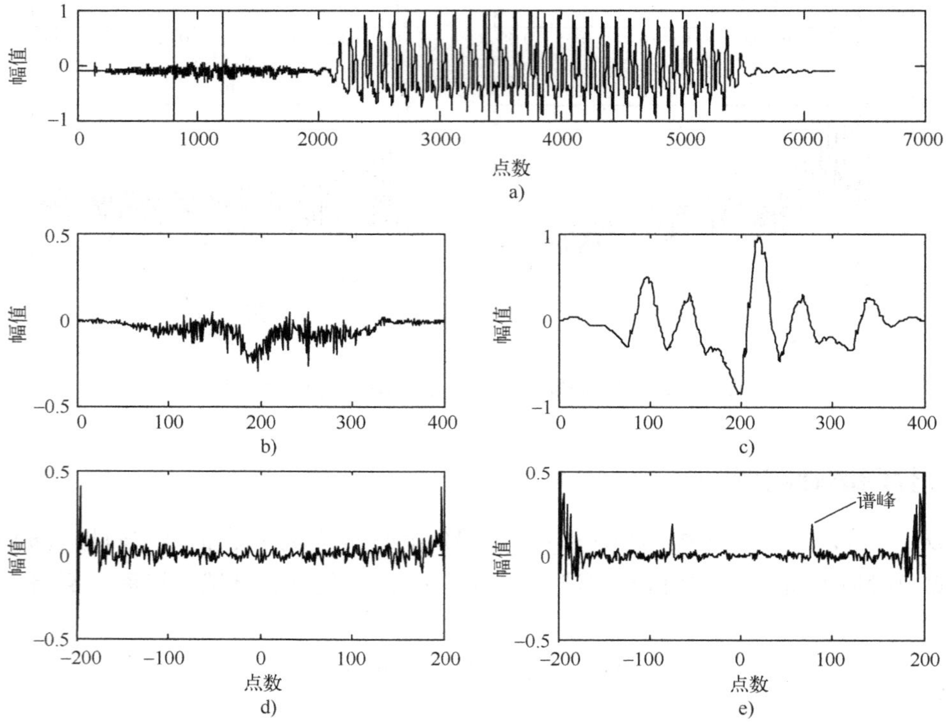

图3-13　清浊音倒谱对比

a）语音信号［ci］　b）［c］帧波形　c）［c］帧倒谱

d）［i］帧波形　e）［i］帧倒谱

倒谱的函数实现

名称：GetFrameCepstrum

定义格式：

```
void GetFrameCepstrum(std::vector<double>&in_dataArray, std::vector<double>&out_dataArray)
```

函数功能：计算一帧语音的倒谱。

参数说明：

in_dataArray 为输入语音数据帧；out_dataArray 为输出倒谱。

程序清单：

```
void GetFrameCepstrum(std::vector<double> &in_dataArray, std::vector<double> &out_dataArray)
{
int nFrameLength = in_dataArray.size();
vector<complex<double>> item(nFrameLength);
for (int i = 0; i < nFrameLength; i++)
{
    item[i] = std::complex<double>(in_dataArray[i], 0);
}
CFFT f(item);
f.fft();
double temp_data;
for (int i = 0; i < f.dData.size(); i++)
{
    temp_data = abs(f.dData[i]);
    f.dData[i] = log(temp_data);          //参见式(3-44)
}
f.ifft();                                  //参见式(3-45)
for (int i = 0; i < nFrameLength; i++)
    out_dataArray[i] = real(f.dData[i]);
}
```

复倒谱和倒谱特点和关系如下：

1）复倒谱要进行复对数运算，而倒谱只进行实对数运算。

2）在倒谱情况下一个序列经过正逆两个特征系统变换后，不能还原成自身，因为在计算倒谱的过程中将序列的相位信息丢失了。

3）与复倒谱类似，如果 $c_1(n)$ 和 $c_2(n)$ 分别是 $x_1(n)$ 和 $x_2(n)$ 的倒谱，并且 $x(n) = x_1(n) * x_2(n)$，则 $x(n)$ 的倒谱 $c(n) = c_1(n) + c_2(n)$。

4）已知一个实数序列 $x(n)$ 的复倒谱为 $\hat{x}(n)$，可以由 $\hat{x}(n)$ 求出它的倒谱 $c(n)$。

3.5.3　美尔倒谱系数[C]

1. 离散余弦变换

离散余弦变换（Discrete Cosine Transform，DCT）具有信号谱分量丰富、能量集中，且不需要对语音相位进行估算等优点，能在较低的运算复杂度下取得较好的语音增强效果。

设 $x(n)$ 是 N 个有限值的一维实数信号序列，$n = 0,1,\cdots,N-1$，DCT 的完备正交归一函数是

$$\begin{cases} X(k) = a(k)\sum_{n=0}^{N-1} x(n)\cos\left(\dfrac{(2n+1)k\pi}{2N}\right) \\ x(n) = \sum_{k=0}^{N-1} a(k)X(k)\cos\left(\dfrac{(2n+1)k\pi}{2N}\right) \end{cases} \tag{3-46}$$

式中，$a(k)$ 的定义为

$$a(k)=\begin{cases}\sqrt{1/N}, & k=0\\ \sqrt{2/N}, & k\in[1,N-1]\end{cases} \tag{3-47}$$

式中，$n=0,1,\cdots,N-1$；$k=0,1,\cdots,N-1$。

将式（3-46）略做变形，可得到 DCT 的另一表示形式

$$X(k)=\sqrt{\frac{2}{N}}\sum_{n=0}^{N-1}C(k)x(n)\cos\left(\frac{(2n+1)k\pi}{2N}\right),\quad k=0,1,\cdots,N-1 \tag{3-48}$$

式中，$C(k)$是正交因子。

$$C(k)=\begin{cases}\sqrt{2}/2, & k=0\\ 1, & k\in[1,N-1]\end{cases} \tag{3-49}$$

则 DCT 的逆变换为

$$x(n)=\sqrt{\frac{2}{N}}\sum_{k=0}^{N-1}C(k)X(k)\cos\left(\frac{(2n+1)k\pi}{2N}\right)\quad n=0,1,\cdots,N-1 \tag{3-50}$$

2. 美尔倒谱系数

与普通实际频率倒谱分析不同，美尔倒谱系数（Mel－Frequency Cepstral Coefficients，MFCC）的分析着眼于人耳的听觉特性。人耳所听到的声音的高低与声音的频率并不呈线性正比关系，而用美尔频率尺度则更符合人耳的听觉特性。所谓美尔频率尺度，大体上对应于实际频率的对数分布关系。第 2 章已表明，美尔频率（音高）与实际频率的具体关系可由式（2-38）表示。由前可知，人耳基底膜可分为许多小的部分，每一部分对应于一个频率群，对应于同一频率群的声音，在大脑中是叠加在一起进行评价的。这些频率群称为临界频带，其带宽随着频率的变化而变化，并与美尔频率的增长一致，在 1000 Hz 以下，大致呈线性分布，带宽为 100 Hz 左右；在 1000 Hz 以上呈对数增长。

类似于临界频带的划分，可以将语音频率划分成一系列三角形的滤波器序列，即美尔滤波器组，如图 3-14 所示。设划分的带通滤波器为 $H_m(k)$，$0\leqslant m\leqslant M$，M 为滤波器的个数。每个滤波器具有三角形滤波特性，其中心频率为$f(m)$，在美尔频率范围内，这些滤波器是等带宽的。每个带通滤波器的传递函数为

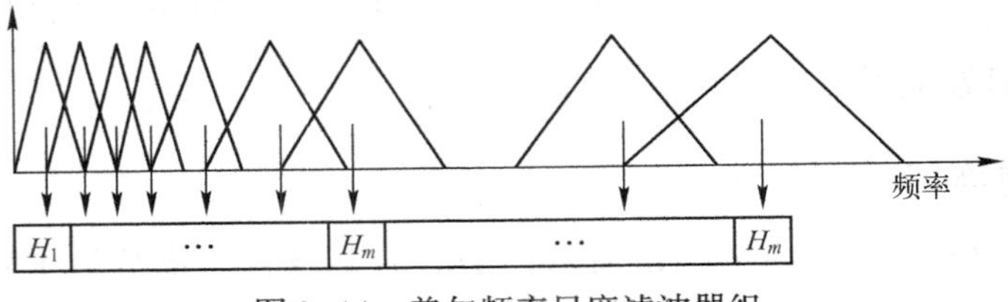

图 3-14　美尔频率尺度滤波器组

$$H_m(k)=\begin{cases}0, & k<f(m-1)\\ \dfrac{k-f(m-1)}{f(m)-f(m-1)}, & f(m-1)\leqslant k\leqslant f(m)\\ \dfrac{f(m+1)-k}{f(m+1)-f(m)}, & f(m)\leqslant k\leqslant f(m+1)\\ 0, & k>f(m+1)\end{cases} \tag{3-51}$$

式中，$\sum_{m}^{M-1}H_m(k)=1$。

美尔滤波器的中心频率$f(m)$定义为

$$f(m)=\frac{N}{f_s}F_{\text{Mel}}^{-1}\left(F_{\text{Mel}}(f_l)+m\frac{F_{\text{Mel}}(f_h)-F_{\text{Mel}}(f_l)}{M+1}\right) \tag{3-52}$$

式中，f_h和f_l分别为滤波器组的最高频率和最低频率；f_s为采样频率，单位为Hz；M是滤波器组的数目；N为快速傅里叶变换（FFT）的点数；$F_{\text{Mel}}^{-1}(b)=700(e^{\frac{b}{1125}}-1)$。

3. MFCC系数的计算

MFCC特征参数提取原理框图如图3-15所示。

图3-15　MFCC特征参数提取原理框图

（1）预处理

预处理包括预加重、分帧、加窗函数。

1）预加重：在第1章中已指出声门脉冲的频率响应曲线接近于一个二阶低通滤波器，而口腔的辐射响应也接近于一个一阶高通滤波器。预加重的目的是为了补偿高频分量的损失，提升高频分量。预加重的滤波器常设为

$$H(z)=1-az^{-1} \tag{3-53}$$

式中，a为一个常数。

2）分帧处理：由于一个语音信号是一个准稳态的信号，把它分成较短的帧，在每帧信号中可将其看作稳态信号，可用处理稳态信号的方法来处理。同时，为了使一帧与另一帧之间的参数能较平稳地过渡，在相邻两帧之间互相有部分重叠。

3）加窗函数：加窗函数的目的是减少频域中的泄漏，将对每一帧语音乘以汉明窗或海宁窗。语音信号$x(n)$经预处理后为$x_i(m)$，其中下标i表示分帧后的第i帧。

（2）快速傅里叶变换

对每一帧信号进行FFT，从时域数据转变为频域数据

$$X(i,k)=\text{FFT}[x_i(m)] \tag{3-54}$$

（3）计算谱线能量

对每一帧FFT后的数据计算谱线的能量

$$E(i,k)=[X_i(k)]^2 \tag{3-55}$$

（4）计算通过美尔滤波器的能量

把求出的每帧谱线能量谱通过美尔滤波器，并计算在该美尔滤波器中的能量。在频域中相当于把每帧的能量谱$E(i,k)$与美尔滤波器的频域响应$H_m(k)$相乘并相加

$$S_i(m)=\sum_{k=0}^{N-1}E(i,k)H_m(k),0\leqslant m<M \tag{3-56}$$

式中，i表示第i帧，k表示频域中的第k条谱线。

（5）计算DCT倒谱

序列$x(n)$的FFT倒谱$\hat{x}(n)$为

$$\hat{x}(n)=\text{FT}^{-1}[\hat{X}(k)] \tag{3-57}$$

式中，$\hat{X}(k)=\ln\{FT[x(n)]\}=\ln\{X(k)\}$，FT 和 FT^{-1}表示傅里叶变换和傅里叶逆变换。序列 $x(n)$的 DCT 为

$$X(k)=\sqrt{\frac{2}{N}}\sum_{n=0}^{N-1}C(k)x(n)\cos\left[\frac{\pi(2n+1)k}{2N}\right],k=0,1,\cdots,N-1 \tag{3-58}$$

式中，参数 N 是序列 $x(n)$的长度；$C(k)$是正交因子，可表示为

$$C(k)=\begin{cases}\sqrt{2}/2, & k=0\\ 1, & k=1,2,\cdots,N-1\end{cases} \tag{3-59}$$

在式（3-57）中求取 FFT 的倒谱是把 $X(k)$取对数后计算 FFT 的逆变换。而这里求 DCT 的倒谱和求 FFT 的倒谱相类似，把美尔滤波器的能量取对数后计算 DCT

$$\mathrm{mfcc}(i,n)=\sqrt{\frac{2}{M}}\sum_{m=0}^{M-1}\log[S(i,m)]\cos\left[\frac{\pi n(2m-1)}{2M}\right] \tag{3-60}$$

式中，$S(i,m)$是由式（3-56）求出的美尔滤波器能量；m 是指第 m 个美尔滤波器（共有 M 个）；i 是指第 i 帧；n 是 DCT 后的谱线。

一般在美尔滤波器的选择中，美尔滤波器组都选择三角形的滤波器。但是美尔滤波器组也可以是其他形状，如正弦形的滤波组等。另外，在美尔倒谱的提取过程中要进行 FFT 运算，如果 FFT 的点数选取过大，则运算复杂度增大，使系统响应时间变慢，不能满足系统的实时性；如果 FFT 的点数选取太小，则可能造成频率分辨率过低，提取的参数的误差过大。一般要根据系统的具体情况选择 FFT 的点数。

美尔倒谱系数的函数实现

名称：GetFrameMelCoefficient

定义格式：

```
void GetFrameMelCoefficient(std::vector<double> &in_dataArray, std::vector<double> &out_dataArray, int fs, int p)
```

函数功能：计算一帧语音的美尔倒谱系数。

参数说明：

in_dataArray 为输入一帧数据；out_dataArray 为输出美尔系数；p 为 Mel 滤波器阶数；fs 为采样频率。

程序清单：

```
void GetFrameMelCoefficient(std::vector<double> &in_dataArray, std::vector<double> &out_dataArray, int fs, int p)
{
int nFrameLength = in_dataArray.size();
std::vector<std::complex<double>> item(nFrameLength);
item[0] = std::complex<double>(in_dataArray[0],0);        //加窗变复数
double one_data;
for(int i = 1; i < nFrameLength; i++)
{
    one_data = in_dataArray[i] - 0.9375 * in_dataArray[i - 1];   //预加重,参见式(3-53)
```

```
        item[i] = std::complex<double>(one_data,0);          //加窗变复数
    }
    CFFT f(item);
    f.fft();                                                  //变为频域信号,参见式(3-54)
    vector<double> temp_data(nFrameLength,0);
    vector<double> MelData(p,0);
    vector<vector<double>> mel_banks(p,vector<double>(nFrameLength,0));
    MelBanks(p,nFrameLength,fs,0,fs/2,mel_banks);            //mel 滤波器组
    for(int i=0; i<nFrameLength; i++)
    {
        temp_data[i] = pow(abs(f.dData[i]),2);               ////谱线能量,参见式(3-55)
    }
    for(int i=0; i<p; i++)
    {
        for(int j=0; j<nFrameLength; j++)
        {
            MelData[i] += temp_data[j] * mel_banks[i][j];    //计算美尔滤波器能量,参见式(3-56)
        }
        MelData[i] = log(MelData[i]);
    }
    dct(MelData,out_dataArray);                               //获得美尔倒谱系数,参见式(3-60)
}
```

其中，函数的定义如下：

美尔滤波器组系数的实现函数

名称：MelBanks

定义格式：

```
    void MelBanks(int p,int N,double fs,double fl,double fh,std::vector<std::vector<double>> &mel_
    banks)
```

函数功能：计算美尔滤波器组系数。

参数说明：

in_dataArray 为输入一帧数据；out_dataArray 为输出美尔系数；p 为 Mel 滤波器阶数；fs 为采样频率。

程序清单：

```
    void MelBanks(int p,int N,double fs,double fl,double fh,std::vector<std::vector<double>> &mel_
    banks)
    {
    std::vector<double> f(p+2);
    for(int m=0; m<p+2; m++)
        //计算美尔频率,参见式(3-52)中 F_mel^-1(b)的定义
```

```
        f[m] = (N/fs) * Mel2Freq(Freq2Mel(fl) + m * (Freq2Mel(fh) - Freq2Mel(fl))/(p+1));
    std::vector<double> y(N);
    for(int m = 1; m < p + 1; m++)                              //参见式(3-51)
    {
        for(int k = 0; k < N; k++)
        {
            if(f[m-1] <= k&&k <= f[m])
                y[k] = (k - f[m-1])/(f[m] - f[m-1]);
            else if(f[m] < k&&k <= f[m+1])
                y[k] = (f[m+1] - k)/(f[m+1] - f[m]);
            else
                y[k] = 0;
        }
        mel_banks[m-1] = y;
    }
}
```

3.6 语音信号的线性预测分析

1947 年维纳首次提出了线性预测（Linear Prediction，LP）这一术语，而板仓等人在 1967 年首先将线性预测技术应用到了语音分析和合成中。线性预测是一种很重要的技术，普遍应用于语音信号处理的各个方面。

线性预测分析的基本思想是：由于语音样点之间存在相关性，所以可以用过去的样点值来预测现在或未来的样点值，即一个语音的抽样能够用过去若干个语音抽样或它们的线性组合来逼近。通过使实际语音抽样和线性预测抽样之间的误差在某个准则下达到最小值来决定唯一的一组预测系数。而这组预测系数就反映了语音信号的特性，可以作为语音信号特征参数用于语音识别、语音合成等。

将线性预测应用于语音信号处理，不仅是因为它的预测功能，而且更重要的是因为它能提供一个非常好的声道模型及模型参数估计方法。线性预测的基本原理和语音信号数字模型密切相关。

3.6.1 线性预测分析的基本原理

1. 信号模型

线性预测分析的基本思想是：用过去 p 个样点值来预测现在或未来的样点值。

$$\hat{s}(n) = \sum_{i=1}^{p} a_i s(n-i) \tag{3-61}$$

预测误差 $\varepsilon(n)$ 为

$$\varepsilon(n) = s(n) - \hat{s}(n) = s(n) - \sum_{i=1}^{p} a_i s(n-i) \tag{3-62}$$

通过在某个准则下使预测误差 $\varepsilon(n)$ 达到最小值的方法来决定唯一的一组线性预测系数 $a_i(i=1,2,\cdots,p)$。

如图3-16所示为一个简单的语音模型，系统的输入 $e(n)$ 是语音激励，$s(n)$ 是输出语音。此处，模型的系统函数 $H(z)$ 可以写成有理分式的形式

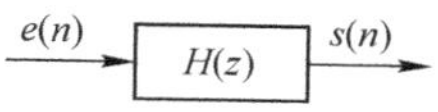

图3-16 语音模型

$$H(z)=G\frac{1+\sum_{l=1}^{q}b_l z^{-l}}{1-\sum_{i=1}^{p}a_i z^{-i}} \tag{3-63}$$

该系统对应的输入与输出之间的时域关系为

$$s(n)=\sum_{i=1}^{p}a_i s(n-i)+G\sum_{l=0}^{q}b_l e(n-l) \tag{3-64}$$

式中，系数 a_i、b_l 及增益因子 G 是模型的参数，而 p 和 q 是选定的模型的阶数。因而信号可以用有限数目的参数构成的模型来表示。根据 $H(z)$ 的形式不同，有三种不同的信号模型。

1）如式（3-63）所示的 $H(z)$ 同时含有极点和零点，称作自回归－滑动平均模型（Autoregressive Moving Average，ARMA），这是一般模型。

2）当式（3-63）中的分子多项式为常数，即 $b_l=0$ 时，$H(z)$ 为全极点模型，这时模型的输出只取决于过去的信号值，这种模型称为自回归模型（Auto－regressive，AR）。此时，系统函数 $H(z)$ 及对应的输入输出时域关系为

$$H(z)=\frac{G}{1-\sum_{i=1}^{p}a_i z^{-i}} \tag{3-65}$$

$$s(n)=\sum_{i=1}^{p}a_i s(n-i)+Ge(n) \tag{3-66}$$

3）如果 $H(z)$ 的分母多项式为1，即 $a_i=0$ 时，$H(z)$ 成为全零点模型，称为滑动平均模型（Moving Average，MA）。此时模型的输出只由模型的输入来决定。此时，系统函数 $H(z)$ 及对应的输入输出时域关系为

$$H(z)=1+\sum_{l=1}^{q}b_l z^{-l} \tag{3-67}$$

$$s(n)=\sum_{l=0}^{q}b_l e(n-l)=e(n)+\sum_{l=1}^{q}b_l e(n-l) \tag{3-68}$$

实际上语音信号处理中最常用的模型是全极点模型，原因有以下几点。

1）如果不考虑鼻音和摩擦音，那么语音的声道传递函数就是一个全极点模型；对于鼻音和摩擦音，声学理论表明其声道传输函数既有极点又有零点，但这时如果模型的阶数 p 足够高，可以用全极点模型来近似表示极零点模型，因为一个零点可以用许多极点来近似，即

$$1-az^{-1}=\frac{1}{1+az^{-1}+a^2z^{-2}+a^3z^{-3}+\cdots}$$

2）可以用线性预测分析的方法估计全极点模型参数，因为对全极点模型的参数估计是对线性方程的求解过程，相对容易计算。当模型中含有有限个零点时，求解过程变为解非线

性方程组，实现起来非常困难。

采用全极点模型，辐射、声道以及声门激励的组合谱效应的传递函数为

$$H(z)=\frac{S(z)}{E(z)}=\frac{G}{1-\sum_{i=1}^{p}a_i z^{-i}}=\frac{G}{A(z)} \tag{3-69}$$

其中，p 是预测器阶数；G 是声道滤波器增益。此时，语音抽样 $s(n)$ 和激励信号 $e(n)$ 之间的关系可以用式（3-66）来表示。

3）对于某些系统来说，输入信号是未知的。但是，由于语音样点间有相关性，可以用过去的样点值预测未来样点值。对于浊音，激励 $e(n)$ 是以基音周期重复的单位冲激；对于清音，$e(n)$ 是稳衡白噪声。

2. 线性预测方程的建立

在信号分析中，模型的建立实际上是由信号来估计模型的参数的过程。因为信号是实际客观存在的，因此用模型表示不可能是完全精确的，总是存在误差。极点阶数 p 也无法事先确定，可能选得过大或过小，况且信号是时变的。因此，求解模型参数的过程是一个逼近过程。

在模型参数估计过程中，式（3-61）所示的系统（$\hat{s}(n)=\sum_{i=1}^{p}a_i s(n-i)$）被称为线性预测器。式中，$a_i$ 称为线性预测系数。从而，p 阶线性预测器的系统函数具有如下形式：

$$P(z)=\sum_{i=1}^{p}a_i z^{-i} \tag{3-70}$$

式（3-69）中的 $A(z)$ 称作逆滤波器，其传递函数为

$$A(z)=1-\sum_{i=1}^{p}\alpha_i z^{-i}=\frac{GE(z)}{S(z)} \tag{3-71}$$

预测误差 $\varepsilon(n)$ 为

$$\varepsilon(n)=s(n)-\sum_{i=1}^{p}a_i s(n-i)=Ge(n) \tag{3-72}$$

线性预测分析要解决的问题是：给定语音序列（鉴于语音信号的时变特性，线性预测分析必须按帧进行），使预测误差在最小均方误差准则下最小，求预测系数的最佳估值 a_i，称为线性预测系数（Linear Prediction Coefficient，LPC）。

线性预测方程的推导过程如下。

令某一帧内的短时平均预测误差为

$$E=\sum_n \varepsilon^2(n)=\sum_n\left[s(n)-\sum_{i=1}^{p}a_i s(n-i)\right]^2 \tag{3-73}$$

为使 E 最小，对 a_j 求偏导，即

$$\frac{\partial E}{\partial a_j}=0 \quad (1\leqslant j\leqslant p) \tag{3-74}$$

则有

$$\frac{\partial E}{\partial a_j}=2\left\{\sum_n\left[s(n)-\sum_{i=1}^{p}a_i s(n-i)\right]\right\}s(n-j)=0 \quad (1\leqslant j\leqslant p) \tag{3-75}$$

上式表明采用最佳预测系数时，预测误差 $\varepsilon(n)$ 与过去的语音样点正交。变换形式后，有

$$\sum_n s(n)s(n-j) = \sum_{i=1}^{p} a_i \sum_n s(n-i)s(n-j) \quad (1 \leqslant j \leqslant p) \tag{3-76}$$

定义 $\phi(j,i) = \sum_n s(n-i)s(n-j)$，则式（3-76）可简化为

$$\phi(j,0) = \sum_{i=1}^{p} a_i \phi(j,i) \quad (1 \leqslant j \leqslant p) \tag{3-77}$$

上式是一个含有 p 个未知数的方程组，求解该方程组可得各个预测器系数 $a_1,\cdots,a_p$。展开式（3-78），可得

$$\begin{aligned} E &= \sum_n s^2(n) - 2\sum_n \sum_{i=1}^{p} a_i s(n)s(n-i) + \sum_n \sum_{i=1}^{p} \sum_{j=1}^{p} a_i a_j s(n-i)s(n-j) \\ &= \sum_n s^2(n) - 2\sum_n \sum_{i=1}^{p} a_i s(n)s(n-i) + \sum_n \sum_{i=1}^{p} a_i s(n)s(n-i) \\ &= \sum_n s^2(n) - \sum_n \sum_{i=1}^{p} a_i s(n)s(n-i) \end{aligned} \tag{3-78}$$

参考式（3-77），可得最小均方误差表示为

$$E = \phi(0,0) - \sum_{i=1}^{p} a_i \phi(0,i) \tag{3-79}$$

因此，最小误差由一个固定分量 $\phi(0,0)$ 和一个依赖于预测系数的分量 $\sum_{i=1}^{p} a_i \phi(0,i)$ 构成。为求解最佳预测器系数，必须首先求出 $\phi(j,i)(i,j \in [1,p])$，然后可按照式（3-77）进行求解。因此从原理上看，线性预测分析是非常直接的。然而，$\phi(j,i)$ 的计算及方程组的求解都是十分复杂的，因此必须选择适当的算法。

3.6.2 线性预测方程组的求解[C]

利用线性预测分析可以建立语音信号模型。图 3-17 是简化的语音产生模型，将辐射、声道以及声门激励的全部效应简化为一个时变的数字滤波器来等效，其传递函数为

$$H(z) = \frac{S(z)}{E(z)} = \frac{G}{1 - \sum_{i=1}^{p} a_i z^{-i}} \tag{3-80}$$

这种表现形式称为 p 阶线性预测模型，这是一个全极点模型。该模型常用来产生合成语音，故又称为合成滤波器。该模型的参数包含浊音/清音判决、浊音语音的基音周期、增益常数 G 以及数字滤波器参数 a_i。该模型的优点在于能够用线性预测分析方法对滤波器参数 a_i 和增益常数 G 进行直接高效的计算。而求解滤波器参数 a_i 和增益常数 G 的过程称之为语音信号的线性预测分析。为了有效地进行线性预测分析，求得线性预测系数有必要用一种高效的方法来求解线性方程组。虽然可以用各种各样的方法来解包含 p 个未知数的 p 个线性方程，但是系数矩阵的特殊性质使得解方程的效率比普通解法的效率要高得多。在线性预测分析中，对于线性预测参数 a_i 的求解，有自相关法和协相关法两种经典解法，另外还有效率

较高的格型法等。本节只介绍自相关法。

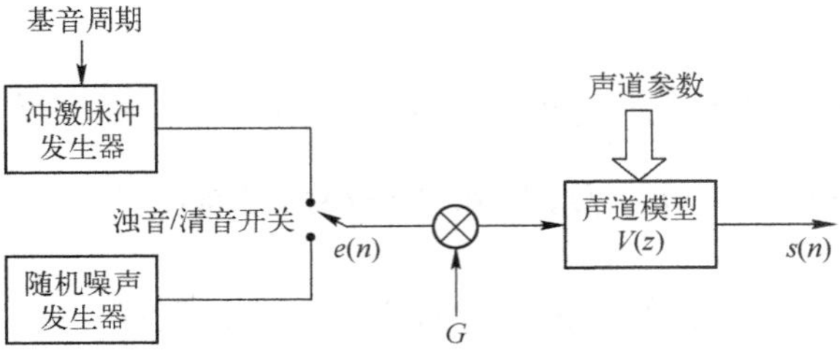

图 3-17 简化的语音产生模型

自相关法是经典解法之一，其原理是在整个时间范围内使误差最小，即设 $s(n)$ 在 $0\leqslant n\leqslant N-1$ 以外等于0，等同于假设 $s(n)$ 经过有限长度的窗（如矩形窗、海宁窗或汉明窗）的处理。

通常，$s(n)$ 的加窗自相关函数定义为

$$r(j)=\sum_{n=0}^{N-1}s(n)s(n-j)\quad 1\leqslant j\leqslant p \tag{3-81}$$

同式（3-77）比较可知，$\phi(j,i)$ 等效为 $r(j-i)$。但是由于 $r(j)$ 为偶函数，因此 $\phi(j,i)$ 可表示为

$$\phi(j,i)=r(|j-i|) \tag{3-82}$$

此时式（3-77）可表示为

$$\sum_{i=1}^{p}a_i r(|j-i|)=r(j)\quad 1\leqslant j\leqslant p \tag{3-83}$$

则最小均方误差改写为

$$E=r(0)-\sum_{i=1}^{p}a_i r(i) \tag{3-84}$$

展开式（3-83），可得方程组为

$$\begin{bmatrix} r(0) & r(1) & r(2) & \cdots & r(p-1) \\ r(1) & r(0) & r(1) & \cdots & r(p-2) \\ r(2) & r(1) & r(0) & \cdots & r(p-3) \\ \vdots & \vdots & \vdots & \cdots & \vdots \\ r(p-1) & r(p-2) & r(p-3) & \cdots & r(0) \end{bmatrix}\begin{bmatrix} a_1 \\ a_2 \\ a_3 \\ \vdots \\ a_p \end{bmatrix}=\begin{bmatrix} r(1) \\ r(2) \\ r(3) \\ \vdots \\ r(p) \end{bmatrix} \tag{3-85}$$

式（3-85）左边为相关函数的矩阵，以对角线为对称，其主对角线以及和主对角线平行的任何一条斜线上所有的元素相等。这种矩阵称为托普利兹（Toeplitz）矩阵，而这种方程称为 Yule - Walker 方程。对于式（3-85）的矩阵方程无须像求解一般矩阵方程那样进行大量的计算，利用托普利兹矩阵的性质可以得到求解这种方程的一种高效方法。

这种矩阵方程组可以采用递归方法求解，其基本思想是递归解法分布进行。在递推算法中，最常用的是莱文逊 - 杜宾（Levinson - Durbin）算法，如图 3-18 所示。

算法的过程和步骤如下。

1）当 $i=0$ 时，$E_0=r(0)$，$a_0=1$ （3-86）

2）对于第 i 次递归 $(i=1,2,\cdots,p)$：

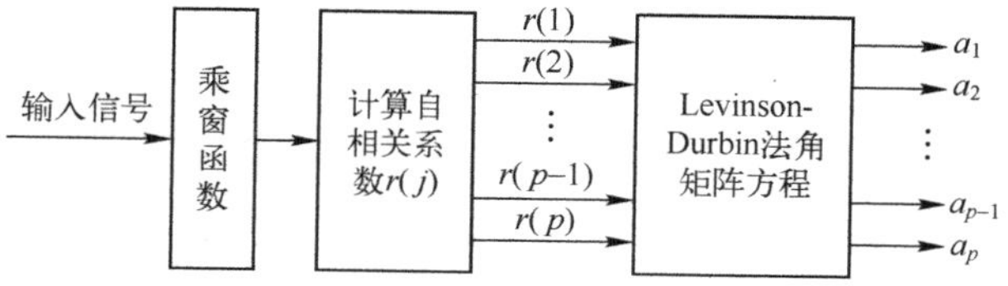

图3-18 自相关解法

$$k_i = \frac{1}{E_{i-1}}\left[r(i) - \sum_{j=1}^{i-1} a_j^{i-1} r(j-i)\right] \tag{3-87}$$

$$a_i^{(i)} = k_i \tag{3-88}$$

对于 $j=1$ 到 $i-1$

$$a_j^{(i)} = a_j^{(i-1)} - k_i a_{i-j}^{(i-1)} \tag{3-89}$$

$$E_i = (1-k_i^2)E_{i-1} \tag{3-90}$$

3）增益 G 为

$$G = \sqrt{E_p} \tag{3-91}$$

通过对式（3-87）~式（3-89）进行递推求解，可获得最终解为

$$a_i = a_j^{(p)}, \quad 1 \leqslant j \leqslant p \tag{3-92}$$

由式（3-90）可得

$$E_p = r(0)\prod_{i=1}^{p}(1-k_i^2) \tag{3-93}$$

由式（3-93）可知，最小均方误差 E_p 一定要大于0，且随着预测器阶数的增加而减小。因此每一步算出的预测误差总是小于前一步的预测误差。这就表明，虽然预测器的精度会随着阶数的增加而提高，但误差永远不会消除。由式（3-93）还可知，参数 k_i 一定满足

$$|k_i| < 1, \quad 1 \leqslant i \leqslant p \tag{3-94}$$

由递归算法可知，每一步计算都与 k_i 有关，说明这个系数具有特殊的意义，通常称之为反射系数或偏相关系数。重新定义式（3-80）的分母为

$$A(z) = 1 + \sum_{i=1}^{p} a_i z^{-i} = \sum_{i=0}^{p} a_i z^{-i} \quad a_0 = 1 \tag{3-95}$$

可以证明，式（3-94）就是多项式 $A(z)$ 的根在单位圆内的充分必要条件，因此它可以保证系统 $H(k)$ 的稳定性。

Levinson - Durbin 法求预测系数的函数实现

名称：rota

定义格式：

```
void rota(std::vector<double>&s,int p,std::vector<double>&ar,double &epsilon)
```

函数功能：Levinson - Durbin 法求预测系数。

参数说明：

s 为输入数据；p 为预测器阶数；ar 为预测系数；epsilon 为预测误差。

程序清单：

```
void rota(std::vector<double> &s,int p,std::vector<double> &ar,double &epsilon)
{
int N = s.size();
std::vector<double> Rp(p+1,0);
for(int i=0; i<=p; i++)
{
    for(int n=0; n<N-i; n++)
        Rp[i] += s[i+n] * s[n];                              //自相关系数
}
std::vector<double> Ep(p+1,0);
std::vector<double> k(p+1,0);
std::vector<std::vector<double>> a(p+1,std::vector<double>(p+1,0));
//对 i=1 的情况特殊处理
Ep[0] = Rp[0];                                               //参见式(3-86)
k[1] = Rp[1]/Rp[0];                                          //参见式(3-87)
a[1][1] = k[1];                                              //参见式(3-88)
Ep[1] = (1-pow(k[1],2)) * Ep[0];                             //参见式(3-90)
//i=2 起递归
if(p>1)
{
    for(int i=2; i<=p; i++)
    {
        double sum=0;
        for(int j=1; j<i; j++)
        {
            sum += a[j][i-1] * Rp[i-j];
        }
        k[i] = (Rp[i] - sum)/ Ep[i-1];                       //参见式(3-87)
        a[i][i] = k[i];                                      //参见式(3-88)
        Ep[i] = (1-pow(k[i],2)) * Ep[i-1];                   //参见式(3-90)
        for(int j=1; j<i; j++)
        {
            a[j][i] = a[j][i-1] - k[i] * a[i-j][i-1];        //参见式(3-89)
        }
    }
}
ar[0] = 1;
for(int ii=1; ii<=p; ii++)
{
    ar[ii] = -a[ii][p];
}
```

```
    epsilon = Rp[0];
    for(int i = 1; i <= p; i ++)
    {
        epsilon += ar[i] * Rp[i];
    }
    epsilon /= N;
    }
```

3.6.3 线性预测相关参数

用线性预测分析法求得的是一个全极点模型的传递函数。在语音产生模型中，这一全极点模型与声道滤波器的假设相符合，而形式上是一自回归滤波器。用全极点模型所表征的声道滤波器，除预测系数$\{a_i\}$外，还有其他不同形式的滤波器参数。这些参数一般可由线性预测系数推导得到，但各有不同的物理意义和特性。在对语音信号做进一步处理时，为了达到不同的应用目的时，往往按照这些特性来选择某种合适的参数来描述语音信号。

(1) 预测误差及其自相关函数

由式（3-62）可知，预测误差为

$$\varepsilon(n) = s(n) - \sum_{i=1}^{p} a_i s(n-i) \tag{3-96}$$

而预测误差的自相关函数为

$$R_\varepsilon(m) = \sum_{n=0}^{N-1-m} \varepsilon(n)\varepsilon(n+m) \tag{3-97}$$

(2) 反射系数和声道面积

反射系数$\{k_i\}$在低速率语音编码、语音合成、语音识别和说话人识别等许多领域都是非常重要的特征参数。由式（3-89）可得

$$\begin{cases} a_j^{(i)} = a_j^{(i-1)} - k_i a_{i-j}^{(i-1)} \\ a_{i-j}^{(i)} = a_{i-j}^{(i-1)} - k_i a_j^{(i-1)} \end{cases} \quad j = 1,\cdots,i-1 \tag{3-98}$$

进一步推导，可得

$$a_j^{(i-1)} = (a_j^{(i)} + a_j^{(i)} a_{i-j}^{(i)})/(1-k_i^2) \quad j = 1,\cdots,i-1 \tag{3-99}$$

由线性预测系数$\{a_i\}$可递推出反射系数$\{k_i\}$，即

$$\begin{cases} a_j^{(p)} = a_j & j = 1,2,\cdots,p \\ k_i = a_i^{(i)} & \\ a_j^{(i-1)} = (a_j^{(i)} + a_j^{(i)} a_{i-j}^{(i)})/(1-k_i^2) & j = 1,\cdots,i-1 \end{cases} \tag{3-100}$$

反射系数的取值范围为$[-1,1]$，这是保证相应的系统函数稳定的充分必要条件。从声学理论可知，声道可以被模拟成一系列截面积不等的无损声道的级联。反射系数$\{k_i\}$反映了声波在各管道边界处的反射量，有

$$k_i = \frac{A_{i+1} - A_i}{A_{i+1} + A_i} \tag{3-101}$$

式中，a_i 是第 i 节声管的面积函数。式（3-101）经变换后，可得声管模型各节的面积比为

$$\frac{A_i}{A_{i+1}}=\frac{(1-k_i)}{(1+k_i)} \tag{3-102}$$

（3）线性预测的频谱

由式（3-80）可知，一帧语音信号 $s(n)$ 模型可化为一个 p 阶的线性预测模型。当 $z=\mathrm{e}^{\mathrm{j}\omega}$ 时，能得到线性预测系数的频谱（令 $G=1$）

$$H(\mathrm{e}^{\mathrm{j}\omega})=\frac{1}{1-\sum_{n=1}^{p}a_n z^{-\mathrm{j}\omega n}} \tag{3-103}$$

用 $H(\mathrm{e}^{\mathrm{j}\omega})$ 表示模型 $H(z)$ 的频率响应、$S(\mathrm{e}^{\mathrm{j}\omega})$ 表示语音信号 $s(n)$ 的傅里叶变换、$|S(\mathrm{e}^{\mathrm{j}\omega})|^2$ 表示语音信号 $s(n)$ 的功率谱。如果信号 $s(n)$ 是一个严格的 p 阶 AR 模型，则式（3-104）成立。

$$|H(\mathrm{e}^{\mathrm{j}\omega})|^2=|S(\mathrm{e}^{\mathrm{j}\omega})|^2 \tag{3-104}$$

但事实上，语音信号并非是 AR 模型，而应该是 ARMA 模型。但是可用一个 AR 模型来逼近 ARMA 模型，即

$$\lim_{p\to\infty}|H(\mathrm{e}^{\mathrm{j}\omega})|^2=|S(\mathrm{e}^{\mathrm{j}\omega})|^2 \tag{3-105}$$

式中，p 为 $H(z)$ 的阶数。虽然 $p\to\infty$ 时，$|H(\mathrm{e}^{\mathrm{j}\omega})|^2=|S(\mathrm{e}^{\mathrm{j}\omega})|^2$，但是不一定存在 $H(\mathrm{e}^{\mathrm{j}\omega})=S(\mathrm{e}^{\mathrm{j}\omega})$。因为 $H(z)$ 的全部极点在单位圆内，而 $S(\mathrm{e}^{\mathrm{j}\omega})$ 却不一定满足这个条件。

LPC 谱估计具有一个特点：在信号能量较大的区域即接近谱的峰值处，LPC 谱和信号谱很接近；而在信号能量较低的区域即接近谱的谷底处，则相差比较大。对于呈现谐波结构的浊音语音谱来说，该特点表现为在谐波成分处 LPC 谱匹配信号谱的效果要远比谐波间的匹配度好。LPC 谱估计的这一特点实际上来自均方误差最小准则。

从上述分析可知，如果 p 选得很大，可以使 $|H(\mathrm{e}^{\mathrm{j}\omega})|$ 精确匹配于 $|S(\mathrm{e}^{\mathrm{j}\omega})|$。此时，极零点模型也可以用全极点模型来代替，但却增加了计算量和存储量，且 p 增加到一定程度以后，预测平方误差的改善就很不明显了。因此在语音信号处理中，p 一般选在 8 ~ 14 之间。根据语音信号的数字模型，在不考虑激励和辐射时，$H(\mathrm{e}^{\mathrm{j}\omega})$ 即 $S(\mathrm{e}^{\mathrm{j}\omega})$ 的频谱的包络谱。线性预测系数的频谱勾画出了 FFT 频谱的包络，反映了声道的共振峰的结构。

（4）线性预测倒谱

语音信号的倒谱可以通过对信号做傅里叶变换，取模的对数，再求傅里叶逆变换得到。由于频率响应 $H(\mathrm{e}^{\mathrm{j}\omega})$ 反映声道的频率响应和被分析信号的谱包络，因此用 $\log|H(\mathrm{e}^{\mathrm{j}\omega})|$ 做傅里叶逆变换求出的线性预测倒谱系数（Linear Prediction Cepstrum Coefficient，LPCC），其可看作是原始信号短时倒谱的一种近似。

通过线性预测分析得到的合成滤波器的系统函数为 $H(z)=1\Big/\left(1-\sum_{i=1}^{p}a_i z^{-i}\right)$，其冲激响应为 $h(n)$。下面求 $h(n)$ 的倒谱 $\hat{h}(n)$，首先根据同态处理法，有

$$\hat{H}(z)=\log H(z) \tag{3-106}$$

因为 $H(z)$ 是最小相位的，即在单位圆内是解析的，所以 $\hat{H}(z)$ 可以展开成级数形式，即

$$\hat{H}(z)=\sum_{n=1}^{+\infty}\hat{h}(n)z^{-n} \tag{3-107}$$

也就是说，$\hat{H}(z)$的逆变换$\hat{h}(n)$是存在的。设$\hat{h}(0)=0$，将式（3-107）两边同时对z^{-1}求导，得

$$\frac{\partial}{\partial z^{-1}}\log\frac{1}{1-\sum_{i=1}^{p}a_i z^{-i}}=\frac{\partial}{\partial z^{-1}}\sum_{n=1}^{+\infty}\hat{h}(n)z^{-n} \tag{3-108}$$

得到

$$\sum_{n=1}^{+\infty}n\hat{h}(n)z^{-n+1}=\frac{\sum_{i=1}^{p}ia_i z^{-i+1}}{1-\sum_{i=1}^{p}a_i z^{-i}} \tag{3-109}$$

有

$$\left(1-\sum_{i=1}^{p}a_i z^{-i}\right)\sum_{n=1}^{+\infty}n\hat{h}(n)z^{-n+1}=\sum_{i=1}^{+\infty}ia_i z^{-i+1} \tag{3-110}$$

令式（3-110）等号两边 z 的各次幂前系数分别相等，得到$\hat{h}(n)$和a_i间的递推关系

$$\hat{h}(1)=a_1 \tag{3-111}$$

$$\hat{h}(n)=a_n+\sum_{i=1}^{n-1}\left(1-\frac{i}{n}\right)a_i\hat{h}(n-i),\quad 1<n\leqslant p \tag{3-112}$$

$$\hat{h}(n)=\sum_{i=1}^{p}\left(1-\frac{i}{n}\right)a_i\hat{h}(n-i),\quad n>p \tag{3-113}$$

按式（3-111）~式（3-113）可直接从预测系数$\{a_i\}$求得倒谱$\hat{h}(n)$。这个倒谱系数是根据线性预测模型得到的，又利用线性预测中声道系统函数$H(z)$的最小相位特性，因此避免了一般同态处理中求复对数的麻烦。

3.6.4 线谱对分析

根据线性预测的原理可知，$A(z)=1-\sum_{i=1}^{p}a_i z^{-i}$为线性预测误差滤波器，其倒数$H(z)=1/A(z)$为线性预测合成滤波器。该滤波器常被用于重建语音，但是当直接对线性预测系数a_i进行编码时，$H(z)$的稳定性就不能得到保证。由此引出了许多与线性预测等价的表示方法，以提高线性预测的鲁棒性，如线谱对（Line Spectrum Pair，LSP）就是线性预测的一种等价表示形式。LSP 最早是由 Itakura 引入的，但是直到人们发现利用 LSP 在频域对语音进行编码，比其他变换技术更能改善编码效率时，LSP 才被重视。由于 LSP 能够保证线性预测滤波器的稳定性，其小的系数偏差带来的谱误差也只是局部的，且 LSP 具有良好的量化特性和内插特性，因而已经在许多编码系统中得到成功的应用。LSP 分析的主要缺点是运算量较大。线谱对分析也是一种线性预测分析方法，只是它求解的模型参数是“线谱对”（Line Spectrum Pair，LSP）。线谱对是频域参数，因而和语音信号谱包络的峰有着更紧密的联系；同时它构成合成滤波器$H(z)$时容易保证其稳定性，合成语音的数码率也比用格型法求解时要低。

LSP 作为线性预测参数的一种表示形式，可通过求解$p+1$阶对称和反对称多项式的共轭复根得到。其中，$p+1$阶对称和反对称多项式表示如下：

$$P(z)=A(z)+z^{-(p+1)}A(z^{-1}) \tag{3-114}$$

$$Q(z)=A(z)-z^{-(p+1)}A(z^{-1}) \tag{3-115}$$

其中，

$$z^{-(p+1)}A(z^{-1})=z^{-(p+1)}-a_1z^{-p}-a_2z^{-p+1}-\cdots-a_pz^{-1} \tag{3-116}$$

可以推出：

$$P(z)=1-(a_1+a_p)z^{-1}-(a_2+a_{p-1})z^{-2}-\cdots-(a_p+a_1)z^{-p}+z^{-(p+1)} \tag{3-117}$$

$$Q(z)=1-(a_1-a_p)z^{-1}-(a_2-a_{p-1})z^{-2}-\cdots-(a_p-a_1)z^{-p}-z^{-(p+1)} \tag{3-118}$$

$P(z)$、$Q(z)$分别为对称和反对称的实系数多项式，它们都有共轭复根。可以证明，当$A(z)$的根位于单位圆内时，$P(z)$和$Q(z)$的根都位于单位圆上，而且相互交替出现。如果阶数P是偶数，则$P(z)$和$Q(z)$各有一个实根，其中$P(z)$有一个根$z=-1$，$Q(z)$有一个根$z=1$。如果阶数p是奇数，则$P(z)$有两个根$z=-1$，$z=1$，$Q(z)$没有实根。此处假定p是偶数，这样$P(z)$和$Q(z)$各有$p/2$个共轭复根位于单位圆上，共轭复根的形式为$z_i=e^{\pm jw_i}$，设$p(z)$的零点为$e^{\pm jw_i}$，$Q(z)$的零点为$e^{\pm j\theta_i}$，则满足

$$0<\omega_1<\theta_1<\cdots<\omega_{p/2}<\theta_{p/2}<\pi \tag{3-119}$$

式中，ω_i和θ_i分别为$P(z)$和$Q(z)$的第i个根。

$$P(z)=(1+z^{-1})\prod_{i=1}^{p/2}(1-z^{-1}e^{j\omega_i})(1-z^{-1}e^{-j\omega_i})=(1+z^{-1})\prod_{i=1}^{p/2}(1-2\cos\omega_iz^{-1}+z^{-2}) \tag{3-120}$$

$$Q(z)=(1-z^{-1})\prod_{i=1}^{p/2}(1-z^{-1}e^{j\theta_i})(1-z^{-1}e^{-j\theta_i})=(1-z^{-1})\prod_{i=1}^{p/2}(1-2\cos\theta_iz^{-1}+z^{-2}) \tag{3-121}$$

式中，$\cos\omega_i$和$\cos\theta_i$（$i=1,2,\cdots,p/2$）是LSP系数在余弦域的表示；ω_i和θ_i则是与LSP系数对应的线谱频率（Line Spectrum Frequency，LSF）。

由于LSP参数成对出现，且反应信号的频谱特性，因此称为线谱对。LSF就是线谱对分析所要求解的参数。

LSP参数的特性包括：

1）LSP参数都在单位圆上且降序排列。

2）与LSP参数对应的LSF升序排列，且$P(z)$和$Q(z)$的根相互交替出现，这可使与LSP参数对应的LPC滤波器的稳定性得到保证。上述特性保证了在单位圆上，任何时候$P(z)$和$Q(z)$不可能同时为零。

3）LSP参数具有相对独立的性质。如果某个特定的LSP参数中只移动其中任意一个线谱频率的位置，那么它所对应的频谱只在附近与原始语音频谱有差异，而在其他LSP频率上则变化很小。这样有利于LSP参数的量化和内插。

4）LSP参数能够反映声道幅度谱的特点，在幅度大的地方分布较密，反之较疏。这样就相当于反映出了幅度谱中的共振峰特性。

按照线性预测分析的原理，语音信号的谱特性可以由LPC模型谱来估计，将式(3-114)和式（3-115）相加，可得

$$A(z)=\frac{1}{2}[P(z)+Q(z)] \tag{3-122}$$

此时，功率谱可以表示为

$$|H(e^{j\omega})|^2 = \frac{1}{|A(e^{j\omega})|^2} = 4\,|P(e^{j\omega}) + Q(e^{j\omega})|^{-2}$$
$$= 2^{-p}\left[\sin^2(\omega/2)\prod_{i=1}^{p/2}(\cos\omega - \cos\theta_i)^2 + \cos^2(\omega/2)\prod_{i=1}^{p/2}(\cos\omega - \cos\omega_i)^2\right]^{-1} \tag{3-123}$$

由此可见，LSP 分析是用 p 个离散频率的分布密度来表示语音信号谱特性的一种方法，即在语音信号幅度谱较大的地方 LSP 分布较密，反之较疏。

5）相邻帧 LSP 参数之间都具有较强的相关性，便于语音编码时帧间参数的内插。

3.6.5 线性预测系数与线谱对参数的互换[C]

1. LPC 到 LSP 参数的转换

在进行语音编码时，要对 LPC 进行量化和内插，就需要将 LPC 转换为 LSP 参数，为计算方便，可将 LSP 参数无关的两个实根去掉，得到如下多项式：

$$P'(z) = \frac{P(z)}{(1+z^{-1})} = \prod_{i=1}^{p/2}(1 - z^{-1}e^{j\omega})(1 - z^{-1}e^{-j\omega}) = \prod_{i=1}^{p/2}(1 - 2\cos\omega_i z^{-1} + z^{-2}) \tag{3-124}$$

$$Q'(z) = \frac{Q(z)}{(1-z^{-1})} = \prod_{i=1}^{p/2}(1 - z^{-1}e^{j\theta_i})(1 - z^{-1}e^{-j\theta_i}) = \prod_{i=1}^{p/2}(1 - 2\cos\theta_i z^{-1} + z^{-2}) \tag{3-125}$$

从 LPC 到 LSP 参数的转换过程，其实就是求解式（3-114）和式（3-115）等于 0 时的 $\cos\omega_i$ 和 $\cos\theta_i$ 的值，可采用下述几种方法求解。

（1）代数方程式求解

由式（3-124）可知，等式右边可进一步表示为

$$1 - 2\cos\omega_i z^{-1} + z^{-2} = 2z^{-1}(0.5z - \cos\omega_i + 0.5z^{-1})$$
$$= 2z^{-1}[0.5(z + z^{-1}) - \cos\omega_i] \tag{3-126}$$

令 $z = e^{j\omega}$，则由 $e^{j\omega} = \cos\omega + j\sin\omega$，可得 $z + z^{-1} = 2\cos\omega = 2x$。因此，式（3-114）和式（3-115）就是关于 x 的一对 p/2 次代数方程式，其系数取决于 $a_i(i=1,2,\cdots,p)$，且 a_i 是已知的，可以用牛顿迭代法来求解。

（2）离散傅里叶变换方法

对 $P'(z)$ 和 $Q'(z)$ 的系数求离散傅里叶变换，得到 $z_k = \exp\left(-\frac{jk\pi}{N}\right)(k=0,1,\cdots,N-1)$ 各点的值，搜索最小值的位置，即是零点所在。由于除了 0 和 π 之外，总共有 p 个零点，而且 $P'(z)$ 和 $Q'(z)$ 的根是相互交替出现的，因此只要很少的计算量即可解得，其中 N 的取值取 64～128 就可以。

（3）切比雪夫多项式求解

用切比雪夫多项式估计 LSP 系数，可直接在余弦域得到。$z = e^{j\omega}$ 时，$P'(z)$ 和 $Q'(z)$ 可写为

$$P'(z) = 2e^{-j\frac{p}{2}\omega}C(x) \tag{3-127}$$

$$Q'(z) = 2e^{-j\frac{p}{2}\theta}C(x) \tag{3-128}$$

此处，

$$C(x)=T_{\frac{p}{2}}(x)+f(1)T_{\frac{p}{2}-1}(x)+f(2)T_{\frac{p}{2}-2}(x)+\cdots+f\left(\frac{p}{2}-1\right)T_1(x)+f\left(\frac{p}{2}\right)\Big/2 \tag{3-129}$$

式中，$T_m(x)=\cos mx$ 是 m 阶的切比雪夫多项式；$f(i)$ 是由递推关系计算得到的 $P'(z)$ 和 $Q'(z)$ 的每个系数。由于，$P'(z)$ 和 $Q'(z)$ 是对称和反对称的，所以每个多项式只计算前 5 个系数即可。用下面的递推关系可得

$$\begin{cases}f_1(i+1)=a_{i+1}+a_{p-i}-f_1(i)\\ f_2(i+1)=a_{i+1}-a_{p-i}+f_2(i)\end{cases}\quad i=0,1,\cdots,p/2 \tag{3-130}$$

式中，$f_1(0)=f_2(0)=1.0$。

多项式 $C(x)$ 在 $x=\cos\omega$ 时的递推关系为

for $k=\frac{p}{2}-1$ *to* 1

$\lambda_k=2x\lambda_{k+1}-\lambda_{k+2}+f\left(\frac{p}{2}-k\right)$

end

$C(x)=x\lambda_1-\lambda_2+f\left(\frac{p}{2}\right)\Big/2$

式中，初始值 $\lambda_{\frac{p}{2}}=1$，$\lambda_{\frac{p}{2}+1}=0$。

（4）其他方法

将 0 ~ π 之间均分为 60 个点，以这 60 个点的频率值代入式（3-114）和式（3-115），检查它们的符号变化，在符号变化的两点之间均分为 4 份，再将这三个点频率值代入式（3-114）和式（3-115），符号变化的点即为所求的解。这种方法误差略大，计算量较大，但程序实现容易。

LPC 参数转换为 LSP 参数的函数实现

名称：TransformFromLpcToLsp

定义格式：

```
void TransformFromLpcToLsp(std::vector<double>&in_dataArray,std::vector<double>&out_dataArray)
```

函数功能：将 LPC 参数转换为 LSP 参数。

参数说明：

in_dataArray 为输入 Lpc 参数 p+1 个元素；out_dataArray 为输出 Lsp 参数 p 个元素。

程序清单：

```
void TransformFromLpcToLsp(std::vector<double>&in_dataArray,std::vector<double>&out_dataArray)
{
//第一个参数必须是1
int p = in_dataArray.size() - 1;
if(1 != in_dataArray[0])
```

```
{
    for(int i=0; i<p+1; i++)
    {
        in_dataArray[i] /= in_dataArray[0];
    }
}
//FrameLpcCoefficient 的系数必须在单位圆内部,否则显示错误信息
vector<complex<double>> Out_Roots(p);
vector<double> abs_Out_Roots(p);
Roots(in_dataArray,Out_Roots);
for(int i=0; i<p; i++)
{
    abs_Out_Roots[i] = abs(Out_Roots[i]);
}
if( * std::max_element(abs_Out_Roots.begin(),abs_Out_Roots.end()) >= 1.0)
{
    AfxMessageBox(TEXT("the polynominal must have all roots inside of the unit circle"));
    return;
}
//求对称和反对称多项式的系数
std::vector<double> a1(p+2,0);
std::vector<double> a2(p+2);
for(int i=0; i<p+1; i++)
{
    a1[i] = in_dataArray[i];
}
for(int i=0; i<p+2; i++)
{
    a2[i] = a1[p+1-i];
}
std::vector<double> P1(p+2);
std::vector<double> Q1(p+2);
for(int i=0; i<p+2; i++)
{
    P1[i] = a1[i] + a2[i];          //参见式(3-117)
    Q1[i] = a1[i] - a2[i];          //参见式(3-118)
}
vector<complex<double>> rP2(p+1);
vector<complex<double>> rQ2(p+1);
Roots(P1,rP2);
Roots(Q1,rQ2);
//剔除-1和1的根,因为p为偶数,所以P剔除-1,Q剔除1
```

```
vector<complex<double>> rP1;
vector<complex<double>> rQ1;
    for(int i=0; i<p+1; i++)
{
    if(abs(std::imag(rP2[i]))!=0)
    {
        rP1.push_back(rP2[i]);
    }
    if(abs(std::imag(rQ2[i]))!=0)
    {
        rQ1.push_back(rQ2[i]);
    }
}
rP1.shrink_to_fit();
rQ1.shrink_to_fit();
//获得角度
std::vector<double> angleP1(p);
std::vector<double> angleQ1(p);
Angle(rP1,angleP1);
Angle(rQ1,angleQ1);
//角度排序
angleP1.insert(angleP1.end(),angleQ1.begin(),angleQ1.end());
std::sort(angleP1.begin(),angleP1.end());
out_dataArray.resize(p);                          //只取(0,pi)范围内的值,因为对称
for(int i=0; i<p; i++)
{
    out_dataArray[i] = angleP1[i];
}
}
```

2. LSP 参数到 LPC 的转换

LSP 系数被量化和内插后，应再转换为预测系数 $a_i(i=1,2,\cdots,p)$。已知量化和内插的 LSP 参数 $q_i(i=1,2,\cdots,p)$，可用式（3-114）和式（3-115）来计算 $P'(z)$ 和 $Q'(z)$ 的系数 $p'(i)$ 和 $q'(i)$。其中，$p'(i)$ 可通过以下的递推关系获得

for $i=1$ to $p/2$

$p'(i) = -2q_{2i-1}p'(i-1) + 2p'(i-2)$

for $j=i-1$ to 1

$p'(j) = p'(j) - 2q_{2i-1}p'(j-1) + p'(j-2)$

end

end

其中，$q_{2i-1}=\cos\omega_{2i-1}$，初始值 $p'(0)=1$，$p'(-1)=0$。把上面递推关系中的 q_{2i-1} 替换为

q_{2i}，就可以得到 $q'(i)$。

一旦得出系数 $p'(i)$ 和 $q'(i)$，就可以得到 $P'(z)$ 和 $Q'(z)$，$P'(z)$ 乘以 $(1+z^{-1})$ 得到 $P(z)$，$Q'(z)$ 乘以 $(1-z^{-1})$ 得到 $Q(z)$，即

$$\begin{cases} p_1(i)=p'(i)+p'(i-1), & i=1,2,\cdots,p/2 \\ q_1(i)=q'(i)+q'(i-1), & i=1,2,\cdots,p/2 \end{cases} \tag{3-131}$$

最后得到预测系数为

$$a_i=\begin{cases} 0.5p_i(i)+0.5q_1(i) & i=1,2,\cdots,p/2 \\ 0.5p_i(p+1-i)-0.5q_1(p+1-i) & i=p/2+1,\cdots,p \end{cases} \tag{3-132}$$

图 3-19 是两种预测系数的频谱对比。从图中可知，两种预测系数的频谱完全相同。说明用 LSF 进行编解码能保证系统原有的性能。

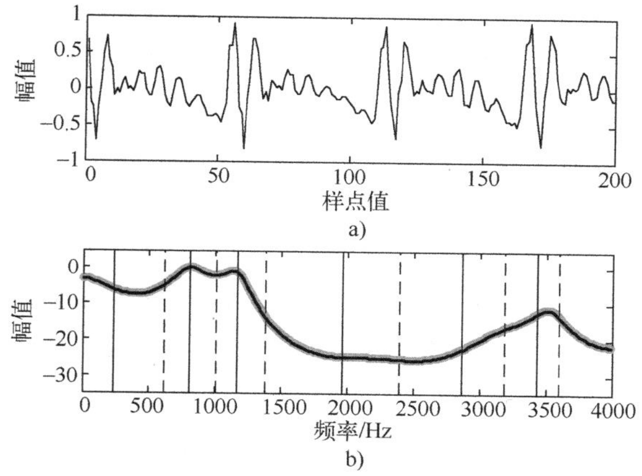

图 3-19 两种预测系数频谱的比较

a）一帧语音信号波形图 b）语音信号的 LPC 谱和线谱对还原 LPC 的频谱

LSP 参数转换为 LPC 参数的函数实现

名称：TransformFromLspToLpc

定义格式：

```
void TransformFromLspToLpc(std::vector<double> &in_dataArray, std::vector<double> &out_dataArray)
```

函数功能：将 LSP 参数转换为 LPC 参数。

参数说明：

in_dataArray 为输入 Lsp 参数 p 个元素；out_dataArray 为输出 Lpc 参数 p+1 个元素。

程序清单：

```
void TransformFromLspToLpc(std::vector<double> &in_dataArray, std::vector<double> &out_dataArray)
{
int p = in_dataArray.size();
//将 in_dataArray 中的相角换位为余弦值
```

```
    for(int i=0; i<p; i++)
    {
        in_dataArray[i] = cos(in_dataArray[i]);
    }
    //将 in_dataArray 分割成奇偶部分,
    std::vector<double> lsf_p(p/2,0);
    std::vector<double> lsf_q(p/2,0);
    for(int i=0; i<p/2; i++)
    {
        lsf_p[i] = in_dataArray[2*i];
        lsf_q[i] = in_dataArray[2*i+1];
    }
    //分别求 P'(z)和 Q'(z)的系数
    std::vector<double> p_coef(p/2+1);
    std::vector<double> q_coef(p/2+1);
    LspToLpcIteration(lsf_p,p_coef);
    LspToLpcIteration(lsf_q,q_coef);
    //加上根 1 和 -1
    std::vector<double> P_Coef(p/2+1,0);
    std::vector<double> Q_Coef(p/2+1,0);
    for(int i=1; i<=p/2; i++)
    {
        P_Coef[i] = p_coef[i] + p_coef[i-1];          //参见式(3-131)
        Q_Coef[i] = q_coef[i] - q_coef[i-1];          //参见式(3-131)
    }
    out_dataArray[0] = 1;
    for(int i=1; i<p+1; i++)
    {
        if(i<=p/2)
            out_dataArray[i] = 0.5*P_Coef[i] + 0.5*Q_Coef[i];                 //参见式(3-132)
        else
            out_dataArray[i] = 0.5*P_Coef[p+1-i] - 0.5*Q_Coef[p+1-i];  //参见式(3-132)
    }
}
```

3.7 思考与复习题

1. 语音信号为什么需要分帧处理？帧长的选择有什么依据？
2. 短时能量和短时过零率的定义是什么？常用的有哪几种窗口？
3. 短时自相关函数和短时平均幅度差函数的定义及其用途是什么？在选择窗口函数时

应考虑什么问题？

4. 如何利用 FFT 求语音信号的短时谱？如何提高短时谱的频率分辨率？什么是语音信号的功率谱？为什么在语音信号数字处理中，功率谱具有重要意义？

5. 请叙述同态信号处理的基本原理（分解和特征系统）。倒谱的求法及语音信号两个分量的倒谱性质是什么？

6. 什么是复倒谱？什么是倒谱？已知复倒谱怎样求倒谱？已知倒谱怎样求复倒谱，有什么条件限制？

7. 如何将信号模型化为模型参数？最常用的是什么模型？什么叫作线性预测和线性预测方程式以及如何求解它们？

8. 什么是线谱对？它有什么特点？它是如何推导出来的？有什么用途？

9. 线谱对参数与线性预测系数如何转换？

10. 什么是 MFCC 和 LPCMCC？如何求解它们？

11. 试编写语音信号处理预加重和去加重的 C ++ 函数，并结合附录的程序编程进行验证。

第4章　语音信号特征提取技术

4.1　概述

语音信号是一种时变的短时平稳信号，形式复杂，但是携带很多有用的信息。这些信息包括有固定意义的信息（如基音、共振峰等），也包括一些统计信息（如平均值、最值等），这些信息统称为语音特征。特征参数的准确性和唯一性将直接影响语音处理算法的效率。

在语音特征中，最常使用的是从语音波形中提取的反映语音特性的时域特征，比如短时幅度、短时帧平均能量、短时帧过零率、短时自相关系数、平均幅度差函数等。语音信号特征提取的基础是分帧，语音信号特征参数是分帧提取的，每帧特征参数一般构成一个矢量，所以语音信号特征是一个矢量序列。相比于分帧处理，端点检测在语音信号处理中也占有十分重要的地位，直接影响着系统的性能，尤其是一些识别类系统，如语音识别、说话人识别等。

基音周期作为语音信号处理中描述激励源的重要参数之一，在语音合成、语音压缩编码、语音识别和说话人确认等领域都有着广泛而重要的应用，对汉语更是如此。汉语是一种有调语言，而基音周期的变化称为声调，声调对于汉语语音的理解极为重要。因此准确可靠地进行基音检测对汉语语音信号的处理显得尤为重要。

共振峰是指在声音的频谱中能量相对集中的一些区域，共振峰不但是音质的决定因素，而且反映了声道（共振腔）的物理特征。与基音周期相似，语音共振峰在语音信号合成、语音信号自动识别和低比特律语音信号传输等方面也起着重要作用。此外，由于共振峰检测一般是分析韵母部分，所以需要进行端点检测。

本章主要介绍三种主要的语音信号特征：语音端点、基音周期和共振峰。

4.2　端点检测[C]

相比于分帧处理，端点检测在语音信号处理中也占有十分重要的地位，直接影响着系统的性能。语音端点检测是指从一段语音信号中准确地找出语音信号的起始点和结束点，它的目的是为了使有效的语音信号和无用的噪声信号得以分离，因此在语音识别、语音增强、语音编码、回声抵消等系统中得到广泛应用。目前端点检测方法大体上可以分成两类：一类是基于阈值的方法，该方法根据语音信号和噪声信号的不同特征，提取每一段语音信号的特征，然后把这些特征值与设定的阈值进行比较，从而达到语音端点检测的目的。此类方法原理简单，运算方便，所以被人们广泛使用；另一类方法是基于模式识别的方法，需要估计语音信号和噪声信号的模型参数来进行检测。由于基于模式识别的方法自身复杂度高，运算量大，因此很难被人们应用到实时语音信号系统中去。

4.2.1　双门限法

语音端点检测本质上是根据语音和噪声的特征参数不同进行区分。传统的短时能量和过零率相结合的语音端点检测算法利用短时过零率来检测清音，用短时能量来检测浊音，两者相配合便实现了信号信噪比较大情况下的端点检测。算法以短时能量检测为主，短时过零率检测为辅。其中，短时能量和短时过零率的定义和计算可参见 3.3.1 节和 3.3.2 节。根据语音的统计特性，可以把语音段分为清音、浊音以及静音（包括背景噪声）三种。

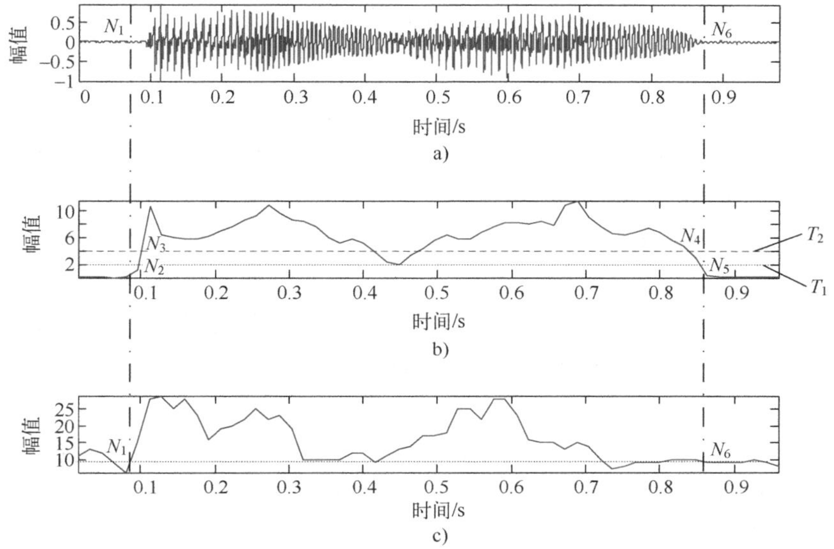

图 4-1　双门限法端点检测的二级判决示意图

a）语音波形　b）短叶能量　c）短时过零率

在双门限算法中，短时能量检测可以较好地区分出浊音和静音。对于清音，由于其能量较小，在短时能量检测中会因为低于能量门限而被误判为静音；短时过零率则可以从语音中区分出静音和清音。将两种检测结合起来，就可以检测出语音段（清音和浊音）及静音段。在基于短时能量和过零率的双门限端点检测算法中首先为短时能量和过零率分别确定两个门限，一个为较低的门限，对信号的变化比较敏感，另一个是较高的门限。当低门限被超过时，很有可能是由于很小的噪声所引起的，未必是语音的开始，当高门限被超过并且在接下来的时间段内一直超过低门限时，则意味着语音信号的开始。

双门限法进行端点检测步骤如下（见图 4-1）：

1）计算信号的短时能量和短时平均过零率。

2）根据语音能量的轮廓选取一个较高的门限 T_2，语音信号的能量包络大部分都在此门限之上，这样可以进行一次初判。语音起止点位于该门限与短时能量包络交点 N_3 和 N_4 所对应的时间间隔之外。

3）根据背景噪声的能量确定一个较低的门限 T_1，并从初判起点分别往左和往右搜索，找到能量包络第一次与门限 T_1、相交的两个点 N_2 和 N_5，于是 N_2N_5 段就是用双门限方法根据短时能量所判定的语音段。

4）以短时平均过零率为准，从 N_2 点往左和 N_5 往右搜索，找到短时平均过零率低于某阈值 T_3 的两点 N_1 和 N_6，这便是语音段的起止点。

注意：门限值要通过多次实验来确定，门限都是由背景噪声特性确定的。语音起始段的复杂度特征与结束时的有差异，起始时幅度变化比较大，结束时，幅度变化比较缓慢。在进行起止点判决前，通常都要采集若干帧背景噪声并计算其短时能量和短时平均过零率，作为选择 M1 和 M2 的依据。

双门限法端点检测的函数实现

名称：EndPointsDetectionEnergyZeroCrossing

定义格式：

```
void EndPointsDetectionEnergyZeroCrossing(std::vector<double> &in_dataArray, std::vector<CSpeechSegment> &out_dataSegment, int nFrameLength, int nFrameInc, int window_type, int nNumOfNoiseFrames)
```

函数功能：双门限法端点检测。

参数说明：

in_dataArray 为输入语音数据；out_dataSegment 为输出端点位置；nFrameLength 为帧长；nFrameInc 为帧移；nNumOfNoiseFrames 为前导静音语音帧数；window_type 为窗函数类型。

程序清单：

```
void EndPointsDetectionEnergyZeroCrossing(std::vector<double> &in_dataArray, std::vector<CSpeechSegment> &out_dataSegment, int nFrameLength, int nFrameInc, int window_type, int nNumOfNoiseFrames)
{
int nSampleLength = in_dataArray.size();//样本长度
int nFrames = GetFrames(nSampleLength,nFrameLength,nFrameInc);
std::vector<std::vector<double>> Array2D(nFrames,std::vector<double>(nFrameLength,0));
DivFrame(in_dataArray,nFrameLength,nFrameInc,Array2D,window_type);  //加窗分帧
std::vector<double> FrameEnergy(nFrames);
GetEnergy(Array2D,FrameEnergy);                          //帧能量,参见3.3.1节
std::vector<double> FrameZeroCrossing(nFrames);
GetZeroCrossing(Array2D,FrameZeroCrossing);              //帧过零率,参见3.3.2节
//计算前导静音帧的平均能量和过零率
double NoiseEnergy = 0;
NoiseEnergy = std::accumulate(FrameEnergy.begin(), FrameEnergy.begin() + nNumOfNoiseFrames, NoiseEnergy)/ nNumOfNoiseFrames;          //计算噪声段能量
double NoiseZeroCrossing = 0;
NoiseZeroCrossing = std::accumulate(FrameZeroCrossing.begin(), FrameZeroCrossing.begin() + nNumOfNoiseFrames,NoiseZeroCrossing)/ nNumOfNoiseFrames;
//设置 threshold
double threshold1_FrameEnergy = 8 * NoiseEnergy;
double threshold2_FrameEnergy = 4 * NoiseEnergy;
```

```
double threshold_FrameZeroCrossing = 4 * NoiseZeroCrossing;
//开始端点检测
DoubleThreshold( FrameEnergy, FrameZeroCrossing, threshold1_FrameEnergy, threshold2_FrameEnergy,
threshold_FrameZeroCrossing, out_dataSegment);              //双门限法检测
}
```

其中，双门限法的函数如下。

双参数双门限法的函数实现

名称：DoubleThreshold

定义格式：

```
void DoubleThreshold( std::vector < double > &in_frameArray1, std::vector < double > in_frameArray2,
double threshold1_frameArray1, double threshold2_frameArray1, double threshold_frameArray2, std::vec-
tor < CSpeechSegment > &out_dataSegment)
```

函数功能：双参数双门限法

程序清单：

```
void DoubleThreshold( std::vector < double > &in_frameArray1, std::vector < double > in_frameArray2,
double threshold1_frameArray1, double threshold2_frameArray1, double threshold_frameArray2, std::vec-
tor < CSpeechSegment > &out_dataSegment)
{
//开始端点检测
int nFrames = in_frameArray1. size( );                    //帧数
int maxsielence = 3;//最大连续静音帧数,超过此值判为静音
int minvoice = 3;//最小连续语音帧数,小于此值为噪声
CSpeechSegment Segment;
int status = 0;//作为判断语音段和静音段的标识
int count = 0;//用于存储连续语音帧的帧数
int silence = 0;//用于存储连续静音段的帧数
for( int n = 0; n < nFrames; n ++ )
{
    switch( status)
    {
    case 0:
    case 1:
        if( in_frameArray1[ n] > threshold1_frameArray1)    //确认进入语音段
        {
            status = 2;
            Segment. SetBegin( std::max( n - count - 1,1));
            silence = 0;
            count = count + 1;
        }
else if( in_frameArray1[ n] > threshold2_frameArray1 || in_frameArray2[ n] > threshold_frameArray2)
```

```
            {
                status = 1;
                count = count + 1;
            }
            else                                        //静音状态
            {
                status = 0;
                count = 0;
                Segment. SetValue( );
            }
            break;
        case 2:
        if( in_frameArray1[ n] > threshold2_frameArray1 || in_frameArray2[ n] > threshold_frameArray2)
            {
                count ++ ;                              //保持在语音段
            }
            else
            {
                silence ++ ;
                if( silence < maxsielence)
                {
                    count = count + 1;
                }
                else if( count < minvoice)
                {
                    status = 0;
                    silence = 0;
                    count = 0;
                }
                else                                    //语音结束
                {
                    status = 3;
                    Segment. SetEnd( Segment. GetBegin( ) + count);
                }
            }
            break;
        case 3:
            out_dataSegment. push_back( Segment);  //加入数据集
            status = 0;
            count = 0;
            silence = 0;
            Segment. SetValue( );
```

```
            break;
        }
    }
    out_dataSegment.shrink_to_fit();
}
```

程序中定义了一个描述语音段开始和结束的类 CSpeechSegment，具体格式如下：

```
class CSpeechSegment{
private:
    int nBegin;                                    //开始帧
    int nEnd;                                      //结束帧
public:
    CSpeechSegment(int begin=0,int end=0);         //构造函数
    void SetValue(int begin=0,int end=0);          //设置
    ~CSpeechSegment();                             //析构函数
public:
    int GetBegin(){ return nBegin; }               //返回开始帧
    int GetEnd(){ return nEnd; }                   //返回结束帧
    void SetBegin(int begin){ nBegin=begin; }      //设置开始帧
    void SetEnd(int end){ nEnd=end; }              //设置结束帧
};
```

4.2.2　自相关法

自相关函数具有一些性质：①它是偶函数；②假设序列具有周期性，则其自相关函数也是同周期的周期函数。对于浊音语音可以用自相关函数求出语音波形序列的基音周期。此外，在进行语音信号的线性预测分析时，也要用到自相关函数。短时自相关的定义和计算参见 3.3.3 节。

图 4-2 和图 4-3 分别是噪声信号和含噪语音的自相关函数。从图可知，两种信号的自

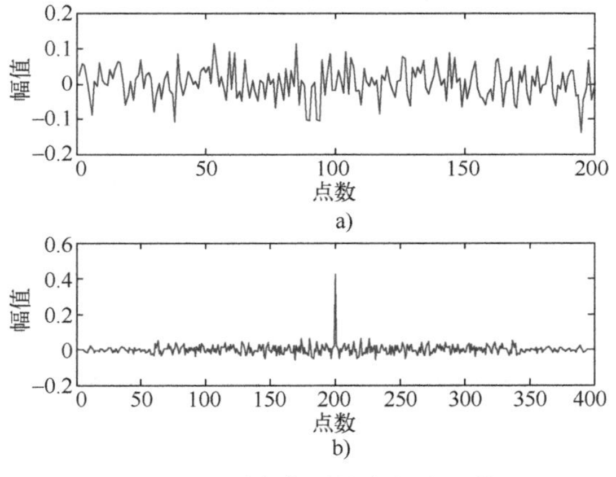

图 4-2　噪声信号的自相关函数

a）噪声波形　b）噪声的自相关函数

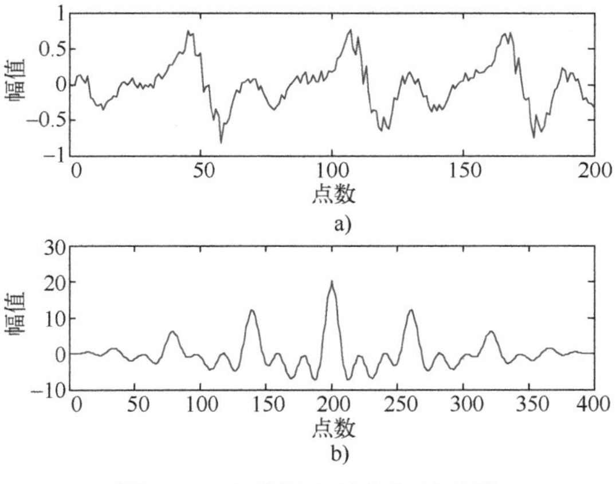

图 4-3　含噪语音的自相关函数

a）语音波形　b）含噪语音的自相关函数

相关函数存在极大的差异，因此可利用这种差别来提取语音端点。根据噪声的情况，设置两个阈值 T_1 和 T_2，当相关函数最大值大于 T_2 时，便判定是语音；当相关函数最大值大于或小于 T_1 时，则判定为语音信号的端点。

短时互相关的函数实现和双门限法类似，只是计算的特征值种类和个数不同，因此此处必须采用单参数的双门限法，相关实现函数如下。

单参数双门限法的函数实现

名称：DoubleThreshold

定义格式

```
void DoubleThreshold(std::vector<double> &in_frameArray1, double threshold1_frameArray1, double threshold2_frameArray1, std::vector<CSpeechSegment> &out_dataSegment, int maxsielence, int minvoice, bool bFlag)
```

函数功能：单参数双门限法。

参数说明：in_frameArray1 为输入语音数据；out_dataSegment 为输出端点位置；threshold1_frameArray1 为门限阈值 T1；threshold2_frameArray1 为门限阈值 T2；maxsielence 为连续静音段的最大帧数阈值；minvoice 为连续语音段的最大帧数阈值；bFlag 为正向比较或反向比较标志位。

程序清单：

```
void DoubleThreshold(std::vector<double> &in_frameArray1, double threshold1_frameArray1, double threshold2_frameArray1, std::vector<CSpeechSegment> &out_dataSegment, int maxsielence, int minvoice, bool bFlag)
{
//开始端点检测
int nFrames = in_frameArray1.size();              //帧数
CSpeechSegment Segment;
int status = 0;                                    //作为判断语音段和静音段的标识
int count = 0;                                     //用于存储连续语音帧的帧数
int silence = 0;                                   //用于存储连续静音段的帧数
if(true == bFlag)
{
    for(int n = 0; n < nFrames; n++)
    {
        switch(status)
        {
        case 0:
        case 1:
            if(in_frameArray1[n] > threshold1_frameArray1)          //确认进入语音段
            {
                status = 2;
                Segment.SetBegin(std::max(n - count - 1, 1));
```

```
            silence = 0;
            count = count + 1;
        }
        else if(in_frameArray1[n] > threshold2_frameArray1)          //可能处于语音段
        {
            status = 1;
            count = count + 1;
        }
        else                                                          //静音状态
        {
            status = 0;
            count = 0;
            Segment.SetValue();
        }
        break;
    case 2:
        if(in_frameArray1[n] > threshold2_frameArray1)
        {
            count ++;                                                 //保持在语音段
        }
        else
        {
            silence ++;
            if(silence < maxsielence)
            {
                count = count + 1;
            }
            else if(count < minvoice)
            {
                status = 0;
                silence = 0;
                count = 0;
            }
            else                                                      //语音结束
            {
                status = 3;
                Segment.SetEnd(Segment.GetBegin() + count);
            }
        }
        break;
    case 3:
        out_dataSegment.push_back(Segment);                           //加入数据库
```

```
                    status = 0;
                    count = 0;
                    silence = 0;
                    Segment.SetValue();
                    break;
                }
            }
        out_dataSegment.shrink_to_fit();
        }
        else
        {
            for(int n = 0; n < nFrames; n++)
            {
                switch(status)
                {
                case 0:
                case 1:
                    if(in_frameArray1[n] < threshold1_frameArray1)            //确认进入语音段
                    {
                        status = 2;
                        Segment.SetBegin(std::max(n - count - 1,1));
                        silence = 0;
                        count = count + 1;
                    }
                    else if(in_frameArray1[n] < threshold2_frameArray1)       //可能处于语音段
                    {
                        status = 1;
                        count = count + 1;
                    }
                    else                                                      //静音状态
                    {
                        status = 0;
                        count = 0;
                        Segment.SetValue();
                    }
                    break;
                case 2:
                    if(in_frameArray1[n] < threshold2_frameArray1)
                    {
                        count++;                                              //保持在语音段
                    }
                    else
```

```
            {
                silence ++ ;
                if( silence < maxsielence)
                {
                    count = count + 1 ;
                }
                else if( count < minvoice)
                {
                    status = 0;
                    silence = 0;
                    count = 0;
                }
                else                                        //语音结束
                {
                    status = 3;
                    Segment. SetEnd( Segment. GetBegin( ) + count) ;
                }
            }
            break;
        case 3:
            out_dataSegment. push_back( Segment) ;          //加入数据库
            status = 0;
            count = 0;
            silence = 0;
            Segment. SetValue( ) ;
            break;
        }
    }
    out_dataSegment. shrink_to_fit( ) ;
}
}
```

后续几类端点检测算法的程序实现基本相同，只是所提取特征不同，不再赘述。

4.2.3　谱熵法

1. 谱熵特征

所谓熵就是表示信息的有序程度。在信息论中，熵描述了随机事件结局的不确定性，即一个信息源发出的信号以信息熵来作为信息选择和不确定性的度量，是由 Shannon 引用到信息理论中来的。1998 年，Shne JL 首次提出基于熵的语音端点检测方法，Shne 在实验中发现语音的熵和噪声的熵存在较大的差异，谱熵这一特征具有一定的可选性，它体现了语音和噪声在整个信号段中的分布概率。

谱熵语音端点检测方法是通过检测谱的平坦程度，从而达到语音端点检测的目的，经实验研究可知谱熵具有如下特征：

1）语音信号的谱熵不同于噪声信号的谱熵。

2）理论上，如果谱的分布保持不变，语音信号幅值的大小不会影响归一化。但实际上，语音谱熵随语音随机性而变化，与能量特征相比，谱熵的变化是很小的。

3）在某种程度上讲，谱熵对噪声具有一定的稳健性。当信噪比降低时，相同的语音信号的谱熵值的形状大体保持不变，这说明谱熵是一个比较稳健的特征参数。

4）语音谱熵只与语音信号的随机性有关，而与语音信号的幅度无关，理论上认为只要语音信号的分布不发生变化，那么语音谱熵不会受到语音幅度的影响。另外，由于每个频率分量在求其概率密度函数的时候都经过了归一化处理，所以从这一方面也证明了语音信号的谱熵只会与语音分布有关，而不会与幅度大小有关。

2. 谱熵定义

设语音信号时域波形为 $x(i)$，加窗分帧处理后得到的第 n 帧语音信号为 $x_n(m)$，其快速傅里叶变换表示为 $X_n(k)$，其中下标 n 表示为第 n 帧，而 k 表示为第 k 条谱线。该语音帧在频域中的短时能量为

$$E_n = \sum_{k=0}^{N/2} X_n(k) X_n^*(k) \tag{4-1}$$

式中，N 为 FFT 的长度，只取正频率部分。

而对于某一谱线 k 的能量谱为 $Y_n(k) = X_n(k) X_n^*(k)$，则每个频率分量的归一化谱概率密度函数定义为

$$p_n(k) = \frac{Y_n(k)}{\sum_{l=0}^{N/2} Y_n(l)} = \frac{Y_n(k)}{E_n} \tag{4-2}$$

该语音帧的短时谱熵定义为

$$H_n = -\sum_{n=0}^{N/2} p_n(k) \lg p_n(k) \tag{4-3}$$

3. 基于谱熵的端点检测

由于谱熵语音端点检测方法是通过检测谱的平坦程度，来进行语音端点检测的，为了更好地进行语音端点检测，采用语音信号的短时功率谱构造语音信息谱熵，从而更好地对语音段和噪声段进行区分。

其大概检测思路如下：

1）首先对语音信号进行分帧加窗，设置 FFT 的点数。

2）计算出每一帧的谱能量。

3）计算出每一帧中每个样本点的概率密度函数。

4）计算出每一帧的谱熵值。

5）设置判决门限。

6）根据各帧的谱熵值进行端点检测。

每一帧的谱熵值采用以下公式进行计算的：

$$H(i)=\sum_{i=0}^{N/2-1}P(n,i)*\lg[1/P(n,i)] \tag{4-4}$$

式中，$H(i)$是第 i 帧的谱熵，$H(i)$计算是基于谱的能量变化而不是谱的能量，所以在不同水平噪声环境下谱熵参数具有一定的稳健性，但每一谱点的幅值易受噪声的污染进而影响端点检测的稳健性。

4.2.4 比例法

（1）能零比的端点检测

在噪声情况下，信号的短时能量和短时过零率会发生一定变化，严重时会影响端点检测性能。图 4-4 是含噪情况下的短时能量和短时过零率显示图。从图中可知，在语音中的说话区间能量是向上凸起的，而过零率相反，在说话区间向下凹陷。这表明，说话区间能量的数值大，而过零率数值小；在噪声区间能量的数值小，而过零率数值大，所以把能量值除以过零率的值，则可以更突出说话区间，从而更容易检测出语音端点。

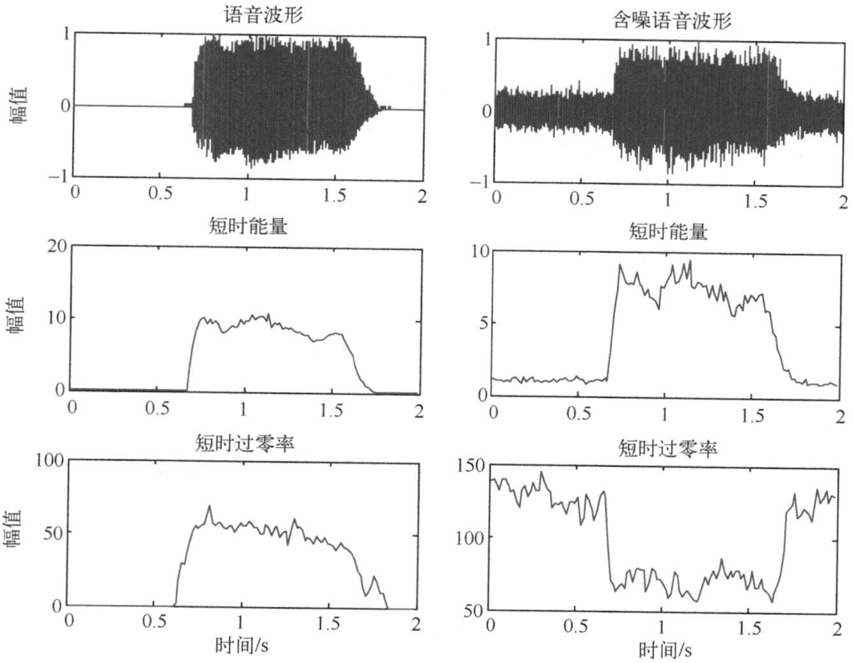

图 4-4　含噪信号的短时能量和短时过零率

改变式（3-19）的能量表示为

$$LE_n=\lg(1+E_n/a) \tag{4-5}$$

式中，a 为常数，适当的数值有助于区分噪声和清音。

对于过零率的计算基本同式（3-21）和式（3-22）。不过，这里 $x_n(m)$需要先进行限幅处理，即

$$\tilde{x}_n(m)=\begin{cases}x_n(m), & |x_n(m)|>\sigma\\ 0, & |x_n(m)|<\sigma\end{cases} \tag{4-6}$$

此时，能零比可表示为

$$\mathrm{EZR}_n = \mathrm{LE}_n / (\mathrm{ZCR}_n + b) \tag{4-7}$$

此处，b 为一较小的常数，防止 ZCR_n 为零时溢出。

（2）能熵比的端点检测

谱熵值很类似于过零率值，在说话区间内的谱熵值小于噪声段的谱熵值，所以同能零比，能熵比的表示为

$$\mathrm{EEF}_n = \sqrt{1 + |LE_n / H_n|} \tag{4-8}$$

4.2.5 谱距离法

（1）对数频谱距离法

在许多语音增强算法中，都会采用基于对数频谱距离的端点检测算法，即在语音增强前先进行端点检测，以便对有话帧和噪声帧做不同的处理。

设含噪语音信号为 $x(n)$，加窗分帧处理后得到第 i 帧语音信号为 $x_i(m)$，帧长为 N。任何一帧语音信号 $x_i(m)$ 做 FFT 后为

$$X_i(k) = \sum_{m=0}^{N-1} x_i(m) \exp\left(\mathrm{j}\frac{2\pi mk}{N}\right) \quad k = 0, 1, \cdots, N-1 \tag{4-9}$$

对频谱 $X_i(k)$ 取模值后再取对数，得

$$\hat{X}_i(k) = 20\lg |X_i(k)| \tag{4-10}$$

设有两个信号 $x_1(n)$ 和 $x_2(n)$，其第 i 帧的对数频谱分别为 $\hat{X}_{1,i}(k)$ 和 $\hat{X}_{2,i}(k)$，则这两个信号的对数频谱距离表示为

$$d_{\mathrm{spec}}(i) = \frac{1}{N_2} \sum_{k=0}^{N_2-1} (\hat{X}_{1,i}(k) - \hat{X}_{2,i}(k))^2 \tag{4-11}$$

式中，N_2 表示只取正频率部分，即 $N_2 = N/2 + 1$。

当采用对数谱距离进行端点检测是，对数谱距离的两个信号分别是语音信号和噪声信号。算法的基本原理及步骤为下：

1）设置算法参数包括：无声段计数器（cout），距离阈值（Th），语音标记和噪声标记。

2）用 NIS 个前导无语帧计算噪声平均频谱，即

$$X_{\mathrm{noise}}(k) = \frac{1}{NIS} \sum_{i=1}^{NIS} X_i(k) \tag{4-12}$$

计算噪声帧的对数频谱，得

$$\hat{X}_{\mathrm{noise}}(k) = 20\lg |X_{\mathrm{noise}}(k)| \tag{4-13}$$

3）计算每帧信号的对数频谱，即

$$\hat{X}_i(k) = 20\lg |X_i(k)| \tag{4-14}$$

4）计算每帧信号与噪声信号的对数频谱距离，即

$$d_{\mathrm{spec}}(i) = \frac{1}{N_2} \sum_{k=0}^{N_2-1} (\hat{X}_i(k) - \hat{X}_{\mathrm{noise}}(k))^2 \tag{4-15}$$

式中，N_2 表示只取正频率部分，$N_2=N/2+1$。

5）判断 $d_{\rm spec}(i)$ 是否小于 Th，如果小于 Th，则认为该帧是噪声帧，cout 加 1，噪声标记为 1；如果 $d_{\rm spec}(i)$ 大于 Th，cout 和噪声标记置 0。

6）判断 cout 是否还小于最小噪声段长度，如果是，则该帧还是有话帧，语音标记为 1；否则为无话帧，cout 和语音标记为 0。

7）检测完整个语音后，利用语音标记进行端点检测。

（2）倒谱距离法

设含噪语音信号为 $x(n)$，加窗分帧处理后得到第 i 帧语音信号为 $x_i(m)$，帧长为 N。$x_i(m)$ 的频谱为 $X_i(\omega)$，其倒谱为 $c_i(n)$。信号的倒谱 $c^i(n)$ 可表示为的傅里叶级数展开，即有

$$\lg X_i(w)=\sum_{n=-\infty}^{\infty}c^i(n)\mathrm{e}^{-\mathrm{j}n\omega} \tag{4-16}$$

其中，$c_i(n)=c_i(-n)$ 是实数，且

$$c_i(0)=\int_{-\pi}^{\pi}\lg X_i(\omega)\frac{\mathrm{d}\omega}{2\pi} \tag{4-17}$$

设有两个信号 $x_1(n)$ 和 $x_2(n)$，其第 i 帧的谱函数分别为 $X_{1,i}(\omega)$ 和 $X_{2,i}(\omega)$，则其对数谱的均方距离为

$$d_{\rm cep}^2(i)=\frac{1}{2\pi}\int_{-\pi}^{\pi}\left|\lg X_{1,i}(\omega)-\lg X_{2,i}(\omega)\right|^2\mathrm{d}\omega=\sum_{n=-\infty}^{\infty}(c_{1,i}(n)-c_{2,i}(n))^2 \tag{4-18}$$

式中，$c_{1,i}(n)$ 和 $c_{2,i}(n)$ 为对应谱密度函数 $X_{1,i}(\omega)$ 和 $X_{2,i}(\omega)$ 的倒谱系数。

基于倒谱距离的端点检测的步骤基本与基于对数频谱距离检测的步骤相同，并采用双门限判决方法来进行端点检测。在实际计算中，采用下式代替式（4-18）：

$$d_{\rm cep}=4.3429\sum_{n=0}^{p}(c_{1,i}(n)-c_{2,i}(n))^2 \tag{4-19}$$

此处，p 为所取倒谱系数的阶数。

（3）MFCC 倒谱距离法

设含噪语音信号为 $x(n)$，加窗分帧处理后得到第 i 帧语音信号为 $x_i(m)$，帧长为 N。$x_i(m)$ 的MFCC 倒谱系数为 $mc_i(n)$。两组信号 $x_1(n)$ 和 $x_2(n)$ 的第 i 帧的倒谱系数分别为 $mc_{1,i}(n)$ 和 $mc_{2,i}(n)$，则 MFCC 倒谱距离为

$$d_{\rm mfcc}(i)=\sqrt{\sum_{n=1}^{p}(mc_{1,i}(n)-mc_{2,i}(n))^2} \tag{4-20}$$

基于 MFCC 倒谱距离的端点检测的步骤基本与基于对数频谱距离检测的步骤相同，并采用双门限判决方法来进行端点检测。

三种谱距离法的端点检测效果如图 4-5 所示，图 4-5a 中的端点起始线是基于对数谱距离法进行标识的。从图中可知，三种谱距离法的检测效果基本相同，短时倒谱距离法效果略差。但是，实际上，由于添加了随机白噪声，每次端点检测的效果是有差异的。这说明，谱距离法的抗噪性不是太好。

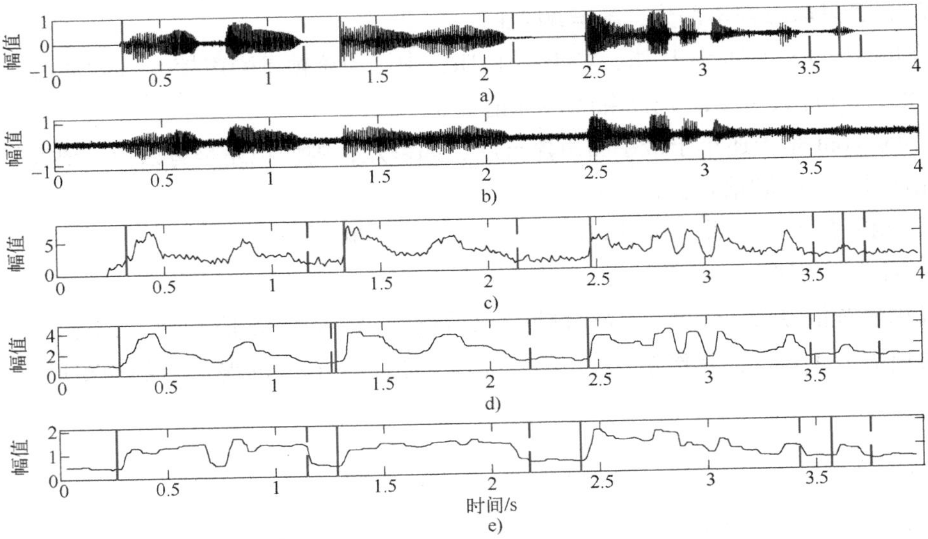

图 4-5 三种谱距离法的端点检测效果对比

a）纯语音波形 b）带噪语音 SNR = 10 dB c）对数频谱距离

d）短时倒谱距离值 e）短量 MFCC 倒谱距离值

4.3 基音周期估计[C]

人在发音时，根据声带是否振动可以将语音信号分为清音和浊音两种。浊音又称有声语言，携带着语言中大部分的能量，浊音在时域上呈现出明显的周期性；而清音类似于白噪声，没有明显的周期性。发浊音时，气流通过声门使声带产生张弛振荡式振动，产生准周期的激励脉冲串。这种声带振动的频率称为基音频率，相应的周期就称为基音周期。

通常，基音频率与个人声带的长短、薄厚、韧性、劲度和发音习惯等有关系，在很大程度上反映了个人的特征。此外，基音频率还随着人的性别和年龄变化而有所不同。一般来说，男性说话者的基音频率较低，大部分在 70～200 Hz 的范围内，而女性说话者和小孩的基音频率相对较高，在 200～450 Hz 之间。

基音周期作为语音信号处理中描述激励源的重要参数之一，在语音合成、语音压缩编码、语音识别和说话人确认等领域都有着广泛而重要的用途，尤其对汉语更是如此。汉语是一种有调语言，而基音周期的变化称为声调，声调对于汉语语音的理解极为重要。因为在汉语的相互交谈中，不但要凭借不同的元音、辅音来辨别这些字词的意义，还需要从不同的声调来区别它，也就是说声调具有辨义作用；另外，汉语中存在着多音字现象，同一个字的不同的语气或不同的词义下具有不同的声调。因此准确可靠地进行基音检测对汉语语音信号的处理显得尤为重要。

基音周期的估计称为基音检测，基音检测的最终目的是为了找出和声带振动频率完全一致或尽可能相吻合的轨迹曲线。自进行语音信号分析研究以来，基音检测一直是一个重点研究的课题。尽管目前基音检测的方法有很多种，然而这些方法都有其局限性。迄今为止仍然没有一种检测方法能够适用不同的说话人、不同的要求和环境。究其原因，可归纳为以下几个方面。

1）语音信号变化十分复杂，声门激励的波形并不是完全的周期脉冲串，在语音的头、尾部并不具有声带振动那样的周期性，对于有些清浊音的过渡帧很难判定其应属于周期性还是非周期性，从而也就无法估计出基音周期。

2）声道共振峰有时会严重影响激励信号的谐波结构，使得想要从语音信号中去除声道影响，直接取出仅和声带振动有关的声源信息并不容易。

3）在浊音语音段很难对每个基音周期的开始和结束位置进行精确的判断。一方面因为语音信号本身是准周期的；另一方面因为语音信号的波形受共振峰、噪音等因素的影响。

4）在实际应用中，语音信号常常混有噪声，而噪声的存在对于基音检测算法的性能产生强烈影响。

5）基音频率变化范围大，从低音男声的 70 Hz 到儿童女性的 450 Hz，接近 3 个倍频程，给基音检测带来了一定的困难。

尽管语音检测面临着很多困难，然而由于基音周期在语音信号处理领域的重要性，使得语音基音周期检测一直是不断研究改进的重要课题之一。数十年来，国内外众多学者对如何准确地从语音波形中提取出基音周期做出了不懈的努力，提出了多种有效的基音周期检测方法。我国基音检测方面的研究起步要比国外发达国家晚一点，但是进步很大，特别是对汉语的基音检测取得成果尤为突出。目前的基音检测算法大致可分为两大类：非基于事件检测方法和基于事件检测方法，这里的事件是指声门闭合。

非基于事件的检测方法主要有：自相关函数法、平均幅度差函数法、倒谱法，以及在以上算法基础上的一些改进算法。语音信号是一种典型的时变、非平稳信号，但是，由于语音的形成过程和发音器官的运动密切相关，而这种物理运动比起声音振动速度要缓慢得多，因此语音信号常常可假定为短时平稳的，即在短时间内，其频谱特性和某些物理特征参量可近似地看作是不变的。非基于事件的检测方法正是利用语音信号短时平稳性，先将语音信号分为长度一定的语音帧，然后对每一帧语音求基音周期。相比基于事件的基音周期检测方法来说，它的优点是算法简单，运算量小，然而从本质上说这些方法无法检测帧内基音周期的非平稳变化，检测精度不高。

基于事件的检测方法是通过定位声门闭合时刻来对基音周期进行估计，而不需要对语音信号进行短时平稳假设，主要有小波变换方法和希尔伯特变换方法两种。在时域和频域上这两种方法又具有良好的局部特性，能够跟踪基音周期的变化，并可以将微小的基音周期变化检测出来，因此检测精度较高，但是计算量较大。

书中只给出基于自相关法和简化逆滤波法的基音周期估计程序，其他实现方法类似，因此不再赘述。

4.3.1　信号预处理

由于语音的头部和尾部并不具有声带振动那样的周期性，因此为了提高基音检测的准确性，基音检测也需要进行端点检测，但是基音检测中的端点检测更严格，常采用基于谱熵比法的端点检测算法。

如 4.2.4 节所述，能熵比的定义为

$$\mathrm{EEF}_n = \sqrt{1 + |\mathrm{LE}_n / H_n|} \tag{4-21}$$

此处，n 代表帧数。LE_n 的计算方法和式（4-5）不同，采用频域短时能量表达式

$$LE_n=\sum_{k=0}^{N/2}X_n(k)\cdot X_n^*(k) \tag{4-22}$$

这里，N 为 FFT 长度，只取正频率部分。而对于某一谱线 k 的能量谱为

$$Y_n(k)=X_n(k)\cdot X_n^*(k)$$

则每个频率分量的归一化谱概率密度函数定义为

$$p_n(k)=\frac{Y_n(k)}{\sum\limits_{l=0}^{N/2}Y_n(l)}=\frac{Y_n(k)}{LE_n},k=0,1,\cdots,N-1 \tag{4-23}$$

该语音帧的短时谱熵定义为

$$H_n=-\sum_{k=0}^{N/2}p_n(k)\lg p_n(k) \tag{4-24}$$

此外，此处的端点检测算法只用一个门限 T_1 做判断，判断能熵比值是否大于 T_1，把大于 T_1 的部分作为有话段的候选值，再进一步判断该段的长度是否大于最小值 minL，只有大于最小值的才作为有话段。此处，minL 一般设定为 10 帧。

2）为了减少共振峰的干扰，基音检测的预滤波器选择带宽一般为 60 ~ 500 Hz。这里，选择 60 Hz 是为了减少工频和低频噪声的干扰；选择 500 Hz 是因为基频区间的高端在这个区域中。如果考虑共振峰的影响，上限频率可以增大到 900 Hz。这样既可以除去大部分共振峰的影响，又可以在基音频率为最高 450 Hz 时仍能保留其一次和二次谐波。当采样频率为 f_s 时，在 60 Hz 处对应的基音周期（样本点值）为 $P_{max}=f_s/60$，而 500 Hz 对应的基音周期（样本点值）为 $P_{min}=f_s/500$。

考虑到语音信号对相位不敏感，因此选择运算量少的椭圆 IIR 滤波器。因为在相同过渡带和带宽条件下，椭圆滤波器需要的阶数较小。当采样频率为 8000 Hz 时，通带是 60 ~ 500 Hz，通带波纹为 1 dB；阻带分别为 30 Hz 和 2000 Hz，阻带衰减为 40 dB。此时的滤波器频响如图 4-6 所示。

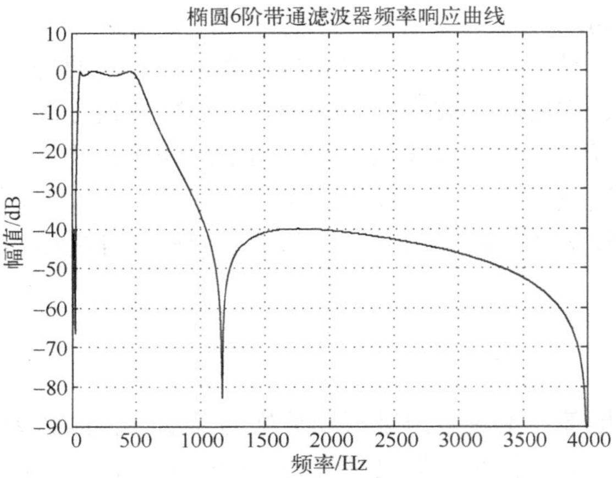

图 4-6　带通椭圆滤波器频响曲线

4.3.2　自相关法

由 3.3.3 节的自相关分析可知，浊音信号的自相关函数在基音周期的整数倍位置上出现

峰值；而清音的自相关函数没有明显的峰值出现。因此检测是否有峰值就可判断是清音还是浊音，检测峰值的位置就可提取基音周期值。

在利用自相关函数估计基音周期时，有两个需要考虑的问题：窗函数的选取问题和共振峰的影响问题。窗函数的选取原则：①无论是利用自相关函数还是利用平均幅度差函数，语音帧应使用矩形窗；②窗长的选择要合适。一般认为窗长至少应大于两个基音周期。而为了改善估计结果，窗长应选得更长一些，使帧信号包含足够多个语音周期。

共振峰的影响问题主要与声道特性有关。有的情况下，即使窗长已选得足够长，第一最大峰值点与基音周期仍不一致，这就是声道的共振峰特性造成的“干扰”。实际上影响从自相关函数中正确提取基音周期的最主要因素是声道响应部分。当基音的周期性和共振峰的周期性混叠在一起时，被检测出来的峰值就会偏离原来峰值的真实位置。另外，某些浊音中，第一共振峰频率可能会等于或低于基音频率。此时，如果其幅度很高，它就可能在自相关函数中产生一个峰值，而该峰值又可以同基音频率的峰值相比拟，从而给基音周期值检测带来误差。为了克服这个困难，可以从两条途径来着手解决：①减少共振峰的影响。最简单的方法是用一个带宽为 60 ~ 900 Hz 的带通滤波器对语音信号进行滤波，并利用滤波信号的自相关函数来进行基音估计；②对语音信号进行非线性变换后再求自相关函数。“中心削波”是一种有效的非线性变换，即削去语音信号的低幅度部分。这是因为语音信号的低幅度部分包含大量的共振峰信息，而高幅度部分包含大量的基音信息。

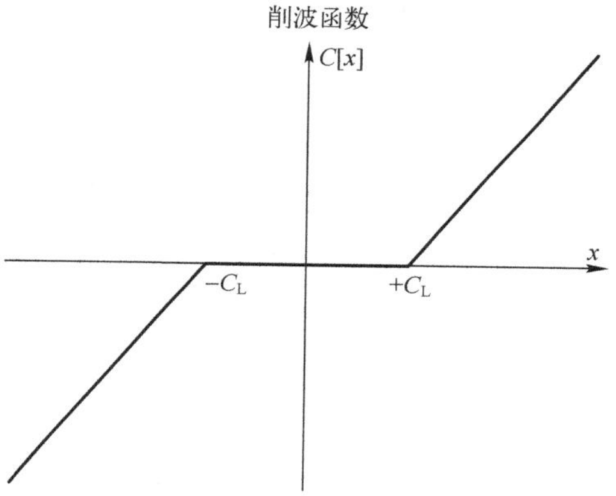

图 4-7 中心削波函数

设中心削波器的输入信号为 $x(n)$，中心削波的输出信号为 $y(n)=C[x(n)]$，则中心削波器如图 4-7 所示。其中如图 4-7 所示的是中心削波函数 $C[x]$，一段输入信号 $x(n)$ 及通过中心削波后得到的 $y(n)$ 示例分别如图 4-8a 和 b 所示。

削波电平 C_L 由语音信号的峰值幅度来确定，它等于语音段最大幅度 A_{max} 的一个固定百分数。这个门限的选择很重要，一般在不损失基音信息的情况下应尽可能选得高些，以达到较好的效果。经过中心削波后只保留了超过削波电平的部分，其结果是削去了许多和声道响应有关的波动。中心削波后的语音通过一个自相关器，这样在基音周期位置呈现大而尖的峰值，而其余的次要峰值幅度都很小。

计算自相关函数的运算量是很大的，其原因是计算机进行乘法运算非常费时。为此可对中心削波函数进行修正，采用三电平中心削波的方法，如图 4-9 所示。其输入输出函数为

$$y(n)=C'[x(n)]=\begin{cases}1, & (x(n)>C_L)\\0, & (|x(n)|\leqslant C_L)\\-1, & (x(n)<-C_L)\end{cases} \tag{4-25}$$

即削波器的输出在 $x(n)>C_L$ 时为 1，$x(n)<-C_L$ 时为 −1，除此以外均为零。虽然这一处理会增加刚刚超过削波电平的峰的重要性，但大多数次要的峰被滤除掉了，只保留了明显周期性的峰。

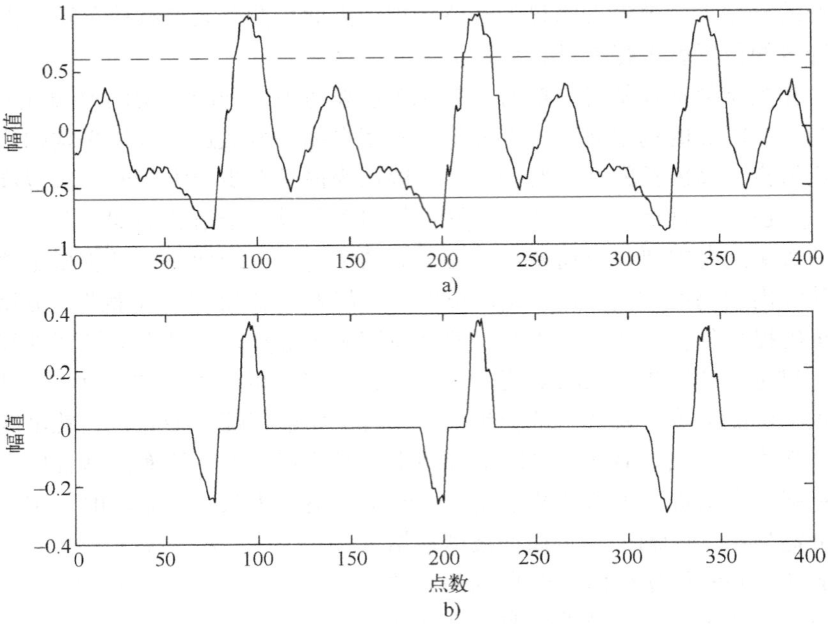

图 4-8　中心削波函数的作用

a）中心削波函数输入　b）中心削波函数输出

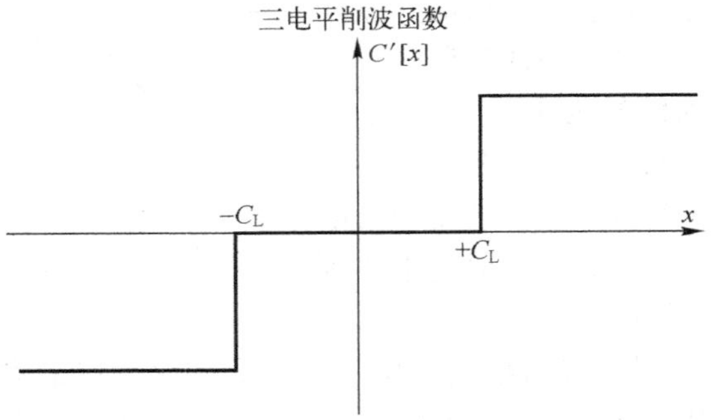

图 4-9　三电平中心削波函数

三电平中心削波的自相关函数的计算很简单，因为削波后的信号的取值只有 -1、0、1 三种情况，因而不需做乘法运算而只需要简单的组合逻辑即可。图 4-10 中给出了不削波、中心削波和三电平削波的信号波形及其自相关函数。通过对这三种削波器的详细比较可知，三者在性能方面只有微小的差别。其中，削波电平 C_L 之值取为该段语音最大采样值的 60%。由图可知，在基音周期点上削波信号的峰值远比前者尖锐突出，因此采用削波法来进行基音周期估计的效果更好。

除了以上的方法外，还有用原始语音信号经线性预测逆滤波器滤波得到残差信号后再求残差信号的自相关函数的方法等。近年来，人们还提出了许多基于自相关函数的算法，这些算法或者对自相关函数作适当修改（如加权 ACF、变长 ACF 等），或者将自相关函数与其他方法相结合（如 ACF 与小波变换相结合、ACF 与倒谱相结合等）。

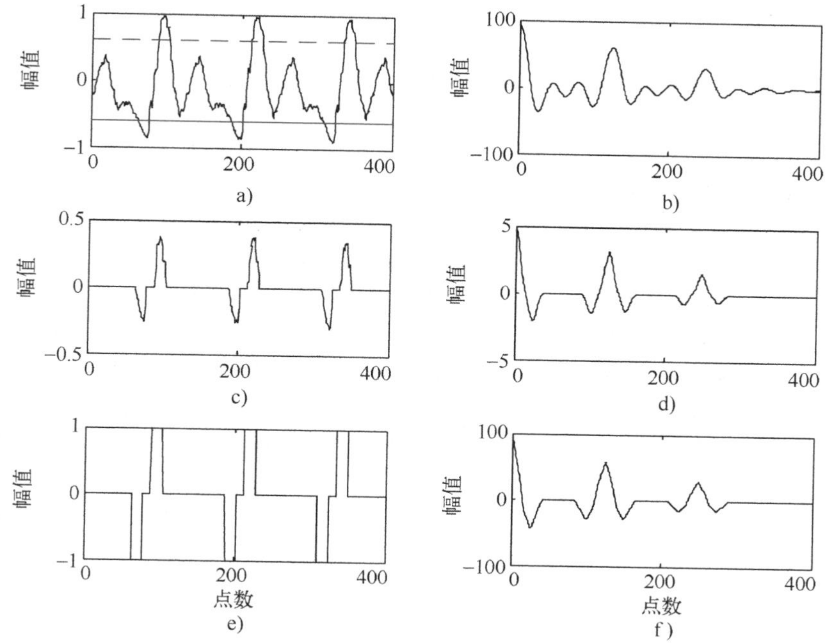

图 4-10 信号波形及其自相关函数举例对比

a）不削波信号 b）信号 a）对应的自相关函数 a）中心削波信号 d）信号 c）对应的自相关函数 e）三电平中心削波信号 f）信号 e）对应的自相关函数

基于自相关法的基音周期检测的函数实现

名称：PitchDetectionAutoCorrlation

定义格式：

```
std::vector<double> PitchDetectionAutoCorrlation(std::vector<std::vector<double>> &Array2D,
std::vector<CSpeechSegment> &in_Segment, int lmin, int lmax, int nFrames, int nFrameLength, double
fs)
```

函数功能：自相关法基音周期检测。

参数说明：Array2D 为输入数据帧；in_Segment 为端点说明；lmin 为基音周期最小值（点数）；lmax 为基音周期最大值（点数）；nFrames 为帧数；nFrameLength 为帧长；fs 为采样频率。

返回估计的基音周期序列 Period。

程序清单：

```
std::vector<double> PitchDetectionAutoCorrlation(std::vector<std::vector<double>> &Array2D,
std::vector<CSpeechSegment> &in_Segment, int lmin, int lmax, int nFrames, int nFrameLength, double
fs)
{
int nSegments = in_Segment.size();                                              //段数
std::vector<double> Period(nFrames, 0);
for(int i = 0; i < nSegments; i++)
```

```
    {
        int nBegin = in_Segment[i]. GetBegin();
        int nEnd = in_Segment[i]. GetEnd();
        int nRange = nEnd - nBegin + 1;
        for(int k = 0; k < nRange; k ++)
        {
            std::vector<double> FrameData(nFrameLength,0);
            GetFrameAutoCorrlation(Array2D[k + nBegin],FrameData);
            //寻找周期位置
            int position = static_cast<int>(std::max_element(FrameData. begin() + lmin,
                FrameData. begin() + lmax) - FrameData. begin());
            Period[nBegin + k] = static_cast<double>(position)/fs;        // static_cast 强制类型转换
        }
    }
    return Period;
}
```

4.3.3 平均幅度差函数法

参见 3.3.4 节的分析，与短时自相关函数一样，对周期性的浊音语音，$F_n(k)$也呈现与浊音语音周期相一致的周期特性，不过不同的是 $F_n(k)$在周期的各个整数倍点上具有谷值特性而不是峰值特性，因而通过 $F_n(k)$的计算同样可以来确定基音周期。而对于清音语音信号，$F_n(k)$却没有这种周期特性。因此，利用 $F_n(k)$的这种特性，可以判定一段语音是浊音还是清音，并估计出浊音语音的基音周期。

利用短时平均幅度差函数来估计基音周期，同样要求窗长取得足够长。此外，可以采取中心削波处理等方法来减少输入语音中声道特性或共振峰的影响，提高基音周期估计效果。近年来许多基于 AMDF 的不同检测算法被提出，如信号经中心削波处理后再计算 AMDF 的方法（Centre Clipping AMDF，CCAMDF）、加权 AMDF 方法（Weighted AMDF，WAMDF）、循环平均幅度差方法（Circular AMDF，CAMDF）等。

其中，WAMDF 定义为

$$F_{nW}(k)=\frac{1}{N-k+1}\sum_{m=1}^{N-k+1}|s_n(m+k-1)-s_n(m)| \tag{4-26}$$

一般的浊音语音的短时 AMDF 所呈现的周期谷值特性中，除起始零点（$F_n(1)=0$）外，第一周期谷点大多就是全局最低谷点，以全局最低谷点作为基音周期计算点不会发生检测错误。但是，对于周期性和平稳性都不太好的清音语音段，基本 AMDF 的全局最低谷点常常不是第一周期谷点，多出现在整数倍点的位置处。图 4-11 为三种 AMDF 方法对比结果，上述问题可从图中看出。此时，若以全局最低谷点作为基音周期计算点就会产生严重的检测错误。解决这一问题的方法之一是采用适当的基音周期计算点的搜索算法，即在获得 AMDF 函数的全局最低谷点后进行一定的修正处理，包括：①搜索一定取值范围内的局部谷点。②比较各候选谷点间的间隔，剔去不满足间隔要求的候选谷点。③检查各候选谷点的“清晰度”，剔去不“清晰”的候选谷点。④选定基音周期计算点等。当然，增加搜索算法后，整个算法的复杂度将增加很多。

由于 AMDF 的计算无须乘法运算，因而其算法复杂度较小。另外在基音周期点处 AMDF 的谷点锐度比 ACF 的峰点锐度更尖锐，因此估值精度更高。但是，AMDF 对语音信号幅度的快速变化比较敏感，这会影响估计的精度。

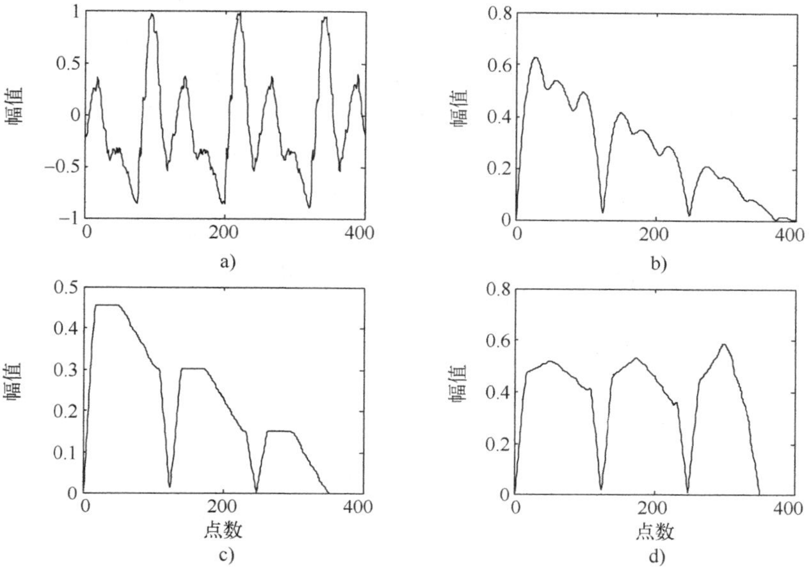

图 4-11 AMDF 函数对比
a）原始加窗信号 b）AMDF c）CCAMDF d）WAMDF

4.3.4 倒谱法

倒谱法是传统的基音周期检测算法之一，它利用语音信号的倒频谱特征，检测出表征声门激励周期的基音信息。

由语音模型可知，语音 $s(n)$是由声门脉冲激励 $e(n)$经声道响应 $v(n)$滤波而得，即

$$s(n)=e(n)*v(n) \tag{4-27}$$

设三者的倒谱分别为 $\hat{s}(n)$、$\hat{e}(n)$及 $\hat{v}(n)$，则有

$$\hat{s}(n)=\hat{e}(n)+\hat{v}(n) \tag{4-28}$$

可见，包含有基音信息的声脉冲倒谱可与声道响应倒谱分离，因此从倒频谱域分离 $\hat{e}(n)$后恢复出 $e(n)$，即可从中求出基音周期。然而，反映基音信息的倒谱峰，在过渡音和含噪语音中将会变得不清晰甚至完全消失，主要原因在于过渡音中周期激励信号能量降低和类噪激励信号干扰或含噪语音中的噪声干扰所致。对于一帧典型的浊音语音的倒谱，其倒谱域中基音信息与声道信息并不是完全分离的，在周期激励信号能量较低的情况下，声道响应（特别是其共振峰）对基音倒谱峰的影响不能忽略。

如果设法除去语音信号中的声道响应信息，对类噪激励和噪声加以适当抑制，倒谱基音检测算法的检测结果将有所改善，特别对过渡语音的检测结果将有明显改善。其中，除去语音信号中的声道响应信息可采用线性预测方法。在语音信号的线性预测编码（LPC）分析中，语音信号 $s(n)$可以表示为

$$s(n) = -\sum_{i=1}^{p} a_i s(n-i) + Ge(n) \tag{4-29}$$

式中，a_i为预测系数；p为预测阶数；$e(n)$为激励信号；G为幅度因子。如果对输入语音进行LP分析获得预测系数a_i，并由此构成逆滤波器$A(z)$

$$A(z) = \sum_{i=0}^{p} a_i z^{-i}, \quad a_0 = 1 \tag{4-30}$$

再将原始语音通过逆滤波器$A(z)$进行逆滤波，则可获得预测余量信号$\varepsilon(n)$（理想情况下$\varepsilon(n)=Ge(n)$）。理论上讲，预测余量信号$\varepsilon(n)$中已不包含声道响应信息，但却包含完整的激励信息。对预测余量信号$\varepsilon(n)$进行倒谱分析，可获得更为清晰、精确的基音信息。在抑制噪声干扰方面，由于语音基音频率一般来说低于500 Hz，一个最直观的方法就是对原始语音或预测余量信号进行低通滤波处理。在倒谱分析中，可以直接将傅里叶反变换之前的频域信号的高频分量置0。这样既可实现类似于低通滤波的处理，又可滤除噪声和激励源中的高频分量，减少噪声干扰。

图4-12是一种改进的倒谱基音检测算法。具体步骤如下。

1）对输入语音进行分帧加窗，然后对分帧语音进行LPC分析，得到预测系数a_i并由此构成逆滤波器$A(z)$。

2）将原分帧语音通过逆滤波器滤波，获得预测余量信号$\varepsilon(n)$。

3）对预测余量信号作傅里叶变换（DFT）、取对数后，将所得信号的高频分量置零。

4）将此信号作反傅里叶变换（IDFT），得到原信号的倒谱。

5）根据所得倒谱中的基音信息检测出基音周期。

图4-13是两种倒谱计算对比，由此可知，改进的倒谱法的波纹更小。

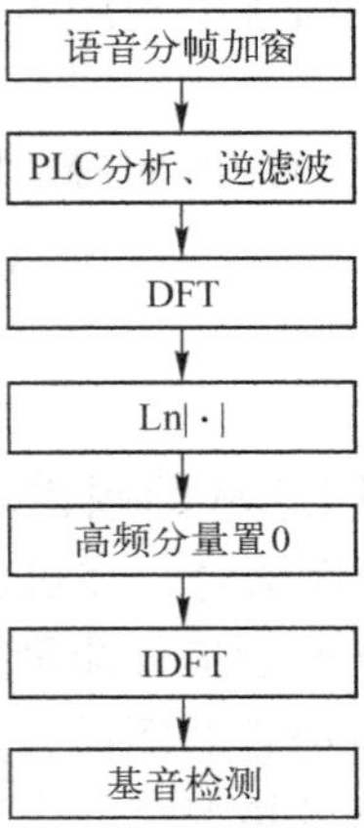

图4-12　改进的倒谱基音检测的算法流程图

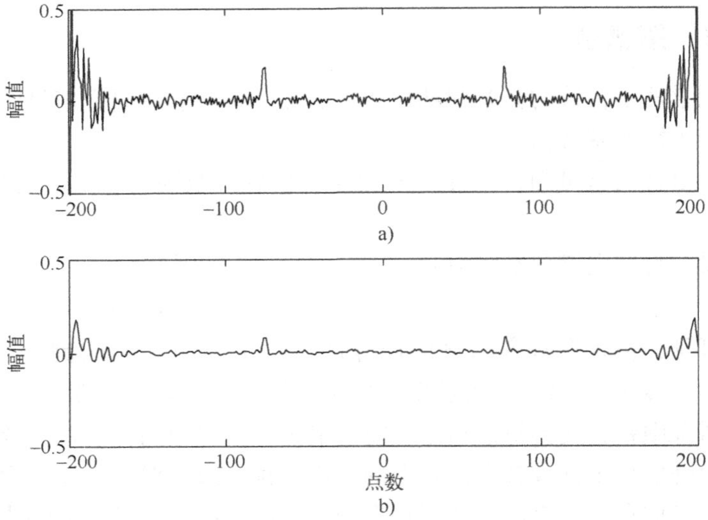

图4-13　倒谱法效果对比
a）传统倒谱　b）改进倒谱

在实际的基音检测算法中，有些情况下需要在检测前做低通滤波等预处理，并且在基音周期初估以后进行基音轨迹平滑的后处理。平滑方法可以采用中值滤波平滑、“低通”滤波线性平滑等，也可以采用更为有效的如动态规划等平滑处理方法。

此外，倒谱基音检测中，语音加窗的选择是很重要的，窗口函数应选择缓变窗。如果窗函数选择矩形窗，在许多情况下倒谱中的基音峰将变得不清晰甚至消失。一般来讲，窗函数选择汉明窗较为合理。

4.3.5 简化逆滤波法

简化的逆滤波跟踪（SIFT）算法是相关处理法进行基音提取的一种现代化的版本。该方法的基本思想是：先对语音信号进行 LPC 分析和逆滤波，获得语音信号的预测残差，然后将残差信号通过自相关滤波器滤波，再做峰值检测，进而获得基音周期。语音信号通过线性预测逆滤波器后实现频谱平坦化，因为逆滤波器是一个使频谱平坦化的滤波器，所以它提供了一个简化的频谱平滑器。预测误差是自相关器的输入，然后通过与门限的比较可以确定浊音。

简化逆滤波器的原理框图如图 4-14 所示，其工作过程如下。

1）语音信号经过 8 kHz 取样后，通过 0 ~ 900 Hz 的数字低通滤波器，其目的是滤除声道谱中声道响应部分的影响，使峰值检测更容易。

2）然后降低取样率 4 倍（因为激励序列的宽度小于 1 kHz，所以用 2 kHz 取样就足够了）。

3）提取降低取样率后的信号模型参数（LPC 参数）。

4）内插提高采样率，恢复到 8 kHz。

5）最后检测出峰值及其位置就可得到基音周期值。

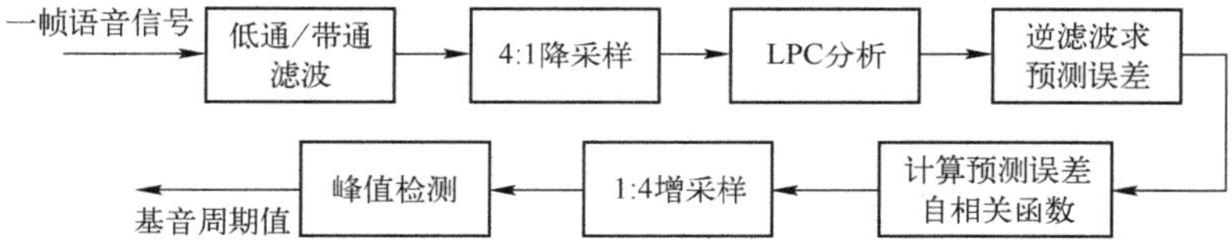

图 4-14　简化逆滤波法原理框图

在基音提取中，广泛采用语音波形或误差信号波形的低通滤波，因为这种低通滤波对提高基音提取精度有良好的效果。低通滤波在除去高阶共振峰影响的同时，还可以补充自相关函数的时间分辨率的不足。特别是在线性预测误差的自相关函数的基音提取中，误差信号波形的低通滤波处理尤其重要。

基于简化逆滤波法基音周期检测的函数实现

名称：PitchDetectionSift

定义格式：

```
std::vector<double> PitchDetectionSift(std::vector<std::vector<double>> &Array2D, std::vector
<CSpeechSegment> &in_Segment, int lmin, int lmax, int nFrames, int nFrameLength, double fs)
```

函数功能：简化逆滤波法基音周期检测。

参数说明：Array2D 为输入数据帧；in_Segment 为端点说明；lmin 为基音周期最小值（点数）；lmax 为基音周期最大值（点数）；nFrames 为帧数；nFrameLength 为帧长；fs 为采样频率。

返回估计的基音周期序列 Period。

程序清单：

```
std::vector<double> PitchDetectionSift(std::vector<std::vector<double>> &Array2D, std::vector
<CSpeechSegment> &in_Segment, int lmin, int lmax, int nFrames, int nFrameLength, double fs)
{
int nSegments = in_Segment.size();//段数
int p = 4;
std::vector<double> Period(nFrames,0);
for(int i = 0; i < nSegments; i++)
{
    int nBegin = in_Segment[i].GetBegin();
    int nEnd = in_Segment[i].GetEnd();
    int nRange = nEnd - nBegin + 1;
    for(int k = 0; k < nRange; k++)
    {
        std::vector<double> FrameData(nFrameLength,0);
        std::vector<double> out_dataArray2(p+1);//第一个系数为1
        GetFrameLpcCoefficient(Array2D[k+nBegin],out_dataArray2,p);//获得 LPC 系数
        std::vector<double> b(p+1,0);
        for(int i = 1; i < p+1; i++)
        {
            b[i] = -out_dataArray2[i];
        }
        std::vector<double> a(p+1,0);
        a[0] = 1;
        std::vector<double> dataError = filter(b,a,Array2D[k+nBegin]);
        GetFrameAutoCorrlation(dataError,FrameData);
        //寻找周期位置
        int position = static_cast<int>(std::max_element(FrameData.begin() + lmin,
            FrameData.begin() + lmax)
            - FrameData.begin());
        Period[nBegin + k] = static_cast<double>(position)/ fs;
    }
}
//中值滤波
Period = Medfilter(Period,3);     //参见 4.3.6 节
return Period;
}
```

4.3.6 基音检测后处理

无论采用哪一种基音检测算法都可能产生基音检测错误，使求得的基音周期轨迹中有一个或几个基音周期估值偏离了正常轨迹（通常是偏离到正常值的 2 倍或 1/2），如图 4-15 所

示。这种偏离点称为基音轨迹的“野点”。为了去除这些野点，可以采用各种平滑算法，其中最常用的是中值平滑算法和线性平滑算法。

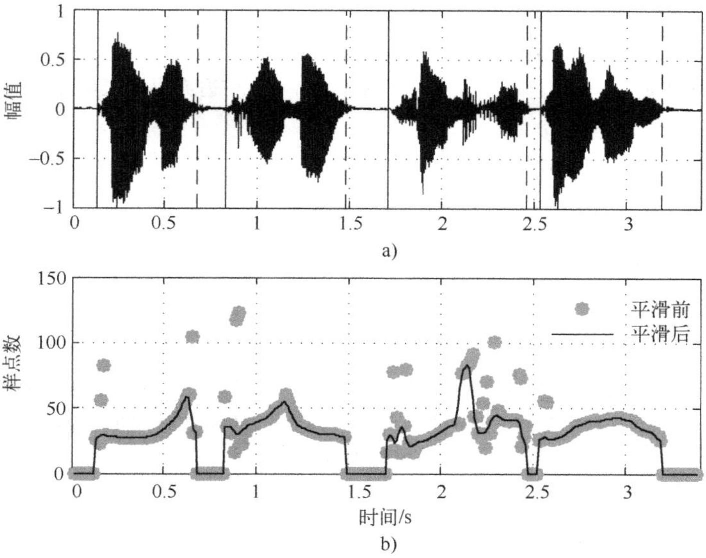

图 4-15 基音周期轨迹以及轨迹中的“野点”
a）语音信号 b）基音周期

1. 中值平滑处理

中值平滑处理的基本原理是：设 $x(n)$ 为输入信号，$y(n)$ 为中值滤波器的输出，采用一滑动窗，则 $n0$ 处的输出值 $y(n0)$ 就是将窗的中心移到 $n0$ 处时窗内输入样点的中值。在 $n0$ 点的左右各取 L 个样点，连同被平滑点共同构成一组信号采样值（共（$2L+1$）个样值），然后将这（$2L+1$）个样值按大小次序排成一队，取此队列中的中间者作为平滑器的输出。L 值一般取为 1 或 2，即中值平滑的“窗口”，一般套住 3 或 5 个样值，称为 3 点或 5 点中值平滑。中值平滑的优点是既可以有效地去除少量的野点，又不会破坏基音周期轨迹中两个平滑段之间的阶跃性变化。

一维中值滤波的函数实现

名称：Medfilter

定义格式：

```
std::vector<double> Medfilter(std::vector<double> &in_dataArray, int nNum, bool bFlag = true)
```

函数功能：一维中值滤波。

参数说明：in_dataArray 为输入数据；nNum 为中值滤波的阶数，必须为奇数；bFlag 为 true 时，边界不变，为 false 时，边界零补充。

返回：滤波后信号 out_dataArray。

程序清单：

```
std::vector<double> Medfilter(std::vector<double> &in_dataArray, int nNum = 5, bool bFlag = true)
{
```

```
int nStart = nNum/2;
int nDataLength = in_dataArray.size();
std::vector<double>out_dataArray(nDataLength,0);
std::vector<double>temp_dataArray(nNum,0);
if(true == bFlag)                                    //边界以原值填充
{
    for(int i = 0; i < nDataLength; i++)
    {
        if((i < nStart)||(nDataLength - nStart <= i))
            out_dataArray[i] = in_dataArray[i];
        else
        {
    temp_dataArray.assign(in_dataArray.begin() + i - nStart,in_dataArray.begin() + i + nStart + 1);
            std::sort(temp_dataArray.begin(),temp_dataArray.end());
            out_dataArray[i] = temp_dataArray[nStart];
        }
    }
}
else
{
    for(int i = 0; i < nDataLength; i++)
    {
        if((i < nStart)||(nDataLength - nStart <= i))
            out_dataArray[i] = 0;
        else
        {
    temp_dataArray.assign(in_dataArray.begin() + i - nStart,in_dataArray.begin() + i + nStart + 1);
            std::sort(temp_dataArray.begin(),temp_dataArray.end());
            out_dataArray[i] = temp_dataArray[nStart];
        }
    }
}
return out_dataArray;
}
```

2. 线性平滑处理

线性平滑是用滑动窗进行线性滤波处理，即

$$y(n) = \sum_{m=-L}^{L} x(n-m) \cdot w(m) \tag{4-31}$$

其中，$\{w(m), m = -L, -L+1, \cdots, 0, 1, 2, \cdots, L\}$ 为 $2L+1$ 点平滑窗，满足：

$$\sum_{m=-L}^{L} w(m) = 1 \tag{4-32}$$

例如三点窗的权值可取为{0.25,0.5,0.25}。线性平滑虽然可以纠正输入信号中不平滑处的样点值，也会修改附近各样点的值。所以窗的长度加大虽然可以增强平滑的效果，但是也可能导致两个平滑段之间阶跃的模糊程度加重。

3. 组合平滑处理

为了改善平滑的效果，可将两个中值平滑串接，图 4-16a 所示是将一个 5 点中值平滑和一个 3 点中值平滑串接。另一种方法是将中值平滑和线性平滑组合，如图 4-16b 所示。为了使平滑的基音轨迹更贴近，还可以采用二次平滑的算法。设所要平滑信号为 $T_P(n)$，经过一次组合得到的信号为 $\tau_P(n)$。那么首先应求出两者的差值信号 $\Delta T_P(n)=T_P(n)-\tau_P(n)$，再对 $\Delta T_P(n)$ 进行组合平滑，得到 $\Delta\tau_P(n)$，令输出等于 $\tau_P(n)+\Delta\tau_P(n)$，就可以得到更好的基音周期估计轨迹。算法的框图如图 4-16c 所示。由于中值平滑和线性平滑都会引入延时，所以在实现上述方案时应考虑到它的影响。图 4-16d 是一个采用补偿延时的可实现二次平滑方案，其中的延时大小可由中值平滑的点数和线性平滑的点数来决定。例如，一个 5 点中值平滑将引入 2 点延时，一个 3 点平滑将引入 1 点延时，那么采用此两者完成组合平滑时，补偿延时的点数应等于 3。

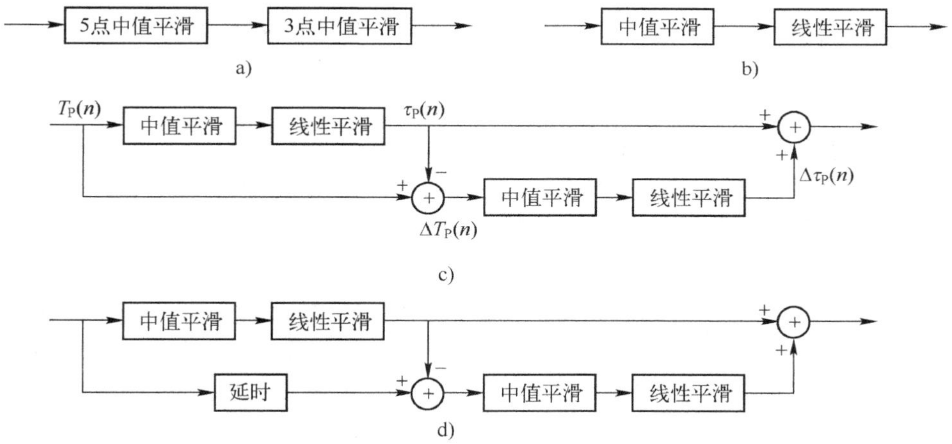

图 4-16　各种组合平滑算法的框图

4.4　共振峰估计[C]

声道可以看成是一根具有非均匀截面的声管，在发音时起共鸣器的作用。当准周期脉冲激励进入声道时会引起共振特性，产生一组共振频率，称为共振峰频率或简称为共振峰。共振峰参数包括共振峰频率、频带宽度和幅值，共振峰信息包含在语音频谱的包络中。因此共振峰参数提取的关键是估计语音频谱包络，并认为谱包络中的最大值就是共振峰。利用语音频谱傅里叶变换相应的低频部分进行逆变换，就可以得到语音频谱的包络曲线。对平均长度约为 17 cm 的男性声道，在 3 kHz 范围内大致包含 3 个或 4 个共振峰，而在 5 kHz 范围内包含 4 个或 5 个共振峰。高于 5 kHz 的语音信号，能量很小。根据语音信号合成的研究表明，表示浊音信号最主要的是前 3 个共振峰。一个语音信号的共振峰模型，只用前 3 个时变共振峰频率就可以得到可懂度很好的合成浊音。依据频谱包络线各峰值能量的大小确定出第 1 ~ 4

共振峰，如图 4-17 所示。

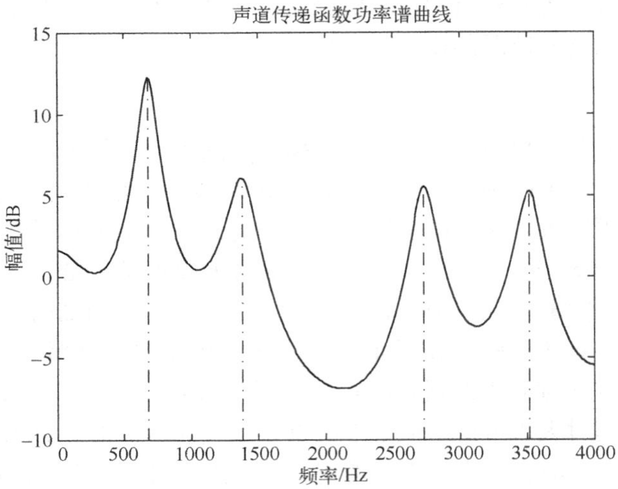

图 4-17　声道传递函数功率谱曲线

与基音提取类似，精确地进行共振峰估值也是很困难的。存在的问题包括以下几点。

（1）虚假峰值。在正常情况下，频谱包络中的最大值完全是由共振峰引起的，但也会出现虚假峰值。一般，在基于非线性预测分析方法的频谱包络估值器中，出现虚假峰值情况较多，而在采用线性预测方法时，出现虚假峰值情况较少。

（2）共振峰合并。相邻共振峰的频率可能会靠得太近难以分辨，而寻找一种理想的能对共振峰合并进行识别的共振峰提取算法有不少实际困难。

（3）高音调语音。传统的频谱包络估值方法是利用由谐波峰值提供的样点，而高音调语音（如女声和童声）的谐波间隔比较宽，因而为频谱包络估值所提供的样点比较少。利用线性预测进行频谱包络估值也会出现这个问题，在高音调语音中，线性预测包络峰值趋向于离开真实位置而朝着最接近的谐波峰值移动。

在提取共振峰时，通常需要对信息进行预加重处理。预加重有两个作用：一是增加一个零点，抵消声门脉冲引起的高端频谱幅度下跌，使信号频谱变得平坦及各共振峰幅度相接近；语音中只剩下声道部分的影响，所提取的特征更加符合原声道的模型；另一个作用是削减低频信息，降低基频对共振峰检测的干扰，有利于共振峰的检测；同时减少频谱的动态范围。此外，由于共振峰检测一般是分析韵母部分，所以需要进行端点检测。

语音信号共振峰估计在语音信号合成、语音信号自动识别和低比特率语音信号传输等方面都起着重要作用。

4.4.1　倒谱法

虽然可以直接对语音信号求离散傅里叶变换（DFT），然后用 DFT 谱来提取语音信号的共振峰参数。但是，DFT 谱要受基频谐波的影响，最大值只能出现在谐波频率上，因而共振峰测定误差较大。为了消除基频谐波的影响，可以采用同态解卷技术。经过同态滤波后得到的谱较平滑，可以去除激励引起的谐波波动，此时简单地检测峰值就可以直接提取共振峰参数，因此该方法更为有效和精确。

由4.3.3节的分析可知，由于语音 $x(n)$ 是由声门脉冲激励 $e(n)$ 经声道响应 $v(n)$ 滤波而得。而由于在倒谱域中 $\hat{e}(n)$ 和 $\hat{v}(n)$ 是相对分离的，说明包含有基音信息的声脉冲倒谱可与声道响应倒谱分离。因此从倒频谱域分离 $\hat{e}(n)$ 后恢复出 $e(n)$，可从中求出基音周期。同样，求取共振峰时，则是从倒谱域分离出的 $\hat{v}(n)$ 中恢复的 $v(n)$ 中计算。具体步骤如下。

1）对语音信号 $x(i)$ 进行预加重，并进行加窗和分帧，然后做傅里叶变换

$$X_i(k)=\sum_{n=0}^{N-1}x_i(n)\mathrm{e}^{-\mathrm{j}2\pi kn/N} \tag{4-33}$$

这里，i 代表第 i 帧。

2）求取 $X_i(k)$ 的倒谱

$$\hat{x}_i(n)=\frac{1}{N}\sum_{k=0}^{N-1}\lg|X_i(k)|\mathrm{e}^{\mathrm{j}2\pi kn/N} \tag{4-34}$$

3）给倒谱信号 $\hat{x}_i(n)$ 加窗 $h(n)$，得

$$h_i(n)=\hat{x}_i(n)\times h(n) \tag{4-35}$$

此处的窗函数和倒频率的分辨率有关，即和采样频率及FFT长度有关，其定义为

$$h(n)=\begin{cases}1 & n\leqslant n_0-1\ \&\ n\geqslant N-n_0+1\\0 & n_0-1<n<N-n_0+1\end{cases},\quad n\in[0,N-1] \tag{4-36}$$

4）求取 $h_i(n)$ 的包络线

$$H_i(k)=\sum_{n=0}^{N-1}h_i(n)\mathrm{e}^{-\mathrm{j}2\pi kn/N} \tag{4-37}$$

5）在包络线上寻找极大值，获得相应的共振峰参数。

倒谱法共振峰检测的函数实现

名称：FormantEvaluateCepstrum

定义格式：

```
std::vector<double> FormantEvaluateCepstrum(std::vector<double> &CepstrumArray, int nFrame-
Length)
```

函数功能：倒谱法共振峰检测。

参数说明：CepstrumArray 为帧倒谱；nFrameLength 为帧长。

返回：估计的共振峰序列 outArray。

程序清单：

```
std::vector<double> FormantEvaluateCepstrum(std::vector<double> &CepstrumArray, int nFrame-
Length)
{
std::vector<double> Window(nFrameLength,0);
int n=6;//窗函数宽度
for(int i=0; i<=n; i++)
{
    Window[i]=1;
}
for(int i=nFrameLength-n+1; i<nFrameLength; i++)
```

```
{
    Window[i] =1;
}
//double temp =0;
//double ff =0;
for(int j =0; j < nFrameLength; j ++ )
{
    CepstrumArray[j] = CepstrumArray[j] * Window[j];
}
vector < complex < double >> item(nFrameLength);
for(int j =0; j < nFrameLength; j ++ )
{
    item[j] = std::complex < double > (CepstrumArray[j],0);
}
CFFT f(item);
f.fft();
for(int j =0; j < nFrameLength; j ++ )
{
    CepstrumArray[j] = f.dData[j].real();
}
std::vector < std::pair < int,double >> output = findpeaks(CepstrumArray);
std::vector < double > outArray(nFrameLength,0);
for(int i =0; i < output.size(); i ++ )
{
    outArray[output[i].first] = output[i].second;
}
return outArray;
}
```

此处，应用的 FFT 类 CFFT 与 3.4.2 节描述的相同。

4.4.2 线性预测法

从线性预测法求出的声道滤波器是频谱包络估计器的最新形式，线性预测提供了一个优良的声道模型（条件是语音不含噪声）。尽管线性预测法的频率灵敏度和人耳不相匹配，但它仍是最高效的方法之一。用线性预测法可对语音信号进行解卷，即把激励分量归入预测残差中，得到声道响应的全极模型 $H(z)$ 的分量，从而得到这个分量的 a_i 参数。由于存在一定的逼近误差，所以其精度有所降低，但去除了激励分量的影响。此时求出声道响应分量的谱峰，就可以求出共振峰。

简化的语音产生模型是将辐射、声道以及声门激励的全部效应简化为一个时变的数字滤波器来等效，其传递函数为

$$H(z)=\frac{S(z)}{U(z)}=\frac{G}{1-\sum_{i=1}^{p}a_i z^{-i}} \tag{4-38}$$

上式称为 p 阶线性预测模型，这是一个全极点模型。令 $z^{-1}=\exp(-\mathrm{j}2\pi f/f_s)$，则功率谱 $P(f)$ 可表示为

$$P(f)=|H(f)|^2=\frac{G^2}{\left|1-\sum_{i=1}^{p}a_i\exp(-\mathrm{j}2\pi if/f_s)\right|^2} \tag{4-39}$$

线性预测编码（Linear Predictive Coding，LPC）法的缺点是用一个全极点模型逼近语音谱，对于含有零点的某些音来说，预测误差滤波器的根反映了极零点的复合效应，无法区分这些根是对应于零点还是极点，或完全与声道的谐振极点有关。

利用 LPC 方法可对任意频率求得其功率谱幅值响应，并从幅值响应中找到共振峰，相应的求解方法有两种：抛物线内插法和线性预测系数求复数根法。

（1）抛物线内插法

任何一个共振峰频率都可以用抛物线内插法更精确地计算共振峰频率及其带宽。如图 4-18 所示，任一共振峰频率 F_i 的局部峰值频率为 $m\Delta f$（Δf 为谱图的频率间隔），其邻近的两个频率点分别为 $(m-1)\Delta f$ 和 $(m+1)\Delta f$，这三个点在功率谱中的幅值分别为 $H(m-1)$，$H(m)$，$H(m+1)$。此时，可用二次方程组 $a\lambda^2+b\lambda+c$ 来拟合，以求出更精确的中心频率 F_i 和带宽 B_i。

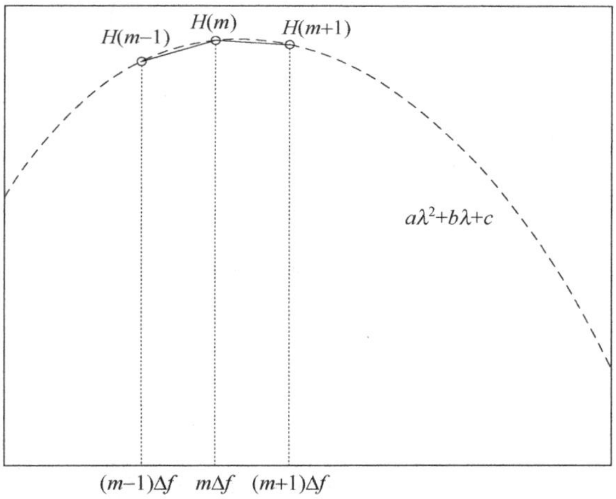

图 4-18 共振峰频率的抛物线内插图

令局部峰值频率 $m\Delta f$ 处为零，则对应于 $-\Delta f$，0，$+\Delta f$ 处的功率谱分别为 $H(m-1)$，$H(m)$，$H(m+1)$，按表示式 $H=a\lambda^2+b\lambda+c$，可得方程组

$$\begin{cases}H(m-1)=a\Delta f^2-b\Delta f+c\\ H(m)=c\\ H(m+1)=a\Delta f^2+b\Delta f+c\end{cases} \tag{4-40}$$

假设 $\Delta f=1$，则计算的系数为

$$\begin{cases}a=\dfrac{H(m-1)+H(m+1)}{2}-H(m)\\ b=\dfrac{H(m+1)-H(m-1)}{2}\\ c=H(m)\end{cases} \tag{4-41}$$

求导数$\partial H/\partial\lambda=\partial(a\lambda^2+b\lambda+c)/\partial\lambda=0$，得极大值为

$$\lambda_{\max}=-b/2a \tag{4-42}$$

考虑到实际频率间隔，则共振峰的中心频率为

$$F_i=\lambda_{\max}\Delta f+m\Delta f \tag{4-43}$$

中心频率对应的功率谱H_p为

$$H_p=a\lambda_p^2+b\lambda_p+c=-\frac{b^2}{4a}+c \tag{4-44}$$

带宽B_i的求法如图4-19所示。在某一个λ处，其谱值为H_p值的一半，即有

$$\frac{a\lambda^2+b\lambda+c}{H_p}=\frac{1}{2} \tag{4-45}$$

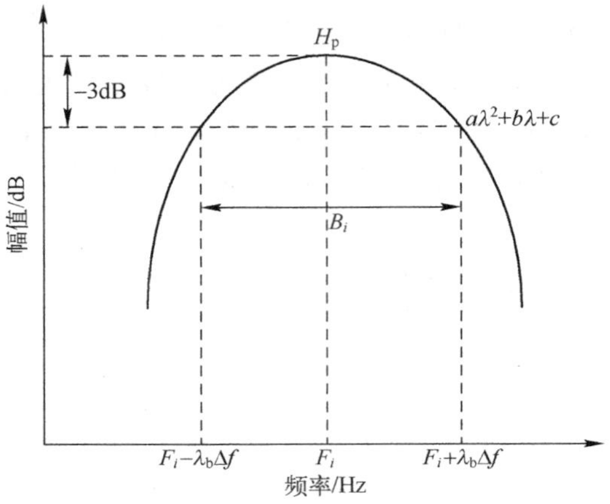

图4-19　带宽求法的示意图

可以导出

$$a\lambda^2+b\lambda+c-0.5H_p=0 \tag{4-46}$$

其根为

$$\lambda_{\text{root}}=\frac{-b\pm\sqrt{b^2-4a(c-0.5H_p)}}{2a} \tag{4-47}$$

而半带宽$B_i/2$是根值与峰值位置的差值，即

$$\lambda_b=\lambda_{\text{root}}-\lambda_p \tag{4-48}$$

可得

$$\lambda_b=-\frac{\sqrt{b^2-4a(c-0.5H_p)}}{2a} \tag{4-49}$$

因为抛物线是下凹的，所以λ_b取正值。考虑到实际频率间隔Δf，则带宽B_i为

$$B_i=2\lambda_b\Delta f \tag{4-50}$$

（2）线性预测系数求复数根法

求根法是用标准的求取复根的方法计算全极模型分母多项式$A(z)$的根，其优点在于通过对预测多项式系数的分解可以精确地确定共振峰的中心频率和带宽。找出多项式复根的过程通常采用牛顿—拉夫逊算法。算法步骤为首先猜测一个根值并就此猜测值计算多项式及其

导数的值，然后利用结果再找出一个改进的猜测值。当前后两个猜测值之差小于某门限时，结束猜测过程。由上述过程可知，重复运算找出复根的计算量相当可观。但是，假设每一帧的最初猜测值与前一帧的根的位置重合，那么根的帧到帧的移动足够小，经过较少的重复运算后，可使新的根值汇聚在一起。初始化时，第一帧的猜测值可以在单位圆上等间隔设置。

预测误差滤波器 $A(z)$ 的表示为

$$A(z)=1-\sum_{i=1}^{p}a_iz^{-i} \tag{4-51}$$

求其多项式复根可精确地确定共振峰的中心频率和带宽。

设 $z_i=r_i\mathrm{e}^{\mathrm{j}\theta_i}$ 为任意复根值，则其共轭值 $z_i^*=r_i\mathrm{e}^{-\mathrm{j}\theta_i}$ 也是一个根。设与 z_i 对应的共振峰频率为 F_i，3 dB 带宽为 B_i，则 F_i 及 B_i 与 z_i 之间的关系为

$$\begin{cases}2\pi F_i/f_s=\theta_i\\ \mathrm{e}^{-B_i\pi/f_s}=r_i\end{cases} \tag{4-52}$$

其中，f_s 为采样频率，所以

$$\begin{cases}F_i=\theta_if_s/2\pi\\ B_i=-\ln r_i\cdot f_s/\pi\end{cases} \tag{4-53}$$

因为预测误差滤波器阶数 p 是预先设定的，所以复共轭对的数量最多是 $p/2$。因为不属于共振峰的额外极点的带宽远大于共振峰带宽，所以比较容易剔除非共振峰极点。

LPC 法共振峰检测的函数实现

名称：FormantEvaluateLpc

定义格式：

```
std::vector<std::vector<double>> FormantEvaluateLpc(std::vector<double> &lpc_Array,int nFrameLength,int p,double fs,int N,int n_frmnt)
```

函数功能：LPC 法共振峰检测。

参数说明：lpc_Array 为 LPC 系数；nFrameLength 为帧长；p 为预测阶数；fs 为采样频率；N 为 fft 长度；n_frmnt 为共振峰显示数量，默认为 4。

返回：估计的共振峰序列 output。

程序清单：

```
std::vector<std::vector<double>> FormantEvaluateLpc(std::vector<double> &lpc_Array,int nFrameLength,int p,double fs,int N,int n_frmnt)
{
fftw_complex *in, *out;
fftw_plan plan;
int i;
int j;
in = (fftw_complex *)fftw_malloc(sizeof(fftw_complex) * N);
out = (fftw_complex *)fftw_malloc(sizeof(fftw_complex) * N);
for(i=0; i<N; i++)
{
```

```
        if(i < p + 1)
        {
            in[i][0] = lpc_Array[i];
            in[i][1] = 0.0;
        }
        else
        {
            in[i][0] = 0.0;
            in[i][1] = 0.0;
        }
    }
    plan = fftw_plan_dft_1d(N, in, out, FFTW_FORWARD, FFTW_ESTIMATE);
    fftw_execute(plan);
    fftw_destroy_plan(plan);
    fftw_free(in);
    //计算功率谱
    int &len = N;
    std::vector<double> pf_array(len, 0);
    for(int i = 0; i < len; i++)
    {
        pf_array[i] = pow(abs(std::complex<double>(out[i][0], out[i][1])), -2);
        pf_array[i] = 10 * log10(pf_array[i]);
    }
    fftw_free(out);
    //最多输出 4 个共振峰
    double cst = fs / (2 * pi);                //常数
    std::vector<double>   xs;                  //方程系数
    std::vector<double>   rts;                 //方程的根
    xs.push_back(1);                           //首项为 1
    for(int i = 1; i <= p; i++)
    {
        xs.push_back(lpc_Array[i]);
    }
    std::vector<std::complex<double>> f(p);
    xs.shrink_to_fit();
    Roots(xs, f);
    int m = 0;
    std::vector<double> formn;                 //共振峰频率
    std::vector<double> bandwidth;             //共振峰带宽
    std::vector<double> angle;                 //相位
    Angle(f, angle);
    for(int i = 0; i < p; i++)
```

```
    {
        double form = angle[i] /(2 * pi) * fs;//相位
        double bw = -2 * cst * log(sqrt(f[i].real() * f[i].real() + f[i].imag() * f[i].imag()));
//带宽
        if(form > 150 && bw < 700 && form < fs/2)
        {
            formn.push_back(form);
            bandwidth.push_back(bw);
        }
    }
    int mins = n_frmnt;
    if(formn.size() <4)
    {
        mins = formn.size();
    }
    std::sort(formn.begin(),formn.end());      //排序
    std::vector < std::vector < double >> output;
    output.push_back(pf_array);
    output.push_back(formn);
    return output;
}
```

不同于倒谱法的 FFT 实现，此处程序调用了学术和工程上广泛使用的离散傅里叶变换的函数库 FFTW，为读者提供了一种高效计算 FFT 的思路，具体参考附录的说明或相关资料。

4.5　思考与复习题

1. 为什么要进行端点检测？端点检测容易受什么因素影响？
2. 常用的端点检测算法有哪些？各有什么优缺点？
3. 常用的基音周期检测方法有哪些？叙述它们的工作原理和框图。
4. 为什么要进行基音检测的后处理？在后处理中常用的有哪几种基音轨迹平滑方法？
5. 为什么共振峰检测有重要意义？常用的共振峰检测方法有哪些？叙述其工作原理。
6. 试编写谱距离法进行端点检测的 C++ 函数，并结合附录的程序编程进行验证。
7. 试编写倒谱法进行基音周期检测的 C++ 函数，并结合附录的程序编程进行验证。

第5章　语 音 增 强

5.1　概述

语音信号作为信息的最普遍、最直接的表达方式，在许多领域具有广泛的应用前景。现实生活中的语音不可避免地要受到周围环境的影响，很强的背景噪声例如机械噪声、其他说话者的语音等均会严重影响语音信号的质量；此外传输系统本身也会产生各种噪声，因此接收端的信号为带噪语音信号。混叠在语音信号中的噪声按类别可分为加性噪声（环境噪声等）和乘性噪声（残响及电器线路干扰等）；按性质可分为平稳噪声和非平稳噪声。因此，在现实环境下语音信号处理的关键是抗噪声技术，噪声的削减对语音识别、低码率符号化等有很强的实用价值。

语音降噪主要研究如何利用信号处理技术消除信号中的强噪声干扰，从而提高输出信噪比以提取出有用信号的技术。消除信号中噪声污染的方法通常是让受污染的信号通过一个能抑制噪声而有用信号相对不变的滤波器，此滤波器从信号不可检测的噪声场中取得输入，将此输入加以滤波，抵消其中的原始噪声，从而达到提高信噪比的目的。

然而，由于干扰通常都是随机的，从带噪语音中提取完全纯净的语音几乎不可能。在这种情况下，语音增强的目的包括：①改进语音质量，消除背景噪声，使听者乐于接受，不感觉疲劳，这是一种主观度量；②提高语音可懂度，这是一种客观度量。但是两者往往不能兼得，所以实际应用中总是视具体情况而有所侧重的。

此外，语音增强不仅涉及信号检测、波形估计等传统信号处理理论，而且与语音特性、人耳感知特性密切相关。而且，实际应用中噪声的来源及种类各不相同，从而造成处理方法的多样性。因此，要结合语音特性、人耳感知特性及噪声特性，根据实际情况选用合适的语音增强方法。

早先，根据语音和噪声的特点，出现了很多种语音增强算法。比较常用的算法包括谱减法、维纳滤波法、卡尔曼滤波法、自适应滤波法等。此外，随着科学技术的发展又出现了一些新的增强技术，如基于小波变换的语音增强方法、梳状滤波法、基于语音模型的语音增强方法等。本章主要介绍几种经典的语音增强算法，包括谱减法、维纳滤波法、最小均方差滤波器和基于听觉掩蔽的语音增强方法。

5.2　基础知识

5.2.1　人耳感知特性

人耳感知特性对降噪研究具有重要意义，因为人耳的主观感觉是对降噪效果的最终度量。人耳是一个十分巧妙精密的器官，具有复杂的功能和特性，了解其机理有助于降噪技术的研究发展。人耳的感知问题涉及语言学、语音学、心理学、生理学等学科，通过国内外学者的研究，目前有以下几种结论可以用于降噪。

1）人耳感知语音主要是通过语音信号的频谱分量的幅度，而对相位不敏感，并且语音的响度与频谱幅度的对数成正比。

2）人耳对 100 Hz 以下的低频声音不敏感，对高频声尤其是 2000 ~ 5000 Hz 的声音敏感，对 3000 Hz 的声音最敏感。

3）人耳对于频率的分辨能力受声强的影响，过强或者太弱的声音都会导致对频率的分辨力降低。

4）人耳具有掩蔽效应，听觉掩蔽效应是指当同时存在两个声音时，声强较低的频率成分会受到声强较高的频率成分的影响，不易被人耳感知到。

5）人类听觉具有选择性注意特性，即在嘈杂的环境下，能将注意力集中在感兴趣的声音上而忽略掉背景中的噪声或其他人的谈话。人耳的这种功能可以使人把注意力相对集中于某一说话内容，大大提高了人耳在噪声中提取有效信息的能力。

5.2.2 语音特性

语音信号是一种非平稳的随机信号。语音的生成过程与发音器官的运动过程密切相关，考虑到人类发声器官在发声过程中的变化速度具有一定限度而且远小于语音信号的变化速度，因此可以假定语音信号是短时平稳的，即在 10 ~ 30 ms 的时间段内语音的某些物理特性和频谱特性可以近似看作是不变的，从而应用平稳随机过程的分析方法来处理语音信号，并可以在语音增强中利用短时频谱时的平稳特性。

任何语言的语音都有元音和辅音两种音素。根据发声的机理不同，辅音又分为清辅音和浊辅音。从时域波形上可以看出浊音（包括元音）具有明显的准周期性和较强的振幅，它们的周期所对应的频率就是基音频率；清辅音的波形类似于白噪声并具有较弱的振幅。在语音增强中可以利用浊音具有的明显的准周期性来区别和抑制非语音噪声，如梳状滤波器，而清辅音和宽带噪声就很难区分。

语音信号作为非平稳，非遍历随机过程的样本函数，其短时谱的统计特性在语音增强中有着举足轻重的作用。根据中心极限定理，语音的短时谱的统计特性服从高斯分布。但是，实际应用中只能将其看作是在有限帧长下的近似描述。

5.2.3 噪声特性

噪声可以是加性的，也可以是非加性的（非加性噪声往往可以通过某种变换（如同态滤波）转为加性噪声）。加性噪声通常分为冲激噪声，周期噪声，宽带噪声，语音干扰噪声等；非加性噪声主要是残响及传送网络的电路噪声等。

（1）冲激噪声　放电、打火或爆炸都会引起冲激噪声，它的时域波形是类似于冲激函数的窄脉冲。消除冲激噪声影响的方法通常有两种：对带噪语音信号的幅度求均值，将该均值作为判断阈，凡是超过该阈值的均判为冲激噪声，在时域中将其滤除；当冲激脉冲不太密集时，也可以通过某些点内插的方法避开或者平滑掉冲激点，从而从重建语音信号中去掉冲激噪声。

（2）周期噪声　最常见的有电动机，风扇之类周期运转的机械所发出的周期噪声，

50 Hz交流电源也是周期噪声。在频谱图上它们表现为离散的窄谱，通常可以采用陷波器方法予以滤除。

（3）宽带噪声　说话时同时伴随着呼吸引起的噪声、随机噪声源产生的噪声、以及量化噪声等都可以视为宽带噪声，近似为高斯噪声或白噪声。宽带噪声的显著特点是噪声频谱遍布于语音信号频谱之中，导致消除噪声较为困难。消除宽带噪声一般需要采取非线性处理方法。

（4）语音干扰　干扰语音信号和待传语音信号同时在一个信道中传输所造成的干扰称为语音干扰。区别有用语音和干扰语音的基本方法是利用它们的基音差别。考虑到一般情况下两种语音的基音不同，也不成整数倍，这样可以用梳状滤波器提取基音和各次谐波，再恢复出有用语音信号。

（5）传输噪声　传输系统的电路噪声，与背景噪声不同，它在时间域里是语音和噪声的卷积。处理这种噪声可以采用同态处理的方法，把非加性噪声变换为加性噪声来处理。

一般噪声都假设其是加性的、局部平稳的、噪声与语音统计独立或不相关。因此，带噪语音模型表达式如下：

$$y(n)=s(n)+v(n) \tag{5-1}$$

其中，$s(n)$表示纯净语音；$v(n)$表示噪声；$y(n)$表示带噪语音。

而说噪声是局部平稳，是指一段带噪语音中的噪声，具有和语音段开始前那段噪声相同的统计特性，且在整个语音段中保持不变。也就是说，可以根据语音开始前那段噪声来估计语音中所叠加的噪声统计特性。仿真实验中最常使用的噪声源是白噪声。

5.2.4　语音质量评价标准

通常，语音质量的评价标准可分为两大类：主观测量和客观测量。前者是建立在人的主观感受上的；而后者主要包括一些客观的物理量，如信噪比等。

1. 主观评价

主观评价是以人为主体来评价语音的质量，是人对语音质量的真实反映。语音主观评价方法有很多种，主要指标包括清晰度或可懂度和音质两类。清晰度一般是针对音节以下（如音素，声母、韵母）语音测试单元，可懂度则是针对音节以上（如词，句）语音测试单元的；音质则是指语音听起来的自然度。前者是衡量语音中的字、单词和句的可懂程度，而后者则是对讲话人的辨识水平。这两种不是完全独立的两个概念。一个编码器有可能生成高清晰度的语音但音质很差，声音听起来就像是机器发生的，无法辨别出说话者。当然，一个不清晰的语音是不可能成为高音质的。此外，很悦耳的声音也有可能听起来很模糊。

无论哪种主观测试都是建立在人的感觉基础上的，测试结果很可能因人而异。因此，主观测试的方案设计必须十分周密。同时，为了消除个体的差异性，测试环境应尽可能相同，测试语音的样本也要尽量丰富。每种语音的测试都必须仔细地选择发音，以保证所选的样本具有代表性，同时还要保证能够覆盖各种类型的话音。在选择测试者时，不仅应该包括女声、男声，同时还应根据年龄（包括老人、青年和儿童）选择不同语音。主观评价的优点是直接、易于理解，能真实反映人对语音质量的实际感觉，缺点是需要大量的测试者，实施起来比较麻烦，耗时耗力，灵活性差。

(1) 可懂度评价(Diagnostic Rhyme Test, DRT)

DRT是衡量通信系统可懂度的ANSI标准之一，它主要用于低速率语音编码的质量测试。这种测试方法使用若干对（通常96对）同韵母单字或单音节词进行测试，例如中文的“为”和“费”，英文的“veal”和“feel”等。测试中，评听人每次听一对韵字中的某个音，然后判断所听到的音是哪个字，全体评听人判断正确的百分比就是DRT得分。通常认为DRT为95%以上时清晰度为优，85%~94%为良，75%~84%为中，65%~75%为差，而65%以下为不可接受。在实际通信中，清晰度为50%时，整句的可懂度大约为80%，这是因为整句中具有较高的冗余度，即使个别字听不清楚，人们也能理解整句话的意思。当清晰度为90%时，整句话的可懂度已经接近100%。

在DRT测试中，一个重要问题是发音者。众所周知，男性和女性的发音是不同的，一般来说后者要清晰一些。此外，从实际耗费的角度出发，发音者不能太多。根据经验，一般情况下，DRT测试要求三位男性和三位女性。国外著名的Dynastant公司专门从事语音测试，英语测试中最常用的96对测试表就是由该公司提出的。由专业公司测试的好处就在于他们能够提供经过训练的专业测试者和专业的测试环境，从而获得较为准确和公正的测试结果。

但是，DRT也有局限性，因为其只测试第一辅音，并且每次的选择只有两个。在这种情况下，Dynastant公司提出了更为复杂的改进型韵字测试（Modified Rhyme Test, MRT）。MRT的基本测试方法和DRT一样，但是其测试语音样本中，不同的辅音不仅可能出现在第一位，也可能在最后一位；而且，每次的选择增加到6个。

(2) 音质评价

1) 平均意见得分（Mean Opinion Score, MOS）。MOS得分法是从绝对等级评价法发展而来的，用于对语音整体满意度或语音通信系统质量进行评价。MOS得分法一般采用5级评分标准，包括优、良、中、差和劣。参加测试的评听人在听完受测语音后，从这5个等级中选择一级作为所测语音的MOS得分。由于主观上和客观上的种种原因，每次测试得到的MOS得分大都会有波动，为了减小波动的方差，除了参加测试的评听人要足够多之外（一般至少40人），所测语音材料也应足够丰富，测试环境也要尽量保持相同。在数字通信系统中，通常认为MOS得分在4.0~4.5分为高质量数字化语音，达到长途电话网的质量要求，接近于透明信道编码。MOS得分在3.5左右称作通信质量，此时重建语音质量下降，但不妨碍正常通话，可以满足语音系统使用要求。MOS得分在3.0以下常称合成语音质量，它一般具有足够的可懂度，但自然度和讲话人的确认等方面不够好。表5-1表示MOS分制的评分标准。极好的语音音质表示所测信号与原始语音相近，没有感知噪声；相反，极差音质表示有非常厌烦的噪声且所测信号有人为噪声。

表5-1 MOS分制的评分标准

得分	质量级别	失真级别
5	优（excellent）	不察觉
4	良（good）	刚有察觉，但不可厌
3	中（fair）	有察觉且稍觉可厌
2	差（poor）	明显察觉且可厌但可忍受
1	劣（bad）	非常可厌，不可忍受

2）判断满意度测量（Diagnostic Acceptability Measure，DAM）。DAM 方法是由 Dynastant 公司推出的一种评价语音通信系统和通信连接的主观语音质量和满意度的评测方法，其将直接途径与间接途径结合在一起进行主观质量评价。评听人既有机会表达个人主观喜好，又能依标准对每项指标进行评测。另外，DAM 方法要求评听人分别对语音样本本身、背景和其他因素进行评价。一个评听人可将评价过程划分为 21 个等级，其中 10 个等级是信号的感觉质量，8 个等级是背景情况，另外 3 级是可懂度、清晰度和总体满意度。总之，DAM 是对语音质量的综合评价，是在多种条件下对语音质量可接受程度的一种度量，以百分比评分。

总结来说，无论哪种主观测试，都需要遵循三个原则：第一，要保证足够的说话者，要求其声音特征非常丰富，能够代表实际用户中的绝大部分；第二，要求有足够多的数据。理论上，人数和数据越多越好，可以用方差作为判断样本数的尺度；第三，对于大部分编码器来说，清晰度和品质测试应该都做。但很悦耳的质量较好的语音也可以不做清晰度测试。

2. 客观评价

针对主观评价方法的不足，基于客观测度的语音客观评价方法相继被提出。客观评价必然要借鉴主观评价的那种高度智能和人性化的过程，但是不可能找到一个绝对完善的测度和十分理想的测试方法，只能尽量利用所获信息做出基本正确的评价。一般地，一种客观测度的优劣取决于它与主观评价结果的统计意义上的相关程度。目前所用的客观测度分为时域测度、频域测度和在两者基础上发展起来的其他测度。主要的客观评价方法有：基于信噪比的评价方法，如信噪比（Signal - to - Noise，SNR）、分段信噪比（segmental SNR，segSNR）等，把信噪比作为评价语音质量的指标；基于谱距离的评价方法，如加权谱斜率测度（Weighted Spectral Slope measure，WSS），主要比较语音信号之间的平滑谱；基于听觉模型的评价方法，如语音质量感知评价方法（Perceptual Evaluation of Speech Quality，PESQ），以人对语音的感知特性为基础。

（1）信噪比（SNR）

信噪比计算简单，是一种应用广泛的客观评价方法。假设 $y(n)$ 为带噪语音信号，$s(n)$ 为其中的纯净语音信号，$\hat{s}(n)$ 为经处理后的语音信号，则信噪比定义为

$$\mathrm{SNR} = 10\log_{10}\frac{\sum_{n} s^2(n)}{\sum_{n}[s(n)-\hat{s}(n)]^2} \tag{5-2}$$

由于计算时需要纯净的语音信号，而实际环境中难以获得纯净的语音信号，因此信噪比主要用在纯净语音信号已知的实验仿真中。

（2）分段信噪比（segSNR）

经典形式的信噪比同等对待时域波形中的所有误差，不能很好地反映语音质量的属性。由于语音信号的时变特性，不同时间段上的信噪比应该是不一样的。由此，出现了分段信噪比。它的定义如下：

$$\mathrm{segSNR} = \frac{1}{M}\sum_{k=0}^{M-1} 10\log_{10}\left[\sum_{i=m_k}^{m_k+N-1}\frac{s^2(i)}{s^2(i)-\hat{s}^2(i)}\right] \tag{5-3}$$

其中，M 表示语音的帧数；N 是语音帧长度；m_k 表示语音帧的起始点。从式（5-3）可以看出，分段信噪比先计算每一帧的信噪比，再对所有帧的信噪比取平均。为了减小没有语音

的帧和信噪比过高的帧对信噪比带来的影响，一般设置两个门限值，如高低门限分别设为35 dB 和 0 dB，不在此范围内的信噪比都置为门限值。

（3）加权谱斜率测度（WSS）

WSS 使用36个临界频带滤波器来计算，反映纯净语音和处理后语音的频带谱斜率间的加权差距，WSS 距离越小，表示两者之间的差距越小，语音质量越好。

令 $S_x(k)$ 和 $\bar{S}_x(k)$ 分别表示纯净语音和处理后语音的谱斜率，其定义为

$$\begin{cases} S_x(k)=C_x(k+1)-C_x(k) \\ \bar{S}_x(k)=\bar{C}_x(k+1)-\bar{C}_x(k) \end{cases} \tag{5-4}$$

其中，$C_x(k)$ 和 $\bar{C}_x(k)$ 分别表示纯净语音和处理后语音的第 k 个临界频带谱。

令 $W(k)$ 表示权重，其定义为

$$W(k)=\frac{K_{\max}}{[K_{\max}+C_{\max}-C_x(k)]}\cdot\frac{K_{locmax}}{[K_{locmax}+C_{locmax}-C_x(k)]} \tag{5-5}$$

其中，$C_{\max}$ 为所有频带中最大的对数谱幅度；C_{locmax} 为最靠近第 k 个频带的峰值；$K_{\max}$ 和 K_{locmax} 为常数，用来使主观测试和客观指标有最大的相关性，根据经验分别取值为20和1。

最后，WSS 距离的计算公式如下：

$$d_{\mathrm{wss}}(C_x,\bar{C}_x)=\sum_{k=1}^{36}W(k)\cdot(S_x(k)-\bar{S}_x(k))^2 \tag{5-6}$$

（4）语音质量感知评价方法（PESQ）

PESQ 方法是国际电信联盟 ITU 在2001年提出的一种新的语音质量评价方法，是目前与 MOS 评分相关度最高的客观语音质量评价算法，相关度系数达到0.97。该算法将参考语音信号和失真语音信号进行电平调整、输入滤波器滤波、时间对准和补偿、听觉变换之后，分别提取两路信号的参数，综合其时频特性，得到 PESQ 分数，最终将这个分数映射到主观平均意见分上。PESQ 得分范围在 -0.5~4.5 之间，得分越高表示语音质量越好，PESQ 方法模型如图5-1所示。

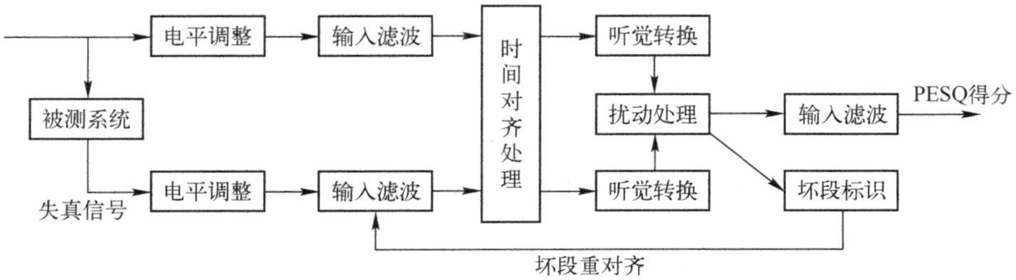

图5-1 PESQ 方法模型图

客观评定方法的特点是计算简单，缺点是客观参数对增益和延迟都比较敏感，而且最重要的是，客观参数没有考虑人耳的听觉特性，因此客观评定方法主要适用于速率较高的波形编码类型的算法。而对于低于16 kbit/s 的语音编码质量的评价通常采用主观评定的方法，因为主观评定方法符合人类听话时对语音质量的感觉，因此主观评估参数就显得非常重要，特别是许多低码率算法都是基于人耳的感知标准设计的，故而应用较广。总结起来，语音主观评价和客观评价各有其优缺点。通常这两种方法应该结合起来使用。一般的原则是，客观评

价用于系统的设计阶段，以提供参数调整方面的信息，主观评价用于实际听觉效果的检验。

5.3 谱减法

5.3.1 基本原理[C]

谱减法是处理宽带噪声较为传统和有效的方法，其基本思想是在假定加性噪声与短时平稳的语音信号相互独立的条件下，从带噪语音的功率谱中减去噪声功率谱，从而得到较为纯净的语音频谱。

（1）计算公式

设 $s(n)$ 为纯净语音信号，$v(n)$ 为噪声信号，$y(n)$ 为带噪语音信号，则有

$$y(n)=s(n)+v(n) \tag{5-7}$$

用 $Y(\omega)$、$S(\omega)$、$V(\omega)$ 分别表示 $y(n)$、$s(n)$ 和 $v(n)$ 的傅里叶变换，则可得下式：

$$Y(\omega)=S(\omega)+V(\omega) \tag{5-8}$$

由于假定语音信号与加性噪声是相互独立的，因此有

$$|Y(\omega)|^2=|S(\omega)|^2+|V(\omega)|^2 \tag{5-9}$$

如果用 $P_y(\omega)$、$P_s(\omega)$ 和 $P_v(\omega)$ 分别表示 $y(n)$、$s(n)$ 和 $v(n)$ 的功率谱，则有

$$P_y(\omega)=P_s(\omega)+P_v(\omega) \tag{5-10}$$

由于平稳噪声的功率谱在发声前和发声期间可以认为基本没有变化，因此可以通过发声前的所谓“寂静段”（认为在这一段里没有语音只有噪声）来估计噪声的功率谱 $P_v(\omega)$，从而有

$$P_s(\omega)=P_y(\omega)-P_v(\omega) \tag{5-11}$$

此时减出来的功率谱被认为是较为纯净的语音功率谱，然后，从这个功率谱可以恢复降噪后的语音时域信号。

在具体运算时，为防止出现负功率谱的情况，谱减时当 $P_y(\omega)<P_v(\omega)$ 时，令 $\hat{P}_s(\omega)=0$，即完整的谱减运算公式如下：

$$\hat{P}_s(\omega)=\begin{cases}P_y(\omega)-P_v(\omega), & P_y(\omega)\geqslant P_v(\omega)\\ 0, & P_y(\omega)<P_v(\omega)\end{cases} \tag{5-12}$$

最后将求得的 $\hat{P}_s(\omega)$ 进行 IFFT，并借助相位谱来恢复降噪后的语音时域信号。依据人耳对相位变化不敏感的特点，用原带噪语音信号 $y(n)$ 的相位谱来代替估计之后的语音信号的相位谱来恢复降噪后的语音时域信号。

（2）具体步骤

算法的具体实现步骤如下。

1）设含噪语音信号为 $y(n)$，加窗分帧处理后得到第 i 帧语音信号为 $y_i(m)$，帧长为 N。任何一帧语音信号 $y_i(m)$ 做 FFT 后为

$$Y_i(k)=\sum_{m=0}^{N-1}y_i(m)\exp\left(\mathrm{j}\frac{2\pi mk}{N}\right),\quad k=0,1,\cdots,N-1 \tag{5-13}$$

对 $Y_i(k)$ 求出每个分量的幅值和相角，幅值是 $|Y_i(k)|$，相角为

$$Y^{i}_{\text{angle}}(k)=\arctan\left[\frac{\operatorname{Im}(Y_i(k))}{\operatorname{Re}(Y_i(k))}\right] \tag{5-14}$$

2）已知前导无话段（噪声段）帧数为 NIS，求出该噪声段的平均能量为

$$D(k)=\frac{1}{NIS}\sum_{i=1}^{NIS}|Y_i(k)|^2 \tag{5-15}$$

3）谱减公式为

$$|\hat{Y}_i(k)|^2=\begin{cases}|Y_i(k)|^2-a\times D(k), & |Y_i(k)|^2\geqslant a\times D(k)\\ b\times D(k), & |Y_i(k)|^2<a\times D(k)\end{cases} \tag{5-16}$$

式中，a 和 b 是两个常数，a 称为过减因子；b 称为增益补偿因子。

4）谱减后的幅值为 $|\hat{Y}_i(k)|$，结合原先的相角 $Y^{i}_{\text{angle}}(k)$，利用快速傅里叶逆变换求出增强后的语音序列 $\hat{y}_i(m)$。

整个算法的原理如图 5-2 所示。

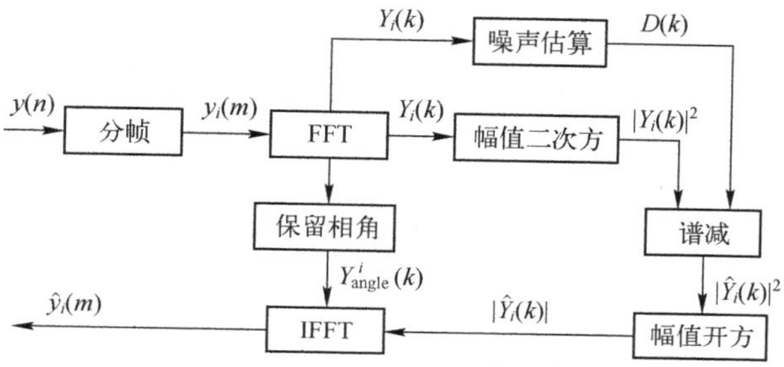

图 5-2 基本谱减法原理图

基本谱减法的函数实现

名称：simplesubspec

定义格式：

```
std::vector<double> simplesubspec(std::vector<double> &in_dataArray,int NIS,double a,double
b,int nFrameLength,int nFrameInc,int m_window_type)
```

函数功能：基本谱减法降噪。

参数说明：in_dataArray 为输入带噪语音；NIS 为前导无话帧；a 为过减因子；b 为增益补偿因子；nFrameLength 为帧长；nFrameInc 为帧移；m_window_type 为窗函数类型。

返回：滤波后数据 output。

程序清单：

```
std::vector<double> simplesubspec(std::vector<double> &in_dataArray,int NIS,double a,double
b,int nFrameLength,int nFrameInc,int m_window_type)
{
//数据分帧
int nDataLength = in_dataArray.size();
int nFrames = GetFrames(nDataLength,nFrameLength,nFrameInc);
```

```
std::vector<std::vector<double>>  signal(nFrames,std::vector<double>(nFrameLength,0));
DivFrame(in_dataArray,nFrameLength,nFrameInc,signal,m_window_type);
std::vector<std::complex<double>>  item;
item.resize(nFrameLength);
std::vector<std::vector<std::complex<double>>> fre_dataArray(nFrames,
std::vector<std::complex<double>>(nFrameLength,0));
for (int i=0;i<nFrames;i++)
{
        for (int j=0;j<nFrameLength;j++)
                item[j]=std::complex<double>((signal[i][j]),0);
        CFFT f(item);
        f.fft();                                        //参见式(5-13)
        fre_dataArray[i]=f.dData;
}
//谱减前相位
std::vector<std::vector<double>> fre_phaseArray(nFrames,std::vector<double>(nFrameLength,
0));
//减谱前幅值
std::vector<std::vector<double>> fre_magnitudeArray(nFrames,std::vector<double>(nFrame-
Length,0));
//减谱前能量
std::vector<std::vector<double>>  energyArray(nFrames,std::vector<double>(nFrameLength,
0));
for (int i=0;i<nFrames;i++)
{
    Angle(fre_dataArray[i],fre_phaseArray[i]);      // 参见式(5-14)
    for (int j=0;j<nFrameLength;j++)
    {
        fre_magnitudeArray[i][j]=abs(fre_dataArray[i][j]);
        energyArray[i][j]=pow(fre_magnitudeArray[i][j],2);
    }
}
std::vector<double> D(nFrameLength,0);                  //噪声段平均能量
for (int j=0;j<nFrameLength;j++)
{
    for (int i=0;i<NIS;i++)
        D[j] += energyArray[i][j];
}
for (int j=0;j<nFrameLength;j++)
{
    D[j] /= NIS;                                        //求平均,参见式(5-15)
}
```

```
for (int i = 0;i < nFrames;i ++ )
{
    for (int j = 0;j < nFrameLength;j ++ )
    {
        if (energyArray[i][j] >= a * D[j])
        {
            fre_magnitudeArray[i][j] = sqrt(energyArray[i][j] - a * D[j]);//参见式(5-16)
        }
        else
        {
            fre_magnitudeArray[i][j] = sqrt(b * energyArray[i][j]);//参见式(5-16)
        }
    }
}

std::vector < double > output = OverlapAdd2 (fre_magnitudeArray, fre_phaseArray, nFrameLength,
nFrameInc);   //合成谱减后的语音,参见语音合成章节
double max_data = * std::max_element(output.begin(),output.end());
for (int i = 0;i < output.size();i ++ )
{
    output[i] = output[i]/max_data;
}
while (output.size() < nDataLength)//把谱减后的数据长度补足与输入等长
{
    output.push_back(0);
}
return output;
}
```

其中，相角计算函数 Angle 的定义如下。

名称：Angle

定义格式：

```
void Angle(std::vector < std::complex < double >> &in_dataArray,std::vector < double > &out_data-
Array)
```

函数功能：相角计算。

参数说明：in_dataArray 为输入序列；out_dataArray 为输出相角。

程序清单：

```
void Angle(std::vector < std::complex < double >> &in_dataArray,std::vector < double > &out_data-
Array)
```

```
    }
    int p = in_dataArray.size();
    out_dataArray.resize(p);
    for (int i =0;i <p;i ++)
    {
        out_dataArray[i] = std::atan(std::imag(in_dataArray[i])/std::real(in_dataArray[i]));
        if ((std::real(in_dataArray[i]) <0 && std::imag(in_dataArray[i]) <0) ||
            (std::real(in_dataArray[i]) <0 && std::imag(in_dataArray[i]) >0))
            out_dataArray[i]  += _pi_;
        else if ((std::real(in_dataArray[i]) >0 && std::imag(in_dataArray[i]) <0))
            out_dataArray[i]  += 2 * _pi_;
    }
}
```

5.3.2 改进算法

1979 年，S. F. Boll 提出一种改进的谱减法。主要的改进有以下几点。

（1）在谱减法中使用信号的频谱幅值或功率谱

改进的谱减公式为

$$|\hat{X}_i(k)|^\gamma = \begin{cases} |X_i(k)|^\gamma - \alpha \times D(k), & |X_i(k)|^\gamma \geqslant \alpha \times D(k) \\ \beta \times D(k), & |X_i(k)|^\gamma < \alpha \times D(k) \end{cases} \tag{5-17}$$

噪声段的平均谱值为

$$D(k) = \frac{1}{NIS}\sum_{i=1}^{NIS} |X_i(k)|^\gamma \tag{5-18}$$

式中，α 为过减因子；β 为增益补偿因子。当 γ 为 1 时，算法相当于用谱幅值做谱减法；当 γ 为 2 时，算法相当于用功率谱做谱减法。

（2）计算平均谱值

在相邻帧之间计算平均值：

$$Y_i(k) = \frac{1}{2M+1}\sum_{j=-M}^{M} X_{i+j}(k) \tag{5-19}$$

利用 $Y_i(k)$ 取代 $X_i(k)$，可以得到较小的谱估算方差。

（3）减少噪声残留

在减噪过程中保留噪声的最大值，从而在谱减法中尽可能地减少噪声残留，从而削弱“音乐噪声”。

$$D_i(k) = \begin{cases} D_i(k), & D_i(k) \geqslant \max|N_R(k)| \\ \min\{D_j(k) \mid j \in [i-1, i, i+1]\}, & D_i(k) < \max|N_R(k)| \end{cases} \tag{5-20}$$

此处，$\max|N_R(k)|$ 代表最大的噪声残余。

5.4 维纳滤波法

5.4.1 基本原理

基本维纳滤波就是用来解决从噪声中提取信号问题的一种过滤（或滤波）方法。它基于平稳随机过程模型，且假设退化模型为线性不变系统。实际上这种线性滤波问题，可以看成是一种估计问题或一种线性估计问题。基本的维纳滤波是根据全部过去的和当前的观察数据来估计信号的当前值，它的解是以均方误差最小为条件所得到的系统的传递函数 $H(z)$ 或单位样本响应 $h(n)$ 的形式给出的，因此常称这种系统为最佳线性过滤器或滤波器。设计维纳滤波器的过程就是寻求在最小均方误差下滤波器的单位样本响应 $h(n)$ 或传递函数 $H(z)$ 的表达式，其实质是解维纳－霍夫（Wiener－Hopf）方程。

设带噪语音信号为

$$x(n)=s(n)+v(n) \tag{5-21}$$

其中，$x(n)$ 表示带噪信号；$v(n)$ 表示噪声。则经过维纳滤波器 $h(n)$ 的输出响应 $y(n)$ 为

$$y(n)=x(n)*h(n)=\sum_{m}h(m)x(n-m) \tag{5-22}$$

理论上，$x(n)$ 通过线性系统 $h(n)$ 后得到的 $y(n)$ 应尽量接近于 $s(n)$，因此 $y(n)$ 为 $s(n)$ 的估计值，可用 $\hat{s}(n)$ 表示，即

$$y(n)=\hat{s}(n) \tag{5-23}$$

从式（5-22）可知，卷积形式可以理解为从当前和过去的观察值 $x(n)$，$x(n-1)$，$x(n-2)$，…，$x(n-m)$ 来估计信号的当前值 $\hat{s}(n)$。因此，用 $h(n)$ 进行滤波实际上是一种统计估计问题。

$\hat{s}(n)$ 按最小均方误差准则使 $\hat{s}(n)$ 和 $s(n)$ 的均方误差 $\xi=E[e^2(n)]=E[\{s(n)-\hat{s}(n)\}^2]$ 达到最小。使 ξ 最小的充要条件是 ξ 对于 $h(n)$ 的偏导数为零，即

$$\frac{\partial\xi}{\partial h(n)}=\frac{\partial E\{e^2(n)\}}{\partial h(n)}=E[2e(n)\frac{\partial e(n)}{\partial w(n)}]=-E[2e(n)x(n-m)]=0 \tag{5-24}$$

上式整理可得

$$E[\{s(n)-\hat{s}(n)\}x(n-m)]=0 \tag{5-25}$$

这就是正交性原理或投影原理。将式（5-22）代入式（5-25）可得

$$E[s(n)x(n-m)-\sum_{l}h(l)E\{x(n-l)x(n-m)\}]=0 \tag{5-26}$$

已知，$s(n)$ 和 $x(n)$ 是联合宽平稳的，因此令 $x(n)$ 的自相关函数为 $R_x(m-l)=E\{x(n-m)x(n-l)\}$，$s(n)$ 与 $x(n)$ 的互相关函数为 $R_{sx}(m)=E\{s(n)x(n-m)\}$，则式（5-26）可变为

$$\sum_{l}h(l)R_x(m-l)=R_{sx}(m) \tag{5-27}$$

式（5-27）称为维纳滤波器的标准方程或维纳－霍夫（Wiener－Hopf）方程。如果已知 $R_{sx}(m)$ 和 $R_x(m-l)$，那么解此方程即可求得维纳滤波器的冲激响应。

将式（5-27）写成卷积形式，即

$$h(k) * R_x(k) = R_{sx}(k) \tag{5-28}$$

转换为频域，可得

$$H(e^{jw}) P_x(e^{jw}) = P_{sx}(e^{jw}) \tag{5-29}$$

因此，维纳滤波器的频率响应为

$$H(e^{jw}) = \frac{P_{sx}(e^{jw})}{P_x(e^{jw})} \tag{5-30}$$

相应的系统函数为

$$H(e^{jw}) = \frac{P_{sx}(e^{jw})}{P_x(e^{jw})} \tag{5-31}$$

式中，$P_x(e^{jw})$为$x(n)$的功率谱密度；$P_{sx}(e^{jw})$为$x(n)$与$s(n)$的互功率谱密度。

由于$v(n)$与$s(n)$互不相关，即$R_{sv}(e^{jw})=0$，则可得

$$P_{sx}(e^{jw}) = P_s(e^{jw}) \tag{5-32}$$

$$P_x(e^{jw}) = P_s(e^{jw}) + P_v(e^{jw}) \tag{5-33}$$

此时，式（5-31）可变为

$$H(e^{jw}) = \frac{P_s(e^{jw})}{P_s(e^{jw}) + P_v(e^{jw})} \tag{5-34}$$

该式为维纳滤波器的谱估计器，也可认为是维纳滤波系统的增益函数。此时，$\hat{s}(n)$的频谱估计值为

$$\hat{S}(e^{jw}) = H(e^{jw}) X(e^{jw}) \tag{5-35}$$

5.4.2 改进算法[C]

传统的维纳滤波法需要估计出纯净语音信号的功率谱，一般用类似谱减法的方法得到，即用带噪语音功率谱减去估计得到的噪声功率谱，这种方法会存在残留噪声大的问题。改进的维纳滤波器为基于先验信噪比的维纳滤波器，其原理框图如图 5-3 所示。

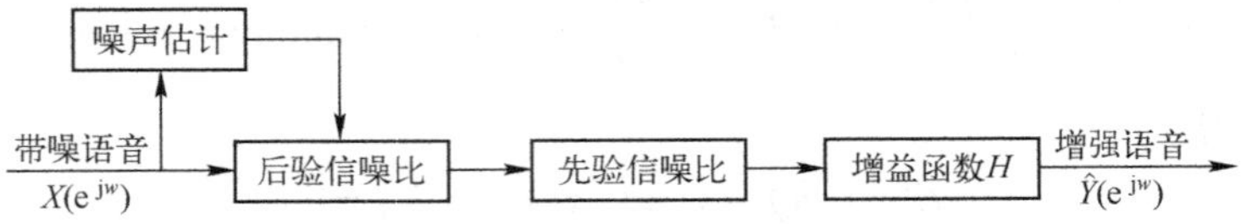

图 5-3　改进维纳滤波原理框图

由于语音信号时按帧进行处理，因此式（5-34）略做变化可得第 m 帧的增益函数

$$H_m(e^{jw}) = \frac{\dfrac{P_s^m(e^{jw})}{P_v^m(e^{jw})}}{1 + \dfrac{P_s^m(e^{jw})}{P_v^m(e^{jw})}} = \frac{\mathrm{SNR}_{\mathrm{prio}}(m)}{1 + \mathrm{SNR}_{\mathrm{prio}}(m)} \tag{5-36}$$

式中，$\mathrm{SNR}_{\mathrm{prio}}(m)$为第 m 帧信噪比，也可称为先验信噪比。

则第 m 帧增强语音可表示为

$$\hat{S}(e^{jw}) = H_m(e^{jw}) X(e^{jw}) \tag{5-37}$$

在实际应用中，很少采用式（5-36）来计算当前帧的信噪比，而是采用直接判决法来估计信噪比 $SNR_{prio}(m)$，具体计算如下：

$$SNR_{prio}(m)=\alpha SNR_{prio}(m-1)+(1-\alpha)\max(SNR_{post}(m)-1,0) \tag{5-38}$$

$$SNR_{post}(m)=\frac{|X(m)|^2}{|\hat{V}(m)|} \tag{5-39}$$

式中，$SNR_{post}(m)$表示第 m 帧信号的后验信噪比；$X(m)$表示估计的第 m 帧信号的功率谱；$\hat{V}(m)$表示估计的第 m 帧噪声功率谱。

由上述讨论可知，对于噪声功率谱的估计直接影响算法性能。早期的方法主要是通过前导端进行噪声估计或者结合端点检测算法进行噪声估计。在背景噪声为平稳噪声且输入信噪比较高时，噪声估计的效果较好。实际应用常会遇到背景噪声是非平稳的噪声和低输入信噪比的情况，此时端点检测的准确率较低，很难保证估计出来的噪声的准确性。

相关的噪声估计算法有很多，这里简要介绍一种快速的噪声谱估计方法，该方法基于 Doblinger 的最小值统计方法，引入了语音出现的概率，根据语音出现概率来更新噪声谱。步骤如下。

（1）对带噪语音信号功率谱进行平滑处理

$$P(m,k)=\alpha P(m-1,k)+(1-\alpha)|X(m,k)|^2 \tag{5-40}$$

式中，$P(m,k)$表示带噪语音的平滑功率谱；α 为平滑因子，取值为 0.7。

（2）搜索各频带的最小值

如果 $P_{min}(m-1,k)<P(m,k)$，则

$$P_{min}(m,k)=\gamma P_{min}(m-1,k)+\frac{1-\gamma}{1-\beta}[P(m,k)-\beta P_{min}(m-1,k)] \tag{5-41}$$

否则

$$P_{min}(m,k)=P(m,k) \tag{5-42}$$

式中，β 和 γ 为经验常数，参考取值为 $\beta=0.96$，$\gamma=0.998$。

（3）判断带噪语音功率谱中各频带是否存在语音

语音存在函数

$$I(m,k)=\begin{cases}1, & P(m,k)/P_{min}(m,k)>\delta \\ 0, & P(m,k)/P_{min}(m,k)\leqslant\delta\end{cases} \tag{5-43}$$

式中，δ 为门限值，参考取值为 $\delta=5$。

（4）计算语音出现概率

语音出现概率

$$p(m,k)=\alpha_p p(m-1,k)+(1-\alpha_p)I(m,k) \tag{5-44}$$

式中，α_p 为概率更新系数，取值为 0.2。

（5）更新噪声谱

估计的噪声谱为

$$|\hat{V}(m,k)|^2=p(m,k)|\hat{V}(m-1,k)|^2+[1-p(m,k)]\cdot[\eta\cdot P_{min}(m,k)+(1-\eta)|X(m-1,k)|^2] \tag{5-45}$$

式中，$\eta=0.8$。

维纳滤波的函数实现

名称：WienerScalart96m

定义格式：

```
std::vector<double> WienerScalart96m(std::vector<double> &in_dataArray, int NIS, int nFrameLength, int nFrameInc, int m_window_type)
```

函数功能：维纳滤波降噪。

参数说明：in_dataArray 为输入带噪语音；NIS 为前导无话帧；nFrameLength 为帧长；nFrameInc 为帧移；m_window_type 为窗函数类型。

返回：滤波后数据 output。

程序清单：

```
std::vector<double> WienerScalart96m(std::vector<double> &in_dataArray, int NIS, int nFrameLength, int nFrameInc, int m_window_type)
{
int nDataLength = in_dataArray.size();
int &mlen = nFrameLength;    //帧长
int &minc = nFrameInc;
int nFrames = GetFrames(nDataLength, nFrameLength, nFrameInc);
int &nf = nFrames;
//数据分帧
std::vector<std::vector<double>> signal(nFrames, std::vector<double>(nFrameLength, 0));
DivFrame(in_dataArray, nFrameLength, nFrameInc, signal, m_window_type);
std::vector<std::complex<double>> item;
item.resize(nFrameLength);
std::vector<std::vector<std::complex<double>>> fre_dataArray(nFrames,
    std::vector<std::complex<double>>(nFrameLength, 0));
for (int i = 0; i < nFrames; i++)
{
    for (int j = 0; j < nFrameLength; j++)
        item[j] = std::complex<double>((signal[i][j]), 0);
    CFFT f(item);
    f.fft();
    fre_dataArray[i] = f.dData;
}
//降噪前相位
std::vector<std::vector<double>> fre_phaseArray(nFrames, std::vector<double>(nFrameLength,
0));
//降噪前幅值
std::vector<std::vector<double>> fre_magnitudeArray(nFrames, std::vector<double>(nFrameLength, 0));
//降噪前能量
```

```
std::vector<std::vector<double>> energyArray(nFrames,std::vector<double>(nFrameLength,0));
for (int i=0;i<nFrames;i++)
{
    Angle(fre_dataArray[i],fre_phaseArray[i]);
    for (int j=0;j<nFrameLength;j++)
    {
        fre_magnitudeArray[i][j]=abs(fre_dataArray[i][j]);
        energyArray[i][j]=pow(fre_magnitudeArray[i][j],2);
    }
}
std::vector<double>  LambdaD(nFrameLength,0);            //噪声段平均能量
std::vector<double>  MagD(nFrameLength,0);               //噪声段平均幅值
for (int j=0;j<nFrameLength;j++)
{
    for (int i=0;i<NIS;i++)
    {
        LambdaD[j]  += energyArray[i][j];
        MagD[j]  += fre_magnitudeArray[i][j];
    }
}
for (int j=0;j<nFrameLength;j++)
{
    LambdaD[j] /= NIS;                                   //求平均
    MagD[j] /= NIS;
}
double alpha=0.99;                                       //平滑系数
//端点检测
std::vector<CSpeechSegment> out_dataArray;
int &nNumOfNoiseFrames=NIS;
EndPointsDetectionEnergyZeroCrossing(in_dataArray, out_dataArray, nFrameLength, nFrameInc, nNu-
mOfNoiseFrames);                                         //参见 4.2.1 节的双门限法
std::vector<double> SF(nFrames,0);
int nSegments=out_dataArray.size();                      //段数
for (int i=0;i<nSegments;i++)
{
    int nBegin=out_dataArray[i].GetBegin();
    int nEnd=out_dataArray[i].GetEnd();
    for (int k=nBegin;k<nEnd;k++)
    {
        SF[k]=1;
    }
}
```

```
int NoiseCounter = 0;
int NoiseLength = 9;                                        //设置噪声平滑区间长度
std::vector<double> G(nFrameLength,1);
std::vector<double> Gamma(G);
std::vector<std::vector<double>> X(nFrames,std::vector<double>(nFrameLength,0));
int SpeechFlag;
for (int i = 0;i < nf;i ++)
{
    SpeechFlag = SF[i];
    if (i <= NIS)
    {
        SpeechFlag = 0;
    }
    if (SpeechFlag == 0)
    {                                                       //无话段中更新噪声谱值,噪声方差
        for (int j = 0;j < nf;j ++)
        {
            LambdaD[j] = (LambdaD[j] * NoiseLength + energyArray[i][j])/(NoiseLength + 1);
            MagD[j] = (MagD[j] * NoiseLength + fre_magnitudeArray[i][j]) /(1 + NoiseLength);
        }
    }
    std::vector<double> gammaNew(nFrameLength);    //计算后验信噪比
    for (int j = 0;j < nFrameLength;j ++)
    {
        gammaNew[j] = energyArray[i][j]/LambdaD[j];
    }
    std::vector<double> xi(nFrameLength);
    for (int j = 0;j < nFrameLength;j ++)
    {                                               //计算后验信噪比
        double temp = 0;
        if (gammaNew[j] - 1 >0)
        {
            temp = gammaNew[j] - 1;
        }
        xi[j] = alpha * G[j] * G[j] * Gamma[j] + (1 - alpha) * temp;
    }
    for (int j = 0;j < nFrameLength;j ++)
    {
        Gamma[j] = gammaNew[j];
        G[j] = xi[j]/(xi[j] + 1);
    }
    for (int j = 0;j < nf;j ++)
```

```
            {
                X[i][j] = G[j] * fre_magnitudeArray[i][j];
            }
        }
        //合成谱减后的语音
        std::vector<double> output = OverlapAdd2(X,fre_phaseArray,nFrameLength,nFrameInc);
        double max_data = * std::max_element(output.begin(),output.end());
        for (int i = 0;i < output.size();i ++)
        {
            output[i] = output[i]/max_data;
        }
        while (output.size() < nDataLength)//
        {
            output.push_back(0);
        }
        return output;
        }
```

5.5 自适应滤波器法

5.5.1 最小均方误差滤波器[C]

如果噪声信号主要集中在某个频带，那么可以采用简单的滤波器进行滤波处理。但是，实际信号的频谱分布是比较均匀的，因此对一个受到加性噪声污染的信号通常采用自适应滤波器进行降噪。自适应滤波器具有自动调节自身参数的能力，故其对信号和噪声的先验知识需求较少。

所谓自适应滤波器就是利用前一时刻已获得的滤波器参数等结果，自动地调节现时刻的滤波器参数，以适应信号和噪声未知的随机变化的统计特性，从而实现最优滤波。因此，无论在信噪比方面还是在语音可懂度方面，自适应滤波器都能获得较大的提高。

最小均方误差（Least Mean Square，LMS）算法就是以已知期望响应和滤波器输出信号之间误差的均方值最小为准，依据输入信号在迭代过程中估计梯度矢量，并更新权系数以达到最优的自适应迭代算法。LMS 算法是一种梯度最速下降方法，其显著的特点和优点是它的简单性，这种算法不需要计算相应的相关函数，也不需要进行矩阵运算。LMS 滤波器结构如图 5-4 所示，该结构最简单且易于实现而应用广泛。

滤波器的输出 $\hat{d}(n)$ 表示为

$$\hat{d}(n) = w_n^{\mathrm{T}}\boldsymbol{x}(n) = \sum_{k=0}^{N-1} w_n(k)x(n-k) \tag{5-46}$$

其中，$\boldsymbol{x}(n)$ 为输入矢量 $\boldsymbol{x}(n) = [x(n),x(n-1),\cdots,x(n-N+1)]^{\mathrm{T}}$，T 为转置符，时间序列为 n，权系数矢量 $\boldsymbol{w}_n = [w_n(0),w_n(1),\cdots w_n(N-1)]^{\mathrm{T}}$，$N$ 为滤波器阶数。

假设 $x(n)$ 和 $d(n)$ 是非平稳随机过程，拟求解 n 时刻的系数矢量 $\boldsymbol{w}_n$，使如下均方误差

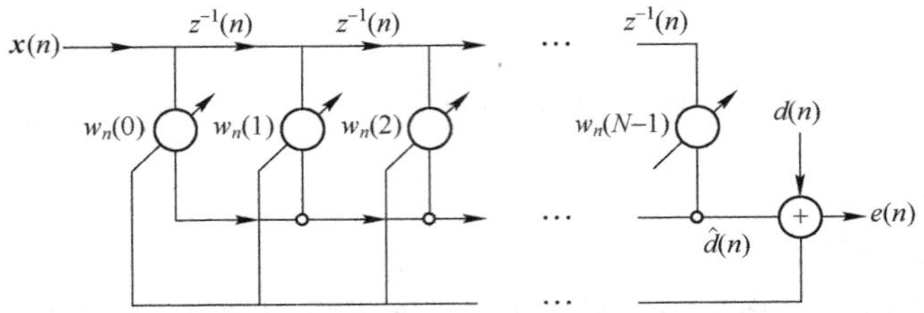

图 5-4　LMS 滤波器结构

最小：

$$\varepsilon(n)=E\{|e(n)|^2\} \tag{5-47}$$

其中

$$e(n)=d(n)-\hat{d}(n)=d(n)-\boldsymbol{w}_n^{\mathrm{T}}\boldsymbol{x}(n) \tag{5-48}$$

优化该问题可通过令 $\varepsilon(n)$ 对 $w_n^*(k)(k=0,1,\cdots,N-1)$ 的导数为零来求解，有

$$E\{e(n)x^*(n-k)\}=0 \quad (k=0,1,\cdots,N-1) \tag{5-49}$$

将式（5-48）代入上式，得

$$E\{[d(n)-\sum_{l=0}^{N-1}w_n(l)x(n-l)]x^*(n-k)\}=0 \quad (k=0,1,\cdots,N-1) \tag{5-50}$$

重组上式，可得

$$\sum_{l=0}^{N-1}w_n(l)E\{x(n-l)x^*(n-k)\}=E\{d(n)x^*(n-k)\} \ (k=0,1,\cdots,N-1) \tag{5-51}$$

上式是 N 维的线性方程组，只有 N 个未知量 $w_n(l)$。方程组的矢量形式为

$$\boldsymbol{R}_x(n)\boldsymbol{w}_n=\boldsymbol{r}_{dx}(n) \tag{5-52}$$

其中

$$\boldsymbol{R}_x(n)=\begin{bmatrix} E\{x(n)x^*(n)\} & E\{x(n-1)x^*(n)\} & \cdots \\ E\{x(n)x^*(n-1)\} & E\{x(n-1)x^*(n-1)\} & \cdots \\ \cdots & \cdots & \cdots \\ E\{x(n)x^*(n-N+1)\} & E\{x(n-1)x^*(n-N+1)\} & \cdots \end{bmatrix}$$

是一个 $N*N$ 的共轭对称自相关阵，而

$\boldsymbol{r}_{dx}(n)=[E\{d(n)x^*(n)\},E\{d(n)x^*(n-1)\},\cdots,E\{d(n)x^*(n-N+1)\}]^{\mathrm{T}}$ 是 $d(n)$ 和 $x(n)$ 之间的互相关矢量。

如果矩阵 $\boldsymbol{R}_x$ 是满秩的，$\boldsymbol{R}_x^{-1}$ 存在，可得到权系数的最佳值满足

$$\boldsymbol{w}_n=\boldsymbol{R}_x^{-1}\boldsymbol{r}_{dx} \tag{5-53}$$

但是，$\boldsymbol{R}_x$ 和 $\boldsymbol{r}_{dx}$ 在实际运算中是不易实现的。为此，对于一些在线或实时应用场合常使用迭代算法，对每次采样值求出较佳权系数。迭代算法可以避免复杂的 $\boldsymbol{R}_x^{-1}$ 和 $\boldsymbol{r}_{dx}$ 的运算，又能实时求得式（5-53）的近似解，因而切实可行。

LMS 算法是以最快下降法为原则的迭代算法。设 $\boldsymbol{w}_n$ 是 n 时刻的均方误差最小的一个矢量估计，在 $n+1$ 时刻的估计是要对 $\boldsymbol{w}_n$ 加一个修正量 $\Delta\boldsymbol{w}_n$，使得 $\boldsymbol{w}_{n+1}$ 更接近期望的解，该修正就是在二次误差曲面的最大下降方向上取一个 μ 步长的增量，即

$$\boldsymbol{w}_{n+1}=\boldsymbol{w}_n-\mu\nabla\varepsilon(n) \tag{5-54}$$

考虑到$\nabla\varepsilon(n)=\nabla E\{|e(n)|^2\}=E\{e(n)\nabla e^*(n)\}$，且$\nabla e^*(n)=-x^*(n)$，因此有$\nabla\varepsilon(n)=-E\{e(n)x^*(n)\}$，则$\boldsymbol{w}_n$的修正公式为

$$\boldsymbol{w}_{n+1}=\boldsymbol{w}_n+\mu E\{e(n)x^*(n)\} \tag{5-55}$$

由于期望值$E\{e(n)\boldsymbol{x}^*(n)\}$是未知的，因此要用样本平均来估计，即

$$E\{e(n)\boldsymbol{x}^*(n)\}=\frac{1}{N}\sum_{k=0}^{N-1}e(n-k)\boldsymbol{x}^*(n-k) \tag{5-56}$$

将上式代入式（5-55），$\boldsymbol{w}_n$的修正式变为

$$\boldsymbol{w}_{n+1}=\boldsymbol{w}_n+\frac{\mu}{N}\sum_{k=0}^{N-1}e(n-k)\boldsymbol{x}^*(n-k) \tag{5-57}$$

当采用一个样本来估计$E\{e(n)\boldsymbol{x}^*(n)\}(N=1)$时，即

$$E\{e(n)\boldsymbol{x}^*(n)\}=e(n)\boldsymbol{x}^*(n) \tag{5-58}$$

权矢量修正式可简化为

$$\boldsymbol{w}_{n+1}=\boldsymbol{w}_n+\mu e(n)x^*(n) \tag{5-59}$$

上式就是基本 LMS 滤波器的表达式。总结来说，LMS 算法的步骤如表 5-2 所示。

表 5-2　LMS 算法步骤

参　　数	滤波器阶数 N；步长 μ
初始化	$\boldsymbol{w}_0=0$
计算	For n = 0，1，2，…，计算 （1）$\hat{d}(n)=\boldsymbol{w}_n^T x(n)$ （2）$e(n)=d(n)-\hat{d}(n)$ （3）$\boldsymbol{w}_{n+1}=\boldsymbol{w}_n+\mu e(n)\boldsymbol{x}^*(n)$

对于具有 N 个系数的滤波器，LMS 算法每次修正权矢量只需 N 次乘法和 N 次加法，另外，计算误差 $e(n)=d(n)-\hat{d}(n)$需要一次加法，计算 $\mu e(n)$需要一次乘法。最后，计算输出 N 次乘法和 $N-1$ 次加法。所以，每次修正的总计算量是 $2N+1$ 次乘法和 $2N$ 次加法。虽然 LMS 算法对 $E\{e(n)\boldsymbol{x}^*(n)\}$的估计很粗略，但算法实现简单，不依赖模型，性能稳健，因此实际应用比较成功。

LMS 自适应滤波的函数实现

名称：lms

定义格式：

```
void lms(std::vector<double> x,std::vector<double> d,std::vector<double> &out,std::vector<double> &e,int k,double mu)
```

函数功能：LMS 自适应滤波降噪。

参数说明：x 为输入语音信号；d 为期望输出信号；out 为预测信号；e 为预测误差；k 为预测阶数；mu 为迭代步长。

程序清单：

```
void lms(std::vector<double> x,std::vector<double> d,std::vector<double> &out,std::vector
<double> &e,int k,double mu)
{
int N = x.size();
std::vector<double> W(k,0);                                  //初始化
for (int i=0;i<k-1;i++)
{
    out[i] =0;
    e[i] =0;
}
std::vector<double> input2(k);                               //取前k项输入
for (int i=k-1;i<N;i++)
{
    double input1 = d[i];
    for (int j=0;j<k;j++)
    {
        input2[j] = x[i-j];
    }
    double sum =0;
    for (int j=0;j<k;j++)
    {
        sum += input2[j] * W[j];                             //参见式(5-46)
}
out[i] = sum;
e[i] = input1 - sum;                                         //参见式(5-48)
for (int j=0;j<k;j++)
{
        W[j] = W[j] + mu * e[i] * input2[j]; //参见式(5-59)
    }
}
}
```

5.5.2 归一化最小均方误差滤波器

对于 LMS 算法来说，正值的步长μ将影响权矢量收敛到误差曲面极小点的速率。如果μ非常小，则$\boldsymbol{w}_n$的修正量也小，收敛速度较慢；若μ增大，收敛速度加快。但是μ的增大有一个上限，超过该上限将导致$\boldsymbol{w}_n$的轨迹不稳定，且无界。

若$x(n)$和$d(n)$是联合宽平稳时，将$e(n)=d(n)-\boldsymbol{w}_n^{\mathrm{T}}\boldsymbol{x}(n)$代入式$E\{e(n)\boldsymbol{x}^*(n)\}$得

$$E\{e(n)\boldsymbol{x}^*(n)\}=E\{d(n)\boldsymbol{x}^*(n)\}-E\{\boldsymbol{w}_n^T\boldsymbol{x}(n)\boldsymbol{x}^*(n)\}=\boldsymbol{r}_{dx}-\boldsymbol{R}_x\boldsymbol{w}_n \tag{5-60}$$

此时，式（5-55）变为

$$\boldsymbol{w}_{n+1}=\boldsymbol{w}_n+\mu(\boldsymbol{r}_{dx}-\boldsymbol{R}_x\boldsymbol{w}_n) \tag{5-61}$$

将上式重写可得

$$\boldsymbol{w}_{n+1}=(\boldsymbol{I}-\mu\boldsymbol{R}_x)\boldsymbol{w}_n+\mu\boldsymbol{r}_{dx} \tag{5-62}$$

两边减去最优权值估计 $\boldsymbol{w}$，并考虑到 $\boldsymbol{r}_{dx}=\boldsymbol{R}_x\boldsymbol{w}$，上式变形为

$$\boldsymbol{w}_{n+1}-\boldsymbol{w}=(\boldsymbol{I}-\mu\boldsymbol{R}_x)\boldsymbol{w}_n+\mu\boldsymbol{R}_x\boldsymbol{w}-\boldsymbol{w} \tag{5-63}$$

令 $\boldsymbol{c}_n=\boldsymbol{w}_n-\boldsymbol{w}$ 表示权值误差矢量，则式（5-63）变为

$$\boldsymbol{c}_{n+1}=(\boldsymbol{I}-\mu\boldsymbol{R}_x)\boldsymbol{c}_n \tag{5-64}$$

将 $\boldsymbol{R}_x$ 进行对角化为 $\boldsymbol{R}_x=\boldsymbol{V\Lambda V}^{\mathrm{H}}$，其中 $\boldsymbol{\Lambda}$ 是对角阵，其元素是 $\boldsymbol{R}_x$ 的特征值，$\boldsymbol{V}$ 是 $\boldsymbol{R}_x$ 的各特征矢量组成的矩阵。由于 $\boldsymbol{R}_x$ 是非负定的共轭对称矩阵，所以其特征值是非负的实值，$\lambda_x\geqslant 0$，各特征矢量可取为正交矢量，$\boldsymbol{V}\boldsymbol{V}^{\mathrm{H}}=\boldsymbol{I}$，即 $\boldsymbol{V}$ 为酉矩阵。将 $\boldsymbol{R}_x=\boldsymbol{V\Lambda V}^{\mathrm{H}}$ 代入（5-64）可得

$$\boldsymbol{c}_{n+1}=(\boldsymbol{I}-\mu\boldsymbol{V\Lambda V}^{\mathrm{H}})\boldsymbol{c}_n=\boldsymbol{V}(\boldsymbol{I}-\mu\boldsymbol{\Lambda})\boldsymbol{V}^{\mathrm{H}}\boldsymbol{c}_n \tag{5-65}$$

令 $\boldsymbol{u}_n=\boldsymbol{V}^{\mathrm{H}}\boldsymbol{c}_n$，则上式变为

$$\boldsymbol{u}_{n+1}=(\boldsymbol{I}-\mu\boldsymbol{\Lambda})\boldsymbol{u}_n \tag{5-66}$$

为使 $\boldsymbol{w}_n$ 收敛到 $\boldsymbol{w}$，必须使权误差矢量 $\boldsymbol{c}_n$ 收敛到 0，即要 $\boldsymbol{u}_n=\boldsymbol{V}^{\mathrm{H}}\boldsymbol{c}_n$ 收敛到 0。根据矩阵论理论可知，收敛的充要条件为

$$|1-\mu\lambda_k|<1, k=0,1,2,\cdots N-1 \tag{5-67}$$

即

$$0<\mu<2/\lambda_{\max} \tag{5-68}$$

虽然上式规定了收敛步长的上限，但是其利用价值有限，原因主要有两点：①该上限对保持 LMS 算法稳定性来说太大，不能保证对所有的 n，系数矢量都保持有界。②该上限是用 $\boldsymbol{R}_x$ 的最大特征值来表达，必须知道 $\boldsymbol{R}_x$。如果 $\boldsymbol{R}_x$ 未知就必须估计 $\lambda_{\max}$，一般情况下，采用 $\boldsymbol{R}_x$ 的迹 $\mathrm{tr}(R_x)$ 来代替 $\lambda_{\max}$。

从上面讨论可知，设计和实现 LMS 自适应滤波器的一个难点是步长 μ 的选择。若 $x(n)$ 是宽平稳的，$\boldsymbol{R}_x$ 就是 Toeplitz 阵，其迹为 $\mathrm{tr}(\boldsymbol{R}_x)=N\cdot \boldsymbol{r}_x(0)=N\cdot E\{|\boldsymbol{x}(n)|^2\}$。此时，步长 μ 可表示为

$$0<\mu<\frac{2}{N\cdot E\{|\boldsymbol{x}(n)|^2\}} \tag{5-69}$$

其中，$E\{|\boldsymbol{x}(n)|^2\}$ 是 $\boldsymbol{x}(n)$ 的能量，可以用时间平均来估计，即

$$E\{|\boldsymbol{x}(n)|^2\}=\frac{1}{N}\sum_{k=0}^{N-1}|\boldsymbol{x}(n-k)|^2 \tag{5-70}$$

该估计只需要时刻 n 在各抽头延迟线上的 $\boldsymbol{x}(n)$ 值，因此不需要额外的存储单元。最后，可保证均方收敛的步长选择条件为

$$0<\mu<\frac{2}{\boldsymbol{x}^{\mathrm{H}}(n)\boldsymbol{x}(n)} \tag{5-71}$$

因此，μ 的取值可以定义为

$$\mu(n)=\frac{\beta}{\boldsymbol{x}^{\mathrm{H}}(n)\boldsymbol{x}(n)}=\frac{\beta}{\|\boldsymbol{x}(n)\|^2} \tag{5-72}$$

其中，β 称为归一化步长，取值为 $0<\beta<2$。将该步长 μ 表示代入基本 LMS 算法中，即得到

归一化的 LMS（Normalized Least Mean Square，NLMS）算法，其权矢量修正公式为

$$\boldsymbol{w}_{n+1}=\boldsymbol{w}_n+\beta\frac{\boldsymbol{x}^*(n)}{\|\boldsymbol{x}(n)\|^2}e(n) \tag{5-73}$$

这里，用 $\|\boldsymbol{x}(n)\|^2$ 归一化的效果是改变了梯度估计的幅度，而未改变其方向。在基本 NLMS 算法中，由于$\boldsymbol{w}_n$ 的修正量正比于输入矢量 $\boldsymbol{x}(n)$，因此当 $x(n)$ 较大时，有梯度估计噪声放大的问题。而 NLMS 采用 $\|\boldsymbol{x}(n)\|^2$ 对步长进行归一化，可消除梯度估计噪声放大的问题。但是，当 $\|\boldsymbol{x}(n)\|^2$ 很小时，需要对 NLMS 算法进行修正，即

$$\boldsymbol{w}_{n+1}=\boldsymbol{w}_n+\beta\frac{\boldsymbol{x}^*(n)}{\varepsilon+\|\boldsymbol{x}(n)\|^2}e(n) \tag{5-74}$$

其中，ε 是一个小的正数。从计算量看，NLMS 算法比 LMS 算法多了一个归一化项 $\|\boldsymbol{x}(n)\|^2$ 的计算。为减少其计算量，可递归的估算该项，即

$$\|\boldsymbol{x}(n+1)\|^2=\|\boldsymbol{x}(n)\|^2+|\boldsymbol{x}(n+1)|^2-|\boldsymbol{x}(n-N+1)|^2 \tag{5-75}$$

因此，每次只多了两次平方运算、一次加法和一次减法。

5.5.3 自适应陷波器[C]

对于周期噪声，采用陷波器是较为简便和有效的降噪方法。算法基本思路和要求是设计的陷波器的幅频曲线的凹处对应于周期噪声的基频和各次谐波，设计的关键是通过合理设计使这些频率处的陷波宽度足够窄。

显然，简单的数字陷波器的传递函数如下：

$$H(z)=1-z^{-T} \tag{5-76}$$

由 $H(\mathrm{e}^{\mathrm{j}\omega})=1-\mathrm{e}^{-\mathrm{j}\omega T}$可以看出$f=N/T$（$N$ 为整数）的频率将被滤除掉。陷波器的频响如图 5-5 所示。

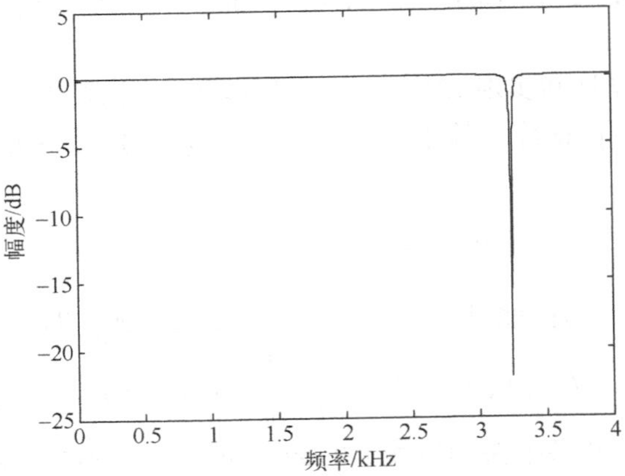

图 5-5　陷波器频率响应

根据数字信号处理的基本知识可知，数字滤波器的极零点接近时，信号频谱变化较为缓慢，而在陷波频率处急剧衰减，故引入反馈：

$$H(z)=\frac{1-z^{-T}}{1-bz^{-T}} \tag{5-77}$$

当 b 越接近 1 时，分母在零点附近处有抵消作用，梳齿带宽就越窄，通带较为平坦，陷

波效果越好。

图 5-6 是基于 LMS 的二阶自适应陷波器的结构图。系统的输入信号为任意信号 $s(n)$ 与单频干扰 $A\cos(\hat{\omega}_0 t+\varphi)$ 的叠加，经采样后作为 $d(n)$，故 $d(n)=s(n)+A\cos(\hat{\omega}_0 t+\varphi)$，其中 $\hat{\omega}_0=2\pi f_0/f_s$。参考输入为一标准正弦波 $\cos(\hat{\omega}_0 t)$，作为一路输入；另一路输入经 90°相移为 $\sin(\hat{\omega}_0 t)$。两个权系数分别为 w_1 和 w_2，与 x_1 和 x_2 组合后构成任意幅度和相位的正弦波 $y(n)$。通过 LMS 自适应调整，使 $y(n)$ 的幅度和相位与原始输入的单频干扰相同，从而清除该单频干扰达到陷波的目的。

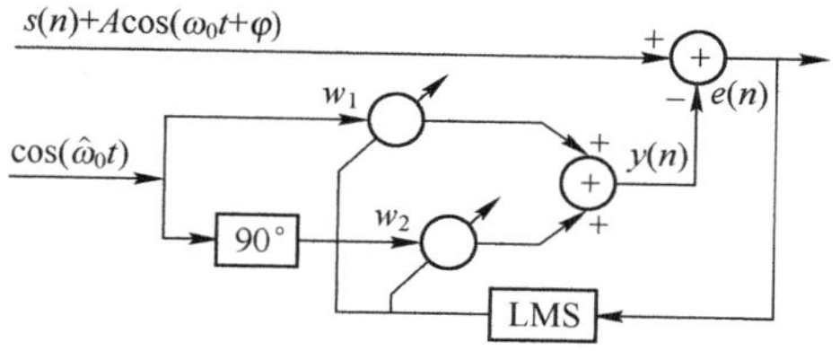

图 5-6　基于 LMS 的二阶自适应陷波器结构图

基于 LMS 自适应陷波滤波器的函数实现

名称：lms_notch

定义格式：

```
std::vector<double> lms_notch(std::vector<double> DataWithSinNoise, double fs, double mu)
```

函数功能：基于 LMS 的自适应陷波滤波器降噪。

参数说明：

DataWithSinNoise 为输入带正弦噪音语音；fs 为采样率；mu 为收敛因子（默认为 0.05）

返回：滤波信号 e。

程序清单：

```
std::vector<double> lms_notch(std::vector<double> DataWithSinNoise, double fs, double mu)
{
int nSampleLength = DataWithSinNoise.size();
std::vector<double> T(nSampleLength, 0);
for (int i = 0; i < nSampleLength; i++)
{
    T[i] = static_cast<double>(i)/fs;
}
std::vector<double> x1(nSampleLength, 0);
std::vector<double> x2(nSampleLength, 0);
for (int i = 0; i < nSampleLength; i++)
{
    x1[i] = cos(2 * pi * 50 * T[i]);
    x2[i] = sin(2 * pi * 50 * T[i]);
}
```

```
    double w1 = 0.1;                                    //初始化 w1 和 w2
    double w2 = 0.1;
    std::vector<double> e(nSampleLength,0);             //初始化 e 和 y
    std::vector<double> y(nSampleLength,0);
    double mu = 0.05;                                   //设置 mu
    for (int i = 1;i < nSampleLength;i++)               //LMS 自适应陷波器滤波
    {
        y[i] = w1 * x1[i] + w2 * x2[i];                 //参见式(5-46)
        e[i] = DataWithSinNoise[i] - y[i];              //参见式(5-48)
        w1 = w1 + mu * e[i] * x1[i];                    //参见式(5-59)
        w2 = w2 + mu * e[i] * x2[i];
    }
    return e;
}
```

5.5.4 干扰抑制

由上述讨论可知，所述 $d(n)$ 都是已知的。但是对于大多数情况，是不能直接获得的，此类问题统称为干扰抑制问题。系统框图如图 5-7 所示。

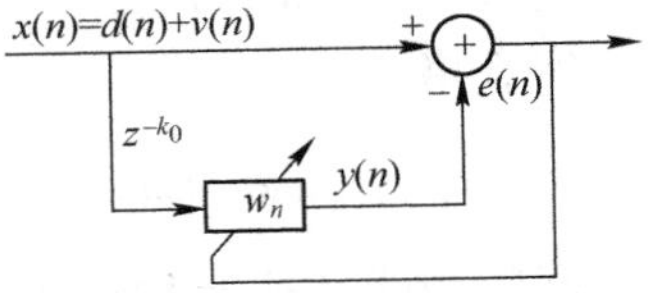

图 5-7　干扰抑制系统框图

由图可知，$d(n)$ 的观测值 $x(n)$ 中含有干扰信号 $v(n)$，即

$$x(n) = d(n) + v(n) \tag{5-78}$$

此时 $d(n)$ 未知，误差序列 $e(n)$ 不能直接产生，但有些情况下系统可以产生一个序列送给自适应滤波器，再由其估计 $d(n)$。图中，假设 $d(n)$ 和 $v(n)$ 都是实值的零均值过程，且互不相关。另外假设 $d(n)$ 是窄带过程，$v(n)$ 是宽带过程，对延迟 $k \geqslant k_0$，$v(n)$ 的自相关序列近似为 0。此时，系统误差 $e(n)$ 为 $x(n)$ 与自适应滤波器输出 $y(n)$ 之间的差值，因而均方误差为

$$\begin{aligned} E\{|e^2(n)|\} &= E\{|d(n)+v(n)-y(n)|^2\} \\ &= E\{v^2(n)\} + E\{[d(n)-y(n)]^2\} \\ &\quad + 2E\{v(n)[d(n)-y(n)]\} \end{aligned} \tag{5-79}$$

由于 $d(n)$ 和 $v(n)$ 是不相关的，$E\{v(n)d(n)\}=0$，则上式最后一项变为

$$2E\{v(n)[d(n)-y(n)]\} = -2E\{v(n)y(n)\} \tag{5-80}$$

此外，由于自适应滤波器的输入为 $x(n-k_0)$，因此其输出为

$$y(n) = \sum_{k=0}^{N-1} w_n(k)x(n-k-k_0) = \sum_{k=0}^{N-1} w_n(k)[d(n-k-k_0) + v(n-k-k_0)] \tag{5-81}$$

从而有

$$E\{v(n)y(n)\} = \sum_{k=0}^{N-1} w_n(k)[E\{v(n)d(n-k-k_0) + v(n)v(n-k-k_0)\}] \tag{5-82}$$

而 $v(n)$ 和 $d(n)$ 是不相关的，与 $v(n-k-k_0)$ 也是近似不相关的，所以 $E\{v(n)y(n)\}=$

0，最后的均方误差变为

$$E\{|e^2(n)|\}=E\{v^2(n)\}+E\{[d(n)-y(n)]^2\} \tag{5-83}$$

因此，最小化 $E\{|e^2(n)|\}$ 等效于最小化 $E\{[d(n)-y(n)]^2\}$，而这是期望信号 $d(n)$ 与滤波器实际输出 $y(n)$ 之间的均方误差，所以该自适应滤波器的输出就是 $d(n)$ 的最小均方估计。

5.6 基于听觉掩蔽效应的语音增强方法

人的主观感受是衡量降噪效果好坏的最终评价标准，对于一些传统的降噪方法，它们是基于某一准则（如最小均方误差准则）来进行降噪的，但实际上，均方误差最小并不一定意味着人耳感受到的噪声最小。人对声音的主观感知是生理、心理等多方面综合作用的结果，很多学者对此进行了研究，并取得了一定的进展。其中，基于听觉掩蔽模型的降噪成为一个研究热点。听觉掩蔽模型可以和其他降噪方法结合起来，进一步提高降噪效果。此外，基于听觉掩蔽效应的降噪方法不需要将噪声完全消除，只要满足残留的噪声不被人感知这一条件即可，减少了语音的失真，改善了人耳的听觉舒适度。

5.6.1 听觉掩蔽阈值计算

为了将听觉掩蔽效应应用到语音信号处理中，人们为听觉掩蔽效应建立了多种数学模型，如 Johnston 模型、PEAQ 模型和 MEPG 模型等，本节主要介绍 Johnston 模型计算听觉掩蔽阈值的方法。

Johnston 模型掩蔽阈值的计算原理图如图 5-8 所示。

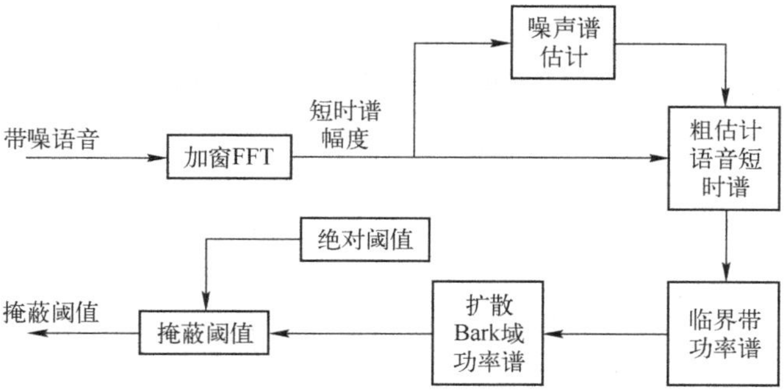

图 5-8 掩蔽阈值计算原理图

计算的具体步骤如下。

(1) 计算临界带功率谱

设 $P_s(m,k)$ 为纯净语音信号的功率谱，其中 m 表示帧号，k 为离散频率点。根据第 2 章中临界频带的划分，则第 i 个临界频带的功率为

$$B_i(m)=\sum_{b_{li}}^{b_{hi}} P_s(m,k),1\leqslant i\leqslant i_{\max} \tag{5-84}$$

其中，m 表示帧号；k 为频点；b_{li} 表示第 i 个临界频带所对应的离散频率的下边界；b_{hi} 表示

第 i 个临界频带所对应的离散频率的上边界。b_{li}、b_{hi}的计算公式如下：

$$b_{li}=\frac{f_{li}}{f_s}\cdot N \tag{5-85}$$

$$b_{hi}=\frac{f_{hi}}{f_s}\cdot N \tag{5-86}$$

其中，f_{li}、f_{hi}分别表示第 i 个临界频带的真实频率的上下边界；N 为 FFT 点数；f_s 为采样频率。

临界频带个数 i_{max} 取决于语音信号的采样频率，本节所采用的测试语音的采样频率均为 16 kHz，根据采样定理，语音信号的最高频率为 8 kHz。由 2.1.3 节的表 2-1 可知，该频率在第 21 个临界频带。因此，临界频带的个数 $i_{max}=21$。

（2）计算扩散 Bark 域功率谱

在人耳耳蜗的临界频带之间也存在着听觉掩蔽效应，这种掩蔽效应可以用一个扩展函数来表示

$$SF_{ij}=15.81+7.5(\Delta+0.474)-17.5\sqrt{1+(i+0.474)^2} \tag{5-87}$$

式中，$\Delta=i-j$ 表示临界带号差，$i,j=1,2,\cdots,i_{max}$。

因此，需要将临界带功率谱 $B_i(m)$与扩展函数 SF_{ij}进行卷积，得到扩散功率谱

$$C_i(m)=\sum_{j=1}^{i_{max}}B_i(m)*SF_{ij} \tag{5-88}$$

（3）计算扩展谱的掩蔽阈值

各个频带的掩蔽阈值由每个临界频带的扩展谱 $C_i(m)$减去一个相对偏移量 O_i 得到。由于纯音和噪声的掩蔽特性不同，相对偏移量的大小也不同。当纯音掩蔽噪声时，相对偏移量为$(14.5+i)$dB；当噪声掩蔽纯音时，偏移量为 5.5 dB。因此，在计算掩蔽阈值时要先判断声音信号是纯音还是噪声特性，一般用纯音系数 α_i 来判别。

纯音系数 α_i 根据谱平坦度测度 SFM_{dB}来计算，谱平坦度的定义如下：

$$\text{SFM}_{\text{dB}}=10\log_{10}\frac{G_m}{A_m} \tag{5-89}$$

其中，G_m 为纯净语音信号功率谱的几何均值，其计算公式如下：

$$G_m=\left(\prod_{k=1}^{K}P_s(m,k)\right)^{\frac{1}{K}} \tag{5-90}$$

A_m 为纯净语音信号功率谱的算术均值，计算公式如下：

$$A_m=\frac{1}{K}\sum_{k=1}^{K}P_s(m,k) \tag{5-91}$$

式中，K 为功率谱的频带总数。

纯音系数按照下式进行计算：

$$\alpha=\min\left(\frac{\text{SFM}_{\text{dB}}}{-60},1\right) \tag{5-92}$$

当 $\alpha=1$ 时，表示声音信号具有完全纯音特性；当 $\alpha=0$ 时，表示信号为完全噪声特性。

听觉门限的偏移量 O_i 为

$$O_i=\alpha(14.5+i)+(1-\alpha)\cdot 5.5 \tag{5-93}$$

最终，扩展谱的听觉掩蔽阈值 T_{Bi} 可表示为

$$T_{Bi}=10^{(\log_{10}C_i-O_i/10)} \tag{5-94}$$

（4）计算扩展前 Bark 域的掩蔽阈值并和绝对听阈比较

T_{Bi}是计算的扩展谱的掩蔽阈值，需要将第（3）步的计算结果重新变换到扩展前 Bark 域的掩蔽阈值。由于扩展谱是卷积得到的，转换回去则需要解卷积，但解卷积的过程并不稳定，会产生负值，一般采用简单的归一化来近似处理。

第 i 个临界频带的归一化掩蔽阈值 T_i^{norm} 计算如下：

$$T_i^{\mathrm{norm}}=\frac{T_{Bi}}{\sum_{j=1}^{i_{max}}SF_{ij}} \tag{5-95}$$

在安静环境下，一个纯音需要一定的声压级才能恰好被人耳所感知到，这个声压级即是人耳的绝对听阈，并且与纯音的频率有关，可以用式（5-96）表示，即

$$T_i^{\mathrm{abs}}(f)=3.64\,(f/1000)^{-0.8}-6.5\mathrm{e}^{-0.6(f/1000-3.3)^2}+10^{-3}(f/1000)^4 \tag{5-96}$$

如果计算出来的掩蔽阈值在绝对阈值之下，则没有任何意义。因此，将计算出的掩蔽阈值和绝对阈值相比较，得到最终的掩蔽阈值为

$$T_i=\max(T_i^{\mathrm{abs}},T_i^{\mathrm{norm}}) \tag{5-97}$$

5.6.2 感知滤波器方法

基于听觉掩蔽效应的语音增强方法不需要将噪声完全消除，只要满足残留的噪声不被人感知条件即可，减少了语音的失真，改善了人耳的听觉舒适度。

设 $y(n)$ 为带噪语音信号，$x(n)$ 为纯净语音信号，$d(n)$ 为加性噪声信号，并且假设 $x(n)$ 和 $d(n)$ 两者不相关，则带噪语音信号为

$$y(n)=x(n)+d(n) \tag{5-98}$$

经过分帧和傅里叶变换后得

$$Y(m,k)=X(m,k)+D(m,k) \tag{5-99}$$

其中，$Y(m,k)$ 为带噪语音的幅度谱；$X(m,k)$ 为纯净语音的幅度谱；$D(m,k)$ 为噪声的幅度谱；m 为帧号；k 为离散频率。

令 $\hat{X}(m,k)=G(m,k)Y(m,k)$ 为通过感知滤波器增强后的语音信号，$G(m,k)$ 为感知滤波器的增益函数。则增强语音与纯净语音的误差谱为

$$\begin{aligned}\varepsilon(m,k)&=\hat{X}(m,k)-X(m,k)\\&=(G(m,k)-1)X(m,k)+G(m,k)D(m,k)\\&=\varepsilon_X(m,k)+\varepsilon_D(m,k)\end{aligned} \tag{5-100}$$

其中，$\varepsilon_X(m,k)=(G(m,k)-1)X(m,k)$ 表示语音信号失真；$\varepsilon_D(m,k)=G(m,k)D(m,k)$ 表示噪声失真。

根据式（5-100），计算纯净语音的失真功率谱和残留噪声功率谱

$$\varepsilon_X^2=(G(m,k)-1)^2\,|X(m,k)|^2 \tag{5-101}$$

$$\varepsilon_D^2=G^2(m,k)\,|D(m,k)|^2 \tag{5-102}$$

从语音信号失真 ε_X 和噪声失真 ε_D 的定义可以看出，语音信号失真和噪声失真随增益函

数 $G(m,k)$ 的变化趋势相反，不可能使得两者同时变小。因此，一个理想的增益函数需要在语音信号失真和噪声失真之间做一个合理的折中。

感知滤波器不是将残留噪声完全消除，而是利用人耳的听觉掩蔽效应，将残留噪声控制在听觉门限 T 之下，使之不被人耳感知到，同时使语音信号的失真最小。即：

$$\begin{cases} \min \varepsilon_X^2(m,k) \\ \text{约束条件：} \varepsilon_D^2(m,k) \leqslant T(m,k) \end{cases} \Rightarrow \begin{cases} \min\{(1-G(m,k))^2 \ |X(m,k)|^2\} \\ \text{约束条件：} G^2(m,k)\ |D(m,k)|^2 \leqslant T(m,k) \end{cases} \tag{5-103}$$

引入一个拉格朗日因子 $\mu(m,k)$，且 $\mu(m,k)\geqslant 0$。令拉格朗日代价函数为

$$\begin{aligned} L &= \varepsilon_X^2(m,k) + \mu(m,k)[\varepsilon_D^2(m,k) - T(m,k)] \\ &= (G(m,k)-1)^2\ |X(m,k)|^2 + \mu(m,k)[G^2(m,k)\ |D(m,k)|^2 - T(m,k)] \end{aligned} \tag{5-104}$$

则

$$\frac{\partial L}{\partial G} = 0 = 2(G(m,k)-1)\ |X(m,k)|^2 + 2\mu(m,k)G(m,k)\ |D(m,k)|^2 \tag{5-105}$$

解得

$$\begin{aligned} G(m,k) &= \frac{|X(m,k)|^2}{|X(m,k)|^2 + \mu(m,k)\ |D(m,k)|^2} \\ &= \frac{\xi(m,k)}{\xi(m,k)+\mu(m,k)} \end{aligned} \tag{5-106}$$

其中，$\xi(m,k)$ 表示第 m 帧的信噪比。

将上式代入约束条件 $G^2(m,k)\ |D(m,k)|^2 \leqslant T(m,k)$，又 $\mu(m,k)\geqslant 0$ 得

$$\mu(m,k) \geqslant \max\left(\sqrt{\frac{|D(m,k)|^2}{T(m,k)}} - 1, 0\right)\xi(m,k) \tag{5-107}$$

只要 $\mu(m,k)$ 满足式（5-107），残留噪声就会被掩蔽掉。将式（5-106）代入 $\varepsilon_X^2(m,k)$ 可得

$$\begin{aligned} \varepsilon_X^2(m,k) &= (1-G(m,k))^2\ |X(m,k)|^2 \\ &= \left(1 - \frac{\xi(m,k)}{\xi(m,k)+\mu(m,k)}\right)^2 |X(m,k)|^2 \end{aligned} \tag{5-108}$$

从式（5-108）可以看出，随着 $\mu(m,k)$ 的增大，$\varepsilon_X^2(m,k)$ 也增大，即语音失真也增大。因此，为了减小语音的失真，取 $\mu(m,k)$ 的最小值，即

$$\mu(m,k) = \max\left(\sqrt{\frac{|D(m,k)|^2}{T(m,k)}} - 1, 0\right)\cdot \xi(m,k) \tag{5-109}$$

将式（5-109）代入式（5-106），得增益函数

$$G(m,k) = \frac{1}{1+\max\left(\sqrt{\frac{|D(m,k)|^2}{T(m,k)}}-1, 0\right)} = \min\left(\sqrt{\frac{T(m,k)}{|D(m,k)|^2}}, 1\right) \tag{5-110}$$

式（5-110）的增益函数是在使残留噪声保持在掩蔽阈值之下的同时，使语音失真最小这一目标下求解得到的。其实，根据不同的目标，会得到不同的增益函数，其他增益函数可以参阅相关文献。

5.7 思考与复习题

1. 什么是语音增强抗噪声技术？利用语音增强解决噪声污染的问题，主要是从哪个角度来提高语音处理系统的抗噪声能力的？

2. 混叠在语音信号中的噪声一般如何分类？什么叫加法性噪声和乘法性噪声？什么叫平稳噪声和非平稳噪声？

3. 什么是人耳的掩蔽效应？怎样可以把人耳的掩蔽效应应用到语音系统的抗噪声处理中？人耳的自动分离语音和噪声的能力与什么有关？能否把这一原理应用到语音系统的抗噪声处理中？

4. 为什么对加法性噪声的处理是语音增强抗噪声技术的基础？怎样能够把非加性噪声变换成加性噪声来处理？

5. 利用谱减法语音增强技术解决噪声污染的问题时，在最后通过 IFFT 恢复时域语音信号时，对相位谱信息是怎么处理的？为什么可以这样处理？

6. 利用谱减法语音增强技术处理非平稳噪声时，应怎样更新噪声功率值？如果减除过多或过少，将会产生什么后果？

7. 什么是 Weiner 滤波？怎样利用 Weiner 滤波法进行语音增强？

8. 听觉掩蔽值是如何计算的？基于听觉掩蔽值的语音增强原理是什么？

9. 试编写归一化最小均方误差滤波器的 C++ 函数，并结合附录的程序编程进行验证。

第 6 章 说话人识别

6.1 概述

自动说话人识别（Automatic Speaker Recognition，ASR）是一种自动识别说话人的过程。说话人识别是从语音中提取不同特征，然后通过判断逻辑来判定该语句的归属类别。说话人识别不注重包含在语音信号中的文字符号及其语义内容信息，而是着眼于包含在语音信号中的个人特征，以达到识别说话人的目的。因此，相比于语音识别，说话人识别更简单。

说话人发音器官的生理差异以及后天形成的行为差异使得每个人的语音都带有强烈的个人色彩，这使得通过分析语音信号来识别说话人成为可能。用语音鉴别说话人的身份有着许多独特的优点，如语音是人的固有特征，不会丢失或遗忘；语音信号采集方便，系统设备成本低；另外利用电话网络还可实现远程客户服务等。而且，近年来自动说话人识别在相当广泛的领域内已经发挥出重要的作用，如安保领域（机密场所进入许可）、公安司法领域（罪犯监听与鉴别）、军事领域（战场环境监听及指挥员鉴别）、财经领域（自动转账与出纳）、信息服务领域（自动信息检索或电子商务）等。由此可知，自动说话人识别具有广泛的应用前景，越来越受到人们的重视。

自动说话人识别按其最终完成的任务可分为两类：自动说话人确认和自动说话人辨认。本质上，这两种应用都是从说话人所说的测试语句或关键词中提取与说话人本人特征有关的信息，再与存储的参考模型对比，做出正确的判断。不过，自动说话人确认是确认一个人的身份，只涉及一个特定的参考模型和待识别模式之间的比较，系统只需做出“是”或“不是”的二元判决；而对于自动说话人辨认，系统则必须辨认出待识别的语音是来自待考察的 N 个人中的哪一个，有时还要对这 N 个人以外的语音做出拒绝的判断。由于需要 N 次比较和判决，所以自动说话人辨认的误识率要大于自动说活人确认，并且随着 N 的增加，其性能将会逐渐下降。此外，自动说话人识别按输入的测试语音来分，可分为三类，即与文本无关、与文本有关和文本指定型。与文本无关的说话人识别指的是不规定说话内容的说话人识别，即识别时不限定所用的语音内容；而与文本有关的说话人识别指的是规定内容的说话人识别，即只能用规定内容的语句进行识别。但是，这两种识别存在一个问题，即如果事先用录音装置把说话人本人的讲话内容记录下来，然后用于识别，则存在被识别装置误接受的危险。而在指定文本型说话人识别中，每一次识别时必须先由识别装置向说话人指定需发音的文本内容，只有在系统确认说话人对指定文本内容正确发音时才可以被接受，这样可减轻本人语声被盗用的危险。

说话人识别的研究始于 20 世纪 30 年代，早期的工作主要集中在人耳听辨实验和探讨听音识别的可能性方面。随着研究手段和工具的改进，研究工作逐渐脱离了单纯的人耳听辨。现代说话人识别的研究重点转向语音中说话人个性特征的分离提取、个性特征的增强、对各种反映说话人特征的声学参数的线性或非线性处理以及新的说话人识别模式匹配方法上，如动态时间规整、主分量（成分）分析、矢量量化、隐马尔可夫模型、人工神经网络方法以及这些方法的组合技术等。

6.2 说话人识别原理及系统结构

说话人识别就是从说话人的一段语音中提取出说话人的个性特征，通过对这些个人特征的分析和识别，从而达到对说话人进行辨认或者确认的目的。说话人识别不同于语音识别，前者利用的是语音信号中说话人的个性特征，不考虑包含在语音中的字词的含义，强调的是说话人的个性；而后者的目的是识别出语音信号中的语义内容，并不考虑说话人的个性，强调的是语音的共性。图6-1是说话人识别系统的结构框图，它由预处理、特征提取、模式匹配和识别决策等几大部分组成。除此之外，完整的说话人识别系统还应包括模板库的建立、专家知识库的建立和判决阈值选择等部分。

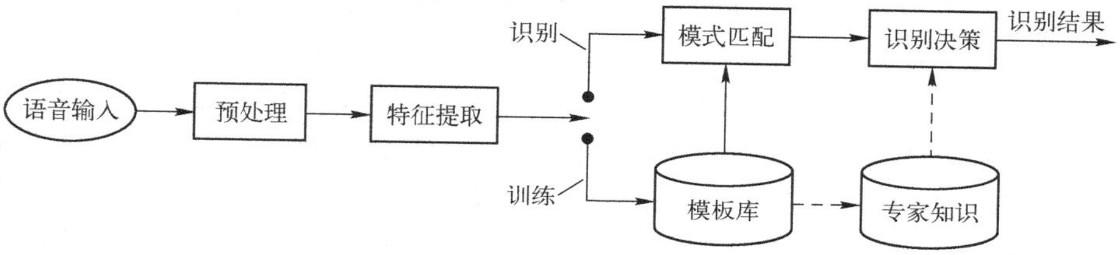

图6-1 说话人识别系统框图

建立和应用一个说话人识别系统可分为两个阶段，即训练（注册）阶段和识别阶段。在训练阶段，系统的每一个使用者说出若干训练语料，系统根据这些训练语料，通过训练学习建立每个使用者的模板或模型参数参考集。而在识别阶段，把从待识别说话人说出的语音信号中提取的特征参数，与在训练过程中得到的参考参量集或模型模板加以比较，并且根据一定的相似性准则进行判定。对于说话人辨认来说，所提取的参数要与训练过程中的每一人的参考模型加以比较，并把与它距离最近的那个参考模型所对应的使用者辨认为是发出输入语音的说话人。而对于说话人确认而言，则是将从输入语音中导出的特征参数与其声言为某人的参考量相比较。如果两者的距离小于规定的阈值，则予以确认，否则予以拒绝。

6.2.1 预处理

预处理包括对输入计算机的语音数据进行端点检测、预加重、加窗、分帧等，这些内容已在前面章介绍过。这里仅对个别需要注意的地方做一些介绍。

（1）传声器自适应和输入电平的设定

输入语音信号的品质对语音识别性能的影响很大，因此，对传声器的耐噪声性能要求很高。但是，传声器的性能差异很大，因此选择好的传声器，不仅能提高输入语音质量，还有助于提高整个系统的鲁棒性。同时，不同种类的传声器以及前端设备的声学特性是不同的，这会使输入语音产生变化。因此，为了保持识别性能稳定，必须具备对传声器以及前端设备性能的测定以及根据测试结果对输入语音的变形进行校正的功能。

此外，为了保持高精度的语音分析，A/D 变换的电平必须正确设定。同时还要通过自动增益控制来自动调整输入电平的放大倍数或者通过对于输入数据进行规整处理来控制语音数据幅度的变化。

（2）降噪

环境噪声虽然可以通过高性能传声器的抗噪声特性加以抑制，但是不可能完全消除。特别是当传声器与嘴有一定距离的时候，以及在汽车里或户外等周围环境噪声大的时候必须对输入信号进行降噪处理。这些噪声可能是平稳噪声也可能是非平稳噪声，可能是来自环境的加性噪声也可能是由输入和传输电路系统引起的乘性噪声。对于平稳噪声，传统的谱减技术是有效的。而消除非平稳噪声可通过两个传声器分别输入语音和噪声相互抵消加以消除的方法来实现。

（3）语音区间的端点检测

端点检测的目的是从语音信号流中自动分割出识别基元，即用数字处理技术来找出语音信号中的各种段落（如音素、音节词素、词等）的始点和终点的位置。有效的端点检测不仅能使处理时间减到最小，而且能排除无声段的噪声干扰，从而使识别系统具有良好的识别性能。如果不考虑实时性，可以采用人工分段的方法，即将语音信号流的波形打印出来，然后用标尺在波形图上测量。由于人工分段的准确性高，所以各种用计算机分段的准确度都是与人工分段结果进行比较而得到的。多话者的数字识别系统实验显示：对于端点检测识别率为 93% 的系统来说，当端点检测的误差在 4 帧时，识别率降低 3%；当检测误差达到 6 帧时，降低了 10%；而当检测误差进一步加大时，识别率急剧下降。这说明端点检测的成功率对语音识别系统的成败有很大影响。

端点检测算法的难点在于以下几方面。

1）信号取样时，由于电平的变化，难以设置对各次试验都适用的阈值。

2）在发音时，人的咂嘴声或其他某些杂音会使语音波形产生一个很小的尖峰，可能超过所设计的门限值。此外，人呼吸时的气流也会产生电平较高的噪声。

3）取样数据中，有时存在突发性干扰，使短时参数变得很大，持续很短时间后又恢复为寂静特性。这种突发性干扰应该计入寂静段中。

4）弱摩擦音和鼻音的特性与噪声极为接近，其中鼻韵往往还拖得很长。

5）如果输入信号中有 50 Hz 工频干扰或者 A/D 变换点的工作点偏移时，用短时过零率区分无声和清音的方法就变得不可靠。

一种解决方法是算出每一帧的直流分量予以减除，但是这无疑加大了运算量，不利于端点检测算法的实时执行；另一种解决方法是采用一个修正短时参数，它是一帧语音波形穿越某个非零电平的次数，可以恰当地设置参数为一个接近于零的值，使得过零率对于清音仍具有很高的值，而对于无声段值却很低。但事实上，由于无声段以及各种清音的电平分布情况变化很大，在有些情况下，二者的幅度甚至可以相比拟，这给该参数的选取带来了极大的困难。

因此，一个优秀的端点检测算法应该能够满足以下几点。

1）门限值应该可以对背景噪声的变化有一定的适应性。

2）将短时冲激噪声和人的咂嘴等瞬间超过门限值的信号纳入无声段而不是有声段。

3）对于爆破音的寂静段，应将其纳入语音的范围而不是无声段。

4）应尽可能避免在检测中丢失鼻韵和弱摩擦音等与噪声特性相似、短时参数较少的语音。

5）应避免使用过零率作为判决标准而带来的负面影响。

汉语端点检测是指根据汉语特点及其参数的统计规律，设置某些参数的阈值，用计算机程序自动进行分段。选用何种参数进行端点检测取决于各音段（背景噪声段、声母段和韵母段等）参数值的集聚性，也就是对于不同性质的音段，所选用的参数的统计值应当是易分的。通常可用的参数有：帧平均能量、帧平均过零率、线性预测的第一个反射系数或其残差序列、音调值等。从简单、快速的要求而言，最好采用前两种时域参数即帧平均能量和帧平均过零率。因为对于汉语语音信号流中的噪声、声母和韵母等段落，帧平均能量和帧平均过零率都呈现较为明显的规律性。

1）帧平均能量的规律性。在寂静背景噪声段时最小、声母段时中等、韵母段时最大。一般来说，整个韵母段的帧平均能量值比声母段和寂静段要大；但是对某些情况而言，有的韵母段后部的帧平均能量比有的声母段的帧平均能量要小些。因此必须结合帧平均过零率实现自动分段。

2）帧平均过零数的规律性。寂静背景噪声段时最小、韵母段时中等、声母段时最大。当然，这也是针对一般情况而言的；个别地，也存在韵母段帧平均过零率比声母段大的情况。也正是由此，不能单独使用帧平均过零率作为分段参数。自动分段的关键在于设法得到帧平均能量和帧平均过零率的统计值。此外，针对上述两种参数的问题，在第 4 章也介绍了部分改进方法，这里不再赘述。

6.2.2 说话人识别特征的选取

在说话人识别系统中，特征提取就是从说话人的语音信号中提取出表示说话人个性的基本特征，是最重要的环节之一。虽然哪些参数能较好地反映说话人个人特征，现在还没有完全搞清楚，但一般都包含两个方面，即生成语音的发音器官差异（先天的）和发音器官发音时动作的差异（后天的）。发音器官的差异主要表现在语音的频率结构上，主要包含了反映声道共振与反共振特性的频谱包络特征信息和反映声带振动等音源特性的频谱细节构造特征信息，代表性的特征参数有倒谱和基音参数（静态特征）；发音习惯差异主要表现在语音的频率结构的时间变化上，主要包含了特征参数的动态特性，代表性的特征参数是倒谱和基音的线性回归系数（动态特征），即差值倒谱（Δ 倒谱）和差值基音参数（Δ 基音）。在说话人识别中，频谱包络特征特别是倒谱特征用得比较多。相关实验证明，用倒谱特征可以得到比较好的识别性能，而且稳定的倒谱系数比较容易提取。和倒谱相比，基音特征只存在于浊音部分，而且准确稳定的基音特征较难提取。

一般来说，人能从声音的音色、频高、能量的大小等各种信息中知觉说话人的个人特性。因此，如果能获得特征的有效组合，可以得到比较稳定的识别性能。例如，利用倒谱特征和可靠性高的区间的基音特征的有效组合进行识别实验，首先对于浊音部、清音部、无音部分别进行编码，在浊音部用倒谱、Δ 倒谱、基音、Δ 基音，在其他区间用倒谱和 Δ 倒谱作为识别特征，然后利用两部分的概率加权值和阈值进行比较，可以得到较好的识别效果。另外，研究表明，对于与文本有关的说话人识别系统，利用动态特征和静态特征的组合，可以得到比较好的识别结果。而对于与文本无关的说话人识别系统，使用动态特征作为识别特征，并不一定得到好的效果。所以，对于动态特征的有效利用还需要进一步研究探讨。

在早期的说话人识别中，一般电话带宽（0 ~ 3 kHz 左右）或者 0 ~ 6 kHz 频宽范围内的语声信息用得比较多，比这更高的频带区域内的个人信息利用得很少。这是因为，一般认为，高频区域内的语音频谱能量比较小，有用的信息比较少。事实上，在 16 kHz 带宽内的说话人识别实验分析显示，高频区域对说话人识别同样有用。而且，高频信息对于发音时间的变化以及加性噪声都比较稳定。因此，如果在说话人识别中把高频区域和低频区域的信息有效地进行合理组合，则可以改善识别性能。

由上可知，说话人识别参数的时间变化对基于低频特征的说话人识别存在一定的影响。所谓说话人识别参数的时间变化，是指一段时间前采集的说话人识别参数和一段时间后采集的参数之间的差异。因此，用一段时间前采集的说话人识别参数做成的模板或模型和一段时间后采集的参数进行匹配，就会产生误识别。研究显示，三周以内，系统的识别率基本没有变化；一个月后，识别率开始变化，而到三个月时确认率和辨认率分别下降了 10% 和 25% 左右；三个月以后识别率的下降开始变缓，基本上没有太大的劣化。识别参数的时间变化主要是音源特性的变化引起的，因此可以把音源和声道分离，只使用声道特征来构建经得起语音长期变动的说话人识别系统。

总结来说，选取的特征应当满足下述准则。

1）能够有效区分不同的说话人，但又能在同一说话人的语音发生变化时相对保持稳定。

2）易于从语音信号中提取。

3）不易被模仿。

4）尽量不随时间和空间变化。

一般来说，同时满足上述全部要求的特征通常是不可能找到的（至少在目前是如此），只能使用折中方案。多年来，各国研究者对于各种特征参数在说话人识别中的有效性进行了大量研究，并且得到了许多有意义的结论。如果把说话人识别中常用的参数加以简要归纳，则大致可划分为以下几类。

（1）线性预测参数及其派生参数

通过对线性预测参数进行正交变换得到的参数，由于这些参数是对整个语句平均得到的，所以不需要进行时间上的归一化，因此可用于与文本无关的说话人识别。由线性预测参数推导出的多种参数也是有效的识别参数，如部分相关系数、声道面积比函数、线谱对系数以及 LPC 倒谱系数。目前，LPC 倒谱系数和差值倒谱系数是最常用的短时谱参数，并获得了较好的识别效果。

（2）语音频谱直接导出的参数

语音短时谱中包含有激励源和声道的特性，因而可以反映说话人生理上的差别。而短时谱随时间变化，又在一定程度上反映了说话人的发音习惯。因此，由语音短时谱中导出的参数可以有效地用于说话人识别。已经使用的参数包括功率谱、基音轮廓、共振峰及其带宽、语音强度及其变化等。现已证实基音周期及其派生参数携带有较多的个人信息，但基音容易被模仿且不稳定，最好与其他参数组合使用。

（3）混合参数

为了提高系统的识别率，且由于缺少参数有效性的判断依据，相当多的系统采用了混合参量构成的矢量，如将“动态”参量（对数面积比与基频随时间的变化）与“统计”分量（由长时间平均谱导出）相结合，将逆滤波器谱与带通滤波器谱结合，或者将线性预测参数与基音轮廓结合等参量组合等。如果组成矢量的各参量之间的相关性不大，则效果较好，因为它们分别反映了语音信号不同的特征。

（4）其他鲁棒性参数

这些参数包括美尔（Mel）频率倒谱系数，以及经过噪声谱减或者信道谱减的去噪倒谱系数等。在常用于说话人识别的特征参数中，倒谱特征和基音特征是较常用的特征，并获得较好的识别效果。表 6-1 为日本学者 Matui 和 Furui 对比倒谱特征和基音特征的实验结果。

表 6-1 不同特征的比较实验结果

所用特征	误识率
倒谱	9.43%
差值倒谱	11.81%
基音	74.42%
差值基音	85.88%
倒谱与差值倒谱	7.93%
倒谱、差值倒谱与基音、差值基音	2.89%

6.2.3 特征参量评价方法

同一说话人的不同语音会在参数空间映射出不同的点，若对同一人来说，这些点分布比较集中，而不同说话人的分布相距较远，则选取的参数就是有效的。因此，可以选取两种分布的方差之比（F 比）作为有效性准则。

$$F=\frac{\text{不同说话人特征参数均值的方差均值}}{\text{同一说话人特征的方差均值}}=\frac{<[\mu_i-\bar{\mu}]^2>_i}{<[x_a^{(i)}-\mu_i]^2>_{a,i}} \tag{6-1}$$

此处，F 值越大，所选取的特征越有效，即不同说话人的特征量的均值分布的离散程度分布越散越好；而同一说话人的越集中越好。式中，$<\cdot>_i$ 是指对说话人做平均，$<\cdot>_a$ 是指对某说话人各次的某语音特征做平均，$x_a^{(i)}$ 为第 i 个说话人的第 a 次语音特征。$\mu_i=<x_a^{(i)}>_a$是第 i 个说话人的各次特征的估计平均值，而$\bar{\mu}=<\mu_i>_i$ 是将所有说话人的 μ_i 平均所得的均值。

需要说明的是，在 F 比的定义过程中是假定差别分布是正态分布的，这基本符合实际情况。虽然 F 比不能直接得到误差概率，但是 F 比越大误差概率越小，所以 F 比可以作为所选特征参数的有效性准则。如果把 F 比的概念推广到多个特征参量构成的多维特征矢量，则可用来评价多维特征矢量的有效性。定义说话人内特征矢量的协方差矩阵 $\boldsymbol{W}$ 和说话人间特征矢量的协方差矩阵 $\boldsymbol{B}$ 分别为

$$\boldsymbol{W}=<(x_a^{(i)}-\mu_i)^{\mathrm{T}}(x_a^{(i)}-\mu_i)>_{a,i} \tag{6-2}$$

$$\boldsymbol{B}=<(\mu_i-\bar{\mu})^{\mathrm{T}}(\mu_i-\bar{\mu})>_i \tag{6-3}$$

其中，μ_i 和$\bar{\mu}$ 的定义同上，只是多维特征得到的是矢量。此时，可定义可分性测度（或 D

比）来评价多维特征矢量的有效性：

$$D=\langle(\mu_i-\bar{\mu})^{\mathrm{T}}\boldsymbol{W}^{-1}(\mu_i-\bar{\mu})\rangle_i \tag{6-4}$$

6.2.4 模式匹配方法

目前针对各种特征而提出的模式匹配方法的研究越来越深入，这些方法大体可归为下述几种。

（1）动态时间规整方法（DTW）

说话人信息不仅有稳定因素（发声器官的结构和发声习惯），而且有时变因素（语速、语调、重音和韵律）。因此，将识别模板与参考模板进行时间对比时，需要按照某种距离测度得出两模板间的相似程度。常用的方法是基于最近邻原则的动态时间规整。

（2）矢量量化方法（VQ）

矢量量化最早是用于聚类分析的数据压缩编码技术。基于 VQ 的说话人识别是将每个人的特定文本训练成码本，识别时将测试文本按此码本进行编码，以量化产生的失真度作为判决标准。利用矢量量化的说话人识别方法的判断速度快，而且识别精度也不低。

（3）隐马尔可夫模型方法（HMM）

隐马尔可夫模型是一种基于转移概率和输出概率的随机模型，最早被用于语音识别。它把语音看成由可观察到的符号序列组成的随机过程，符号序列则是发声系统状态序列的输出。在使用隐马尔可夫模型识别时，为每个说话人建立发声模型，通过训练得到状态转移概率矩阵和符号输出概率矩阵。识别时计算未知语音在状态转移过程中的最大概率，根据最大概率对应的模型进行判决。对于与文本无关的说话人识别，一般采用各态历经型 HMM；对于与文本有关的说话人识别，一般采用从左到右型 HMM。HMM 的优点是不需要时间规整，可节约判决时的计算时间和存储量，因此目前被广泛应用；缺点是训练时计算量较大。

（4）高斯混合模型（GMM）

高斯混合模型是概率统计方法的一种。语音中说话人信息在短时间内较为平稳，通过对稳态特征如基音、声门增益、低阶反射系数的统计分析，利用均值、方差等统计量和概率密度函数进行分类判决。高斯混合模型可以看作一种状态数为 1 的连续分布隐马尔可夫模型（CDHMM）。GMM 模型的参数估计算法是给定一组训练数据，依据某种准则确定模型的参数 λ 的过程。最常用的参数估计方法是基于最大似然准则的估计。该类方法的优点是不用对特征参量在时域上进行规整，比较适合与文本无关的说话人识别。

（5）人工神经网络方法（ANN）

人工神经网络在某种程度上模拟了生物的感知特性，它是一种分布式并行处理结构的网络模型，具有自组织和自学习能力、很强的复杂分类边界区分能力及对不完全信息的鲁棒性，其性能近似于理想的分类器。其缺点是训练时间长，动态时间规整能力弱，网络规模随说话人数目增加时可能大到难以训练的程度。

6.2.5 说话人识别中判别方法和阈值的选择

对于要求快速处理的说话人确认系统，可以采用多门限判决和预分类技术来达到加快系统响应时间而又不降低确认率的效果。多门限判决相当于一种序贯判决方法，它使用多个门限来做出接受还是拒绝的判决。例如，用两个门限把距离分为三段：如果测试语音与模板的距离低于第一门限，则接受；若高于第二门限，则拒绝；若距离处于这两个门限之间，则系统要求补充更多的输入语句再进行更精细的判决。该方法使用短的初始测试文本，使系统能最快地作出响应，而只有当模板匹配出现模糊时才需要较长的测试语音来帮助识别。此外，预分类是从另一个角度来缩短系统响应的时间。在说话人辨认时，每个人的模板都要被检查一遍，所以系统的响应时间一般随待识别的人数线性增加，但是如果按照某些特征参数预先地将待识别的人聚成几类，那么在识别时，根据测试语音的类别，只要用该类的一组候选人的模板参数匹配，就可以大大减少模板匹配所需的次数和时间。在说话人识别实际应用中，有时还要考虑依照方言和某些韵律等超音段特征来预分类。

门限的设定对说话人确认系统来说很重要。太高的门限有可能拒绝真正的说话人；太低又有可能接受假冒者。在说话人确认系统中，确认错误用错误拒绝率（False rejection，FR）和错误接受率（False Acceptance，FA）来表示。前者是拒绝真实的声言者而造成的错误，后者则是把冒名顶替者错认为其声言者引起的错误。通常由这些错误率决定对门限的估计，此时门限一般用FR和FA的相等点附近来确定。这两种错误率与接受门限的关系如图6-2所示。理论方式是先将正确者和错误者的得分一起排序，然后找到一个点，在这点上，错误者和正确者的得分正好相等。虽然在一般情况下，判决门限都应该选取在FR和FA相等的点上，但这个点的确定需要较多数据的实验结果，还不一定能得到正好相等的点。通常，每一说话人的数据都很少，因此，说话人门限确定的统计性不太明显。这就是为何对小数据来说，使用的是全局门限（对每人都一样）的缘故。必须注意，FA和FR都是门限的离散函数，点的个数取决于对真实者的FR测试和假冒者的FA测试次数。很明显，如果两者的测试点相等，FA和FR会在某一点相交。然而在实际实验中通常假冒者要比真实者多许多，因此采用上面的方法会发现FR和FA不会相等，但会接近。此时，一些实验就将此接近点当作门限。许多文献对此做了比较详细的分析，表明更精确的门限可以由FR和FA的线性近似函数得到。另外说话人确认是一个二值问题，只需判定是否是由申请者所讲即可，在经典的解决方案中，判定是由对申请者模型的语句得分与某一事先确定的门限进行比较而得到的。这种方案的问题是得分的绝对值并不只是由使用模型决定的，而且还与文本内容以及发音时间的差别有关，所以不能采用静态的门限。解决方法之一是利用HMM输出概率值归一化方法来提高确认率。

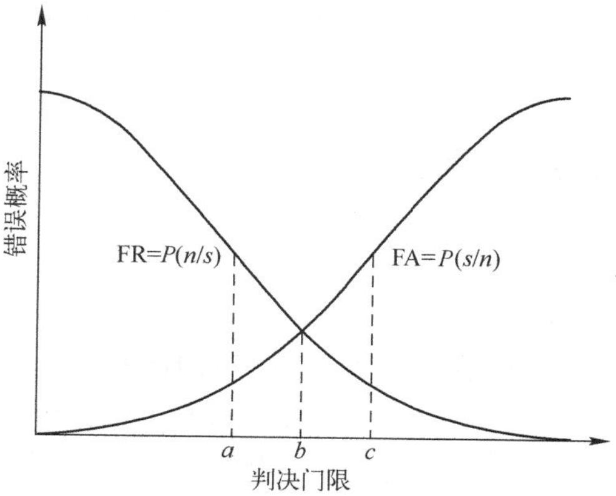

图6-2　两种错误率与接受门限的关系（s表示本人，n表示他人）

6.2.6 说话人识别系统的评价

一个说话人识别系统的好坏是由许多因素决定的，主要有正确识别率（或出错率）、训练时间的长短、识别时间、对参考参量存储量的要求、使用者使用的方便程度等，实用中还有价格因素。如果训练时间过长会造成用户的厌烦情绪，而识别时间过长在某些场合也是不能接受的；但这往往又与系统的其他性能要求相矛盾，因此需要在设计中加以折中。

正如上面介绍的，表征说话人确认系统性能的两个最重要参数是错误拒绝率（FR）及错误接受率（FA），前者又称Ⅰ型错误，后者又称Ⅱ型错误。根据使用场合的不同，这两类差错造成的影响也不同。比如对于非常机密场所的进入控制系统来说，FA应该尽量低，以免非法者进入造成严重的后果。此时，一般要求FA在0.1%以下。虽然FR必然增加，但可以通过一些辅助手段弥补。相反地，对于大量使用者利用电话访问公共数据库的情况，由于缺少对使用者环境的控制，FR过高会造成用户的不满，但错误的接受不至于引起严重的后果。这样的系统可以把FR定在1%以下，相应地FA会略有上升。

说话人辨认与说话人确认系统的不同还在于其性能与用户数有关。因为它是通过把输入语音的特征与所存储的每个合法使用者的参考模型相比较，所以当用户数增多时，不仅处理时间变长，而且各用户之间变得难以区分，即差错率变大。而对于说话人确认系统，差错率不会随用户数的增加而变化，能够容纳的用户数是由存储量决定的。

由于人的语音会随着时间的变化而变化，而且会受到健康和感情等因素的影响，所以随着训练时间与使用时间间隔的加长，系统的性能肯定会有所下降。为了维持系统性能，一种解决办法是要求训练时所取的语音样本来自不同的时间，比如相隔几天或几周。但这样会加长训练时间而且往往难以做到。另一种解决方法是在使用过程中不断更新参考模型，比如说，在每次成功地识别以后，即把当时说话人的语音提取得到的特征按一定比例加入到原来的参考模板中去，以保证对使用者说话状态的跟踪。

目前对说话人识别系统的性能评价还没有统一的标准。一个系统所具有的识别性能尽管看起来很好，但是它们所依据的条件却是差别很大的。为了给出统一的评价，需要建立一个测试数据库。该数据库应该包含大量的说话人且具有不同发音风格和不同时间间隔的语音数据。此外，系统还应该考虑语音经不同信道传输后的影响。

下面结合实际，重点介绍基于VQ和GMM的两种典型的说话人识别系统，其他系统可以借鉴相关书籍。

6.3 应用VQ的说话人识别系统

6.3.1 系统模型

目前自动说话人识别方法主要有基于参数模型的HMM的方法和基于非参数模型的VQ的方法。当可用于训练的数据量较小时，基于VQ的方法比连续的HMM方法有更大的鲁棒性。同时，基于VQ的方法比较简单，实时性也较好。因此，基于VQ的说话人识别方法，仍然是最常用的识别方法之一。

应用VQ的说话人识别系统如图6-3所示。该系统的应用主要有两个步骤：一是利用每个说话人的训练语音建立参考模型码本；二是对待识别话者的语音的每一帧和码本码字进行匹配。由于 VQ 码本保存了说话人个人特性，因此可以利用 VQ 法来进行说话人识别。在 VQ 法中模型匹配不依赖于参数的时间顺序，因而匹配过程中无须采用动态时间规整技术；而且这种方法比应用动态时间规整方法的参考模型存储量小，即码本码字小。

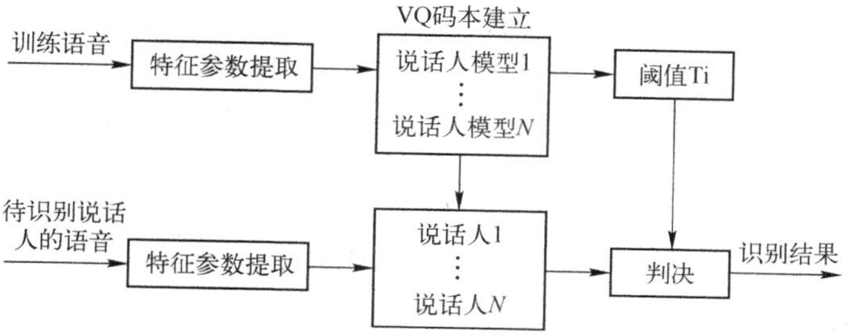

图 6-3　应用 VQ 的说话人识别系统

说话人识别系统可以将每个待识别的说话人看作是一个信源，用一个码本来表征，码本是从该说话人的训练序列中提取的特征矢量聚类而生成，只要训练的数据量足够，就可以认为这个码本有效地包含了说话人的个人特征，而与说话的内容无关。识别时，首先对待识别的语音段提取特征矢量序列，然后用系统已有的每个码本依次进行矢量量化，计算各自的平均量化失真。选择平均量化失真最小的那个码本所对应的说话人作为系统识别的结果。

6.3.2　VQ 基本原理

矢量量化（Vector Quantization，VQ）技术是 20 世纪 70 年代后期发展起来的一种数据压缩和编码技术，广泛应用于语音编码、语音合成、语音识别和说话人识别等领域。矢量量化在语音信号处理中占有十分重要的地位，在许多重要的研究课题中，矢量量化都起着非常重要的作用。

矢量量化是对矢量进行量化，和标量量化一样它把矢量空间分成若干个小区域，每个小区域寻找一个代表矢量，量化时落入小区域的矢量就用这个代表矢量代替，或者叫被量化为这个代表矢量。矢量量化是标量量化的发展，可以说，凡是要有量化的地方都可以应用矢量量化。同时，矢量量化总是优于标量量化，且一般来说矢量维数越大，量化性能越优越，这是因为矢量量化能有效地应用矢量中各分量间的各种相互关联的性质。20 世纪 70 年代末，Linda、Buzo、Gray 和 Markel 等人首次解决了矢量量化码书生成的方法，并首先将矢量量化技术用于语音编码并获得成功。从此矢量量化技术不仅在语音识别、语音编码和说话人识别等方面发挥重要作用，而是很快推广到其他领域。另外，用硬件实现矢量量化系统的方法也日益增多，为矢量量化技术的应用发展提供了有力的保证。

矢量量化的基本原理是：将若干个标量数据组成一个矢量（或者是从一帧语音数据中提取的特征矢量）在多维空间给予整体量化，从而可以在信息量损失较小的情况下压缩数据量，这是香农信息论中“率—失真理论”在信源编码中的重要运用。矢量量化有效地应用了矢量中各元素之间的相关性，因此可以比标量量化有更好的压缩效果。

设有 N 个 K 维特征矢量 $\boldsymbol{X}=\{X_1,X_2,\cdots,X_N\}$（$\boldsymbol{X}$ 在 K 维欧几里得空间 $\boldsymbol{R}^K$ 中），其中第 i 个矢量可记为

$$X_i=\{x_1,x_2,\cdots,x_K\},i=1,2,\cdots,N \tag{6-5}$$

X_i 可被看作是语音信号中某帧参数组成的矢量。将 K 维欧几里得空间 R^K 无遗漏地划分成 J 个互不相交的子空间 $R_1,R_2,\cdots,R_J$，即满足

$$\begin{cases}\bigcup_{j=1}^{J} R_j=R^K \\ R_i\cap R_j=\varnothing, \quad i\neq j\end{cases} \tag{6-6}$$

这些子空间 R_j 称为胞腔。在每一个子空间 R_j 找一个代表矢量 Y_j，则 J 个代表矢量可以组成矢量集为

$$Y=\{Y_1,Y_2,\cdots,Y_J\} \tag{6-7}$$

这样，Y 就组成了一个矢量量化器，被称为码书或码本；Y_j 称为码矢或码字；Y 内矢量的个数 J，则叫作码本长度或码本尺寸。不同的划分或不同的代表矢量选取方法就可以构成不同的矢量量化器。

当矢量量化器输入一个任意矢量 $X_i\in R^K$ 进行矢量量化时，矢量量化器首先判断它属于哪个子空间 R_j，然后输出该子空间 R_j 的代表矢量 Y_j。也就是说，矢量量化过程就是用 Y_j 代表 X_i 的过程，或者说把 X_i 量化成 Y_j，即

$$Y_j=Q(X_i), \quad 1\leqslant j\leqslant J,1\leqslant i\leqslant N \tag{6-8}$$

式中，$Q(X_i)$ 为量化器函数。由此可知，矢量量化的全过程就是完成一个从 K 维欧几里得空间 R^K 中的矢量 X_i 到 K 维空间 R^K 有限子集 Y 的映射，即

$$Q:R^K\supset X\to Y=\{Y_1,Y_2,\cdots,Y_J\} \tag{6-9}$$

下面以 $K=2$ 为例来说明矢量量化过程。当 $K=2$ 时，所得到的是二维矢量。所有可能的二维矢量就形成了一个平面。如果记第 i 个二维矢量为 $X_i=\{x_{i1},x_{i2}\}$，则所有可能的 $X_i=\{x_{i1},x_{i2}\}$ 就是一个二维空间。矢量量化就是先把这个平面划分成 J 块互不相交的子区域 $R_1,R_2,\cdots,R_J$，然后从每一块中找出一个代表矢量 $Y_j(j=1,2,\cdots,J)$，这就构成了一个有 J 块区域的二维矢量量化器。图 6-4 是一个码本尺寸为 $J=7$ 的二维矢量量化器，共有 7 块区域和 7 个码字表示代表值，码本是 $Y=\{Y_1,Y_2,\cdots,Y_7\}$。

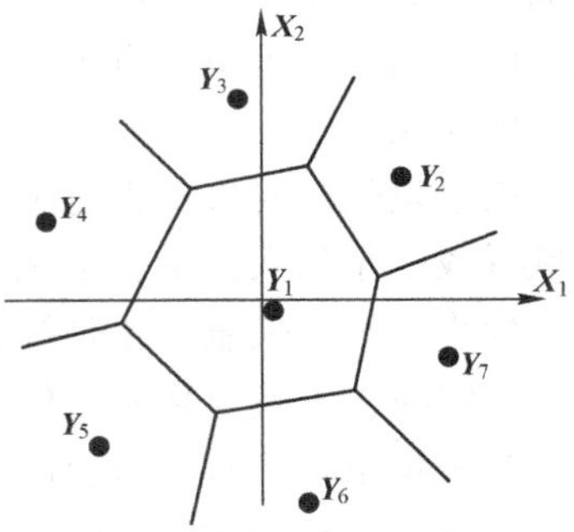

图 6-4　二维矢量量化概念示意图

如果利用该量化器对一个矢量 $X_i=\{x_{i1},x_{i2}\}$ 进行量化，那么首先要选择一个合适的失真测度，而后根据最小失真原理，分别计算用各码矢 Y_j 代替 X_i 所带来的失真。其中，产生最小失真值时所对应的那个码矢，就是矢量 X_i 的重构矢量（或称恢复矢量），或者称为矢量 X_i 被量化成了那个码矢。

如上所述，码本中的每个元素码字是一个矢量。根据香农信息论，矢量维数越长优度越好。显然，矢量量化的过程与标量量化相似。在标量量化时，在一维的零至无穷大值之间设置若干个量化阶梯，当某输入信号的幅度值落在某相邻的两个量化阶梯之间时，就被量化为两阶梯的中心值。相应地，在矢量量化时，则将 K 维无限空间划分为 J 块区域边界，然后将输入矢量与这些边界进行比较，然后被量化为“距离”最小的区域边界的中心矢量值。当

然，矢量量化与标量量化一样，是会产生量化误差的（即量化噪声），但只要码本尺寸足够大，量化误差就会足够小。另外，合理选择码本的码字也可以降低误差，这就是码本优化的问题。

利用矢量量化技术进行语音处理时，通常主要有两个问题要解决。

（1）设计一个好的码本

设计好码本的关键是如何划分 J 个区域边界，这需要用大量的输入信号矢量，经过统计实验才能确定。这个过程称为“训练”或“学习”，它的任务是建立码本。它应用聚类算法，按照一定的失真度准则，对训练数据进行分类，从而在多维空间中把训练数据划分成一个个以形心（码字）为中心的胞腔，通常采用由 Linde，Buzo，Gray 三人在 1980 年提出的 LBG 算法来实现。为了建立一个好的码本，首先要求建立码本的训练数据，不仅数据量要充分大，而且要有代表性；其次，要选择一个好的失真度准则以及码本优化方法。

（2）未知矢量的量化

对未知模式矢量，按照选定的失真测度准则，把未知矢量量化为失真测度最小的区域边界的中心矢量值（码字矢量），并获得该码字的序列号（码子在码本中的地址或标号）。对于两矢量进行比较的测度问题，通常选用的测度就是两矢量之间的距离，或以其中某一矢量为基准时的失真度。它描述了当输入矢量用码本中对应的码矢来表征时所应付出的代价。其次是未知矢量量化时的搜索策略，好的搜索策略可以减少量化时间。

6.3.3　失真测度

在应用 VQ 法进行说话人识别时，失真测度的选择将直接影响到聚类结果，进而影响说话人识别系统的性能。失真测度（距离测度）是将输入矢量 X_i 用码本重构矢量 Y_j 来表征时所产生的误差或失真的度量方法，它可以描述两个或多个模型矢量间的相似程度。失真测度的选择要根据所使用的参数类型来定，在语音信号处理采用的矢量量化中，最常用的失真测度是欧氏距离测度、加权欧氏距离测度、Itakura－Saito 距离、似然比失真测度和识别失真测度等。

1. 欧氏距离测度

设未知模式的 K 维特征矢量为 $\boldsymbol{X}$，与码本中某个 K 维码矢 $\boldsymbol{Y}$ 进行比较，x_i 和 y_i 分别表示 $\boldsymbol{X}$ 和 $\boldsymbol{Y}$ 的同一维分量（$0 \leqslant i \leqslant K-1$），则几种常用的欧氏距离测度如下。

（1）均方误差，其定义为

$$d_2(\boldsymbol{X},\boldsymbol{Y}) = \frac{1}{K}\sum_{i=1}^{K}(x_i - y_i)^2 \tag{6-10}$$

（2）r 方平均误差，其定义为

$$d_r(\boldsymbol{X},\boldsymbol{Y}) = \frac{1}{K}\sum_{i=1}^{K}(x_i - y_i)^r \tag{6-11}$$

（3）r 平均误差，其定义为

$$d'_r(\boldsymbol{X},\boldsymbol{Y}) = \left[\frac{1}{K}\sum_{i=1}^{K}|x_i - y_i|^r\right]^{\frac{1}{r}} \tag{6-12}$$

（4）绝对值平均误差，相当于 $r=1$ 时的 r 平均误差，其定义式为

$$d_1(\boldsymbol{X},\boldsymbol{Y}) = \frac{1}{K}\sum_{i=1}^{K} |x_i - y_i| \tag{6-13}$$

绝对值平均误差失真测度的主要优点是计算简单、硬件容易实现。

（5）最大平均误差，相当于 $r\to\infty$ 时 r 的平均误差，其定义式为

$$d_{\mathrm{M}}(\boldsymbol{X},\boldsymbol{Y}) = \lim_{r\to\infty}[d_r(\boldsymbol{X},\boldsymbol{Y})]^{\frac{1}{r}} = \max_{1\leqslant i\leqslant K}[x_i - y_i] \tag{6-14}$$

（6）加权欧氏距离测度，其定义为

$$d(\boldsymbol{X},\boldsymbol{Y}) = \frac{1}{K}\sum_{i=1}^{K} w(i)\,(x_i - y_i)^2 \tag{6-15}$$

其中，$w(i)$称为加权系数。将式（6-15）用于码本训练及识别，这个过程实质上等效于在训练及识别时采用不加权的欧氏距离而对特征矢量的各个分量进行预加重。常用的加权函数有

$$\begin{cases} w(i) = i \\ w(i) = i^{2s}, \quad 0\leqslant s\leqslant 1 \\ w(i) = 1 + (1+k)\sin[\pi i(k+4)]/2 \end{cases} \tag{6-16}$$

2. 线性预测失真测度

当语音信号特征矢量是用线性预测方法求出的 LPC 系数时，此时仅由预测器系数的差值不能完全表征这两个语音信息的差别，即不宜直接使用欧氏距离。1975 年，日本人板仓等提出了一种距离测度，称为 Itakura－Saito（板仓－斋藤）距离，简称 I－S 距离。它用由 LPC 系数所描述的信号模型的功率谱进行比较，因此适用于 LPC 参数描述语音信号的情况。

当预测器的阶数 $p\to\infty$，信号与模型完全匹配时，信号功率谱为

$$f(w) = |\boldsymbol{X}(\mathrm{e}^{\mathrm{j}w})|^2 = \frac{\sigma_p^2}{|\boldsymbol{A}(\mathrm{e}^{\mathrm{j}w})|^2} \tag{6-17}$$

这里，$|X(\mathrm{e}^{\mathrm{j}w})|^2$ 表示信号的功率谱；σ_p^2 为预测误差能量；$A(\mathrm{e}^{\mathrm{j}w})$为预测逆滤波器的频率响应。相应地，如果设码本中某重构矢量的功率谱为

$$f'(w) = |\boldsymbol{X}'(\mathrm{e}^{\mathrm{j}w})|^2 = \frac{\sigma'^2_p}{|\boldsymbol{A}'(\mathrm{e}^{\mathrm{j}w})|^2} \tag{6-18}$$

则可定义 I－S 距离如下：

$$d_{\mathrm{I-S}}(f,f') = \frac{\boldsymbol{a}'^{\mathrm{T}}\boldsymbol{R}\boldsymbol{a}'}{\alpha} - \ln\frac{\sigma^2}{\alpha} - 1 \tag{6-19}$$

式中，$\boldsymbol{a}^{\mathrm{T}} = (1,a_1,a_2,\cdots,a_p)$；$\boldsymbol{R}$ 是$(p+1)\times(p+1)$阶的自相关矩阵，而

$$\boldsymbol{a}'^{\mathrm{T}}\boldsymbol{R}\boldsymbol{a}' = r(0)r_a(0) + 2\sum_{i=1}^{P} r(i)r'_a(i) \tag{6-20}$$

这里，$r(i) = \sum_{k=0}^{N-1-|i|} x(k)x(k+|i|)$，$r_a(i) = \sum_{k=0}^{p-i} a_k a_{k+i}\,(i=0,\cdots,p)$。其中，$N$ 为信号$x(n)$的长度；$r(i)$为信号的自相关函数；$r_a(i)$为预测系数的自相关函数。α 是码书重构矢量的预测误差功率，其定义为

$$\alpha = \sigma'^2_{\mathrm{p}} = \frac{1}{2\pi}\int_{-\pi}^{\pi} |\boldsymbol{A}'(\mathrm{e}^{\mathrm{j}w})|^2 f'(w)\,\mathrm{d}w \tag{6-21}$$

这种失真测度由于是针对线性预测模型的，并且是用最大似然准则推导出来的，所以特别适用于 LPC 参数描述语音信号的情况，常用于 LPC 编码和利用 LPC 的语音识别中。相关的线性预测的失真测度还包括以下两种。

（1）对数似然比失真测度

$$d_{\mathrm{LLR}}(f,f') = \ln\left(\frac{\sigma_{\mathrm{p}}'^2}{\sigma^2}\right) = \ln\left(\frac{\boldsymbol{a}'^{\mathrm{T}}\boldsymbol{R}\boldsymbol{a}'}{\boldsymbol{a}^{\mathrm{T}}\boldsymbol{R}\boldsymbol{a}}\right) \tag{6-22}$$

（2）模型失真测度

$$d_{\mathrm{m}}(f,f') = \frac{\sigma_{\mathrm{p}}'^2}{\sigma^2} - 1 = \frac{\boldsymbol{a}'^{\mathrm{T}}\boldsymbol{R}\boldsymbol{a}'}{\boldsymbol{a}^{\mathrm{T}}\boldsymbol{R}\boldsymbol{a}} - 1 \tag{6-23}$$

但是，这两种失真测度也有其局限性，它们都仅仅比较了两矢量的功率谱，而没有考虑其能量信息。

3. 识别失真测度

将矢量量化技术用于语音识别时，对失真测度还应该有其他一些考虑。例如，当使用似然比失真测度 d_{LLR} 比较两矢量的功率谱时，还应该考虑到能量。因为研究表明，频谱与能量都携带有语音信号的信息，如果仅仅靠功率谱作为失真比较的参数，识别的性能将不够理想。为此，可以采用如下定义的失真测度：

$$d(f,E) = d(f,f') + \alpha g(|\boldsymbol{E} - \boldsymbol{E}'|) \tag{6-24}$$

式中，$\boldsymbol{E}$ 及 $\boldsymbol{E}'$ 分别为输入信号矢量和码书重构矢量的归一化能量；α 为加权因子；$g(x)$ 可取为

$$g(x) = \begin{cases} 0, & x \leqslant x_d \\ x, & x_{\mathrm{F}} \geqslant x > x_{\mathrm{d}} \\ x_{\mathrm{F}}, & x > x_{\mathrm{F}} \end{cases} \tag{6-25}$$

这里，$g(x)$ 的作用是：当两矢量的能量接近时，忽略能量差异引起的影响；当两矢量的能量相差较大时，即进行线性加权；而当能量差超过门限 x_{F} 时，则为某固定值。实际应用中，x_{F}、x_{d} 和 α 要经过实验来进行确定。

6.3.4　系统的设计与实现[C]

说话人识别系统通常包括两个步骤：训练和识别。其中，训练步骤包括：①从训练语音提取特征矢量，得到特征矢量集。②选择合适的失真测度，并通过码本优化算法生成码本。③重复训练修正优化码本。④存储码本。

相比于训练过程而言，识别过程相对简单。下面将详细讨论码本建立的步骤和关键点。训练的关键就是建立码本，进行矢量量化器的最佳设计。所谓最佳设计，就是从大量信号样本中训练出好的码本；从实际效果出发寻找到好的失真测度定义公式；用最少的搜索和计算失真的运算量，来实现最大可能的平均信噪比。如果用 $d(\boldsymbol{X},\boldsymbol{Y})$ 表示训练用特征矢量 $\boldsymbol{X}$ 与训练出的码本的码字 $\boldsymbol{Y}$ 之间的畸变，那么最佳码本设计的任务就是在一定的条件下，使得此畸变的统计平均值 $D = E[d(\boldsymbol{X},\boldsymbol{Y})]$ 达到最小。这里，$E[\cdot]$ 表示对 $\boldsymbol{X}$ 的全体所构成的集合以及码本的所有码字 $\boldsymbol{Y}$ 进行统计平均。为了实现这一目的，应该遵循以下两条原则。

1）根据 $\boldsymbol{X}$ 选择相应的码字 Y_l 时应遵从最近邻准则，可表示为

$$d(X,Y_l) = \min_j d(X,Y_j) \quad (6\text{-}26)$$

2）设所有选择码字 Y_l（即归属于 Y_l 所表示的区域）的输入矢量 X 的集合为 S_l，那么 Y_l 应使此集合中的所有矢量与 Y_l 之间的畸变值最小。如果 X 与 Y 之间的畸变值等于它们的欧氏距离，那么容易证明 Y_l 应等于 S_l 中所有矢量的质心，即 Y_l 应由下式表示：

$$Y_l = \frac{1}{N}\sum_{X\in S_l} X, \forall l \quad (6\text{-}27)$$

这里，N 是 S_l 中所包含的矢量的个数。

根据这两条原则，可以设计出一种码本设计的递推算法——LBG 算法。整个算法实际上就是上述两个条件的反复迭代过程，即从初始码本寻找最佳码本的迭代过程。它从对初始码本进行迭代优化开始，一直到系统性能满足要求或不再有明显的改进为止。

1. 以欧氏距离计算两个矢量畸变时的 LBG 算法的具体实现步骤

1）设定码本和迭代训练参数：设全部输入训练矢量 X 的集合为 S，设置码本的尺寸为 J，迭代算法的最大迭代次数为 L，畸变改进阈值为 δ。

2）设定初始化值：设置 J 个码字的初值为 $Y_1^{(0)}, Y_2^{(0)}, \cdots, Y_J^{(0)}$，畸变初值 $D^{(0)} = \infty$，迭代次数初值 $m=1$。

3）假定根据最近邻准则将 S 分成了 J 个子集 $S_1^{(m)}, S_2^{(m)}, \cdots, S_J^{(m)}$，即当 $X\in S_l^{(m)}$ 时，下式应成立：

$$d(X, Y_l^{(m-1)}) \leqslant d(X, Y_i^{(m-1)}), \quad \forall i, i\neq l$$

4）计算总畸变 $D^{(m)}$：$D^{(m)} = \sum_{l=1}^{J}\sum_{x\in S_l^{(m)}} d(X, Y_l^{(m-1)})$

5）计算畸变改进量 $\Delta D^{(m)}$ 的相对值 $\delta^{(m)}$：$\delta^{(m)} = \frac{\Delta D^{(m)}}{D^{(m)}} = \frac{|D^{(m-1)} - D^{(m)}|}{D^{(m)}}$

6）计算新码本的码字 $Y_1^{(m)}, Y_2^{(m)}, \cdots, Y_J^{(m)}$：$Y_l^{(m)} = \frac{1}{N_l}\sum_{X\in S_{li}^{(m)}} X$

7）判断 $\delta^{(m)}$ 是否小于 δ。若是，转入步骤 9）执行；否则，转入步骤 8）执行。

8）判断 m 是否小于 L。若否，转入步骤 9）执行；否则，令 $m=m+1$，转入步骤 3）执行。

9）迭代终止；输出 $Y_1^{(m)}, Y_2^{(m)}, \cdots, Y_J^{(m)}$ 作为训练成的码本的码字，并且输出总畸变 $D^{(m)}$。

矢量量化的 LBG 算法的函数实现

名称：lbg

定义格式：

```
vector<VQCENTER> lbg(vector<vector<double>> x, int k)
```

函数功能：矢量量化的 LBG 算法。

参数说明：VQCENTER 为定义的结构体，包含 num（类中含有元素的个数）、ele（vector 类型，存储数值）、mea（均值）；x 为输入样本；k 为类别数。

返回：VQCENTER 结构体类型的分类结果 v。

程序清单：

```
vector< VQCENTER >lbg(vector<vector<double>>x,int k)
{
    vector< VQCENTER >v(k);
    int row = x.size();
    int column = x[0].size();
    double epsion = 0.03;
    double delta = 0.01;                    //畸变改进阈值
    vector<vector<double>> u(x.size());
    for (int i = 0;i < x.size();i ++){
        u[i].push_back(Qmean(x[i]));
    }
    int temp = int(log(double(k))/log(2.0) - 0.1) + 1;
    for (int j = 0;j  <=  temp - 1;j ++){
        vector<vector<double>> utem = u;
        u.clear();
        u = vector<vector<double>>(utem.size(),vector<double>(2 * utem[0].size(),0));
        int len = 1;
        for (int k = 0;k  <=  j;k ++){
            len  *  =  2;
        }
        for (int i = 0;i < utem.size();i ++){
            for (int m = 0;m < utem[0].size();m ++){
                u[i][m] = utem[i][m] * (1 - epsion);
            }
            for (int m = 0;m < utem[0].size();m ++){
                u[i][m + utem[0].size()] = utem[i][m] * (1 + epsion);
            }
        }
        double D = 0;
        double DD = 1;
//按步骤 e)计算畸变改进量
        while (fabs((D - DD)/DD) > delta){
            DD = D;
            for (int i = 0;i  <=  len - 1;i ++){
                v[i].num = 0;
                v[i].ele.clear();
                v[i].ele = vector<vector<double>>(row);
                for (int m = 0;m < row;m ++){
                    v[i].ele[m].push_back(0);
                }
            }
//按步骤 f)计算新码本的码字
```

```
            for (int i = 0;i < column;i ++) {
                vector < double >  xi;
                for (int m = 0;m < x. size( ) ;m ++) {
                    xi. push_back(x[m][i]);
            }
            vector < double >  distance = dis(u,xi);
            double val = distance[0];
            int pos = 0;
            for (int m = 1;m < distance. size( ) ;m ++) {
                if (distance[m] < val) {
                    val = distance[m];pos = m;
                }
            }
            v[pos]. num ++ ;
            char a[10];
            std::string str;
            str = a;
            xcode[i]. clear( );
            xcode[i] = "C" + str;
            if (v[pos]. num  ==  1) {
                for (int m = 0;m < row;m ++) {
                    v[pos]. ele[m][0] = xi[m];
                }
            }
            else{
                for (int m = 0;m < v[pos]. ele. size( ) ;m ++) {
                    v[pos]. ele[m]. push_back(xi[m]);
                }
            }
        }
    //计算均值
        for (int i = 0;i  <=  len - 1;i ++) {
            for (int m = 0;m < u. size( ) ;m ++) {
                u[m][i] = Qmean(v[i]. ele[m]);
        }
    //按步骤4)计算总畸变
        for (int m = 0;m < v[i]. ele[0]. size( ) ;m ++) {
            double sum = 0;
            for (int h = 0;h < u. size( ) ;h ++) {
                sum  +=  (u[h][i] - v[i]. ele[h][m]) * (u[h][i] - v[i]. ele[h][m]);
            }
            D  +=  sum;
```

```
            }
        }
    }
}
for (int i = 0; i < k; i++) {
    for (int j = 0; j < u.size(); j++) {
        v[i].mea.push_back(u[j][i]);
    }
}
return v;
}
```

2. 初始码本的生成

从上面的 LBG 算法步骤可以看出，在开始迭代前，必须先确定一个初始码本。这个初始码本的设计对最佳码本的设计有很大影响。初始码本的构造有许多方法，如随机码本法、分裂码本法等。

（1）随机选择法

最简单的方法是从训练序列中随机地选取 J 个矢量作为初始码字，从而构成初始码本，这就是随机选取法。这种方法的优点是简单，不需要初始化计算。问题是可能会选到一些非典型的矢量作为码字，即被选中的码字在训练序列中的分布不均匀。这样的码字没有代表性，导致码本训练中，收敛速度变慢或不能收敛；训练好的码本中的有限个码字得不到充分利用，使最终设计的码本达不到最优。

（2）分裂法

为了弥补随机选取法的缺陷可采用分裂法来解决初始码本的问题，其步骤如下。

1）求出 $\boldsymbol{S}$ 中全体训练矢量 $\boldsymbol{X}$ 的质心作为初始码本的码字 $\boldsymbol{Y}_1^{(0)}$。

2）利用一个较小的阈值矢量 $\boldsymbol{\varepsilon}$ 将 $\boldsymbol{Y}_1^{(0)}$ 一分为二，即

$$\begin{aligned} \boldsymbol{Y}_1^{(1)} &= \boldsymbol{Y}_1^{(0)} - \boldsymbol{\varepsilon} \\ \boldsymbol{Y}_2^{(1)} &= \boldsymbol{Y}_1^{(0)} + \boldsymbol{\varepsilon} \end{aligned} \tag{6-28}$$

以 $\boldsymbol{Y}_{1n}^{(1)}$，$\boldsymbol{Y}_{2n}^{(1)}$ 为新的初始码本，利用 LBG 算法进行迭代计算，求得新码本 $\boldsymbol{Y}_1^{(1)}$，$\boldsymbol{Y}_2^{(1)}$。

3）重复上面的循环，即将 $\boldsymbol{Y}_1^{(1)}$，$\boldsymbol{Y}_2^{(1)}$ 各分裂为二，得

$$\begin{cases} \boldsymbol{Y}_1^{(2)} = \boldsymbol{Y}_1^{(1)} - \boldsymbol{\varepsilon} \\ \boldsymbol{Y}_2^{(2)} = \boldsymbol{Y}_1^{(1)} + \boldsymbol{\varepsilon} \\ \boldsymbol{Y}_3^{(2)} = \boldsymbol{Y}_2^{(1)} - \boldsymbol{\varepsilon} \\ \boldsymbol{Y}_4^{(2)} = \boldsymbol{Y}_2^{(1)} + \boldsymbol{\varepsilon} \end{cases} \tag{6-29}$$

再以 $\boldsymbol{Y}_1^{(2)}$，$\boldsymbol{Y}_2^{(2)}$，$\boldsymbol{Y}_3^{(2)}$，$\boldsymbol{Y}_4^{(2)}$ 为新的初始码本，利用 LBG 算法等进行迭代计算，求取新的质心，如此继续。设所需要的码本码字数是 $J=2^r$（r 是整数），则共需做 r 轮上述的循环处理。直至聚类完毕，此时各类的质心即为所需的码字。

上述方法中，如果阈值矢量 $\boldsymbol{\varepsilon}$ 不好确定，也可采用下述方法：第一步求出 $\boldsymbol{S}$ 中全体训练

矢量 $\boldsymbol{X}$ 的质心作为初始码本的码字 $\boldsymbol{Y}_1^{(0)}$；然后在 $\boldsymbol{S}$ 中找一个与此质心的畸变最大的矢量 $\boldsymbol{X}_j$，再在 $\boldsymbol{S}$ 中找一个与 $\boldsymbol{X}_j$ 的误差为最大的矢量 $\boldsymbol{X}_k$；以 $\boldsymbol{X}_j$ 和 $\boldsymbol{X}_k$ 为基准进行划分，得到 $\boldsymbol{S}_j$ 和 $\boldsymbol{S}_k$ 两个子集；对这两个子集分别按同样方法进行处理就可以得到四个子集。依此类推，若 $J=2^r$（r 是整数），则只要进行 r 次分裂就可以得到 J 个子集。

训练后的基于矢量量化的说话人识别系统的识别过程可概况为：

1）从测试语音提取特征矢量序列 $\boldsymbol{X}_1,\boldsymbol{X}_2,\cdots,\boldsymbol{X}_M$。

2）每个模板依次对特征矢量序列进行矢量量化，计算各自的平均量化误差

$$D_i = \frac{1}{M}\sum_{n=1}^{M}\min_{1\leqslant l\leqslant L}[d(\boldsymbol{X}_n,\boldsymbol{Y}_l^i)] \tag{6-30}$$

式中，$\boldsymbol{Y}_l^i$（$l=1,2,\cdots L,i=1,2,\cdots N$）是第 i 个码本中第 l 个码本矢量；而 $d(\boldsymbol{X}_n,\boldsymbol{Y}_l^i)$ 是待测矢量 $\boldsymbol{X}_n$ 和码矢量 $\boldsymbol{Y}_l^i$ 之间的失真测度。

3）选择平均量化误差最小的码本所对应的说话人作为系统的识别结果。

6.4 应用 GMM 的说话人识别系统

6.4.1 系统模型

给定一个语音样本，说话人辨认的目的是要决定这个语音属于 N 个说话人中的哪一个。在一个封闭的说话人集合里，只需要确认该语音属于语音库中的哪一个说话人。在辨认任务中，目的是找到一个说话者 i^*，其对应的模型参数 θ_i^* 使得待识别语音特征矢量组 $\boldsymbol{X}$ 具有最大后验概率 $P(\theta_i/\boldsymbol{X})$。基于 GMM 的说话人辨认系统结构框图如图 6-5 所示。

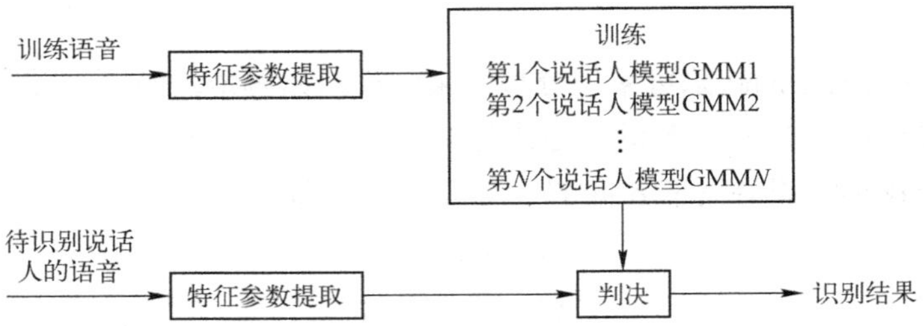

图 6-5 基于 GMM 的说话人辨认系统结构框图

根据贝叶斯理论，最大后验概率可表示为

$$P(\theta_i/\boldsymbol{X}) = \frac{P(\boldsymbol{X}/\theta_i)P(\theta_i)}{P(\boldsymbol{X})} \tag{6-31}$$

这里，$P(\boldsymbol{X}/\theta) = \prod_{i=1}^{S}P(\boldsymbol{X}_i/\theta)$，其对数形式为 $\ln P(\boldsymbol{X}/\theta) = \sum_{i=1}^{S}\ln P(X_i/\theta)$。因为 $P(\theta_i)$ 的先验概率未知，假定该语音信号出自封闭集里的每个人的可能性相等，也就是说

$$P(\theta_i) = 1/N, i\in[1,N] \tag{6-32}$$

对于一个确定的观察值矢量 $\boldsymbol{X}$，$P(\boldsymbol{X})$ 是一个确定的常数值，对所有说话人都相等。因此，求取后验概率的最大值可以通过求取 $P(\boldsymbol{X}/\theta_i)$ 获得，这样，辨认该语音属于语音库中的哪一个说话人可以表示为

$$i^* = \arg\max_i P(X/\theta_i) \tag{6-33}$$

这里，i^* 为识别出的说话人。

6.4.2 GMM 概述

高斯密度函数估计是一种参数化模型，有单高斯模型（Single Gaussian Model，SGM）和高斯混合模型（Gaussian Mixture model，GMM）两类。在聚类问题中，根据高斯概率密度函数参数的不同，每一个高斯模型可以看作一种类别，输入一个样本 $\boldsymbol{x}$，即可通过概率密度函数计算其值，然后通过一个阈值来判断该样本是否属于高斯模型。根据模型定义可知，SGM 适合于仅有两类别问题的划分，而 GMM 由于具有多个模型，划分更为精细，适用于多类别的划分，可以应用于复杂对象建模。

多维高斯（正态）分布概率密度函数（PDF）定义如下：

$$N(\boldsymbol{x};\boldsymbol{\mu},\Sigma) = \frac{1}{\sqrt{(2\pi)\,|\Sigma|}}\exp\left\{-\frac{1}{2}(\boldsymbol{X}-\boldsymbol{\mu})^{\mathrm{T}}\boldsymbol{\Sigma}^{-1}(\boldsymbol{X}-\boldsymbol{\mu})\right\} \tag{6-34}$$

与一维高斯分布不同，此处的 $\boldsymbol{x}$ 是维数为 d 的样本向量（列向量）；$\boldsymbol{\mu}$ 是模型期望；Σ 是模型方差。

对于单高斯模型（两类区分问题），由于可以明确训练样本是否属于该高斯模型，故 $\boldsymbol{\mu}$ 通常由训练样本均值代替，Σ 由样本方差代替。为了将高斯分布用于模式分类，假设训练样本属于类别 y，那么式（6-34）可以改为如下形式：

$$N(x;C) = \frac{1}{\sqrt{(2\pi)\,|\Sigma|}}\exp\left\{-\frac{1}{2}(\boldsymbol{X}-\boldsymbol{\mu})^{\mathrm{T}}\boldsymbol{\Sigma}^{-1}(\boldsymbol{X}-\boldsymbol{\mu})\right\} \tag{6-35}$$

该式表示样本属于类别 y 的概率大小。将任意测试样本 $\boldsymbol{x}_i$ 代入式（6-35），均可得到一个标量 $N(x_i;\boldsymbol{\mu},\Sigma)$，然后根据阈值 t 来确定该样本是否属于该类别。阈值 t 可以为经验值，也可以通过实验确定。

高斯混合模型是单一高斯概率密度函数的延伸，由于 GMM 能够平滑地近似任意形状的密度分布，因此近年来常被用在语音、图像识别等方面，得到不错的效果。下面以一个实例来解释高斯混合模型：有一批观察数据 $\boldsymbol{X}=\{\boldsymbol{x}^{(1)},\boldsymbol{x}^{(2)},\cdots,\boldsymbol{x}^{(s)}\}$，数据个数为 S。这些观察数据在 d 维空间中的分布不是椭球状，因此不适合以单一的高斯密度函数来描述这些数据点的概率密度函数，需要采用其他方法来表示。假设每个点均由一个单高斯分布生成（具体参数 $\boldsymbol{\mu}_j$ 和 Σ_j 未知），而这一批数据共由 M（明确）个单高斯模型生成，具体某个数据 $\boldsymbol{x}_i$ 属于哪个单高斯模型未知，且每个单高斯模型在混合模型中占的比例 α_j 未知，将所有来自不同分布的数据点混在一起，该分布称为高斯混合分布。

从数学上讲，这些数据的概率分布密度函数可以通过加权函数表示，即

$$p(x^{(i)}) = \sum_{j=1}^{M}\alpha_j N_j(x^{(i)};\mu_j,\Sigma_j) \tag{6-36}$$

上式即称为高斯混合模型。其中，$\sum_{j=1}^{M}\alpha_j = 1$。GMM 共有 M 个 SGM 模型，第 j 个 SGM 的概率密度函数可表示为

$$N_j(x;\mu_j,\Sigma_j) = \frac{1}{\sqrt{(2\pi)^d\,|\Sigma_j|}}\exp\left\{-\frac{1}{2}(\boldsymbol{X}-\mu_j)^{\mathrm{T}}\boldsymbol{\Sigma}_j^{-1}(\boldsymbol{X}-\mu_j)\right\} \tag{6-37}$$

由式（6-37）可知，GMM 需要确定的参数包括影响因子 α_j、各类均值 μ_j 和各类协方差 Σ_j。最佳的一组参数应该是其所确定的概率分布生成的数据点的概率最大，这个概率实际上等于 $\prod_{i=1}^{S} p(x^{(i)})$，称作似然函数。通常单个点的概率都很小，许多很小的数字相乘起来在计算机里很容易造成浮点数下溢，因此通常会对其取对数，把乘积变成和形式 $\sum_{i=1}^{S} \ln p(\boldsymbol{x}^{(i)})$，得到对数似然函数。如果想最大化该函数，那么通常的做法是求导并令导数等于零，然后解方程，完成参数估计。GMM 的对数似然函数，即样本 $\boldsymbol{X}$ 的概率公式为

$$\ell(\boldsymbol{X} \mid \boldsymbol{\Theta}) = \sum_{i=1}^{S} \ln\left\{ \sum_{j=1}^{M} \alpha_j N_j(x;\mu_j,\Sigma_j) \right\} \tag{6-38}$$

此处，$\boldsymbol{\Theta} = (\theta_1, \theta_2, \cdots, \theta_M)^{\mathrm{T}}$ 表示样本集 $\boldsymbol{X}$ 可估计 GMM 的所有参数，其中 $\theta_j = (\alpha_j, \mu_j, \Sigma_j)$。

SGM 与 GMM 在应用上的区别有：①SGM 需要进行初始化，否则模型无法使用。②SGM 只能适应微小性渐变，不能适应突变情况。③SGM 无法适应有多个状态背景，而 GMM 能够很好地描述不同状态。④混合高斯模型的自适应变化要健壮得多，能解决单高斯模型很多不能解决的问题，如无法解决同一样本点的多种状态，无法进行模型状态转化等。

6.4.3 GMM 的参数估计

说话人识别可以认为是一种聚类问题。因此可以假定现有数据是由 GMM 生成的，然后根据数据推出 GMM 的概率分布，GMM 的 M 个高斯成分实际上就对应 M 个聚类。根据数据来推算概率密度通常被称作密度估计。特别地，当已知（或假定）概率密度函数的形式时，要估计其中的参数的过程被称作“参数估计”。但是，由式（6-38）可知，由于在对数函数里面又有求和，因此无法直接用求导办法求得最大值。常用的方法是期望最大化算法（Expectation Maximization Algorithm，EM）。下面首先介绍一下 EM 算法的基本原理，然后介绍基于 EM 算法的 GMM 模型。

1. EM 算法

为简化表述，这里重新定义了一些变量。给定的训练样本是 $\boldsymbol{X} = \{x^{(1)}, x^{(2)}, \cdots, x^{(s)}\}$，样本个数为 S。样本间独立，需要找到每个样本隐含的类别 y，能使得 $p(x,y)$ 最大。$p(x,y)$ 的最大似然估计如下：

$$\ell(\theta) = \sum_{i=1}^{S} \ln p(x;\theta) = \sum_{i=1}^{S} \ln \sum_{y} p(x,y;\theta) \tag{6-39}$$

第一步是对最大似然取对数，第二步是对每个样本的每个可能类别 y 求联合分布概率和。但是直接求 θ 一般比较困难，因为有隐藏变量 y 存在。但是一旦确定了 y 后，求解就相对简单了。

EM 是一种解决存在隐含变量优化问题的有效方法。该算法不能直接最大化 $\ell(\theta)$，但是可以不断地建立 $\ell(\theta)$ 的下界（E 步），然后优化下界（M 步）。

对于每一个样例 i，让 Q_i 表示该样例隐含变量 y 的某种分布，Q_i 满足的条件是 $\sum_y Q_i(y) = 1$，$Q_i(y) \geqslant 0$。举例来说，如果将班上学生聚类，假设隐藏变量 y 是身高，那么就是连续的高斯分布；如果按照隐藏变量是男女，则是伯努利分布。转换式（6-39）

可得

$$\begin{aligned}\sum_{i=1}^{S}\ln p(x^{(i)};\theta) &= \sum_{i=1}^{S}\ln\sum_{y^{(i)}} p(x^{(i)},y^{(i)};\theta)\\ &= \sum_{i=1}^{S}\ln\sum_{y^{(i)}} Q_i(y^{(i)})\frac{p(x^{(i)},y^{(i)};\theta)}{Q_i(y^{(i)})}\\ &\geqslant \sum_{i=1}^{S}\sum_{y^{(i)}} Q_i(y^{(i)})\ln\frac{p(x^{(i)},y^{(i)};\theta)}{Q_i(y^{(i)})}\end{aligned}\tag{6-40}$$

这里，不等式的成立利用了 Jensen 不等式㊀。当 $f(x)$ 为常数时，等号成立。考虑到 $\ln(x)$ 是凹函数（二阶导数小于 0），且 $\sum_{y^{(i)}} Q_i(y^{(i)})\frac{p(x^{(i)},y^{(i)};\theta)}{Q_i(y^{(i)})}$ 就是 $\frac{p(x^{(i)},y^{(i)};\theta)}{Q_i(y^{(i)})}$ 的期望（期望公式的 Lazy Statistician 规则㊁）。

对应于上述问题，Y 是 $\frac{p(x^{(i)},y^{(i)};\theta)}{Q_i(y^{(i)})}$，$X$ 是 $y^{(i)}$，$Q_i(y^{(i)})$ 是 p_k，g 是 $y^{(i)}$ 到 $\frac{p(x^{(i)},y^{(i)};\theta)}{Q_i(y^{(i)})}$ 的映射。该过程即是求 $\ell(\theta)$ 下界。假设 θ 已经给定，那么 $\ell(\theta)$ 的值就取决于 $Q_i(y^{(i)})$ 和 $p(x^{(i)},y^{(i)})$。通过调整这两个概率可使下界不断上升以逼近 $\ell(\theta)$ 的真实值，当不等式变成等式时，说明调整后的概率等价于 $\ell(\theta)$。根据 Jensen 不等式，要想让等式成立，需要让随机变量变成常数值，即 $\frac{p(x^{(i)},y^{(i)};\theta)}{Q_i(y^{(i)})}=c$。其中，$c$ 为常数，不依赖于 $y^{(i)}$。已知 $\sum_y Q_i(y^{(i)})=1$，则有 $\sum_y p(x^{(i)},y^{(i)};\theta)=c$。因此，可得

$$Q_i(y^{(i)})=\frac{p(x^{(i)},y^{(i)};\theta)}{\sum_y p(x^{(i)},y;\theta)}=\frac{p(x^{(i)},y^{(i)};\theta)}{p(x^{(i)};\theta)}=p(y^{(i)}\mid x^{(i)};\theta)\tag{6-41}$$

在固定其他参数 θ 后，$Q_i(y^{(i)})$ 的计算公式就是后验概率，即解决 $Q_i(y^{(i)})$ 如何选择的问题。这一步就是 EM 算法的 E 步，建立 $\ell(\theta)$ 的下界。接下来的 M 步，就是在给定 $Q_i(y^{(i)})$ 后，调整 θ，去极大化 $\ell(\theta)$ 的下界（在固定 $Q_i(y^{(i)})$ 后，下界可以调整得更大）。一般的 EM 算法的步骤如下。

循环重复直到收敛：

（E 步）对于每一个 i，计算 $Q_i(y^{(i)})=p(y^{(i)}\mid x^{(i)};\theta)$

（M 步）计算 $\theta=\arg\max\limits_{\theta}\sum_{i=1}^{S}\sum_{y^{(i)}} Q_i(y^{(i)})\ln\frac{p(x^{(i)},y^{(i)};\theta)}{Q_i(y^{(i)})}$

算法的关键是如何保证 EM 收敛。假定 $\theta^{(t)}$ 和 $\theta^{(t+1)}$ 是 EM 第 t 次和 $t+1$ 次迭代后的结果。如果 $\ell(\theta^{(t)})\leqslant\ell(\theta^{(t+1)})$，即极大似然估计单调增加，那么该值会到达最大似然估计的最大值。

㊀ Jensen 不等式规则定义：当 f 是（严格）凹函数且 $-f$ 是（严格）凸函数时，$E[f(x)]\leqslant f(E(x))$

㊁ Lazy Statistician 规则定义：设 Y 是随机变量 X 的函数，$Y=g(X)$（g 是连续函数）。当 X 是离散型随机变量，其分布律为 $P(X=x_k)=p_k(k=1,2,\cdots)$。若 $\sum_{k=1}^{\infty}g(x_k)p_k$ 绝对收敛，则有 $E(Y)=E[g(X)]=\sum_{k=1}^{\infty}g(x_k)p_k$。

证明步骤如下：

选定 $\theta^{(t)}$ 后，由 EM 算法的 E 步可得 $Q_i^{(t)}(y^{(i)})=p(y^{(i)}\mid x^{(i)};\theta^{(t)})$，这保证在给定 $\theta^{(t)}$ 时，Jensen 不等式中的等式成立，即

$$\ell(\theta^{(t)}) = \arg\max_{\theta}\sum_{i=1}^{S}\sum_{y(i)}Q_i^{(t)}(y^{(i)})\ln\frac{p(x^{(i)},y^{(i)};\theta^{(t)})}{Q_i^{(t)}(y^{(i)})} \tag{6-42}$$

然后进行 M 步，固定 $Q_i^{(t)}(y^{(i)})$，并将 $\theta^{(t)}$ 视作变量。对上面的 $\ell(\theta^{(t)})$ 求导后，得到 $\theta^{(t+1)}$，可得

$$\begin{aligned}\ell(\theta^{(t+1)}) &\geqslant \sum_{i=1}^{S}\sum_{y(i)}Q_i^{(t)}(y^{(i)})\ln\frac{p(x^{(i)},y^{(i)};\theta^{(t+1)})}{Q_i^{(t)}(y^{(i)})}\\ &\geqslant \sum_{i=1}^{S}\sum_{y(i)}Q_i^{(t)}(y^{(i)})\ln\frac{p(x^{(i)},y^{(i)};\theta^{(t)})}{Q_i^{(t)}(y^{(i)})}\\ &= \ell(\theta^{(t)})\end{aligned} \tag{6-43}$$

由式（6-43）的第一个不等式可知，得到 $\theta^{(t+1)}$ 时，只是最大化 $\ell(\theta^{(t)})$，也就是 $\ell(\theta^{(t+1)})$ 的下界，而没有使等式成立。只有是在固定 θ，并按 E 步得到 Q_i 时才能使等式成立。

由上述可知，对于所有的 Q_i 和 θ 下式都成立：

$$\ell(\theta) \geqslant \sum_{i=1}^{S}\sum_{y(i)}Q_i^{(t)}(y^{(i)})\ln\frac{p(x^{(i)},y^{(i)};\theta)}{Q_i^{(t)}(y^{(i)})} \tag{6-44}$$

式（6-43）的第二个不等式利用了 M 步的定义，M 步就是将 $\theta^{(t)}$ 调整到 $\theta^{(t+1)}$，使得下界最大化。该式证明了 $\ell(\theta)$ 会单调增加，其收敛条件是 $\ell(\theta)$ 不再变化或变化幅度很小。

式（6-43）还能从另一个角度解释：式（6-43）的第一个不等式对所有的参数都满足，而只是在固定 θ，并调整好 Q 时其等式才成立。但是，该不等式只是固定 Q，调整 θ 时，不能保证等式一定成立。从第一个不等式到第二个不等式就是 M 步的定义，而第二个不等式到等式是前面 E 步所保证的等式成立条件。也就是说，E 步会将下界拉到与 $\ell(\theta)$ 一个特定值（$\theta^{(t)}$）一样的高度，而此时发现下界仍然可以上升。因此经过 M 步后，下界又被拉升，但达不到与 $\ell(\theta)$ 另外一个特定值一样的高度，之后 E 步又将下界拉到与这个特定值一样的高度，重复下去，直到最大值。

2. 基于 EM 算法求解混合高斯模型

之前提到的混合高斯模型的参数 α_j，μ_j 和 Σ_j 的计算公式都是根据很多假定得出的，为了简化，此处只给出 M 步的 α_j 和 μ_j 的推导方法。

E 步很简单，按照一般 EM 公式得到每个样本 i 的隐含类别 $y^{(i)}$ 为 j 的概率（后验概率）：

$$\omega_j^{(i)}=Q_i(y^{(i)}=j)=P(y^{(i)}=j\mid x^{(i)};\theta)=\frac{\alpha_i N_i(x^{(i)};\mu_i,\Sigma_i)}{\sum_{j=1}^{M}\alpha_j N_j(x^{(j)};\mu_j,\Sigma_j)} \tag{6-45}$$

式（6-45）表示每个样本 i 的隐含类别 $y^{(i)}$ 为 j 的概率可以通过后验概率计算得到。

在 M 步中，通过固定 $Q_i(y^{(i)})$ 后的最大化最大似然估计可得

$$\sum_{i=1}^{S}\sum \boldsymbol{y}^{(i)}Q_i(\boldsymbol{y}^{(i)})\ln\frac{p(\boldsymbol{x}^{(i)},\boldsymbol{y}^{(i)};\boldsymbol{\alpha},\boldsymbol{\mu},\boldsymbol{\Sigma})}{Q_i(y^{(i)})}$$

$$= \sum_{i=1}^{S}\sum_{j=1}^{M} Q_i(y^{(i)}=j)\ln\frac{p(x^{(i)}\mid y^{(i)}=j;\boldsymbol{\mu},\Sigma)p(y^{(i)}=j;\boldsymbol{\alpha})}{Q_i(y^{(i)}=j)}$$

$$= \sum_{i=1}^{S}\sum_{j=1}^{M}\omega_j^{(i)}\ln\frac{\frac{1}{(2\pi)^{d/2}|\Sigma_j|^{1/2}}\exp\left\{-\frac{1}{2}(x^{(i)}-\mu_j)^T\Sigma_j^{-1}(x^{(i)}-\mu_j)\right\}\cdot\alpha_j}{\omega_j^{(i)}} \tag{6-46}$$

上式是 $y^{(i)}$ 按 M 种情况展开的，参数 φ_j，μ_j 和 Σ_j 未知。固定 φ_j 和 Σ_j，对 μ_j 求导得

$$\nabla\mu_l\sum_{i=1}^{S}\sum_{j=1}^{M}\omega_j^{(i)}\ln\frac{\frac{1}{(2\pi)^{d/2}|\Sigma_j|^{1/2}}\exp\left\{-\frac{1}{2}(x^{(i)}-\mu_j)^T\Sigma_j^{-1}(x^{(i)}-\mu_j)\right\}\cdot\alpha_j}{\omega_j^{(i)}}$$

$$= -\nabla\mu_l\sum_{i=1}^{S}\sum_{j=1}^{M}\omega_j^{(i)}\frac{1}{2}(x^{(i)}-\mu_j)^T\Sigma_j^{-1}(x^{(i)}-\mu_j)$$

$$= \sum_{i=1}^{S}\omega_l^{(i)}\nabla\mu_l\mu_l^T\Sigma_l^{-1}x^{(i)}-\mu_l^T\Sigma_l^{-1}\mu_l$$

$$= \sum_{i=1}^{S}\omega_l^{(i)}(\Sigma_l^{-1}x^{(i)}-\Sigma_l^{-1}\mu_l) \tag{6-47}$$

令上式等于零，且保持一致，用 j 替换 l，可得到 $\boldsymbol{\mu}$ 的更新公式为

$$\mu_j = \frac{\sum_{i=1}^{S}\omega_j^{(i)}x^{(i)}}{\sum_{i=1}^{S}\omega_j^{(i)}} \tag{6-48}$$

在确定 $\boldsymbol{\Sigma}$ 和 $\boldsymbol{\mu}$ 后，式（6-46）的分子大部分都是常数，可简化为 $\sum_{i=1}^{S}\sum_{j=1}^{M}\omega_j^{(i)}\ln\alpha_j$。需要知道的是，$\alpha_j$ 还需要满足一定的约束条件，即 $\sum_{j=1}^{M}\alpha_j=1$。因此，该问题可通过构造拉格朗日乘子来优化。

$$Y(\boldsymbol{\alpha}) = \sum_{i=1}^{S}\sum_{j=1}^{M}\omega_j^{(i)}\ln\alpha_j+\beta\left(\sum_{j=1}^{M}\ln\alpha_j-1\right) \tag{6-49}$$

求导可得，

$$\frac{\partial Y(\alpha)}{\partial\alpha_j} = \sum_{i=1}^{S}\frac{\omega_j^{(i)}}{\alpha_j}+\beta \tag{6-50}$$

令上式等于零，可得

$$\alpha_j = \frac{\sum_{i=1}^{S}\omega_j^{(i)}}{-\beta} \tag{6-51}$$

因为 $\sum_{j=1}^{M}\alpha_j=1$，可得到

$$-\beta = \sum_{i=1}^{S}\sum_{j=1}^{N}\omega_j^{(i)} = \sum_{i=1}^{S}1 = S \tag{6-52}$$

因此，M 步中的 α_j 更新公式为

$$\alpha_j = \frac{1}{S}\sum_{i=1}^{S}\omega_j^{(i)} \tag{6-53}$$

Σ 的推导也类似，因为其是矩阵，所以推导比较复杂。这里只给出具体结果，不再介绍推导过程，读者可参考相关书籍。

$$\Sigma_j=\frac{\sum_{i=1}^{S}\omega_j^{(i)}\ (x^{(i)}-\mu_j)^T(x^{(i)}-\mu_j)}{\sum_{i=1}^{S}\omega_j^{(i)}} \tag{6-54}$$

3. 算法流程总结

（1）估计步骤（E－step）

令 α_j 的后验概率为

$$\omega_j^{(i)}=P(y^{(i)}=j\mid x^{(i)};\theta)=\frac{\alpha_i N_i(x^{(i)};\mu_i,\Sigma_i)}{\sum_{j=1}^{M}\alpha_j N_j(x^{(j)};\mu_j,\Sigma_j)} \tag{6-55}$$

在实现式（6-55）时，对于每个 SGM 分别用式（6-37）计算每个样本点 x_i 在该模型下的概率密度值 $N_i(x^{(i)};\mu_i,\Sigma_i)$，对于所有样本，得到一个 $S*1$ 的向量，计算 M 次，得到 $S*M$ 的矩阵，每一列为所有点在该模型下的概率密度值；实现 $\sum_{j=1}^{M}\alpha_j N_j(x^{(j)};\mu_j,\Sigma_j)$ 时，需要针对每个点计算在各个 SGM 的概率值总和。

（2）最大化步骤（M－step）

更新权值：$\alpha_j=\frac{1}{S}\sum_{i=1}^{S}\omega_j^{(i)}$

更新均值：$\mu_j=\frac{\sum_{i=1}^{S}\omega_j^{(i)}x^{(i)}}{\sum_{i=1}^{S}\omega_j^{(i)}}$

更新方差矩阵：$\Sigma_j=\frac{\sum_{i=1}^{S}\omega_j^{(i)}\ (x^{(i)}-\mu_j)^T(x^{(i)}-\mu_j)}{\sum_{i=1}^{S}\omega_j^{(i)}}$

在使用 EM 算法训练 GMM 时，GMM 模型的高斯分量的个数 M 的选择是一个相当重要而困难的问题。如果 M 取值太小，则训练出的 GMM 模型不能有效地刻画说话人的特征，从而使整个系统的性能下降。如果 M 取值过大，则模型参数会很多，从有效的训练数据中可能得不到收敛的模型参数，且训练得到的模型参数误差会很大。此外，太多的模型参数要求更多的存储空间，而且训练和识别的运算复杂度大大增加。高斯分量 M 的大小，很难从理论上推导出来，可以根据不同的识别系统，由实验确定。

在实验应用中，往往得不到大量充分的训练数据对模型参数进行训练。由于训练数据的不充分，GMM 模型的协方差矩阵的一些分量可能会很小，这些很小的值对模型参数的似然度函数影响很大，严重影响系统的性能。为了避免小的值对系统性能的影响，一种方法是在 EM 算法的迭代计算中，对协方差的值设置一个门限值，在训练过程中令协方差的值不小于设定的门限值，否则用设置的门限值代替。门限值设置可通过观察协方差矩阵来定。

6.4.4 GMM 模型的问题

1. 初始的选择

初始值的选择对于聚类问题非常关键，针对 GMM 模型常用的初始值的设定方案主要有两种。

1）协方差矩阵 Σ_{j0} 设为单位矩阵，每个模型比例的先验概率 $\alpha_{j0}=1/M$，均值 μ_{j0} 设为随机数。

2）由 K 均值聚类算法对样本进行聚类，利用各类的均值作为 μ_{j0}，并计算 Σ_{j0}，α_{j0} 取各类样本占样本总数的比例。

实际应用中，系统可以两者结合，即先按照第一种方案进行初始化，然后按照 K 均值聚类算法再进行优化。下面简要介绍 K 均值聚类算法。

K 均值聚类算法是最为经典的基于划分的聚类方法，是十大经典数据挖掘算法之一。K 均值聚类算法的基本思想是：以空间中 K 个点为中心进行聚类，对最靠近它们的对象归类。通过迭代的方法，逐次更新各聚类中心的值，直至得到最好的聚类结果。该算法的最大优势在于简洁和快速。该算法的关键在于初始中心的选择和距离公式。

聚类属于无监督学习，聚类的样本中却没有给定类别 y，只有特征 x。聚类的目的是找到每个样本 x 潜在的类别 y，并将同类别 y 的样本 x 放在一起。假设宇宙中的星星可以表示成三维空间中的点集(x,y,z)，聚类后结果就是一个个星团，星团里面的点相互距离比较近，星团间的星星距离就比较远。

在聚类问题中，训练样本是$\{\boldsymbol{x}_1,\boldsymbol{x}_2,\cdots,\boldsymbol{x}_m\}$，每个 $\boldsymbol{x}_i\in\boldsymbol{R}^n$。$K$ 均值聚类算法是将样本聚类成 K 个簇，具体算法描述如下：

1）随机选取 K 个聚类质心点为$\boldsymbol{\mu}_1,\boldsymbol{\mu}_2,\cdots,\boldsymbol{\mu}_K\in\boldsymbol{R}^n$。

2）重复下面过程直到收敛：

对于每一个样例 x_i，计算其应该属于的类 $c_i=\arg\min\limits_j\|\boldsymbol{x}_i-\boldsymbol{\mu}_j\|^2$；

对于每一个类 j，重新计算该类的质心 $\boldsymbol{\mu}_j=\dfrac{\sum\limits_{i=1}^m 1\{c_i=j\}\boldsymbol{x}_i}{\sum\limits_{i=1}^m 1\{c_i=j\}}$。

此处，K 是事先给定的聚类数，c_i 代表样例 $\boldsymbol{x}_i$ 与 K 个类中距离最近的那个类，质心 μ_j 代表属于同一个类的样本中心点。以星团模型为例，就是要将所有的星星聚成 k 个星团。第一步，随机选取 K 个宇宙中的点（或 K 个星星）作为 K 个星团的质心；第二步，计算每个星星到每个质心的距离，并选取距离最近的那个星团作为 c_i，即经过一轮后每个星星都会有所属的星团；第三步，对于每一个星团，重新计算其质心 $\boldsymbol{\mu}_j$（对里面所有的星星坐标求平均）。最后，重复迭代第一步和第二步直到质心不变或者变化很小。K 均值聚类算法的聚类过程如图 6-6 所示。

下面讨论一下 K 均值聚类算法的收敛性。首先定义畸变函数如下：

$$J(c,\boldsymbol{\mu})=\sum_{i=1}^m\|\boldsymbol{x}_i-\boldsymbol{\mu}_{c,i}\|^2 \tag{6-56}$$

J 函数表示每个样本点到其质心的距离平方和。K 均值聚类算法是要将 J 调整到最小。

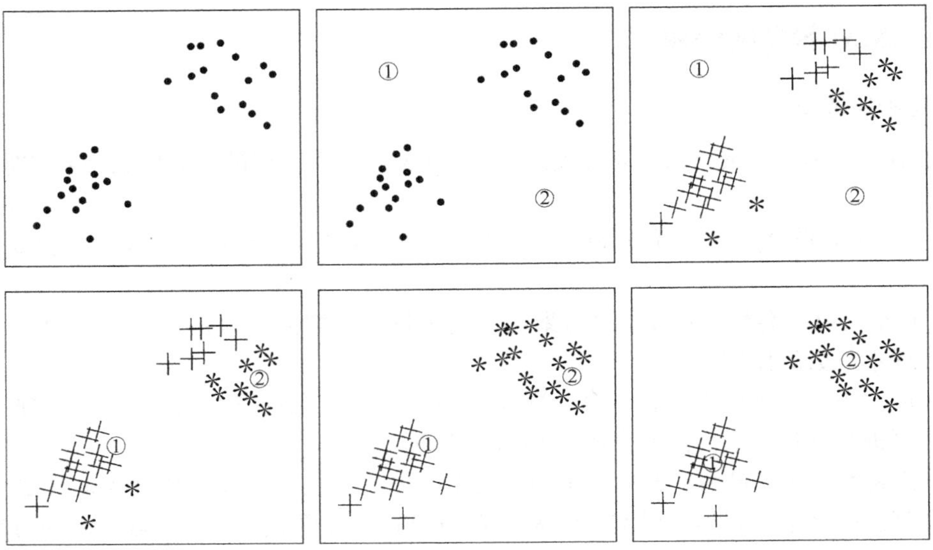

图 6-6 K 均值聚类算法的聚类过程

假设当前 J 没有达到最小值，可以固定每个类的质心 $\boldsymbol{\mu}_j$，调整每个样例的所属的类别 c_i 来让 J 函数减少；同样，固定 c_i，调整每个类的质心 $\boldsymbol{\mu}_j$ 也可以使 J 减小。当 J 递减到最小时，$\boldsymbol{\mu}$ 和 c 也同时收敛。由于畸变函数 J 是非凸函数，这意味着不能保证取得的最小值是全局最小值，即 K 均值聚类算法对质心初始位置的选取比较敏感。但是，一般情况下 K 均值聚类算法达到的局部最优已经满足需求，如果想避免陷入局部最优，那么可以选取不同的初始值多测试几遍，然后取最小的 J 对应的 $\boldsymbol{\mu}$ 和 c 输出。

对于 K 均值聚类算法来说，初始情况下并不知道每个样例 $\boldsymbol{x}_i$ 对应的隐含变量也就是最佳类别 c_i。最开始可以随便指定一个 c_i 给它，求出 J 最小时的 $\boldsymbol{\mu}_j$。当有更好的 $\boldsymbol{c}_i$（质心与样例 $\boldsymbol{x}_i$ 距离最小的类别）指定给样例 $\boldsymbol{x}_i$ 时，c_i 就得重新调整。最后，重复上述过程，直到没有更好的 c_i 指定。从上述可以看出 K 均值聚类算法其实就是 EM 算法的体现，E 步是确定隐含类别变量 c，M 步更新其他参数 $\boldsymbol{\mu}$ 来使 J 最小化。不同的是，此处隐含类别变量的指定方法比较特殊，属于硬指定，即从 k 个类别中硬选出一个样例，而不是对每个类别赋予不同的概率。总体思想还是一个迭代优化过程，有目标函数，也有参数变量，只是多了个隐含变量，先确定其他参数估计隐含变量，再确定隐含变量估计其他参数，直至目标函数最优。

2. GMM 算法收敛条件

算法的收敛方法主要有两种：

1）不断地迭代 E 和 M 步骤，重复更新参数 φ_j、μ_j 和 Σ_j，直到 $|\ell(\boldsymbol{X}|\boldsymbol{\Theta})-\ell(\boldsymbol{X}|\boldsymbol{\Theta}')|<\varepsilon$，通常 $\varepsilon=10^{-5}$，$\ell(\boldsymbol{X}|\boldsymbol{\Theta})$通过式（6-39）计算，$\ell(\boldsymbol{X}|\boldsymbol{\Theta}')$表示更新参数后计算的值。

2）不断地迭代步骤 E 和 M，重复更新参数 φ_j、μ_j 和 Σ_j，直到参数的变化不显著，即 $|\boldsymbol{\Theta}-\boldsymbol{\Theta}'|<\varepsilon$，$\boldsymbol{\Theta}'$为更新后的参数，通常 $\varepsilon=10^{-5}$。

通常情况下，方案 1）和方案 2）效果接近，但方案 2）的运算量明显小。

6.5 尚需进一步探索的研究课题

说话人识别具有广泛的应用前景，在几十年的研究和开发过程中取得了很大的成果，但还面临许多重大问题有待解决。人们对说话人识别的研究发展前景曾经一度相当乐观，但现在人们对此有了更加清醒的认识，比如目前对于人是怎样通过语音来识别他人的这一点尚无基本的了解；还不清楚究竟是何种语音特征（或其变换）能够唯一地携带说话人识别所需的特征。目前说话人识别所采用的预处理方法与语音识别一样，要根据所建立的模型来提取相应的语音参数。由于缺少对上述问题的基本了解，因此这样的处理方法会丢失许多本质的东西。因此，这些基本问题的解决还需借助于认知科学等基础研究领域的突破以及跨学科的协作。但是，这些研究都不是短期内能够实现的。说话人识别的信息来源是说话人所说的话，其语音信号中既包含了说话人所说话的内容信息，也包含了说话人的个性信息，是语音特征和说话人个性特征的混合体。目前还没有很好的方法能把说话人的特征和说话人的语音特征分离开来。说话人的发音常常与环境、说话人的情绪、说话人的健康有密切关系，因此说话人的个性特征不是固定不变的，具有长时变动性，会随着环境、情绪、健康状况和年龄的变化而变化。对于通过实际网络（例如市话网）传输的电话语音、存在噪声的实时环境下进行判定的说话人识别系统性能还有待研究提高。在说话人识别技术中，有许多尚需进一步探索的研究课题。例如，随着时间的变化，说话人的声音相对于模型来说要发生变化，所以要对各说话人的标准模板或模型等定期进行更新的技术；判定阈值的最佳设定方法等；在存在各种噪声的实际环境下，以及电话语音的说话人识别技术，还没有得到充分的研究。

我们将尚需进一步探索的研究课题总结为以下几方面。

1. 基础性的课题

（1）语音中语义内容与说话人人性的分离问题

现在语音内容和其声学特性的关系已经较明确，但是有关说话人个人特性和其语音声学特性的关系还没有完全研究清楚。个人特性的详细研究，不仅在说话人识别方面，而且在语音识别方面也是非常重要的。

（2）有效特征的选择与提取

什么特征参数对说话人识别最有效，如何有效地利用非声道特征，以及语音特征参数的混合都是值得研究的问题。

（3）说话人特征的变化和样本选择问题。

对于由时间、特别是病变引起的说话人特征的变化研究还很少。感冒引起鼻塞时，各种音尤其是鼻音的频率特性会有很大的变化；喉头有炎症时会发生基音周期的变化。这些情况都会影响说话人识别率，需要进一步研究。此外，对于样本选择的系统研究还很少。根据听音实验，不同的音素所包含的个人信息是不同的，所以样本的合理选择对识别率也有很大影响。

2. 实用性的问题

（1）说话人识别系统设计的合理化及优化问题

包括在一定的应用场合下对系统的功能和指标合理定义、对使用者实行明智的控制以及选择有效而可靠的识别方法等问题。

（2）语音真伪的鉴别问题

如何区别有意模仿的声音，这对于说话人识别在司法上的应用尤为重要。

（3）说话人识别系统的性能评价问题

需要建立与试听人试验对比的方法和指标。由于目前对于人识别人的性能尚无认识一致的评价方法，所以这一问题的解决还需长期的努力。

（4）可靠性和经济性

和语音识别系统相比，说话人识别系统的使用者人数要多几个数量级，例如拥有信用卡的人数可以是几百万或上千万，当然不一定所有的都用一个系统来处理，但是在把说话人识别系统用于社会以前，必须先设想万位以上的说话人进行可靠性实验。同理，在经济性方面，每一说话人的标准模型必须使用尽量少的信息，因此样本和特征量的精选也是亟待解决的。

6.6　思考与复习题

1. 自动说话人识别的目的是什么？它主要可分为哪两类？说话人识别和语音识别的区别在什么地方？在实现方法和使用的特征参数上和语音识别有什么相同的地方和不同的地方？

2. 什么叫作说话人辨别？什么叫作说话人确认？两者有何异同之处？

3. 在说话人识别中，应选择哪些可以表征个人特征的识别参数？你认为，汉语语音的说话人识别应该注意些什么问题？应该如何使用超音段信息？应该如何使用混合特征参数？

4. 怎样评价说话人识别特征参数选取的好坏？

5. 请说明基于 GMM 的说话人识别系统的工作原理？你从文献上看到过有关 GMM 模型训练的改进方法吗？请介绍其中一种较好的方法。当训练语料不足时，计算协方差矩阵时应注意什么问题？

6. 怎样解决由时间变化引起的说话人特征的变化？模型训练时应怎样考虑说话人特征随时间的变化？

7. 在说话人识别系统中，判别方法和判别阈值应该如何选择？是否应该根据文本内容以及发音时间的差别动态地改变？怎么改变？

8. 请参考文献研究一种最新的说话人识别系统，并详述其原理和优缺点，并谈谈对该系统的改进方案。

9. 写出基于 VQ 或 GMM 的说话人识别的详细伪代码。

第7章 语音识别

7.1 概述

语音识别（Speech Recognition）主要指让机器听懂人说的话，即在各种情况下，准确地识别出语音的内容，从而根据其信息，执行人的各种意图。它是一门涉及面很广的交叉学科，与计算机、通信、语音语言学、数理统计、信号处理、神经生理学、神经心理学和人工智能等学科都有着密切的关系。随着计算机技术、模式识别和信号处理技术及声学技术等的发展，使得能满足各种需要的语音识别系统的实现成为可能。近二三十年来，语音识别在工业、军事、交通、医学、民用诸方面，特别是在计算机、信息处理、通信与电子系统、自动控制等领域中有着广泛的应用。当今，语音识别产品在人机交互应用中，已经占到越来越大的比例，如语音打字机、数据库检索和特定环境下的语音命令等。

1. 语音识别系统的分类

语音识别系统按照不同的角度、不同的应用范围、不同的性能要求有不同的分类方法。

(1) 孤立词、连接词、连续语音识别系统以及语音理解和会话系统

从所要识别的对象来分，有孤立字（词）识别（即识别的字（词）之间有停顿的识别，包括音素识别、音节识别等）、连接词识别、连续语音识别与理解、会话语音识别等。孤立词识别系统要求说话人每次只说一个字（词）、一个词组或一条命令让识别系统识别。例如：一个使用语音进行家电控制的孤立词语音识别系统，可以识别用户发出的诸如“开”“关”“请打开”“提高音量”等词条。连接词识别一般特指十个数字（0～9）连接而成的多位数字识别或由少数指令构成的连接词条的识别。连接词识别系统在电话、数据库查询以及控制操作系统中用途很广。随着近年来的研究和发展，连续语音识别技术已渐趋成熟，将成为语音识别研究及实用系统的主流。语音理解是在语音识别的基础上，用语言学知识来推断语音的含义。系统不需要完全识别出语音内容，可能只需要理解语句的意思，是更高一级的语音识别。会话语音识别系统的识别对象是人们的会话语言。会话语言和书写语言不同，它可以出现省略、倒置等非语法现象。因此，会话语音识别不但要利用语法信息，而且还要利用谈话话题、上下文等对话环境的有关信息。

(2) 小词汇、中词汇和大词汇量语音识别系统

从理论上来说，一个计算机如果能听懂“是”及“不是”的语音输入，那它就可以采用语音方式进行操作。在语音识别技术的发展过程中，词汇量也正是从小到大发展的，随着词汇量的增大，对系统各方面的要求越来越高，成本也越来越高。一般来说，小词汇量系统是指能识别1～20个词汇的语音识别系统、中等词汇量指20～1000个词汇、大词汇量指1000个以上的词汇。但是，欲识别的词汇量越多，所用识别基元应选得越小越少越好，这样的系统才有价值，然而这也是一种矛盾。

(3) 特定人和非特定人语音识别系统

从讲话人的范围来分。有单个特定讲话人识别系统、多讲话人（即有限的讲话人）和与讲话者无关（理论上是任何人的声音都能识别）的三种语音识别系统。特定讲话人的语音识别比较简单，能得到较高的识别率，但使用前必须由特定人输入大量的发音数据、对其进行训练。后两种为非特定说话人识别系统，这种识别系统通用性好、应用面广，但难度也较大，不容易得到高识别率。但是，与讲话者无关的识别系统的实用化将会有很高的经济价值和深远的社会意义。语音信号的可变性很大，不同的人说话的时候，即使是同一个音节，如果对其进行仔细分析，会发现存在相当大的差异。要让一个语音识别系统能够识别非特定人的语音，必须使这样的识别系统能从大量的不同人的发音样本中学习到非特定人语音的发音速度、语音强度、发音方式等基本特征，并寻找归纳其相似性作为识别时的标准。因为学习和训练相当复杂，所用的语音样本也要预先采集，所以必须在系统生成之前完成，并把有关的信息存入系统的数据库中，以供真正识别时用。比如一个语音识别系统是为了一个机构的主管人员使用，那么该系统最好是以这个主管为特定人的识别系统，这样才能具有最高的识别率。此时，即使特定人有点口音，识别系统也能够确认无误。

2. 语音识别方法

语音识别方法一般有模板匹配法、随机模型法和概率语法分析法三种。虽然这三种方法都可以说是建立在最大似然决策贝叶斯判决的基础上的，但具体做法不同。

(1) 模板匹配法

早期的语音识别系统大多是按照简单的模板匹配原理构造的特定人、小词汇量、孤立词识别系统。在训练阶段，用户将词汇表中的每一个词依次说一遍，并且将其特征矢量作为模板存入模板库。在识别阶段，将输入语音的特征矢量序列依次与模板库中的每个模板进行相似度比较，将相似度最高者作为识别结果输出。由于语音信号有较大的随机性，即使是同一个人在不同时刻的同一句话发的同一个音，也不可能具有完全相同的时间长度，因此时间伸缩处理是必不可少的。此外，对于连续语音识别系统来讲，如果选择词、词组、短语甚至整个句子作为识别单位，为每个词条建立一个模板，那么随着系统用词量的增加，模板的数量将达天文数字。所以为了使识别算法更有效，对于非特定人、大词汇量、连续语音识别系统来讲，必须选择模板匹配以外的其他识别方法，如随机模型法或概率语法分析法。

(2) 随机模型法

随机模型法是目前语音识别主流的研究途径。语音信号可以看成是一种信号过程，它在足够短的时间段上的信号特性近似于稳定，而总的过程可看成是依次从相对稳定的某一特性过渡到另一特性。概率统计方法可以描述这样一种时变的过程，因此可使用概率参数来对似然函数进行估计与判决，从而得到识别结果。

(3) 概率语法分析法

这种方法是用于大长度范围的连续语音识别。语音学家通过研究不同的语音语谱及其变化发现，虽然不同的人说同一些语音时，相应的语谱及其变化有种种差异，因此总有一些共同的特点足以使它们有别于其他语音，也即语音学家提出的“区别性特征”。而另一方面，人类的语言要受词法、语法、语义等约束，人在识别语音的过程中充分应用了这些约束以及对话环境的有关信息。于是，将语音识别专家提出的“区别性特征”与来自构词、句法、语义等语用约束相互结合，就可以构成一个“由底向上”或“自顶向下”的交互作用的知识系统，不同层次的知识可以用若干规则来描述。这种方法研究的重点在于知识的获取、专家经验的总结、规则的形成和规则的调用等方面。从语音识别的角度看，语音恰恰是随机的、多变的，其语法规则既复杂又不完全确定，这给获取完备的规则以及执行高效的算法带来了极大的难度。

7.2　语音识别原理与系统构成

7.2.1　基本构成

语音识别系统的典型原理框图如图 7-1 所示。由图可知，语音识别系统的本质就是一种模式识别系统，包括前端预处理、后端模式识别以及训练模型等基本单元。由于语音信号是一种典型的非平稳信号，加之呼吸气流、外部噪声、电流干扰等使得语音信号不能直接用于提取特征，而要进行前期的预处理。预处理过程包括预滤波、采样、量化、分帧、加窗、预加重和端点检测等。在噪声比较突出的情况下，语音信号还要经过降噪处理。但是，降噪算法虽然可以提高信噪比，但是也会破坏部分语音成分，从而影响识别效果。经过预处理后，语音数据就可以进行识别特征参数的提取了。随着研究的发展，特征的数量和维度呈增加的趋势。从图 7-1 可知，语音识别系统分为两个主要阶段。

1）训练阶段：将数据库中的语音样本进行特征参数提取，为每个词条建立一个识别基本单元的声学模型以及进行文法分析的语言模型，并保存为模板库。

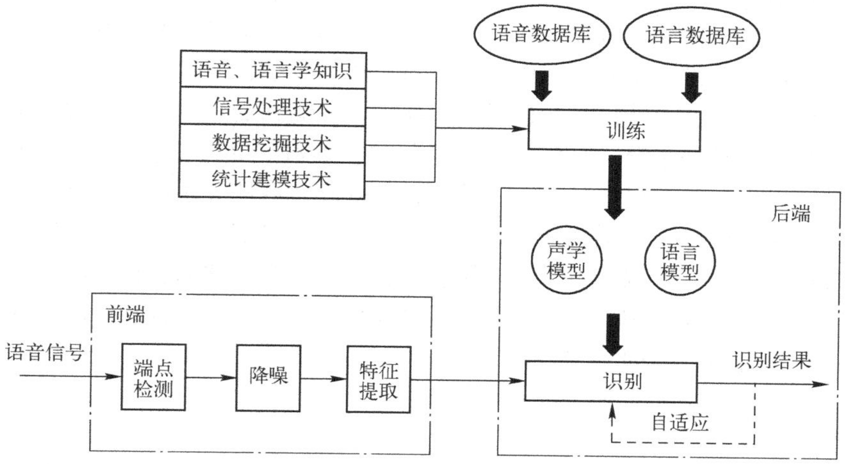

图 7-1　语音识别系统原理框图

2）识别阶段：将待识别语音信号经过相同的处理获得语音参数，然后根据识别系统的类型选择能够满足要求的一种识别方法，最后按照一定的准则和测度将待识别样本特征与训练样本特征进行比较，通过判决后得出识别结果。

对于不同的识别要求来说，所选用的数据可以是语音数据库，也可以是语言数据库。此外，为了提高模型的鲁棒性和可靠性，样本训练还可以引入一些辅助技术，如语音和语言学知识、信号处理技术、数据挖掘技术和统计建模技术等。

在语音识别中，对孤立字（词）的识别，研究得最早也最成熟。孤立字（词）识别的特点包括：单词之间有停顿，可使识别问题简化；单词之间的端点检测比较容易；单词之间的协同发音影响较小；一般孤立单词的发音都比较认真等。所以，该系统存在的问题较少，较容易实现，且其许多技术对其他类型系统有通用性并易于推广，如稍加补充一些知识即可用于其他类型系统（如在识别部分加入适当语法信息等，则可用于连续语音识别中）。目前，对孤立字（词）的识别，无论是小词汇量还是大词汇量，无论是与讲话者有关还是与讲话者无关，实验的正确识别率均已达到95%以上。

在语音识别中，孤立单词识别是基础。词汇量的扩大、识别精度的提高和计算复杂度的降低是孤立字（词）识别的三个主要目标。要达到这三个目标，关键的问题是特征的选择和提取、失真测度的选择以及匹配算法的有效性。目前，利用美尔频率的倒谱特征参数和隐马尔可夫模型技术，可以得到很好的识别性能。矢量量化技术则为特征参数提取和匹配算法提供了一个很好的降低运算复杂度的方法。

值得说明的是，对于类似的语音类识别系统（说话人识别系统、情感识别系统等）来说，识别的原理和系统构成都可与图7-1相似，只是存在一些细节上的差异，比如特征的选取等。

7.2.2 前端处理

语音识别的前端和说话人识别基本相同。但是根据应用的不同，相应的参数会有所差异，如抽样频率、帧长的选定、特征的种类等。

预处理过程包括的内容比较多，比如预滤波、采样和量化、分帧、加窗、预加重、端点检测等，这些内容已在前面章节和说话人识别部分介绍过，这里就不再赘述。

语音特征提取的关键在于使语音识别的类内距离尽量小，类间距离尽量大。特征参数提取是语音识别的关键问题，特征参数选择的好坏直接影响到语音识别的精度。识别参数可以是下面的某一种或几种的组合：平均能量、过零率、频谱、共振峰、倒谱、线性预测系数、偏自相关系数、声道形状的尺寸函数，以及音长、音高、声调等超声短信息函数。此外，美尔倒谱参数也是常用的语音识别特征参数。除了这些静态参数以外，上述参数的时间变化反映了语音特征的动态特性，因此也常常被用于语音识别当中。此外，提取的语音特征参数有时还要进行进一步的变换处理，如正交变换、主元素分析等，以达到特征降维的目的，减少运算量，提高识别性能的目的。

7.2.3 关键组成

语音识别算法是语音识别系统的核心部分。整个系统包括语音的声学模型以及相应的语言模型的建立、参数匹配方法、搜索算法、话者自适应算法等。

（1）语音与语言模型

语音模型一般指的是用于参数匹配的声学模型。而语言模型一般是指在匹配搜索时用于字词和路径约束的语言规则。语音声学模型的好坏对语音识别的性能影响很大，现在公认的较好的概率统计模型是隐马尔科夫模型（Hidden Markov Model，HMM）。因为HMM可以吸收环境和话者引起的特征参数的变动，实现非特定人的语音识别。

对于汉语来说，音素、声母—韵母、字、词等都可以作为识别基本单元。但是，正确识别率和系统的复杂度（运算量和存储量等）之间总是存在矛盾。基元选得越小，存储量越小，正确识别率也越小；其次，基元选择也与实际用途有关。一般地说，有限词汇量的识别基元可以选得大一些（如字词或短语等），而无限词汇量的识别基元则不得不选得小一些（如音素、声母—韵母等）。否则，词或句的数量有千千万万个，语音库就没法建立。但是识别基元的选择还要考虑其自动分割问题，即怎样从语音信号流中分割出这个基元。因为有时这种分割本身就要用到词义和语义的理解。

汉语字的分割是比较容易的，字的总数也不是太多（约1300个左右），因而即使对汉语全字进行识别也是可行的。但是，这种识别基元的识别结果是字，因而为了理解所识别的连续汉语的内容，需要增加从字构成词的部分，然后才能从词至句进行理解。但是，由于汉语中存在一音多字即同音字问题，所以又要增加同音字理解的部分。此外，由于汉语的音位变体过于复杂，因此不宜选用音素作为识别单元。总之，在汉语连续语音识别时，采用声母和韵母作为识别的参数基元、以音节字为识别基元，结合同音字理解技术以及词以上的句子理解技术的一整套策略，可望实现汉语全字（词）语音识别和理解的目的。

（2）语音识别算法

当今语音识别技术的主流算法，主要有基于参数模型的隐马尔可夫模型（Hidden Markov Model，HMM）的方法和基于非参数模型的矢量量化（Vector Quantiation，VQ）的方法等。基于HMM的方法主要用于大词汇量的语音识别系统，它需要较多的模型训练数据，较长的训练时间及识别时间，而且还需要较大的内存空间。而基于矢量量化的算法所需的模型训练数据、训练与识别时间，以及工作存储空间都很小，但是VQ算法对于大词汇量语音识别的识别性能不如HMM好。另外，基于人工神经网络（Artificial Neural Network，ANN）的语音识别方法，也得到了很好的应用。混合方法也是一类有益的尝试，如ANN/HMM法、VQ/HMM法等。传统的基于动态时间规整（Dynamic Time Warping，DTW）的算法，在连续语音识别中仍然是主流方法。同时，在小词汇量、孤立字（词）识别系统中，也有许多改进的DTW算法被提出。

用于语音识别的距离测度有多种，如欧氏距离及其变形的欧氏距离测度、似然比测度、加权的识别测度等。选择什么样的距离测度与识别系统采用什么语音特征参数和什么样的识别模型有关，如线性预测系数和倒谱系数都有相应的距离测度。近来，根据主观感知的距离测度也引起人们的兴趣。对于匹配计算而得的测度值，根据若干准则及专家知识，判决选出可能的结果中最好的结果作为识别结果，由识别系统输出，这一过程就是判决。在语音识别中，一般都采用K最邻近（k－Nearest Neighbor，KNN）准则来进行决策。因此，选择适当的距离测度的门限值是问题的关键，这往往需要大量实验来多次调整这些门限值才能得到满意的识别结果。

对于孤立字（词）识别系统来说，一般是以孤立字（词）为识别单位，即直接取孤立字（词）为识别基元。无论何种方案，孤立字（词）语音识别系统首先将语音信号经过预处理和语音分析部分变换成语音特征参数。模式识别部分是将输入语音特征参数信息与训练时预存的参考模型（或模板）进行比较匹配。由于发音速率的变化，输出测试语音和参考模式间存在着非线性失真，即与参考模式相比输入语音的某些音素变长而另一些音素却缩短，呈现随机的变化。根据参考模式是模板还是随机模型，最有效的两种时间规整策略分别是DTW技术和HMM技术。除了发音速率的变化外，相对于参考模式，测试语音还可能出现其他的语音变化，如连续/音渡/音变等声学变化、发音人心理及生理变化、与话者无关的情况下发音人的变化以及环境变化等。如何提高整个系统对各种语音变化和环境变化的鲁棒性，一直是研究的热点，提出了许多有效的归一化和自适应方法。关于这方面的内容，读者可以参考有关文献，这里不做详细介绍。

（3）计算量和存储量的削减

对于某些硬件和软件资源有限的语音识别系统来说，降低识别处理的计算量和存储量非常重要。当用 HMM 作为识别模型时，特征矢量的输出概率计算以及输入语音和语音模型的匹配搜索将占用很大的时间和空间。为了减少计算量和存储量，可以进行语音或者标准模式的矢量量化和聚类运算分析，利用代表语音特征的中心值进行匹配。在 HMM 语音识别系统中，识别运算时输出概率计算所消耗的计算量较大，所以可以在输出概率计算上采用快速算法。另外为了提高搜索效率，可以采用线搜索方法以及向前向后的组合搜索法等。此外，计算量和存储量的减少还要由系统的硬件构成以及使用目的与价格来决定。当用嵌入式系统作为识别装置时，减少存储量可能比计算量更重要。相反的，如果用电脑实现语音识别系统时，那么计算量的削减就更重要。

（4）拒识别处理

由于用户发音的错误，可能出现系统词汇表以外的单词或者句子，同时，在噪声环境下由噪声引起的语音区间检测错误也可能产生许多误识别的结果，所以在实际语音识别系统中，对信赖度低的识别结果的拒绝处理也是一个很重要的课题。这不仅有助于提高系统对含有未知词或文法外发音的处理能力，而且在会话系统中，通过用户和系统的对话，对信赖度低的识别部分进行重复处理，实现柔软处理用户发音内容的人机接口也很重要。目前，国内在这方面的研究很少，从而使得很多系统对于匹配探索不当产生的信赖度低的识别结果没有处理能力。可以考虑利用音节识别得到的得分补偿的方式进行拒识别处理，在这种方式中，利用在不限定识别对象的条件下求得的参考得分来补偿识别结果，并用补偿过的识别得分进行拒识别判定。阈值的选择要使补偿的得分值不受话者或噪声的影响，也可以研究将处理未知词的方法用于发音的全体，从而开发用于整个发音的拒绝处理的方法。

7.3 基于动态时间规整的语音识别系统

7.3.1 系统构成

在识别阶段的模式匹配中，不能简单地将输入模板和词库中的模板相比较来实现识别，因为语音信号具有相当大的随机性，这些差异不仅包括音强的大小、频谱的偏移，更重要的是发音持续时间不可能完全相同，而词库中的模板不可能随着输入模板持续时间的变换而进行伸缩，所以时间规整是必不可少的。动态时间规整（DTW）是把时间规整和距离测度计算结合起来的一种非线性规整技术，它是模板匹配的方法。在实现小词汇表孤立词识别系统时，其性能指标与 HMM 算法几乎相同。但是，HMM 算法比较复杂，在训练阶段需要提供大量的语音数据通过反复计算才能得到模型参数。因此，简单有效的 DTW 算法在特定场合下获得了广泛的应用。

图 7-2 为采用动态时间规整（DTW）技术进行语音识别的原理框图。在训练阶段，用

户将词汇表中的每一个词依次说一遍，并且将其特征矢量时间序列作为模板存入模板库；在识别阶段，将输入语音的特征矢量时间序列依次与模板库中的每个模板进行相似度比较，将相似度最高者作为识别结果输出。

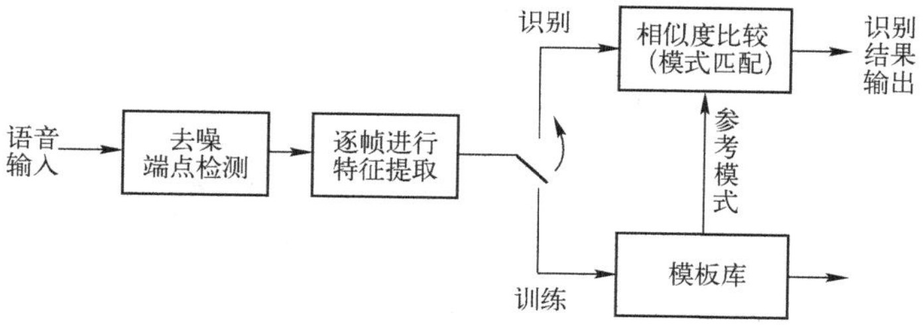

图7-2 基于DTW的语音识别系统原理框图

系统首先对语音进行预处理，具体包括分帧、预加重、加窗等。然后逐帧进行特征提取。不同于线性预测系数，由于美尔倒谱系数可以将人耳的非线性听觉特性和语音产生相结合，因此语音识别系统选用美尔频率倒谱系数（MFCC）及其一阶和二阶差分作为特征参数。MFCC特征的计算可以参见第3章。

在识别阶段，系统选用动态时间规整（DTW）技术作为模式匹配算法，进行语音识别。

7.3.2 动态时间规整[C]

基于模板匹配的语音识别算法需要解决的一个关键问题是说话人对同一个词的两次发音不可能完全相同，这些差异不仅包括音强的大小、频谱的偏移，更重要的是发音时音节的长短不可能完全相同，而且两次发音的音节往往不存在线性对应关系。设参考模板 $\boldsymbol{R}$ 有 M 帧矢量 $\{\boldsymbol{R}(1),\boldsymbol{R}(2),\cdots,\boldsymbol{R}(m),\cdots,\boldsymbol{R}(M)\}$，$\boldsymbol{R}(m)$ 为第 m 帧的语音特征矢量，测试模板 $\boldsymbol{T}$ 有 N 帧矢量 $\{\boldsymbol{T}(1),\boldsymbol{T}(2),\cdots,\boldsymbol{T}(n),\cdots,\boldsymbol{T}(N)\}$，$\boldsymbol{T}(n)$ 是第 n 帧的语音特征矢量。$d[\boldsymbol{T}(i_n),\boldsymbol{R}(i_m)]$ 表示 $\boldsymbol{T}$ 中第 i_n 帧特征与 $\boldsymbol{R}$ 中第 i_m 帧特征之间的距离，通常用欧氏距离表示，即 $d(x,y)=\frac{1}{k}\sqrt{\sum_{i=1}^{k}(x_i-y_i)^2}$。一般的匹配算法包括直接匹配和线性时间规整技术两种。直接匹配是假设测试模板和参考模板长度相等，即 $i_m=i_n$；线性时间规整技术假设说话速度是按不同说话单元的发音长度等比例分布的，即 $i_n=\frac{N}{M}i_m$。显然，这两种假设都不符合实际语音的发音情况，需要一种更加符合实际情况的非线性时间规整技术。图7-3所示为三种匹配模式对同一词两次发音的匹配距离（两条曲线间的阴影面积），显然 $D_3<D_2<D_1$。

DTW是把时间规整和距离测度计算结合起来的一种非线性规整技术，它寻找一个规整函数 $i_m=\boldsymbol{\Phi}(i_n)$，将测试矢量的时间轴 n 非线性地映射到参考模板的时间轴 m 上，并使该函数满足：

$$D=\min_{\Phi(i_n)}\sum_{i_n=1}^{N}d(\boldsymbol{T}(i_n),\boldsymbol{R}(\boldsymbol{\Phi}(i_n))) \tag{7-1}$$

D 就是处于最优时间规整情况下两矢量的距离。由于DTW不断地计算两矢量的距离以寻找最优的匹配路径，所以得到的是两矢量匹配时累积距离最小所对应的规整函数，这就保证了它们之间存在的最大声学相似性。DTW算法的实质就是运用动态规划的思想，利用局

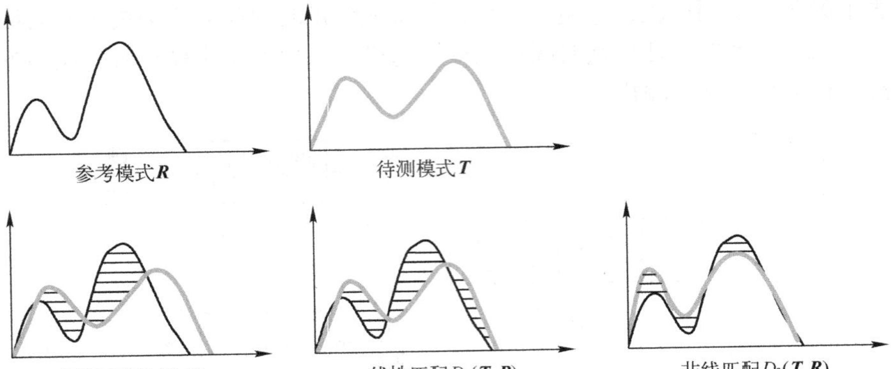

图 7-3　三种匹配模式对比

部最佳化的处理来自动寻找一条路径，沿着这条路径，两个特征矢量之间的累积失真量最小，从而避免由于时长不同而可能引入的误差

DTW 算法要求参考模板与测试模板采用相同类型的特征矢量、相同的帧长、相同的窗函数和相同的帧移。为了使动态路径搜索问题变得有实际意义，在规整函数上必须要加一些限制，不加限制使用式（7-1）找出的最优路径很可能使两个根本不同的模式之间的相似性很大，从而使模式比较变得毫无意义。通常规整函数必须满足如下的约束条件。

（1）边界限制

当待比较的语音已经进行精确的端点检测，在这种情况下，规整发生在起点帧和端点帧之间，反映在规整函数上就是

$$\begin{cases}\Phi(1)=1\\ \Phi(N)=M\end{cases} \tag{7-2}$$

（2）单调性限制

由于语音在时间上的顺序性，规整函数必须保证匹配路径不违背语音信号各部分的时间顺序，即规整函数必须满足单调性限制

$$\Phi(i_n+1)\geqslant\Phi(i_n) \tag{7-3}$$

（3）连续性限制

有些特殊的音素有时会对正确的识别起到很大的帮助，某个音素的差异很可能就是区分不同的发声单元的依据，为了保证信息损失最小，规整函数一般规定不允许跳过任何一点。即

$$\Phi(i_n+1)-\Phi(i_n)\leqslant 1 \tag{7-4}$$

DTW 算法的原理图如图 7-4 所示，把测试模板的各个帧号 $n=1\sim N$ 在一个二维直角坐标系中的横轴上标出，把参考模板的各帧 $m=1\sim M$ 在纵轴上标出，通过这些表示帧号的整数坐标画出一些纵横线即可形成一个网格，网格中的每一个交叉点表示测试模式中某一帧与训练模式中某一帧的交汇。DTW 算法分两步进行，第一步是计算两个模式各帧之间的距离，即求出帧匹配距离矩阵；第二步是在帧匹配距离矩阵中找出一条最佳路径。搜索这条路径的过程可以描述如下：搜索从（1，1）点出发，对于局部路径约束如图 7-5 所示，点(i_n,i_m)可达到的前一个格点只可能是(i_{n-1},i_m)、(i_{n-1},i_{m-1})和(i_n,i_{m-1})。那么(i_n,i_m)一定选择这

三个中的距离最小者所对应的点作为其前续格点，这时此路径的累积距离为

$$D(i_n,i_m)=d(T(i_n),R(i_m))+\min\{D(i_{n-1},i_m),D(i_{n-1},i_{m-1}),D(i_n,i_{m-1})\} \quad (7\text{-}5)$$

这样从(1,1)点（$D(1,1)=0$）出发搜索，反复递推，直到(N,M)就可以得到最优路径，而且$D(N,M)$就是最佳匹配路径所对应的匹配距离。在进行语音识别时，将测试模板与所有参考模板进行匹配，得到的最小匹配距离$D_{\min}(N,M)$所对应语音即为识别结果。

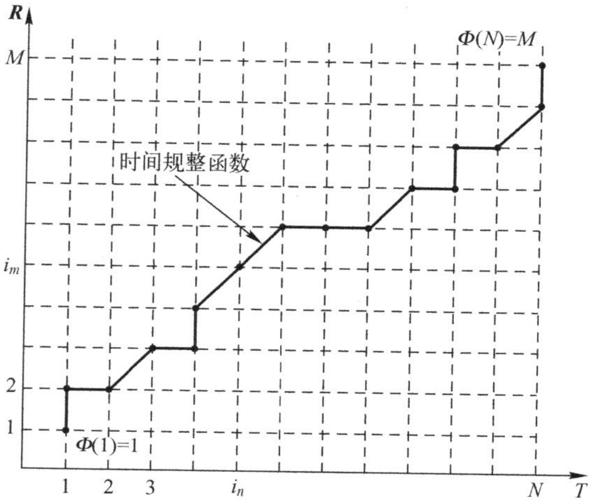

图 7-4　DTW 算法原理图

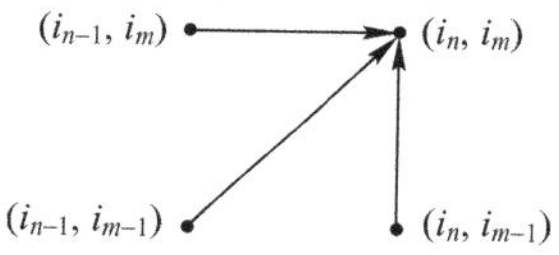

图 7-5　局部约束路径

动态时间规整算法的函数实现

名称：DTW

定义格式：

```
double DTW(vector<vector<double>> F, vector<vector<double>> R)
```

函数功能：动态时间规整算法。

参数说明：F 为模板的 MFCC 特征参数；R 为待识别语音的 MFCC 特征参数。

返回：F 和 R 之间的匹配距离 D。

程序清单：

```
double DTW(vector<vector<double>> F, vector<vector<double>> R){
    int r1,c1,r2,c2;
    r1 = F.size();
    c1 = F[0].size();
    r2 = R.size();
    c2 = R[0].size();
    vector<vector<double>> distance(r1, vector<double>(r2,0));
    for(int i = 0;i < r1;i++){
        for(int j = 0;j < r2;j++){
            double sum = 0;
```

```
            for(int m = 0;m < c1;m ++ ) {
                sum += (F[i][m] - R[j][m]) * (F[i][m] - R[j][m]);
            }
            distance[i][j] = sqrt(sum)/c1;                    //计算欧式距离 d(x,y)
        }
    }
    vector < vector < double >> D(r1 +1, vector < double > (r2 +1,0));
    for(int i = 0;i < r2 +1;i ++ ) {
        D[0][i] = Inf;
    }
    for(int i = 0;i < r1 +1;i ++ ) {
        D[i][0] = Inf;
    }
    D[0][0] =0;
    for(int i = 1;i < r1 +1;i ++ ) {
        for(int j = 1;j < r2 +1;j ++ ) {
            D[i][j] = distance[i -1][j -1];
        }
    }
for(int i =0;i < r1;i ++ ) {
        for(int j =0;j < r2;j ++ ) {
            double dmin = mymin3(D[i][j],D[i +1][j],D[i][j +1]);
            D[i +1][j +1] += dmin;                        //参见式(7-5)
        }
    }
    return D[r1][r2];
}
```

7.3.3 算法的改进

DTW 算法虽然简单有效，但是动态规整方法需要存储较大的矩阵，直接计算将会占据较大的空间，计算量也比较大。由图 7-5 的局部路径约束可知 DTW 算法的动态搜索的空间其实并不是整个矩形网格，而是局限于对角线附近的带状区域，许多点实际上是达不到的。因此，在实际应用中会将 DTW 算法进行一些改进以减少存储空间和降低计算量。常见的改进方法有搜索宽度限制、放宽端点限制等。

（1）搜索宽度限制

以图 7-5 中的局部约束路径为例，待测模板轴上每前进一帧，对于点(i_n,i_m)只需要用到前一列(i_{n-1},i_m)、(i_{n-1},i_{m-1})和(i_n,i_{m-1})三点的累积距离，也就是i_{m-1}和i_m两行的累积距离。整个 DTW 算法的计算过程递推循环进行，也就是每一行中的格点利用前两行格点的累积距离计算该点的累积距离的过程。基于这种循环递推计算，只需分配 $3\times N$ 的存储空间重复使用，而不需要保存帧匹配距离矩阵和所有的累积距离矩阵。如图 7-6，由于 DTW 算法的动态搜索宽度局限于对角线附近的带状区域，假设其宽度为 W，则实际只需分配 $3\times W$

的存储空间即可。

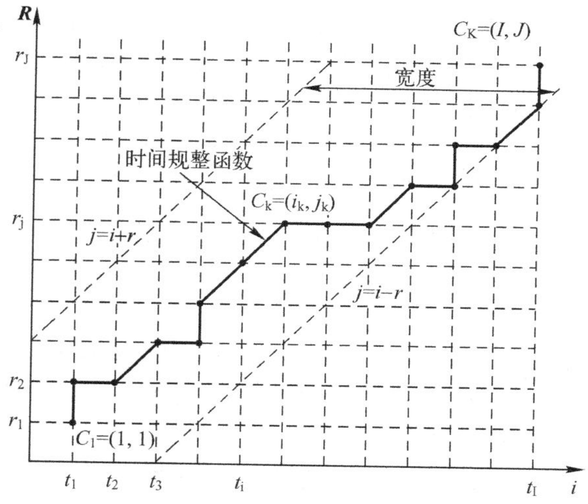

图7-6 改进的DTW算法原理图

(2) 放宽端点限制

普通DTW对端点检测比较敏感，端点信息是作为一组独立的参数提供给识别算法的。它要求两个比较模式起点对起点、终点对终点，对端点检测的精度要求比较高。当环境噪声比较大或语音由摩擦音构成时，端点检测不易进行，这就要求在动态时间规整过程中给以考虑。放宽端点限制的方法不严格要求端点对齐，克服由于端点算法不精确造成的测试模式和参考模式起点与终点不能对齐的问题。一般情况下，起点和终点在纵横两个方向只要放宽2~3帧就可以，也就是起点可以在(1,1)，(1,2)，(1,3)，(2,1)，(3,1)，终点类似。

在放宽端点限制的DTW算法中，累积距离矩阵中的元素(1,1)，(1,2)，(1,3)，(2,1)，(3,1)不是根据局部判决函数计算得到的，而是直接将帧匹配距离矩阵的元素填入，自动从其中选择最小的一个作为起点，对于终点也是从松弛终点的允许范围内选择一个最小值作为参考模式和未知模式的匹配距离。

7.4 基于隐马尔可夫模型的语音识别系统

7.4.1 隐马尔可夫模型概述

整体来讲，语音信号是时变的，所以用模型表示时，其参数也是时变的。然而，语音信号是慢时变信号，所以简单的表示方法是在较短的时间内用线性模型参数来表示，然后再将许多线性模型在时间上串接起来，这就是马尔可夫链。但是，除非已经知道信号的时变规律，否则，就存在一个问题：经过多长时间，模型就必须变换？显然，不可能期望准确地确定这些时长，或者不可能做到模型的变化与信号的变化同步，而只能凭经验来选取这些时长。所以马尔可夫链虽然可以描述时变信号，但不是最佳的和最有效的。但是，HMM既解决了用短时模型描述平稳段信号的问题，又解决了每个短时平稳段是如何转变到下一个短时平稳段的问题。HMM 是建立在一阶马尔可夫链的基础之上的，因此它们的概率特性基本相同。不同点是 HMM 是一个双内嵌式随机过程，即 HMM 是由两个随机过程组成的，一个随机过程描述状态和观察值之间的统计对应关系，它解决了用短时模型描述平稳段的信号的问题；由于实际问题比马尔可夫链模型所描述的更为复杂，观察到的事件并不像马尔可夫链模型一样与状态一一对应，所以 HMM 通过另一组与概率分布相联系的状态转移的统计对应关系来描述每个短时平稳段是如何转变到下一个短时平稳段的情况。站在观察者的角度，只能看到观察值，不像马尔可夫链模型中的观察值和状态一一对应，因此，不能直接看到状态，而只能是通过一个随机过程去感知状态的存在以及其特性。因而称之为“隐”马尔可夫链模型，即 HMM。

隐马尔可夫模型作为语音信号的一种统计模型，在语音处理各个领域中获得了广泛的应用。由于早期缺乏一种能使 HMM 模型参数与语音信号达到最佳匹配的有效方法，所以该模型没有被用到语音信号处理中来。直到 20 世纪 60 年代后期，该匹配方法才被提出。然后，1970 年前后，Baum 等人建立起相关的理论基础。20 世纪在 80 年代中期，Bell 实验室 Rabiner 等人对 HMM 的深入浅出的介绍使得 HMM 逐渐被世界各国从事语音信号处理的研究人员所了解和熟悉，进而成为公认的一个研究热点。近几十年来，隐马尔可夫模型技术无论在理论上还是在实践中都有了许多进展，其基本理论和各种实用算法是现代语音识别的重要基础之一。

HMM 是一个输出符号序列的统计模型，具有 N 个状态 $S_1, S_2, \cdots, S_N$，它按一定的周期从一个状态转移到另一个状态，每次转移时，输出一个符号。转移到哪一个状态，转移时输出什么符号，分别由状态转移概率和转移时的输出概率来决定。因为只能观测到输出符号序列，而不能观测到状态转移序列（即模型输出符号序列时，不能知道通过了哪些状态路径），所以称为隐藏的马尔可夫模型。

假设一个实际的物理过程产生一个可观察的序列，此时如果能用一个模型来描述该信号序列，那么也就有可能去识别它。所谓用一个 HMM 模型来描述该信号序列，即这个 HMM 模型是由该类信号序列训练而成，它代表该信号序列。换言之，当该信号序列通过该 HMM 时，比通过其他 HMM 模型时，产生的输出概率要大。图 7-7 是一个简单的 HMM 的例子，它具有三个状态，其中 S_1 是起始状态，S_3 是终了状态。该 HMM 只能输出两种符号，即 a 和 b。每一条弧上有一个状态转移概率以及该弧发生转移时输出符号 a 和 b 的概率。从一个状态转移出去的概率之和为 1；每次转移时输出符号 a 和 b 的概率之和也为 1。图中 a_{ij} 是从 S_i 状态转移到 S_j 状态的概率，每个转移弧上输出概率矩阵中 a 和 b 两个符号对应的数字，分别表示在该弧发生转移时该符号的输出概率值。

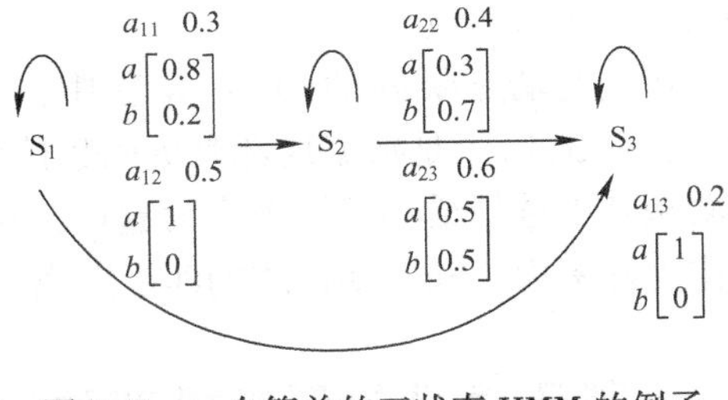

图 7-7　一个简单的三状态 HMM 的例子

设在如图 7-7 所示的 HMM 中，从 S_1 出发到 S_3 截止，输出的符号序列是 aab。因为从 S_1 到 S_3，并且输出 aab 时，从图中可以看出可能的路径只有 $S_1 \to S_1 \to S_2 \to S_3$、$S_1 \to S_2 \to S_2 \to S_3$、$S_1 \to S_1 \to S_1 \to S_3$ 三种。每一种路径输出 aab 的概率分别是：

$S_1 \to S_1 \to S_2 \to S_3$：　$0.3 \times 0.8 \times 0.5 \times 1.0 \times 0.6 \times 0.5 = 0.036$

$S_1 \to S_2 \to S_2 \to S_3$：　$0.5 \times 1.0 \times 0.4 \times 0.3 \times 0.6 \times 0.5 = 0.018$

$S_1 \rightarrow S_1 \rightarrow S_1 \rightarrow S_3$：　　$0.3 \times 0.8 \times 0.3 \times 0.8 \times 0.2 \times 1.0 = 0.001152$

由于是隐 HMM 模型，所以状态序列不可知，即不知道 HMM 输出 aab 时，到底是经过了哪一条不同状态组成的路径。如果知道了该 HMM 输出 aab 时通过的路径，就可以把该路径的输出概率，作为该 HMM 输出 aab 的概率。因为不知道该 HMM 输出 aab 时是通过了哪一条路径，所以，作为计算输出概率的一种方法，是把每一种可能路径的概率相加得到的总的概率值作为 aab 的输出概率值。所以该 HMM 输出的 aab 的总概率是 $0.036 + 0.018 + 0.001152 = 0.06552$。通过这个例子，可以对 HMM 有一个初步的认识。

HMM 用概率或统计范畴的理论成功解决了怎样辨识具有不同参数的短时平稳的信号段以及怎样跟踪它们之间的转化等问题。语音识别的最大困难之一就是如何对语音的发音速率及声学变化建立模型。随着 HMM 被引入到语音识别领域中，这一棘手问题得到了较圆满的解决。HMM 通过状态转移概率对基元发音速率建模；通过依赖状态的观察输出概率对基元发音的声学变化建模。另外，由于语音的信息结构是多层次的，除了语音特性之外，它还牵涉到音长、音调、能量等超音段信息，以及语法、句法等高层次语言结构的信息。HMM 的特长还在于它即可描述瞬态的（随机过程），又可描述动态的（随机过程转移）特性，所以 HMM 也能很好地利用这些超音段的和语言结构的信息。

为了更好地理解 HMM 的含义，本文介绍一个说明 HMM 概念的著名例子— –球和缸的实验。设有 N 个缸，每个缸中装有很多彩色的球，在同一个缸中不同颜色球的多少由一组概率分布来描述。实验的步骤如下：根据某个初始概率分布，随机地选择 N 个缸中的一个缸，如第 i 个缸。再根据这个缸中彩色球颜色的概率分布，随机地选择一个球，记下球的颜色，记为 o_1，把球放回缸中。又根据描述缸的转移的概率分布，选择下一个缸，如第 j 个缸，再从缸中随机选一个球，记下球的颜色，记为 o_2。一直进行下去，可以得到一个描述球的颜色的序列 $o_1, o_2, \cdots$，由于这是观察到的事件，因而称之为观察值序列。如果每个缸中只装有一种彩色的球，则根据球的颜色的序列 $o_1, o_2, \cdots$，就可以知道缸的排列。但球的颜色和缸之间不是一一对应的，所以缸之间的转移以及每次选取的缸被隐藏起来了，并不能直接观察到。而且，从每个缸中选择什么颜色的球是由彩球颜色概率分布随机决定的。此外，每次选取哪个缸则由一组转移概率所决定。

通过以上的分析可以知道，HMM 用于语音信号建模时，是对语音信号的时间序列结构建立统计模型，它是数学上的双重随机过程：一个是具有有限状态数的马尔可夫链来模拟语音信号统计特性变化的隐含随机过程；另一个是与马尔可夫链的每一状态相关联的观测序列的随机过程。前者通过后者表现出来，但前者的具体参数（如状态序列）是不可观测的。人的言语过程实际上就是一个双重随机过程，语音信号本身是一个可观测的时变序列，是由大脑根据语法知识和言语需要（不可观测的状态）发出的音素的参数流。可见，HMM 合理地模仿了这一过程，很好地描述了语音信号的整体非平稳性和局部平稳性，是一种较为理想的语音信号模型。

7.4.2 隐马尔可夫模型的定义

1. 离散马尔可夫过程

马尔可夫链是马尔可夫随机过程的特殊情况，即马尔可夫链是状态和时间参数都离散的马尔可夫过程。

设在时刻 t 的随机变量 S_t 的观察值为 s_t，则在 $S_1=s_1,S_2=s_2,\cdots,S_t=s_t$ 的前提下，$S_{t+1}=s_{t+1}$ 的概率如式（7–6）所示，则称其为 n 阶马尔可夫过程。

$$P(S_{t+1}=s_{t+1}\mid S_1^t=s_1^t)=P(S_{t+1}=s_{t+1}\mid S_{t-n+1}^t=s_{t-n+1}^t) \tag{7-6}$$

此处，$S_1^t=s_1^t$ 表示 $S_1=s_1,S_2=s_2,\cdots,S_t=s_t$。特别地，当式（7–7）成立时，则称其为一阶马尔可夫过程，又叫单纯马尔可夫过程。

$$P(S_{t+1}=s_{t+1}\mid S_1^t=s_1^t)=P(S_{t+1}=s_{t+1}\mid S_t=s_t) \tag{7-7}$$

即系统在任一时刻所处的状态只与此时刻的前一时刻所处的状态有关。而且，为了处理问题方便，考虑式（7–8）右边的概率与时间无关的情况，即

$$P_{ij}(t,t+1)=P(S_{t+1}=s_j\mid S_t=s_i) \tag{7-8}$$

同时满足

$$\begin{cases}P_{ij}(t,t+1)\geqslant 0\\ \sum_{j=1}^{N}P_{ij}(t,t+1)=1\end{cases} \tag{7-9}$$

这里，$P_{ij}(t,t+1)$ 是从当时刻 t 的状态 i 到时刻 $t+1$ 的状态 j 的转移概率。当这个转移概率是与时间无关的常数时，称其为具有常数转移概率的马尔可夫过程。另外，$P(t)_{ij}\geqslant 0$ 表示 t 存在时，从状态 i 到状态 j 的转移是可能的。对于任意的 i，j，如果都有 $P(t)_{ij}\geqslant 0$，则这个马尔可夫过程是正则马尔可夫过程。

假设有 N 个不同的状态（$S_1,S_2,...,S_N$），系统在经历了一段时间后，按照式（7–6）所定义的概率关系经历了一系列状态的变化，此时输出的是状态序列，这种随机过程称为可观察马尔可夫模型，在这种模型中，每一个状态对应一个物理事件。

2. 隐马尔可夫模型

HMM 类似于一阶马尔可夫过程，不同的是 HMM 是一个双内嵌式随机过程。如前所述，HMM 由两个随机过程组成：一个是状态转移序列，它对应着一个单纯马尔可夫过程；另一个是每次转移时输出的符号组成的符号序列。在语音识别用的 HMM 中，相邻符号之间是不相关的（这不符合语音信号的实际情况，因此是 HMM 的一个缺点）。这两个随机过程，其中一个随机过程是不可观测的，只能通过另一个随机过程的输出观察序列观测。设状态转移序列为 $S=s_1s_2\cdots s_T$，输出的符号序列为 $O=o_1o_2\cdots o_T$，则在单纯马尔可夫过程和相邻符号之间是不相关的假设下（即 s_{i-1} 和 s_i 之间转移时的输出观察值 o_i 和其他转移间无关），有下式成立：

$$P(\boldsymbol{S})=\prod_i P(s_i\mid s_1^{i-1})=\prod_i P(s_i\mid s_{i-1}) \tag{7-10}$$

$$P(\boldsymbol{O}\mid\boldsymbol{S})=\prod_i P(o_i\mid s_1^i)=\prod_i P(o_i\mid s_{i-1},s_i) \tag{7-11}$$

对于隐 Markov 模型，把所有可能的状态转移序列都考虑进去，则有

$$P(\boldsymbol{O})=\sum_S P(\boldsymbol{O}\mid\boldsymbol{S})P(\boldsymbol{S})=\sum_S\prod_i P(s_i\mid s_{i-1})P(o_i\mid s_{i-1},s_i) \tag{7-12}$$

由此可知，上式就是计算输出符号序列 aab 的输出概率所用的方法。

3. HMM 的基本元素

通过前面讨论的马尔可夫链以及球与缸实验的例子，可以给出 HMM 的定义，或者考虑

一个 HMM 可以由哪些元素描述。根据以上的分析，语音识别用 HMM 可以用下面 6 个模型参数来定义，即

$$M=\{\boldsymbol{S},\boldsymbol{O},\boldsymbol{A},\boldsymbol{B},\boldsymbol{\pi},\boldsymbol{F}\} \tag{7-13}$$

S：模型中状态的有限集合，即模型由几个状态组成。设有 N 个状态，$\boldsymbol{S}=\{S_i \mid i=1,2,\cdots,N\}$。记 t 时刻模型所处状态为 s_t，显然 $s_t \in (S_1,\cdots,S_N)$。在球与缸的实验中的缸就相当于状态。

O：输出的观测值符号的集合，即每个状态对应的可能的观察值数目。记 M 个观察值为 $O_1,\cdots,O_M$，记 t 时刻观察到的观察值为 o_t，其中 $o_t \in (O_1,\cdots,O_M)$。在球与缸实验中所选彩球的颜色就是观察值。

A：状态转移概率的集合。所有转移概率可以构成一个转移概率矩阵，即

$$\boldsymbol{A}=\begin{bmatrix} a_{11} & \cdots & a_{1N} \\ \vdots & \ddots & \vdots \\ a_{N1} & \cdots & a_{NN} \end{bmatrix} \tag{7-14}$$

其中，a_{ij}是从状态 S_i 转移到状态 S_j 时的转移概率，$1 \leqslant i,j \leqslant N$ 且有 $0 \leqslant a_{ij} \leqslant 1$，$\sum_{j=1}^{N} a_{ij}=1$。在球与缸实验中，其描述了选取当前缸的条件下选取下一个缸的概率。

B：输出观测值概率的集合。$\boldsymbol{B}=\{b_{ij}(k)\}$，其中 $b_{ij}(k)$ 是从状态 S_i 到状态 S_j 转移时观测值符号 k 的输出概率，即缸中球的颜色 k 出现的概率。根据 B 可将 HMM 分为连续型和离散型 HMM 等。

$$\sum_{k} b_{ij}(k) = 1 \qquad \text{（离散型 HMM）} \tag{7-15}$$

$$\int_{-\infty}^{+\infty} b_{ij}(k)dk = 1 \qquad \text{（连续型 HMM）} \tag{7-16}$$

π：系统初始状态概率的集合，$\boldsymbol{\pi}=\{\pi_i\}$。$\pi_i$ 表示初始状态是 s_i 的概率，即

$$\pi_i = P(S_1 = s_i),\quad (1 \leqslant i \leqslant N) \quad \sum \pi_j = 1 \tag{7-17}$$

在球与缸实验中，它指开始时选取某个缸的概率。

F：系统终了状态的集合。

需要说明的是，严格来说马尔可夫模型是没有终了状态的，只是语音识别的马尔可夫模型要设定终了状态。因此，一个 HMM 可记为 $\boldsymbol{M}=\{\boldsymbol{S},\boldsymbol{O},\boldsymbol{A},\boldsymbol{B},\boldsymbol{\pi},\boldsymbol{F}\}$，为了便于表示，可简写为 $\boldsymbol{M}=\{\boldsymbol{A},\boldsymbol{B},\boldsymbol{\pi}\}$。因此，HMM 可分为两部分：一个是 Markov 链，由 $\boldsymbol{\pi}$、$\boldsymbol{A}$ 描述，产生的输出为状态序列；另一个是一个随机过程，由 $\boldsymbol{B}$ 描述，产生的输出为观察值序列。

7.4.3 隐马尔可夫模型的基本算法

如果要将 HMM 用于孤立字（词）识别过程，必须解决三个问题。

（1）识别问题

给定观察符号序列 $\boldsymbol{O}=o_1o_2\cdots o_T$ 和模型 $\boldsymbol{M}=\{\boldsymbol{A},\boldsymbol{B},\boldsymbol{\pi}\}$，如何快速有效的计算观察符号序列的输出概率 $P(\boldsymbol{O}\mid\boldsymbol{M})$？

（2）寻找与给定观察字符序列对应的最佳的状态序列

给定观察字符号序列和输出该符号序列的模型 $\boldsymbol{M}=\{\boldsymbol{A},\boldsymbol{B},\boldsymbol{\pi}\}$，如何有效的确定与之对

应的最佳的状态序列，即估计出模型产生观察字符号序列时最有可能经过的路径，也就是所有可能的路径中概率最大的路径。尽管在上面的介绍中，一直讲状态序列不能够知道，但实际上，存在一种有效算法可以计算最佳的状态序列。这种算法的指导思想就是概率最大的路径就是最有可能经过的路径，即最佳的状态序列路径。

（3）模型训练问题

实际上是一个模型参数估计问题，即对于初始模型和给定用于训练的观察符号序列 $\boldsymbol{O}=o_1o_2\cdots o_T$，如何调整模型 $\boldsymbol{M}=\{\boldsymbol{A},\boldsymbol{B},\boldsymbol{\pi}\}$ 的参数，使得输出概率 $P(\boldsymbol{O}|\boldsymbol{M})$ 最大？

其中，问题（1）和问题（3），在语音识别中必须解决；第二个问题在有些应用中需要解决。下面结合讨论这三个问题的解法，介绍 HMM 的基本算法。算法的程序实现可借鉴加拿大阿尔伯塔大学 Dekang Lin 的 HMM 类库

1. 前向－后向算法

前向－后向（Forward－Backward，F－B）算法是用来计算给定一个观察值序列 $\boldsymbol{O}=o_1o_2\cdots o_T$ 以及一个模型 $\boldsymbol{M}=\{\boldsymbol{A},\boldsymbol{B},\boldsymbol{\pi}\}$ 时，由模型 $\boldsymbol{M}$ 产生出 $\boldsymbol{O}$ 的概率 $P(\boldsymbol{O}|\boldsymbol{M})$ 的。虽然由图 7-7可知，在已知观察值序列 aab 和模型 $\boldsymbol{M}=\{\boldsymbol{A},\boldsymbol{B},\boldsymbol{\pi}\}$ 时，我们介绍了 aab 的输出概率的计算方法和步骤。但是，该例只是一种非常简单的情况，实际上每一种可能的路径是不可能知道的，而且计算量十分惊人，大约为 $2TN^T$ 数量级。即当 HMM 的状态数 $N=5$，观察值序列长度 $T=100$ 时，计算量达10^{72}，是完全不能接受的。在此情况下，要求出 $P(\boldsymbol{O}|\boldsymbol{M})$ 还必须寻求更有效的算法，这就是 Baum 等人提出的前向－后向算法。设 S_1 是初始状态，S_N 是终了状态，下面对前向－后向算法进行介绍。

（1）前向算法

前向算法即按输出观察值序列的时间，从前向后递推计算输出概率。首先说明下列符号的定义：

$\boldsymbol{O}=o_1,o_2,\cdots,o_T$	输出的观察符号序列
$P(\boldsymbol{O}\|\boldsymbol{M})$	给定模型 $\boldsymbol{M}$ 时，输出符号序列 $\boldsymbol{O}$ 的概率
a_{ij}	从状态 S_i到状态 S_j的转移概率
$b_{ij}(o_t)$	从状态 S_i到状态 S_j发生转移时输出 o_t 的概率
$\alpha_t(j)$	输出部分符号序列 $o_1,o_2,\cdots,o_t$ 并且到达状态 S_j的概率，即前向概率

此时，$\alpha_t(j)$可由下面的递推公式计算得到。

1）初始化

$$\alpha_0(1)=1,\ \alpha_0(j)=0\ (j\neq 1) \tag{7-18}$$

2）递推公式

$$\alpha_t(j)=\sum_i \alpha_{t-1}(i)a_{ij}b_{ij}(o_t)\quad (t=1,2,\cdots,T;i,j=1,2,\cdots,N) \tag{7-19}$$

3）最后结果

$$P(\boldsymbol{O}/\boldsymbol{M})=\alpha_T(N) \tag{7-20}$$

图 7-8 说明了在递推过程中 $\alpha_{t-1}(i)$与$\alpha_t(j)$的关系，t 时刻的 $\alpha_t(j)$ 等于 $t-1$ 时刻的所有状态的 $\alpha_{t-1}(i)a_{ij}b_{ij}(o_t)$之和；当然，如果状态 S_i到状态 S_j没有转移，则 $a_{ij}=0$。这样，在 t 时刻对所有状态 $S_j(j=1,2,\cdots,N)$ 的 $\alpha_t(j)$ 都计算一次，则每个状态的前向概率都更新了一次，然后进入 $t+1$ 时刻的递推过程。图 7-9 以上面计算 aab 的输出概率为例，说明了利用

前向递推算法计算输出概率的全过程，图中虚线表示没有转移。从图7-8和图7-9可以解释利用前向递推算法计算模型 $\boldsymbol{M}=\{\boldsymbol{A},\boldsymbol{B},\boldsymbol{\pi}\}$，在输出观察符号序列为 $\boldsymbol{O}=o_1,o_2,\cdots,o_T$ 时的输出概率 $P(\boldsymbol{O}|\boldsymbol{M})$ 的步骤如下。

1）给每个状态准备一个数组变量 $\alpha_t(j)$，初始化时令初始状态 S_1 的数组变量 $\alpha_0(1)$ 为1，其他状态数组变量 $\alpha_0(j)$ 为0。

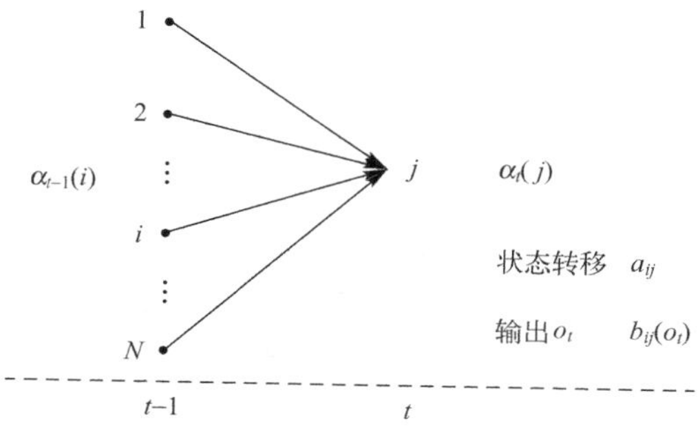

图7-8 $\alpha_{t-1}(i)$与$\alpha_t(j)$的关系

2）根据 t 时刻输出的观察符号 o_t 计算 α_t

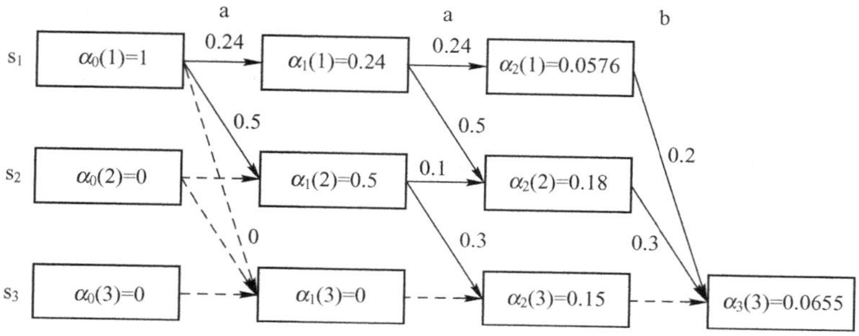

图7-9 $\alpha_t(j)$的计算过程

(j)：

$$\alpha_t(j)=\sum_i \alpha_{t-1}(i)a_{ij}b_{ij}(o_t)=\alpha_{t-1}(1)a_{1j}b_{1j}(o_t)+\alpha_{t-1}(2)a_{2j}b_{2j}(o_t)+\cdots+\alpha_{t-1}(N)a_{Nj}b_{Nj}(o_t)\quad(j=1,2,\cdots,N) \tag{7-21}$$

当状态 S_i 到状态 S_j 没有转移时，$a_{ij}=0$。

3）当 $t\neq T$ 时转移到2），否则执行4）。

4）把最终的数组变量 $\alpha_T(N)$ 内的值取出，则

$$P(\boldsymbol{O}/\boldsymbol{M})=\alpha_T(N) \tag{7-22}$$

这种前向递推计算算法的计算量大为减少，变为 $N(N+1)(T-1)+N$ 次乘法和 $N(N-1)(T-1)$ 次加法。同样，$N=5$，$T=100$ 时，只需大约3000次计算（乘法）。另外，这种算法也是一种典型的格型结构，和动态规整（DP）递推方法类似。

（2）后向算法

与前向算法类似，后向算法即按输出观察值序列的时间，从后向前递推计算输出概率的方法。定义 $\beta_t(i)$ 为后向概率，即从状态 S_i 开始到状态 S_N 结束输出部分符号序列 $o_{t+1},o_{t+2},\cdots,o_T$ 的概率，则 $\beta_t(i)$ 可由下面的递推公式计算得到。

1）初始化

$$\beta_T(N)=1,\beta_T(j)=0(j\neq N) \tag{7-23}$$

2）递推公式

$$\beta_t(i)=\sum_j \beta_{t+1}(j)a_{ij}b_{ij}(o_{t+1})\quad(t=T,T-1,\cdots,1;i,j=1,2,\cdots,N) \tag{7-24}$$

3）最后结果

$$P(\boldsymbol{O}/\boldsymbol{M}) = \sum_{i=1}^{N}\beta_1(i)\pi_i = \beta_0(1) \tag{7-25}$$

后向算法的计算量大约在 N^2T 数量级，也是一种格型结构。显然，根据定义的前向和后向概率，有如下关系成立：

$$P(\boldsymbol{O}/\boldsymbol{M}) = \sum_{i=1}^{N}\sum_{j=1}^{N}\alpha_t(i)a_{ij}b_{ij}(o_{t+1})\beta_{t+1}(j),\ 1 \leqslant t \leqslant T-1 \tag{7-26}$$

2. 维特比（Viterbi）算法

第二个要解决的问题是给定观察字符号序列和模型 $\boldsymbol{M}=\{\boldsymbol{A},\boldsymbol{B},\boldsymbol{\pi}\}$，如何有效地确定与之对应的最佳的状态序列。这可由另一个 HMM 的基本算法 Viterbi 算法来解决。Viterbi 算法解决了给定一个观察值序列 $\boldsymbol{O}=o_1,o_2,\cdots,o_T$ 和一个模型 $\boldsymbol{M}=\{\boldsymbol{A},\boldsymbol{B},\boldsymbol{\pi}\}$ 时，在最佳的意义上确定一个状态序列 $\boldsymbol{S}=s_1s_2\cdots s_T$ 的问题。此处，最佳意义上的状态序列是指使 $P(\boldsymbol{S},\boldsymbol{O}/\boldsymbol{M})$ 最大时确定的状态序列，即 HMM 输出一个观察值序列 $\boldsymbol{O}=o_1,o_2,\cdots,o_T$ 时，可能通过的状态序列路径有多种，其中使输出概率最大的状态序列 $\boldsymbol{S}=s_1s_2\cdots s_T$ 就是“最佳”。

Viterbi 算法可描述如下。

1）初始化

$$\alpha'_0(1)=1,\alpha'_0(j)=0\ (j\neq 1) \tag{7-27}$$

2）递推公式

$$\alpha'_t(j)=\max_i \alpha'_{t-1}(j)a_{ij}b_{ij}(o_t)\,(t=1,2,\cdots,T;\ i,j=1,2,\cdots,N) \tag{7-28}$$

3）最后结果

$$P_{\max}(\boldsymbol{S},\boldsymbol{O}/\boldsymbol{M})=\alpha'_T(N) \tag{7-29}$$

在这个递推公式中，每一次使 $\alpha'_t(j)$ 最大的状态 i 组成的状态序列就是所求的最佳状态序列。利用 Viterbi 算法求取最佳状态序列的步骤如下。

1）给每个状态准备一个数组变量 $\alpha'_t(j)$，初始化时令初始状态 S_1 的数组变量 $\alpha'_0(1)$ 为 1，其他状态的数组变量 $\alpha'_0(j)$ 为 0。

2）根据 t 时刻输出的观察符号 o_t 计算 $\alpha'_t(j)$：

$$\begin{aligned}\alpha_t(j) &= \max_i \alpha'_{t-1}a_{ij}b_{ij}(o_t) \qquad (j=1,2,\cdots,N)\\ &= \max_i\{\alpha'_{t-1}(1)a_{1j}b_{1j}(o_t),\ \ \alpha'_{t-1}(2)a_{2j}b_{2j}(o_t),\cdots,\alpha'_{t-1}(N)a_{Nj}b_{Nj}(o_t)\}\end{aligned} \tag{7-30}$$

当状态 S_i 到状态 S_j 没有转移时，$a_{ij}=0$。设计一个符号数组变量，称为最佳状态序列寄存器，利用这个最佳状态序列寄存器把每一次使 $\alpha'_t(j)$ 最大的状态 i 保存下来。

3）当 $t\neq T$ 时转移到 2)，否则执行 4)。

4）把最终的状态寄存器 $\alpha'_T(N)$ 内的值取出，则 $P_{\max}(\boldsymbol{S},\boldsymbol{O}/\boldsymbol{M})=\alpha'_T(N)$ 为输出最佳状态序列寄存器的值，即为所求的最佳状态序列。

3. Baum - Welch 算法

Baum - Welch 算法实际上是解决 HMM 训练的，即 HMM 参数估计问题的。给定一个观察值序列 $O=o_1,o_2,\cdots,o_T$，该算法能确定一个 $\boldsymbol{M}=\{\boldsymbol{A},\boldsymbol{B},\boldsymbol{\pi}\}$，使 $\boldsymbol{P}(\boldsymbol{O}\mid\boldsymbol{M})$ 最大。此处，求取 $\boldsymbol{M}$ 使 $P(\boldsymbol{O}\mid\boldsymbol{M})$ 最大，是一个泛函极值问题。但是，由于给定的训练序列有限，因而不存在一个最佳的方法来估计 $\boldsymbol{M}$。此时，Baum - Welch 算法利用递归的思想，使 $\boldsymbol{P}(\boldsymbol{O}\mid\boldsymbol{M})$ 局部放大，最后得到优化的模型参数 $\boldsymbol{M}=\{\boldsymbol{A},\boldsymbol{B},\boldsymbol{\pi}\}$。可以证明，利用 Baum - Welch 算法的重估

公式得到的重估模型参数构成的新模型$\hat{M}$，一定有$P(\boldsymbol{O}/\hat{\boldsymbol{M}})>P(\boldsymbol{O}/\boldsymbol{M})$成立，即由重估公式得到的$\hat{M}$比 M 在表示观察值序列 $\boldsymbol{O}=o_1,o_2,\cdots,o_T$ 方面更好。重复该过程，逐步改进模型参数，直到$P(\boldsymbol{O}/\hat{\boldsymbol{M}})$收敛，即不再明显增大，此时的$\hat{\boldsymbol{M}}$即为所求之模型。

Baum－Welch 算法的步骤如下。

给定一个（训练）观察值符号序列 $\boldsymbol{O}=o_1,o_2,\cdots,o_T$，以及一个需要通过训练进行重估参数的 HMM 模型 $M=\{\boldsymbol{A},\boldsymbol{B},\boldsymbol{\pi}\}$。按前向－后向算法，设对于符号序列 $\boldsymbol{O}=o_1,o_2,\cdots,o_T$，在时刻 t 从状态 S_i 转移到状态 S_j 的转移概率为 $\gamma_t(i,j)$，则 $\gamma_t(i,j)$可表示如下：

$$\gamma_t(i,j)=\frac{\alpha_{t-1}(i)a_{ij}b_{ij}(o_t)\beta_t(j)}{\alpha_T(N)}=\frac{\alpha_{t-1}(i)a_{ij}b_{ij}(o_t)\beta_t(j)}{\sum_i\alpha_t(i)\beta_t(i)} \tag{7-31}$$

同时，对于符号序列 $\boldsymbol{O}=o_1,o_2,\cdots,o_T$，在时刻 t 时马尔可夫链处于状态 S_i 的概率为

$$\sum_{j=1}^{N}\gamma_t(i,j)=\frac{\alpha_t(i)\beta_t(i)}{\sum_i\alpha_t(i)\beta_t(i)} \tag{7-32}$$

此时，对于符号序列 $\boldsymbol{O}=o_1,o_2,\cdots,o_T$，从状态 S_i 转移到状态 S_j 的转移次数的期望值为 $\sum_t\gamma_t(i,j)$；而从状态 S_i 转移出去的次数的期望值为 $\sum_j\sum_t\gamma_t(i,j)$。由此，可导出 Baum－Welch 算法中著名的重估公式：

$$\hat{a}_{ij}=\frac{\sum_t\gamma_t(i,j)}{\sum_j\sum_t\gamma_t(i,j)}=\frac{\sum_t\alpha_{t-1}(i)a_{ij}b_{ij}(o_t)\beta_t(j)}{\sum_t\alpha_t(i)\beta_t(j)} \tag{7-33}$$

$$\hat{b}_{ij}(k)=\frac{\sum_{t:o_t=k}\gamma_t(i,j)}{\sum_t\gamma_t(i,j)}=\frac{\sum_{t:o_t=k}\alpha_{t-1}(i)a_{ij}b_{ij}(o_t)\beta_t(j)}{\sum_t\alpha_{t-1}(i)a_{ij}b_{ij}(o_t)\beta_t(j)} \tag{7-34}$$

所以根据观察值序列 $\boldsymbol{O}=o_1,o_2,\cdots,o_T$ 和选取的初始模型 $\boldsymbol{M}=\{\boldsymbol{A},\boldsymbol{B},\boldsymbol{\pi}\}$，由式（7-33）和式（7-34），求得一组新参数$\hat{a}_{ij}$和$\hat{b}_{ij}(k)$，亦即得到了一个新的模型$\hat{\boldsymbol{M}}=\{\hat{\boldsymbol{A}},\hat{\boldsymbol{B}},\hat{\boldsymbol{\pi}}\}$。

下面给出利用 Baum－Welch 算法进行 HMM 训练的具体步骤。

1）适当地选择 a_{ij}和 $b_{ij}(k)$的初始值。常用的设定方式如下。

- 给予从状态 i 转移出去的每条弧相等的转移概率，即

$$a_{ij}=\frac{1}{\text{从状态 } i \text{ 转移出去的弧的条数}} \tag{7-35}$$

- 给予每一个输出观察符号相等的输出概率初始值，即

$$b_{ij}(k)=\frac{1}{\text{码本中码字的个数}} \tag{7-36}$$

并且每条弧上给予相同的输出概率矩阵。

2）给定一个（训练）观察值符号序列 $O=o_1,o_2,\cdots,o_T$，由初始模型计算 $\gamma_t(i,j)$等，并且由式（7-33）和式（7-34），计算$\hat{a}_{ij}$和$\hat{b}_{ij}(k)$。

3）再给定一个（训练）观察值符号序列 $O=o_1,o_2,\cdots,o_T$，把前一次的$\hat{a}_{ij}$和$\hat{b}_{ij}(k)$作为初始模型计算 $\gamma_t(i,j)$等，由式（7-33）和式（7-34），重新计算$\hat{a}_{ij}$和$\hat{b}_{ij}(k)$。

4）如此反复，直到$\hat{a}_{ij}$和$\hat{b}_{ij}(k)$收敛为止。

需要说明的是，语音识别一般采用从左到右型 HMM，所以初始状态概率 π_i 不需要估计，总设定为

$$\pi_1=1,\ \pi_i=0,\ (i=2,\cdots,N) \tag{7-37}$$

模型收敛，停止训练的判定方法也很重要。因为并不是训练得越多越好，训练过度反而会使模型参数精度变差。一种判定方法是前后两次的输出概率的差值小于一定阈值或模型参数几乎不变为止；另一种判定方法是采用固定训练次数的办法，如对于一定数量的训练数据，利用这些数据反复训练十次（或若干次）即可。另外，训练数据的数量也很重要，一般来讲，要想训练一个好的 HMM，至少需要同类别数据几十个左右。

应当指出，HMM 训练（参数估计问题）是 HMM 在语音处理中应用的关键问题，与前面讨论的两个问题相比，这也是最困难的一个问题。Baum - Welch 算法只是得到广泛应用的解决这一问题的经典方法，但并不是唯一的，也远不是最完善的方法。

7.4.4 基于隐马尔可夫模型的孤立字（词）识别

图 7-10 是基于 HMM 的孤立字（词）识别系统。由图可知，利用 HMM 进行孤立字（词）语音识别时，主要分为两个阶段，即训练阶段和识别阶段。假设总共有 G 个待识别的孤立字（词），在训练阶段，对于每一个孤立字（词）g，进行预处理和特征提取，得到的语音信号的特征矢量序列的集合作为观察值序列 $O(g)$。然后，利用 HMM 的 Baum - Welch 算法估计出与当前孤立字（词）对应的 HMM 的参数 $M(g)$，$g=1,\cdots,G$。当所有孤立字（词）所对应的 HMM 参数估计出之后，训练过程结束。

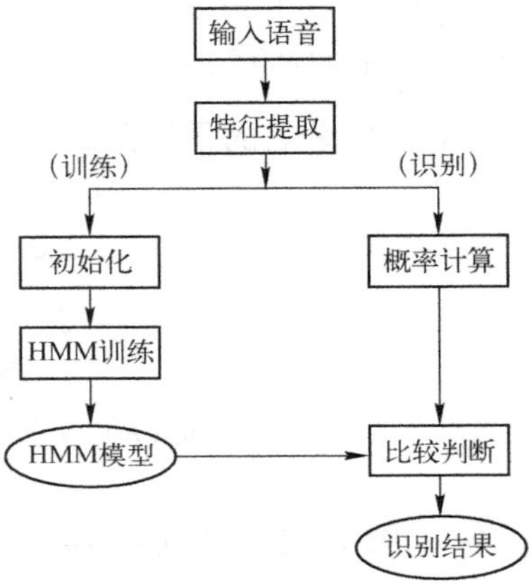

图 7-10 基于 HMM 的孤立字（词）识别系统

在识别阶段，对于任一待识别的语音 $\boldsymbol{X}'=X'_1,X'_2,\cdots,X'_T$，首先将其进行预处理和特征提取，得到对应的特征矢量序列 $\boldsymbol{O}'=O'_1,O'_2,\cdots,O'_T$（如果是离散型的 HMM，则需进行矢量量化）。然后，利用 HMM 的前向—后向算法计算该特征矢量序列在训练好的每个孤立字（词）HMM 上的输出概率 $p(\boldsymbol{O}'|\boldsymbol{M}(g))$，把输出概率最大的 HMM 所对应的孤立字（词）作为识别结果。图 7-11 表示了基于离散型 HMM 的孤立字（词）识别过程。

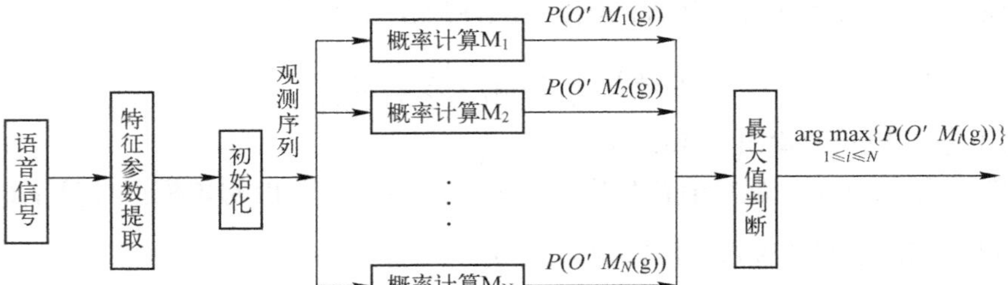

图 7-11 基于 HMM 的孤立字（词）识别过程

7.4.5 算法的改进策略

理论上，Baum – Welch 训练算法能够给出似然函数的局部最大点。因此 HMM 的一个关键的问题是如何选择有效的初始参数，使局部最大值尽量接近全局最优点。好的初值还可以保证达到收敛时所需的迭代次数最小，即计算效率较高。一般来说，初始概率 $\boldsymbol{\pi}$ 和状态转移系数矩阵 $\boldsymbol{a}_{ij}$ 的初值较易确定。通常，这两组参数的初值均设置为均匀分布之值或非零的随机数。

参数 B 的初值设置较其他两组参数的设置更重要，也更困难。对离散型 HMM 等较简单的情况，B 的设置较容易，可以均匀地或随机地设置每一字符出现的概率初值。在连续分布 HMM 的 B 中，包含的参数越多越复杂，则参数初值的设置对于迭代计算的结果越至关重要。一种较简单的 B 初值的设置方法是用手工对输入的语音进行状态划分并统计出相应的概率分布作为初值，这适合于较小的语音单位。对于较大的语音单位，普遍采用 K – 均值聚类算法（算法原理在说话人识别部分已经介绍过了，此处不再赘述）。基于 K – 均值算法的模型参数初始化流程如图 7–12 所示。

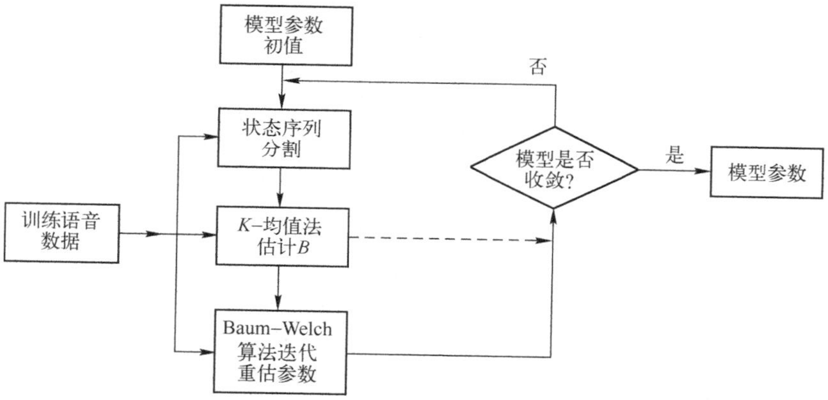

图 7–12 基于 K – 均值算法的模型参数初始化

第一步，在计算开始时先设置一套模型参数初值，这套初值可以通过将语音进行等间隔划分状态来获得，也可以由过去的一些实验结果得到。

第二步，根据此初值构成的 HMM，用 Viterbi 算法将输入的训练语音数据对应于状态进行分割。

第三步，用 K – 均值算法对模型中的 B 进行重新估计，即将第二步得到的对应于某一状态的训练语音数据搜集到一起并对其进行统计分析，从而得到该状态的 B。对于离散型系统，只需将任一状态 S_l 中标号中为 j 的语音帧出现的次数除以该状态下的全部语音帧的个数，即得到了 b_{lj}。对于由若干正态分布函数线性相加的连续型 HMM，则需要采用一种较复杂的聚类算法，即 K – 均值算法。在连续型 HMM 中，每个状态的概率密度函数是由 M 个正态分布函数线性相加而成。K – 均值算法可以把当前状态的训练语音帧聚类分成 M 类，然后对同一类语音帧矢量求均值向量和自协方差阵，作为该类的均值矢量和协方差阵，从而可以得到所需的 M 类的 M 个正态分布的参数。最后由每一类中包含的语音帧数除以该状态的语音帧总数，即可得到该类密度函数的混合系数。这样即可得到一套新的初值 $\hat{M}$。

此处，也可以理解为输出观测值概率的集合 B 用多元高斯混合概率密度函数来建模，即

$$b_j(\boldsymbol{X}) = \sum_{l=1}^{M} w_{jl} b_{jl}(\boldsymbol{X}) = \sum_{l=1}^{M} w_{jl} N(\boldsymbol{X}, \boldsymbol{\mu}_{jl}, \boldsymbol{\Sigma}_{jl}) \tag{7-38}$$

式中，$N(\cdot)$ 为高斯分布的概率密度函数；w_{jm} 是第 m 个混合密度的混合系数，其满足 $\sum_{m=1}^{M} w_{jm} = 1$ 和 $w_{jm} \geqslant 0$；$\boldsymbol{\mu}_{jm}$ 是第 m 个混合密度的均值向量；$\boldsymbol{\Sigma}_{jm}$ 是第 m 个混合密度的协方差矩阵。

连续型 HMM 的参数重估公式为

$$a_{ij} = \frac{\sum_{k=1}^{K} \sum_{t=1}^{T_k-1} \gamma_t^{(k)}(i,j)}{\sum_{k=1}^{K} \sum_{t=1}^{T_k-1} \sum_{l=1}^{N} \gamma_t^{(k)}(i,l)} \tag{7-39}$$

$$\pi_i = \frac{\sum_{k=1}^{K} \sum_{t=1}^{T_k-1} \sum_{j=1}^{N} \gamma_t^{(k)}(i,j)}{\sum_{k=1}^{K} \sum_{t=1}^{T_k-1} \sum_{l=1}^{N} \sum_{i'} \gamma_t^{(k)}(i',l)} \tag{7-40}$$

其中，$\gamma_t^{(k)}(i,j)$ 通过前向－后向算法得到（参见式（7-31））。

$$w_{jl} = \frac{\sum_{k=1}^{K} \sum_{t=1}^{T_k} \xi_t^{(k)}(j,l)}{\sum_{k=1}^{K} \sum_{t=1}^{T_k} \sum_{m=1}^{M} \xi_t^{(k)}(j,m)} \tag{7-41}$$

$$\boldsymbol{\mu}_{jl} = \frac{\sum_{k=1}^{K} \sum_{t=1}^{T_k} \xi_t^{(k)}(j,l) x_t^{(k)}}{\sum_{k=1}^{K} \sum_{t=1}^{T_k} \xi_t^{(k)}(j,l)} \tag{7-42}$$

$$\boldsymbol{\Sigma}_{jl} = \frac{\sum_{k=1}^{K} \sum_{t=1}^{T_k} \xi_t^{(k)}(j,l)(x_t^{(k)} - \boldsymbol{\mu}_{jl})(x_t^{(k)} - \boldsymbol{\mu}_{jl})^T}{\sum_{k=1}^{K} \sum_{t=1}^{T_k} \xi_t^{(k)}(j,l)} \tag{7-43}$$

其中，$\xi_t^{(k)}(j,l)$ 表示观测序列 k 在 t 时刻处于状态 j，并且关于第 l 个高斯混合成分的输出概率。在前向－后向算法得到 $\alpha_t^{(k)}(j)$，$\beta_t^{(k)}(j)$ 之后，根据上一次迭代估计出的参数值 $\overline{w}_{jl}$，$\overline{\boldsymbol{\mu}}_{jl}$ 和 $\widetilde{\boldsymbol{\Sigma}}_{jl}$，用下式计算得到 $\xi_t^{(k)}(j,l)$：

$$\xi_t^{(k)}(j,l) = \frac{\alpha_t^{(k)}(j)\beta_t^{(k)}(j)}{\sum_{j'=1}^{N} \alpha_t^{(k)}(j')\beta_t^{(k)}(j')} \cdot \frac{\overline{w}_{jl} N(x_t^{(k)}, \overline{\boldsymbol{\mu}}_{jl}, \widetilde{\boldsymbol{\Sigma}}_{jl})}{\sum_{l'=1}^{M} \overline{w}_{jl'} N(x_t^{(k)}, \overline{\boldsymbol{\mu}}_{jl}, \widetilde{\boldsymbol{\Sigma}}_{jl})} \tag{7-44}$$

第四步，用此 $\hat{\boldsymbol{M}}$ 值作为初值进行 HMM 系统参数重估，一般采用 Baum－Welch 算法。

第五步，将上一步计算得到的结果同初值进行比较，如果差值小于一预置阈值（如 5×10^{-6}），则说明模型参数已收敛，无须再进行重估计算，此时即将计算结果作为模型参数输出。否则，将计算结果作为新的初值作新一轮运算。另外设置最大迭代次数，超过后也停止迭代，防止循环次数过多。

基于 K 均值聚类算法的 HMM 训练的流程如下：

1）K 均值聚类设置 HMM 模型的初值。

2）设置最大迭代次数 N 和结束迭代概率门限 D，初始迭代次数 $n=1$。

3）由 Baum－Welch 算法重估模型参数 $\hat{\boldsymbol{M}}$。

4）由 Viterbi 算法计算所有观测序列总输出概率 $P(n)$。

5）比较概率变化 $|P(n)-P(n-1)|<D$，若满足，则模型收敛，并输出模型参数；若不满足，则返回步骤3）。

虽然前向－后向算法中给出了计算输出概率的公式，但是不能直接用来识别，需用 Viterbi 算法进行语音识别：一方面，Viterbi 算法能提供最佳状态序列；另一方面，Viterbi 算法常采用对数形式，不仅避免大量的乘法计算，大大减少了计算量，同时还可以保证很高的动态范围，不会由于过多地连乘而导致溢出问题。

7.5 性能评测

7.5.1 评测方法及指标

近年来语音识别尤其是连续语音识别的研究已取得了可喜的进步，正向实用化方面发展。如何合理地评价和比较各种语音识别系统的性能，对于改进和完善现有系统设计，提高系统性能，实现优势互补，减少研究工作的重复性和盲目性，适时地引导语音识别研究向着期望的目标发展，都有着重要意义。

语音识别系统评价的研究就是要研究一套公认的评价标准和科学合理的评测方法，来衡量、评定不同识别系统和不同处理方法之间的优劣，预测在不同使用条件下的系统性能。然而，不同的连续语音识别系统一般都是针对不同的识别任务，各自具有不同的任务单词库和任务语句库。和孤立字识别系统可以采用共同的任务和词库进行评测相比，统一的评价标准和方法较难制定。目前，一些国家采用的方法主要是与标准的系统比较的方法、与人的知觉能力进行比较的方法，以及使各系统适用于标准的单词库后再进行比较的方法等。

如果想粗略地评估某个系统，可以从两个方面考虑：一方面是系统识别任务的难易程度即复杂性；另一方面是系统对该难度识别任务的识别效果即精确性。下面将介绍一些评价连续语音识别系统性能的指标及其计算方法。

1. 评价系统识别率的测度

对于以句子或文章为识别对象的连续语音识别系统，虽然可以直接用语句识别率来评估系统性能。但是语句识别率往往受到句子的数量以及语言模型信息利用情况的影响，如果句子较少或没有充分利用文法信息，则句子识别率往往很难有说服力。因此，连续语音识别系统中一般采用音素、音节或单词的识别率来评测系统性能。除了有正确率的指标外，还必须考虑置换率、插入率和脱落率各占多少。一般常用的系统指标主要有正确率、错误率和识别精度。

$$\text{正确率}=\frac{\text{正确数}}{\text{正确数}+\text{置换数}+\text{脱落数}} \tag{7-45}$$

$$\text{错误率}=1-\text{正确率} \tag{7-46}$$

$$\text{识别精度}=\frac{\text{正确数}-\text{插入数}}{\text{正确数}+\text{置换数}+\text{脱落数}} \tag{7-47}$$

以上识别结果中的正确数、插入数、置换数和脱落数的求取，可以采用目测的方法求得，也可以分别把识别结果和输入语句用音素、音节或单词序列表示，然后通过动态规划法对两序列进行匹配求得。

2. 评价系统识别任务复杂性的测度

对于孤立词（字）识别系统，系统识别任务的复杂性可以直接利用词库中的单词（字）数来评测。然而在连续语音识别系统中不仅要考虑词库中的单词数，而且还要考虑系统识别任务中被识别语句的数量和难易程度。一般来说，在连续语音识别系统中都是利用语言模型来描述系统识别任务的。在这种描述中，系统受语法的限制越小则识别越困难，反之则越容易。因此在对系统进行比较评价时，必须首先判断系统识别任务语句受语法约束的程度，即所谓系统识别任务的复杂度，然后在此基础上通过比较系统识别精度，来评价系统识别算法的好坏。在语言模型规定下，表示系统识别任务复杂性的测度主要有系统静态分支度和平均输出数、系统识别任务的熵和识别单位的分支度等。

（1）系统静态分支度和平均输出

设语言 L 是由有限状态自动机描述的，$\pi(j)$ 是状态 j 的出现概率、$n(j)$ 表示状态 j 输出的识别单位语数（单词、音节或音素等），则系统静态分支度 F_S 和平均输出数 F_A 的定义如下：

$$F_S(L) = \frac{\sum_j n(j)}{\sum_j 1} \tag{7-48}$$

$$F_A(L) = \sum_j \pi(j) n(j) \tag{7-49}$$

当各状态的出现概率相等时，系统静态分支度和平均输出数相等，并且系统静态分支度和平均输出数的值和描述的语言模型有关。系统的静态分支度和平均输出数的值越大，则系统识别复杂度越高。

（2）系统识别任务的熵和识别单位的分支度

设在由语言模型规定的语言 L 中，$\boldsymbol{S}$、$P(\boldsymbol{S})$、$K(\boldsymbol{S})$ 分别表示识别处理单位语的时间序列、序列 $\boldsymbol{S}$ 出现的概率和 $\boldsymbol{S}$ 的长度（当 $\boldsymbol{S}=w_1,w,\cdots,w_k$，时 $K(\boldsymbol{S})=k$），则语言 L 中每一序列的平均信息量（熵）可用式（7-50）定义：

$$H(L) = -\sum_S P(\boldsymbol{S}) \log_2 P(\boldsymbol{S}) \tag{7-50}$$

同时，语言 L 的语句集中每一个识别处理单位的熵，可由式（7-51）表示：

$$H_0(L) = -\sum_S \frac{1}{K(\boldsymbol{S})} P(\boldsymbol{S}) \log_2 P(\boldsymbol{S}) \tag{7-51}$$

因为语言 L 每一个处理单位的熵是 $H_0(L)$，所以从前一个单位语预测后续单位语时，平均需要有 $H_0(L)$ 次的 *Yes/No* 的判断操作。也就是说，要从 $2^{H_0(L)}$ 个出现概率相等的单位语中选择 1 个单位语，因此系统任务语言模型的分支度定义为

$$F_p(L) = 2^{H_0(L)} \tag{7-52}$$

因为这里的 $F_p(L)$ 不依赖于识别处理的单位，而且和描述系统任务语句的语言模型的形式无关，因此比较适合用于比较各系统任务的复杂程度。显然，分支度越大则识别工作越困难。反之，这个值越小，识别后续预测单词就越容易，越有利于提高系统的识别率，所以系统分支度 $F_p(L)$ 是一个评测系统的重要指标。

7.5.2 其他因素

连续语音识别系统的性能，最终是以识别率来评价的。但识别率除了取决于识别算法等核心技术以外，还受到其他因素的影响，具体包括以下几种。

1）识别对象中词汇量的多少，识别对象间声学特性的相似程度等。显然词汇量越大，提高系统识别率的困难度就越大。

2）系统是针对特定话者还是多数话者或者非特定话者的识别率，即使是特定话者识别系统，也有容易识别的话者和较难识别的话者之间的区别。一般来讲，特定话者的识别率要好于非特定话者的识别率，但是如果特定话者识别系统的训练数据较少时，识别性能不一定比训练数据充足的非特定话者识别系统好。

3）系统是孤立发音（单词或音节单位）、词组单位发音（例如汉语习惯上的发音停顿的位置）、还是连续发音；是正规的朗读语音还是较自由的会话语音。一般来说如果是孤立发音，发音较正规，而且能够避免连续语音的分割问题，所以要比连续发音识别系统识别性能好，但是至今为止还没有关于这种关系的定量研究事例。

4）发音的环境是隔音室、安静的房间还是噪声环境。

5）送话器的位置在什么地方，是否是位置自由的。

6）语音的频带限制，如是否是电话语音带宽等。

7）其他方面，如通用性、经济性、鲁棒性、识别速度，是否能够进行在线识别、语言模型的覆盖率等。

从以上的分析可知，连续语音识别系统的评价是很困难的工作。因为实用系统评价不仅要测试系统识别性能方面的指标，还必须动态地测试一些影响识别性能的其他因素指标。另一方面，建立有效的语音数据库对于系统评价也起着重要的作用。数据库中应包括一般目的的数据和诊断数据，系统可以通过测试诊断数据达到充分表征性能的目的。在语音识别数据库的基础上，建立性能测试系统并对测试结果进行综合分析和评估。语音识别是难度很大的发展中课题，语音识别技术的突破和产业化，不仅依赖于语音处理方法的进展，也依赖于语音识别数据库和语音识别系统评价这些基础性研究工作的支持。

7.6 系统总结

作为高科技应用领域的研究热点，语音识别技术从理论的研究到产品的开发已经走过了八十多个春秋并且取得了长足的进步，并且极有可能成为下一代操作系统和应用程序的用户界面。虽然实用语音识别技术的研究是一项极具市场价值和挑战性的工作，但其存在的问题和困难是不可低估的。实用语音识别研究中存在的主要问题和困难如下。

（1）自然语言的识别和理解困难

问题包括：①连续语音中音素、音节或单词之间的调音结合引起的音变使得基元模型的边界变得不明确；②需要建立一个理解语法和语义的规则或专家系统。

（2）语音信息的变化很大

语音模式不仅对不同的说话者是不同的，而且对于同一个说话者也是不同的。例如，同一说话者在随意说话和认真说话时语音信息是不同的；即使同一说话者用相同方式（随意或认真）说话时，其语音模式也受长期时间变化的影响，即今天及一个月后，同一说话者说相同语词时，语音信息也不相同。这还没有考虑同一说话者发声系统的改变（如病变等）等情况。

（3）语音的模糊性

说话者在讲话时，不同的词语可能听起来很相似。这一点不论在汉语中还是在英语中都是常见现象。

（4）上下文的影响

单个字母及单个词语发音时的语音特性会受上下文环境影响，使相同字母有不同的语音特性。单词或单词的一部分在发音过程中其音量、音调、重音和发音速度可能不同，使得测试模式和标准模型不匹配。

（5）环境噪声和干扰对语音识别有严重影响

语音库中的语音模板基本上是在无噪声和无混响的环境中采集、转换而成的。大多数语音识别都是针对这种“纯净”的语音模板而设计的。而环境中存在干扰和噪声，有时甚至很强，它们使语音识别的性能降低。例如，噪声可对单词的端点检测造成困难，从而降低识别率。

7.7 思考与复习题

1. 语音识别的目的是什么？语音识别系统可以如何分类？当前，语音识别的主流方法是什么？

2. 为什么影响语音识别技术实用化的困难是不可低估的？实用语音识别研究中存在哪些主要问题和困难？

3. 一个实用语音识别系统应由哪几个部分组成？语音识别中常用的语音特征参数有哪些？什么是动态语音特征参数？怎样提取动态语音特征参数？

4. 给定一个输出符号序列，怎样计算 HMM 对于该符号序列的输出似然概率？

5. 为了应用 HMM，有哪些基本算法？什么是前向－后向算法？它是怎样解决似然概率的计算问题的？叙述前向－后向算法的工作原理及其节约运算量的原因。

6. 什么是维特比算法？维特比算法是为了解决什么问题而设计的？

7. 为了保证 HMM 计算的有效性和训练的可实现性，基本 HMM 本身隐含了哪三个基本假设？它怎样影响了 HMM 描述语音信号时间上帧间相关动态特性的能力？如何弥补基本 HMM 的这一缺陷？

8. 什么是孤立字（词）语音识别？孤立字（词）语音识别有哪些有效方法，并简要说明它们的工作原理。

9. 为什么在语音识别时需要做时间规整？时间规整既然只是对时长的规整，为什么它又是一种重要的测度估计的方法？请叙述动态规整方法的过程。

10. 连续语音识别比孤立语音识别应该多考虑些什么问题？有哪些难题？应该如何去加以解决？为什么连续语音识别一般要利用语言文法信息？

11. 为什么语音识别系统的性能评价研究很重要？应怎样评测语音识别系统的性能好坏？

12. 写出基于 DTW 或 HMM 的语音识别的详细伪代码。

第 8 章　语音信号情感处理

8.1　概述

随着信息技术的高速发展和人类对计算机的依赖性的不断增强，人机交互能力越来越受到研究者的重视。如何实现计算机的拟人化，使其能感知周围的环境和气氛以及对象的态度、情感等内容，自适应地为对话对象提供最舒适的对话环境，尽量消除操作者和机器之间的障碍，已经成为下一代计算机发展的目标。在人机交互中需要解决的问题实际上与人和人交流中的重要因素是一致的，最关键的都是“情感智能”。因此计算机要能够更加主动地适应操作者的需要，首先必须能够识别操作者的情感，而后再根据情感类型来调整交互对话的方式。对于情感信息处理技术的研究包括多个方面，主要有情感特征分析、情感识别（如肢体情感识别、面部情感识别和语音情感识别等）、情感模拟（如情感语音合成等）。各国在这些方面都投入了大量的资金进行研究。美国的 MIT 媒体实验室的情感计算研究小组就在专门研究机器如何通过对外界信号的采样，如人体的生理信号（血压、脉搏、皮肤电阻等）、面部快照、语音信号来识别人的各种情感，并让机器对这些情感做出适当的响应。目前，关于情感信息处理的研究正处在不断深入之中，而语音信号的情感信息处理研究正越来越受到人们的重视。

语音信号中的情感信息是一种很重要的信息资源，是人们感知事物必不可少的组成部分。同样的一句话，由于说话人表现的情感不同，在听者的感知上就可能会有较大的差别。所谓“听话听音”就是这个道理。然而传统的语音信号处理技术把这部分信息，作为模式的变动和差异噪声通过规则化处理剔除掉。实际上，人们同时接受各种形式的信息，怎样有效地利用各种形式的信息以达到最佳的信息传递和交流效果，是今后信息处理研究的发展方向。因此，分析和处理语音信号中的情感特征，判断和模拟说话人的喜怒哀乐等是一个意义重大的研究课题。

此外，认知心理学的研究表明，负面情感对认知能力有影响。Pereira 的研究显示，负面情感会影响对视觉目标的识别能力。自动识别人类情感的系统能在很多领域发挥重大作用，如在车载系统中，帮助驾驶员调节烦躁情感从而避免事故；在公共场所的监视系统中，对恐惧等极端情感的检测，可以帮助识别潜在的危险情况。此外，与认知有关的实用情感的识别，在教育技术和智能人机交互等领域中，也具有广阔的应用前景。

近年来，语音情感的研究进展可以大致分为四个方面：一、情感特征的选择和优化；二、建模算法的研究；三、自然情感数据库的建立；四、关注情感模型适应能力的环境自适应方法，如上下文信息、跨语言、跨文化，和性别差异等。

8.2　情感理论与情感诱发实验

8.2.1　情感的心理学理论

情感识别研究需要以心理学的理论为指导，首先需要定义研究的对象——人类情感。然而，目前情感研究中的一个主要的问题是，缺乏一个对情感的一致定义以及对不同情感类型的一个定性划分。

1. 基本情感论

基本情感论认为，人类复杂的情感是由若干种有限的基本情感构成的，基本情感按照一定的比例混合构成各种复合情感。基本情感论认为情感可以用离散的类别模型来描述，目前大部分的情感识别系统，都是建立在这一理论体系之上的。因而，后继的情感识别研究就变为将模式分类中的分类算法应用到情感类别的划分中。对于基本情感的定义，不同研究者有着不同的定义。Plutchik 认为，基本情感包括：接纳、生气、期望、厌恶、喜悦、恐惧、悲伤和惊讶。Ekman 与 Davidson 认为，基本情感包括：生气、厌恶、恐惧、喜悦、悲伤和惊讶。James 则认为，基本情感包括：恐惧、悲伤、爱和愤怒。

由此可知，在心理学领域对基本情感类别的定义还没有一个统一的结论，然而在语音情感识别的文献中，较多的研究者采用的是 6 种基本情感状态：喜悦、生气、惊讶、悲伤、恐惧和中性。近年来，有不少研究者对基本情感类别的识别方法进行了研究，取得了一定的研究成果，如柏林数据库上的平均识别率可以达到 80% 以上。虽然目前对这些常见的情感类型的研究文献较多，但是对一些具有实际意义的特殊情感类别的研究还很少，特别是烦躁等负面情绪在一些人机系统中具有重要的实用价值，值得进一步关注。

2. 维度空间论

情感的维度空间论认为人类所有的情感都是由几个维度空间所组成的，特定的情感状态只能代表一个从亲近到退缩或者是从快乐到痛苦的连续空间中的位置，不同情感之间不是独立的，而是连续的，可以实现逐渐的、平稳的转变，不同情感之间的相似性和差异性是根据彼此在维度空间中的距离来显示的。维度空间模型为研究者们提供了一个方便的研究和表示情感的工具。不同于基本情感类别论对应的情感识别方法是分类算法，维度空间论对应的情感识别方法是机器学习的回归分析。

最近 20 多年来，最广为接受和得到较多实际应用的维度模型，是由效价度和唤醒度组成的二维空间：

1）效价度或者快乐度，其理论基础是正负情感的分离激活，主要体现为情感主体的情绪感受，是对情感和主体关系的一种度量。

2）唤醒度或者激活度，指与情感状态相联系的机体能量激活的程度，是对情感的内在能量的一种度量。

几种情感在效价度/唤醒度二维空间中所处的大致位置如图 8-1 所示。

8.2.2 实用语音情感数据库的建立

1. 语音情感数据库概述

语音情感数据库的建立，是研究语音情感的必需的研究基础，具有极为重要的意义。目前国际上流行的语音情感数据库有 AIBO（Artificial Intelligence Robot）语料库、VAM（The Vera am Mittag）数据库、丹麦语数据库（Danish Emotional Speech，DES）、柏林数据库、SUSAS（Speech under Simulated and Actual Stress）数据库等。

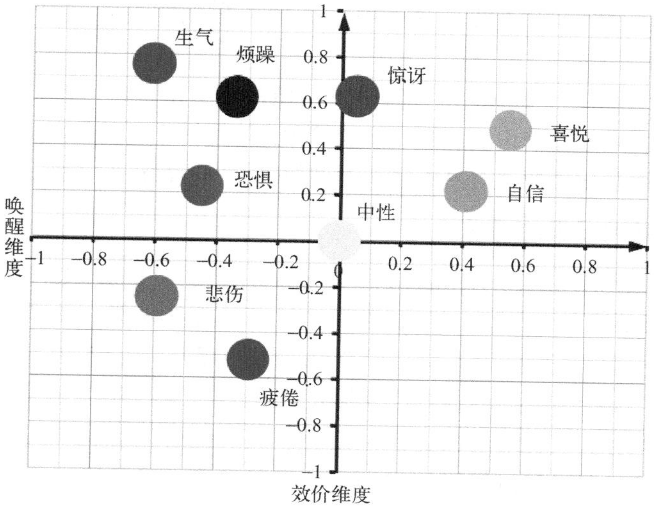

图 8-1 情感的维度空间分布

柏林数据库是一个使用较为广泛的语音情感数据库，包含了生气、无聊、厌恶、恐惧、喜悦、中性和悲伤等语音情感类别。柏林数据库中的语料是按照固定的文本进行情感渲染的表演，其文本包含了 10 条德语语句。10 名专业演员参与了语音的录制，包括 5 名女性、5 名男性。初期录制了大约 900 条的语料，后期经过 20 个听辨人的检验，494 条语料被选出组成了柏林情感语音数据库，以保证 60% 以上的听辨人认为这些语料表演自然，80% 以上的听辨人对语料的情感标注一致。柏林库的缺点是情感数据是采用表演的方式采集的，语料的真实度得不到保证，并且数据量较少。

丹麦语数据库由 4 个专业演员表演获得，包括两名男性和两名女性。情感数据中包含了 5 种基本情感：生气、喜悦、中性、悲伤和惊讶。丹麦语数据库中的语料在采集之后，经过了 20 名听辨人员进行数据的校验。听辨人员的母语均为丹麦语，年龄在 18 ~ 59 岁之间。

SUSAS 数据库是最早建立的自然语料数据库之一，甚至包含了部分现场噪声以增加研究的挑战性。语料库的语言为英语，说话人数量为 32 人。文本内容包含了一部分航空指令，如“brake”（刹车）、“help”（求助）等，文本内容固定且长度较短。该数据库的录制方法对一些特殊作业环境中的应用具有一定的参考价值。

VAM 数据库是由德语的脱口秀节目录制而成的一个公开数据库，其数据的自然度较高。VAM 数据库中的情感数据包含了情感语音和人脸表情两部分，总共包含 12 h 录制数据。大部分的情感数据具有情感类别标注，情感的标注是从唤醒度、效价度和控制度三个情感维度进行评价的。

AIBO 语料库是在 2009 年 Interspeech 会议的 Emotion Challenge 评比中被指定的语音情感数据库。情感数据的采集方式是，通过儿童与索尼的 AIBO 机器狗进行自然交互，从而进行情感数据的采集。说话人由 51 名儿童组成，年龄段为 10 ~ 13 岁，其中 30 个为女性。实验过程中，被试儿童被告知索尼的机器狗会服从他们的指挥，鼓励被试者像和朋友说话一样同机器狗交谈，而实际上索尼的机器狗是通过无线装置由工作人员控制的，以达到同被试儿童更好交互的目的。语料库包含了 9.2 小时的语音数据，48000 个左右的单词。数据录制的采样频率为 48kHz，量化精度为 16 bit。该语料库的情感数据的自然度高，是目前较为流行的一个语音情感数据库。

以往的语音情感数据库，集中在对几种基本情感的研究上。通过对几种基本语音情感的研究，虽然能够在一定程度上验证识别算法的性能优劣，但是搜索到的情感特征也仅能反映基本情感类别之间的差异。而且仅停留在对基本情感类别的研究，还远远不能满足实际应用中的需求。

2. 实用语音情感数据库的需求

在实际的语音情感识别应用中，还面临着情感语料真实度的问题。情感语料可以分为自然语料、诱发语料和表演语料三类。表演语料的优点是容易采集，缺点是情感表现夸张，与实际的自然语料有一定的差别。基于表演情感语料建立情感识别系统，会带入一些先天的缺陷，这是由于用于识别模型训练的数据与实际的数据有一定的差别，导致了提取的情感特征上的差别。因此，早期基于表演语料的识别系统，它的情感模型在实验室条件下是符合样本数据的，在实验测试中也能获得较高的识别率，但是在实际条件下，系统的情感模型与真实的情感数据不能符合的很好。这是情感识别的主要技术瓶颈之一。

面向实际应用的需求，实用语音情感数据库必须要保证语料的真实可靠，不能采用传统的表演方式采集数据。通过实验心理学中的方法来诱发实用语音情感数据，可尽可能地使训练数据接近真实的情感数据。

3. 建立过程和一般规范

参考国内外著名语料库及其相关的规范，实用语音情感数据库建立的流程主要包含五个步骤：制定情感诱发方式、情感语音采集、数据检验与补录、语句切分与标注和听辨测试。实用语情感语音库的制作规范如表 8-1 所示。

表 8-1 实用语情感语音库的制作规范

规　　范	详 细 说 明
发音人规范	描述发音人的年龄、性别、教育背景和性格特征等
语料设计规范	描述语料的组织和设计内容，包括文本内容设计、情感选择、语料来源等
录音规范	描述录音环境的软硬件设备、录音声学环境等技术指标
数据存储技术规范	描述采样率、编码格式、语音文件的存储格式及其技术规范
语料库标注规范	情感标注内容和标注系统说明
法律声明	发音人录音之后签署的有关法律条文或者声明

4. 数据检验

录音过程通常在安静的实验室内进行。每次录音后，应进行数据的检验与补录，及时对语音文件进行人工检验，以排除录音过程中可能出现的错误。例如，查看并剔除语音中的信号过载音段、不规则噪声（如咳嗽等）和非正常停顿造成的长时静音等。对于错误严重的录音文件，必要时进行补录。

8.2.3 情感语料的诱发方法

1. 通过计算机游戏诱发情感语料

在传统的语音情感数据库中，往往采用表演的方式来采集数据。在实际的语音通话和自然交谈中，说话人的情感对语音产生的影响，常常是不受说话人控制的，也不是有意识的交流，而是反映了说话人潜在的心理状态变化。而演员能通过刻意的控制声音的变化来表演所需要的情感，这样采集的情感数据对于情感语音的合成研究是没有问题的，但是对自然情感语音的识别研究是不合适的，因为表演数据不能提供一个准确的情感模型。为了能更好地研究实际环境中的情感语音，有必要采集比表演语音有更高自然度的情感数据。

因为人类声音中蕴含的情感信息受到无意识的心理状态变化的影响，以及社会文化导致的有意识的说话习惯的控制，所以实用语音情感数据库的建立需要考虑语音中情感的自然流露和有意识控制。目前，比较有效的手段是通过实验诱发来引导情感在语音中的自然流露。其中比较著名的是 Johnstone 等人设计的诱发心理学实验，即通过计算机游戏诱发情感的方法来采集语音情感数据。该方法的优势在于通过游戏中画面和音乐的视觉、听觉刺激，能提供一个互动的、具有较强感染力的人机交互环境，能够有效地诱发出被试者的正面情感与负面情感。在游戏胜利时，由于在游戏虚拟场景中的成功与满足，被试者被诱发出喜悦等正面情感；在游戏失败时，被试者在虚拟场景中受到挫折，容易引发烦躁等负面情感。

举例来说，为了便于烦躁、喜悦情感的诱发，本节介绍了既需要耐心又具有一定挑战的计算机小游戏。游戏中被试者要求用鼠标移动一个小球通过复杂的管道，在通过管道的过程中如果小球碰到管壁，小球将爆炸，游戏失败；在规定时间内（倒计时 1 min）顺利通过管道后，到达终点，游戏胜利；游戏共有 5 个难度等级，以适合不同水平的被试者。情感语音的诱发与录制过程如下：在被试者参加游戏前，让被试者平静地读出指定的文本内容，录制中性状态的语音。在每次游戏胜利后，要求被试者用喜悦的语气说出指定的文本内容，录制喜悦状态下的语音；在每次游戏失败后，要求被试者用烦躁的语气说出指定的文本内容，录制烦躁状态下的语音。为了便于对数据进行检验，在每次录制情感语音后，让被试者填写情感的主观体验，记录诱发的情感类型。在实验结束后，根据被试者的情感主观体验表，剔除主观体验与诱发目标情感不一致的语音数据，必要时进行适当的补录。

发音人的选择主要考虑发音人的性别、年龄、生活背景、教育程度、职业、病理情况、听力状况、口音等。参与情感诱发实验的被试人员应具有良好的健康状况，近期无感冒，无喉部疾病，并且听力正常。研究表明，由于生理构造的差别，男女在表达相同情感时，其声学特征有一定差异性；而不同年龄段的人群，在表达情感时同样会出现不同情况。在建库时对这些因素进行规范，可以有选择性地提高某些特定人群的情感识别率。

2. 通过认知作业诱发情感语料

除了游戏诱发以外，通过认知作业可诱发包括烦躁、疲劳和自信等心理状态下的情感。在一个重复的、长时间的认知作业中，采用噪声诱发、睡眠剥夺等手段可辅助诱发负面情绪。认知作业现场的情感识别具有重要的实际意义，特别是在航天、航空、航海等长时间的、高强度的工作环境中，对工作人员的负面情感的及时检测和调控具有非常重要的意义。烦躁、疲劳和自信等心理状态对认知过程有重要的影响，是评估特殊工作人员的心理状态和认知作业水平的一个重要因素。

具体的实验设置如下：在诱发实验中，要求被试者进行数学四则运算测试，以模拟认知工作环境。在实验中，被试者将题目和计算结果进行口头汇报，并进行录音，以获取语料数据。在实验的第一阶段，通过轻松的音乐使被试者放松情绪，进行一些较为简单的计算题目，以获得正面的情感语料。在实验的第二阶段，采用噪声刺激的手段来诱发负面情感（通过佩戴的耳机进行播放），采用睡眠剥夺的手段辅助诱发负面情感（如烦躁、疲倦等），同时增加计算题目的困难程度。对于实验中简单的四则运算题目，被试者容易做出自信的回答；对于较难的计算，被试者的口头汇报中出现明显的迟疑。在实验的后半段，经过长时间的工作，被试者更容易产生疲劳和烦躁的情感。认知作业结束后，对每一题的正确与错误进行了记录和统计。对每一段录制的语音数据进行被试者的自我评价，标注了所出现的目标情感。

通过检测与认知有关的三种实用语音情感，能够从行为特征的角度反映出被试者认知能力的波动，从而客观的评估特殊工作人员的心理状态与该项工作的适合程度。因此，进一步研究负面情感对认知能力的影响是非常有价值的。

8.2.4 情感语料的主观评价方法

为了保证所采集的情感语料的可靠性，需要进行主观听辨评价，每条样本由 10 名未参与录音的人员进行评测。一般认为人类区分信息等级的极限能力为 7 ±2，故可以引入九分位的比例标度来衡量信息等级。例如，采用标度 1、3、5、7、9 表示情感的五种强度，对应极弱，较弱，一般，较强，极强五个等级。

每条情感样本相对于每个听辨人都会产生一个评测的结果

$$\boldsymbol{E}_{ij} = \{ \mathrm{e}_1^{ij}, \mathrm{e}_2^{ij}, \cdots, \mathrm{e}_K^{ij} \} \tag{8-1}$$

此处，j 表示情感样本；i 表示听辨人；K 为情感类别数量；e 代表听辨人 i 对于该情感语句的不同情感成分的评判值。

由于采取多人评测，为了得到第 j 条情感样本的评价结果，需要将所有听辨人的测评结果进行融合，采用加权融合的准则得到该条情感样本的评判结果为

$$E_j = \sum_{i=1}^{M} a_i \boldsymbol{E}_{ij} \tag{8-2}$$

其中，a_i 是每个听辨人的评价结果的融合权重，代表每个听辨人的评价结果的可靠程度，有

$$\sum_{i=1}^{M} a_i = 1 \tag{8-3}$$

其中，M 为听辨人总数。融合权重对最终结果有重要的影响，其数值根据听辨人的评测质量来确定。由于在多人的评测系统中，不同听辨人的评价结果带有一定的相关性，因此可以从听辨结果的一致度方面来计算融合权值。

对第 j 条数据，两个听辨人 p、q 之间的相似性度量可以定义为

$$\rho_j^{pq} = \prod_{i=1}^{K} \frac{\min\{ \mathrm{e}_i^{pj}, \mathrm{e}_i^{qj} \}}{\max\{ \mathrm{e}_i^{pj}, \mathrm{e}_i^{qj} \}} \tag{8-4}$$

对每次测评，两个听辨人 p、q 之间的相似性度量为

$$\rho^{pq} = \frac{1}{N} \sum_{j=1}^{N} \rho_j^{pq} = \frac{1}{N} \sum_{j=1}^{N} \prod_{i=1}^{K} \frac{\min\{ \mathrm{e}_i^{pj}, \mathrm{e}_i^{qj} \}}{\max\{ \mathrm{e}_i^{pj}, \mathrm{e}_i^{qj} \}} \tag{8-5}$$

其中，N 为情感样本的总数。根据两人之间的相似性，可以得到一个一致度矩阵，矩阵中的每个元素代表两个听辨人之间的相互支持程度：

$$\boldsymbol{\rho} = \begin{pmatrix} 1 & \rho^{12} & \cdots & \rho^{1M} \\ \rho^{21} & 1 & \cdots & \rho^{2M} \\ \cdots & \cdots & \cdots & \cdots \\ \rho^{M1} & \rho^{M2} & \cdots & 1 \end{pmatrix} \tag{8-6}$$

此时，第 i 个听辨人与其他听辨人之间的一致程度可通过平均一致度来获得，即

$$\overline{\rho^{i}} = \frac{1}{M-1}\sum_{M}\rho^{ij} \tag{8-7}$$

则归一化后的一致度可作为每个听辨人评测结果的融合权重 a_i，即

$$a_i = \frac{\overline{\rho^{i}}}{\sum_{k=1}^{M}\overline{\rho^{k}}} \tag{8-8}$$

将其代入式（8-2）即得到的每条情感语句的评价结果$\boldsymbol{E}_j$

$$\boldsymbol{E}_j = \frac{\sum_{i=1}^{M}\overline{\rho^{i}}\boldsymbol{E}_{ij}}{\sum_{k=1}^{M}\overline{\rho^{k}}} \tag{8-9}$$

根据评价结果可以对数据进行情感标注，假设$\boldsymbol{E}_j$ 中最大的元素是 e_m^j，则认为该情感语句为主情感为 m 的情感语料。

8.3 情感的声学特征分析

8.3.1 情感特征提取

情感识别的关键在于提取能反映说话人的情感行为的特征，特征的优劣对情感识别效果有非常重要的影响。如何提取和选择能有效反映情感变化的语音特征，是目前语音情感识别领域最重要的问题之一。在过去的几十年里，研究者从心理学、语音语言学等角度出发，做了大量的研究。

许多用于自动语音识别和说话人识别的语音参数都可以用来进行语音情感识别。当前，用于语音情感识别的声学特征大致可归纳为韵律学特征、基于谱的相关特征和音质特征三种类型。

1）韵律是指语音中凌驾于语义符号之上的音高、音长、快慢和轻重等方面的变化，是对语音流表达方式的一种结构性安排。韵律学特征又被称为“超音段特征”或“超语言学特征”，其情感区分能力已得到语音情感识别领域研究者们的广泛认可，最常用的韵律特征有时长、基频、能量等。

2）基于谱的相关特征被认为是声道形状变化和发声运动之间相关性的体现，已在包括语音识别、话者识别等在内的语音信号处理领域有着成功的运用。近年来，有越来越多的研究者们将谱相关特征运用到语音情感的识别中来，并起到了改善系统识别性能的作用。在语音情感识别任务中使用的谱特征一般有线性预测系数、线性预测倒谱系数、美尔倒谱系数等。

3）声音质量是人们赋予语音的一种主观评价指标，用于衡量语音是否纯净、清晰、容易辨识等。对声音质量产生影响的声学表现有喘息、颤音、哽咽等，并且常常出现在说话者情绪激动、难以抑制的情形之下。语音情感的听辨实验中，声音质量的变化被听辨者们一致认定为与语音情感的表达有着密切的关系。在语音情感识别研究中，用于衡量声音质量的声学特征一般有：共振峰频率及其带宽、频率微扰和振幅微扰、声门参数等。

上述三种特征分别从不同侧面对语音情感信息进行表达，融合特征指的是联合不同类特征进行语音情感的识别，从而达到提高系统识别性能的目的。这些特征常常以帧为单位进行提取，却以全局特征统计值的形式参与情感的识别。全局统计的单位一般是听觉上独立的语句或者单词，常用的统计指标有极值、极值范围、均值、方差、一阶差分、二阶差分等。

情感特征的优劣对情感最终的识别效果有着非常重要的影响，本节对一些特征参数进行简要介绍，供读者研究学习。除了上述提到的三类特征外，本节还基于语音信号的混沌特性，介绍最能揭示声源非线性动力学特征的关联维数、最大李雅普诺夫（Lyapunov）指数和柯尔莫哥洛夫（Kolmogorov）熵参数，并与常规特征一起构建情感特征向量。

（1）短时能量及其衍生参数

短时能量的定义在 3.3.1 节已经介绍过，此处只介绍一些衍生参数及其求法。

短时能量抖动为

$$E_s = \frac{\frac{1}{M-1}\sum_{n=1}^{M-1}|E_n - E_{n+1}|}{\frac{1}{M}\sum_{n=1}^{M}E_n} \times 100 \tag{8-10}$$

其中，M 表示总帧数。

短时能量的线性回归系数为

$$E_r = \frac{\sum_{n=1}^{M} n \cdot E_n - \frac{1}{M}\sum_{n=1}^{M} n \cdot \sum_{n=1}^{M} E_n}{\sum_{n=1}^{M} n^2 - \frac{1}{M}\left(\sum_{n=1}^{M} n\right)^2} \tag{8-11}$$

短时能量的线性回归系数的均方误差为

$$E_q = \frac{1}{M}\sum_{n=1}^{M}(E_n - (\mu_E - E_r \cdot \mu_n) - E_r \cdot n)^2 \tag{8-12}$$

其中

$$\mu_n = \frac{1}{M}\sum_{n=1}^{M} n \tag{8-13}$$

$$\mu_E = \frac{1}{M}\sum_{n=1}^{M} E_n \tag{8-14}$$

250 Hz 以下短时能量 E_{250} 占全部短时能量 E 的比例为

$$E_{250}/E = \frac{\sum_{n=1}^{M} E_{250,n}}{\sum_{n=1}^{M} E_n} \times 100 \tag{8-15}$$

其中，$E_{250,n}$ 表示在频域中计算 250 Hz 以下的短时能量。

（2）基音及其衍生参数

基音周期的定义在 4.3 节已经介绍过，此处只介绍一些衍生参数。将第 i 个浊音帧的基音频率表示为 $F0_i$，语音信号中包含的浊音帧总数表示为 M^*，语音信号的总帧数表示为 M，则：一阶基音频率抖动为

$$F0_{s1} = \frac{\frac{1}{M^* - 1}\sum_{i=1}^{M^*-1} |F0_i - F0_{i+1}|}{\frac{1}{M^*}\sum_{i=1}^{M} F0_i} \times 100 \tag{8-16}$$

二阶基音频率抖动为：

$$F0_{s2} = \frac{\frac{1}{M^* - 2}\sum_{i=2}^{M^*-1} |2 \cdot F0_i - F0_{i-1} - F0_{i+1}|}{\frac{1}{M^*}\sum_{i=1}^{M^*} F0_i} \times 100 \tag{8-17}$$

（3）共振峰及其衍生参数

共振峰的定义在 4.4 节已经介绍过，此处只介绍一些衍生参数及其求法。设第 i 个浊音帧的第一、二共振峰频率分别表示为 $F1_i$、$F2_i$，则第二共振峰频率比率为 $F2_i/(F2_i - F1_i)$。共振峰频率抖动的计算方法与基音频率抖动的计算方法一样。

（4）美尔倒谱系数（MFCC）

MFCC 的求法参见 3.5.3 节。

（5）关联维数

设时间序列为 $x_1, x_2, \cdots, x_N$，选取一个适当的时间延迟 τ，构造一个 m 维的相空间，相空间中的相点表示为 $Y_i(m) = (x_i, x_{i+\tau}, \cdots, x_{i+(m-1)\tau})$。其中，$i = 1, 2, \cdots, M$，$M = N - (m-1)\tau$，$N$ 表示原时间序列的点数，m 表示重构相空间的嵌入维数，M 表示重构相空间中的矢量个数。

时间延迟 τ 常用自相关函数法来求解，自相关函数表达式为

$$R(\tau) = \frac{1}{N - \tau}\sum_{i=1}^{N-\tau}\left(\frac{x_i - \bar{x}}{s}\right)\left(\frac{x_{i+\tau} - \bar{x}}{s}\right) \tag{8-18}$$

其中，$\bar{x}$为时间序列的平均值，s 为标准差。对于一个混沌时间序列来说，式（8-18）所示的自相关函数值下降到初始值的 $1 - 1/e$ 时，所得时间就是时间延迟 τ。

嵌入维数 m 求法如下：首先定义

$$a(i,m) = \frac{\| Y_i(m+1) - Y_{p(i,m)}(m+1) \|}{\| Y_i(m) - Y_{p(i,m)}(m) \|} \tag{8-19}$$

其中，$p(i,m)(1 \leqslant p(i,m) \leqslant N - m\tau)$为一整数，$Y_{p(i,m)}(m)$表示 m 维重构相空间中与相点 $Y_i(m)$的最邻近点。

定义

$$E(m) = \frac{1}{N - m\tau}\sum_{i=1}^{N-m\tau} a(i,m) \tag{8-20}$$

$$E_1(m) = \frac{E(m+1)}{E(m)} \tag{8-21}$$

如果时间序列为一吸引子，当 m 大于某一值 m_o 时，$E_1(m)$停止变化，此时称 $m_o + 1$ 为

最小嵌入维数。在实际中，认为当 $E_1(m)$ 第一次大于或等于 0.99 时就停止变化。

定义

$$E^*(m) = \frac{1}{N - m\tau}\sum_{i=1}^{N-m\tau} |x_{i+m\tau} - x_{p(i,m)+m\tau}| \tag{8-22}$$

$$E_2(m) = \frac{E^*(m+1)}{E^*(m)} \tag{8-23}$$

对于随机时间序列，由于每一时刻的取值都是相互独立的，因而对于任意 m，都有 $E_2(m)$ 等于 1；而对于混沌时间序列，$E_2(m)$ 的取值则与 m 有关。

Grassberger 和 Procaccia 于 1983 年提出了从时间序列计算吸引子关联维数的 G－P 算法。定义关联积分为

$$C_m(r) = \lim_{M\to\infty}\frac{1}{M^2}\sum_{i,j=1}^{M} H(r - \| Y_i - Y_j \|) \tag{8-24}$$

其中，r 是 m 维相空间的超球体半径；$\| Y_i - Y_j \| = \max\limits_k |x_{i+k\tau} - x_{j+k\tau}|$，$k = 0,1,\cdots,m-1$；$H$ 是 Heaviside 函数，即

$$H(x) = \begin{cases} 1, & x > 0 \\ 0, & x \leqslant 0 \end{cases} \tag{8-25}$$

因为当 $r \to 0$ 时，存在以下关系：

$$\lim_{r\to 0} C_m(r) \propto r^{D(m)} \tag{8-26}$$

则称 $D(m)$ 为关联维数，其计算公式为

$$D(m) = \lim_{r\to 0}\frac{\ln C_m(r)}{\ln(r)} \tag{8-27}$$

也可以通过画出 $\ln(r) \sim \ln C_m(r)$ 的曲线图，根据双对数曲线中直线段部分的斜率计算出 $D(m)$ 的值，即除去斜率为 0 或 ∞ 的直线外，其间的最佳拟合直线的斜率就是 $D(m)$。对于纯随机时间序列，其斜率将随着 m 的增大而逐渐增大，并不存在一个极限斜率；而对于混沌时间序列，其斜率将会随着 m 的增大而逐渐收敛到一个饱和值，即 $D(m)$。

（6）最大 Lyapunov 指数

混沌时间序列的最大 Lyapunov 指数常用小数据量法计算。

首先，在相空间中找出每一个点 Y_i 的最邻近点 Y_{ii}，并限制短暂分离，即

$$d_i(0) = \min_{ii} \| Y_i - Y_{ii} \|,(|i - ii| > P) \tag{8-28}$$

其中，P 为时间序列的平均周期，它可以由功率谱的平均频率的倒数来估计。

其次，计算出 Y_i 与 Y_{ii} 的 j 个离散时间步长后的距离 $d_i(j)$，即

$$d_i(j) = \| Y_{i+j} - Y_{ii+j} \|,(j = 1,2,\cdots,\min(M - i, M - ii)) \tag{8-29}$$

假设点 Y_i 与其最邻近点 Y_{ii} 以指数 λ_1 发散，则

$$d_i(j) = \mathrm{d}_i(0)\cdot \mathrm{e}^{\lambda_1 \cdot j \cdot \Delta t} \tag{8-30}$$

其中，Δt 表示时间序列的采样间隔或者步长，λ_1 为最大 Lyapunov 指数。

最后，固定此时的 j，对所有 i 所对应的 $\ln d_i(j)$ 求平均：

$$y(j) = \frac{1}{q\Delta t}\sum_{i=1}^{q} \ln d_i(j) \tag{8-31}$$

其中，q 是非零 $d_i(j)$ 的个数。用最小二乘法对曲线 $j \sim y(j)$ 中的线性区域做出回归直线，则

所得直线的斜率即为最大 Lyapunov 指数。

（7）Kolmogorov 熵

假设一个 m 维动力系统，其重构相空间被分割成一系列边长为 r 的 m 维立方体盒子，对处于奇异吸引子区域中的轨道 $x(t)$，系统的状态可以在时间延迟 τ 内进行观测，$p(i_1,\cdots,i_\sigma)$ 表示 $x(\tau)$ 处于第 i_1 个盒子中，$x(2\tau)$ 处于第 i_2 个盒子中，依次类推，$x(\sigma\tau)$ 处于第 i_σ 个盒子中的联合概率，则 Kolmogorov 熵定义为

$$K = -\lim_{\tau\to0}\lim_{r\to0}\lim_{\sigma\to\infty}\frac{1}{\sigma\tau}\sum_{i_1,\cdots,i_\sigma}p(i_1,\cdots,i_\sigma)\ln p(i_1,\cdots,i_\sigma) \tag{8-32}$$

q 阶 Renyi 熵定义为

$$K_q = -\lim_{\tau\to0}\lim_{r\to0}\lim_{\sigma\to\infty}\frac{1}{\sigma\tau}\frac{1}{q-1}\ln\sum_{i_1,\cdots,i_\sigma}p^q(i_1,\cdots,i_\sigma) \tag{8-33}$$

Grassberger 和 Procaccia 于 1983 年首次证明了当 $q\geqslant q'$ 时，$K_{q'}\geqslant K_q$。因此，$K_2\leqslant K_1\leqslant K_0$，其中 K_2 为二阶 Renyi 熵，K_1 为 Kolmogorov 熵，K_0 为拓扑熵，通常 K_2 可以作为 K_1 的一个很好的估计。

K_2 熵与关联积分 $C_m(r)$ 存在如下关系：

$$K_2 = -\lim_{\tau\to0}\lim_{r\to0}\lim_{\sigma\to\infty}\frac{1}{\sigma\tau}\ln C_\sigma(r) \tag{8-34}$$

对于离散时间序列，固定 τ，则式（8-34）简化为

$$K_2 = -\lim_{r\to0}\lim_{\sigma\to\infty}\frac{1}{\sigma\tau}\ln C_\sigma(r) \tag{8-35}$$

又因为

$$\lim_{r\to0}C_m(r)\propto r^{D(m)} \tag{8-36}$$

结合式（8-35）和式（8-36）可以得出，当 $r\to0$，$m,\sigma\to\infty$ 时，有

$$K_2 = \frac{1}{m\tau}\ln\frac{C_\sigma(r)}{C_{\sigma+m}(r)} \tag{8-37}$$

对曲线 $r\sim K_2$ 中的线性区域，其间的最佳线性拟合直线在纵轴上的截距即为 Kolmogorov 熵 K_1 的稳定估计。

（8）情感特征向量构造

全局统计特征和动态特征是两种常用的特征向量构造方法，由于动态特征过分依赖音位信息，因此，采用全局统计特征来构造实用语音情感的特征向量，我们构造了 144 维特征，如表 8-2 所示。

表 8-2 实用语音情感的特征列表

特征序号	特征名称
1~4	短时能量的最大值、最小值、均值、方差
5	短时能量抖动
6~7	短时能量的线性回归系数及其均方误差
8	250 Hz 以下短时能量占全部短时能量的比例
9-12	基音频率的最大值、最小值、均值、方差
13~14	一阶基音频率抖动、二阶基音频率抖动

（续）

特征序号	特征名称
15	基音频率分段方差
16~19	基音频率一阶差分的最大值、最小值、均值、方差
20~34	第一、第二、第三共振峰频率的最大值、最小值、均值、方差、一阶抖动
35~37	第二共振峰频率比率最大值、最小值、均值
38~89	0~12 阶 MFCC 的最大值、最小值、均值、方差
90~141	0~12 阶 MFCC 一阶差分的最大值、最小值、均值、方差
142~144	关联维数、最大 Lyapunov 指数和 Kolmogorov 熵

8.3.2 特征降维算法[C]

由于受到训练样本规模的限制，特征空间维度不能过高，需要进行特征降维。从信息增加的角度来说，原始特征的数量应该是越多越好，似乎不存在一个上限。然而，在具体的算法训练当中，几乎所有的算法都会受到计算能力的限制，特征数量的增加，最终会导致“维度灾难”的问题。以高斯混合模型为例，它的概率模型的成功训练依赖于训练样本数量、高斯模型混合度、特征空间维数三者之间的平衡。如果训练样本不足，而特征空间维数过高的话，高斯混合模型的参数就不能准确获得。

对 8.3.1 节中列出的所有基本声学特征，进行特征降维的工作，既能够反映出这些特征在区分情感类别上的能力，又是后续的识别算法研究的需要。总结语音情感识别领域近年来的一些文献，研究者们主要采用了以下一些特征降维的方法：LDA（Linear Discriminant Analysis）、PCA（Principal Components Analysis）、FDR（Fisher Discriminant Ratio）、SFS（Sequential Forward Selection）等。其中，SFS 是一种封装器方法，它对具体的识别算法依赖程度比较高，当使用不同的识别算法时，可能会得到差异很大的结果。本节主要介绍 LDA 算法和 PCA 算法，其他算法可参考相关文献。

1. LDA 降维原理

线性鉴别分析（Linear Discriminant Analysis，LDA）是 Ronald Fisher 1936 年提出的，是模式识别的经典算法。1996 年，该算法由 Belhumeur 引入模式识别和人工智能领域。线性鉴别分析的基本思想是将高维的模式样本投影到最佳鉴别矢量空间，以达到抽取分类信息和压缩特征空间维数的效果。投影后的模式样本在新的子空间应该具有最大的类间距离和最小的类内距离，即模式在该空间中有最佳的可分离性。

假设有一组属于两个类的 n 个 d 维样本 $\boldsymbol{x}_1,...,\boldsymbol{x}_n \in R^d$，其中前 n_1 个样本属于类 w_1，后 n_2 个样本属于类 w_2，均服从同协方差矩阵的高斯分布。现寻找一最佳超平面将两类分开，则只需将所有样本投影到此超平面的法线方向上。

$$\boldsymbol{y}_i = \boldsymbol{w}^{\mathrm{T}}\boldsymbol{x}_i \tag{8-38}$$

此时，可得到 n 个标量 $\boldsymbol{y}_1,\cdots,\boldsymbol{y}_n \in R$，这 n 个标量相应地属于集合 Y_1 和 Y_2，并且 Y_1 和 Y_2 能很好地分开。

为了找到这样的能达到最好分类效果的投影方向 $\boldsymbol{w}$，Fisher 规定了一个准则函数 $J_F(\boldsymbol{w})$，要求选择的投影方向 $\boldsymbol{w}$ 能使降维后的 Y_1 和 Y_2 具有最大的类间距离与类内距离比，即

$$J_F(\boldsymbol{w}) = \frac{(\overline{m}_1 - \overline{m}_2)^2}{\overline{s}_1^2 + \overline{s}_2^2} \tag{8-39}$$

其中，类间距离用两类均值$\overline{m}_1$、$\overline{m}_2$ 之间的距离表示，类内距离用每类样本距其类均值距离的和表示，在式中为$\overline{s}_1^2 + \overline{s}_2^2$。这里，$\overline{m}_i(i=1,2)$为降维后各类样本均值，即

$$\overline{m}_i = \frac{1}{n_i}\sum_{y\in Y_i}\boldsymbol{y} = \frac{1}{n_i}\sum_{x\in X_i}\boldsymbol{w}^T\boldsymbol{x} = \boldsymbol{w}^{\mathrm{T}}\boldsymbol{m}_i \quad i = 1,2 \tag{8-40}$$

$\overline{s}_i^2(i=1,2)$为降维后每类样本类内离散度，$\overline{s}_1^2 + \overline{s}_2^2$ 为总的类内离散度$\overline{S}_w$：

$$\begin{aligned}\overline{s}_i^2 &= \sum(\boldsymbol{y} - \overline{m}_i)^2 = \sum_{x\in X_i}(\boldsymbol{w}^{\mathrm{T}}\boldsymbol{x} - \boldsymbol{w}^{\mathrm{T}}\boldsymbol{m}_i)^2 \\ &= \boldsymbol{w}^{\mathrm{T}}\left[\sum_{x\in X_i}(\boldsymbol{x} - \boldsymbol{m}_i)(\boldsymbol{x} - \boldsymbol{m}_i)^{\mathrm{T}}\right]\boldsymbol{w} \\ &= \boldsymbol{w}^{\mathrm{T}}\boldsymbol{S}_i\boldsymbol{w}\end{aligned} \tag{8-41}$$

$$\overline{S}_w = \overline{s}_1^2 + \overline{s}_2^2 = \boldsymbol{w}^{\mathrm{T}}(\boldsymbol{S}_1 + \boldsymbol{S}_2)\boldsymbol{w} = \boldsymbol{w}^{\mathrm{T}}\boldsymbol{S}_w\boldsymbol{w} \tag{8-42}$$

这里，$\boldsymbol{S}_i = \sum_{x\in X_i}(\boldsymbol{x} - \boldsymbol{m}_i)(\boldsymbol{x} - \boldsymbol{m}_i)^{\mathrm{T}}$称为样本类内离散度矩阵；$\boldsymbol{S}_w = \boldsymbol{S}_1 + \boldsymbol{S}_2$ 称为总的类内离散度矩阵。

此时，类内离散度$(\overline{m}_1 - \overline{m}_2)^2$ 可表示为

$$\begin{aligned}(\overline{m}_1 - \overline{m}_2)^2 &= (\boldsymbol{w}^{\mathrm{T}}\boldsymbol{m}_1 - \boldsymbol{w}^{\mathrm{T}}\boldsymbol{m}_2)^2 \\ &= \boldsymbol{w}^T(\boldsymbol{m}_1 - \boldsymbol{m}_2)(\boldsymbol{m}_1 - \boldsymbol{m}_2)^{\mathrm{T}}\boldsymbol{w} \\ &= \boldsymbol{w}^T\boldsymbol{S}_b\boldsymbol{w}\end{aligned} \tag{8-43}$$

这里，$\boldsymbol{S}_b$ 称为样本类间离散度矩阵，则最终 Fisher 准则函数可表示为

$$J_F(\boldsymbol{w}) = \frac{\boldsymbol{w}^{\mathrm{T}}\boldsymbol{S}_b\boldsymbol{w}}{\boldsymbol{w}^{\mathrm{T}}\boldsymbol{S}_w\boldsymbol{w}} \tag{8-44}$$

根据上述准则函数，要寻找一投影向量 $\boldsymbol{w}$ 使准则函数最大，需要对准则函数按变量 $\boldsymbol{w}$ 求导并使之为零。

$$\frac{\partial J_F(\boldsymbol{w})}{\partial \boldsymbol{w}} = \frac{\partial \dfrac{\boldsymbol{w}^{\mathrm{T}}\boldsymbol{S}_b\boldsymbol{w}}{\boldsymbol{w}^{\mathrm{T}}\boldsymbol{S}_w\boldsymbol{w}}}{\partial \boldsymbol{w}} = \frac{\boldsymbol{S}_b\boldsymbol{w}(\boldsymbol{w}^{\mathrm{T}}\boldsymbol{S}_w\boldsymbol{w}) - \boldsymbol{S}_w\boldsymbol{w}(\boldsymbol{w}^{\mathrm{T}}\boldsymbol{S}_b\boldsymbol{w})}{(\boldsymbol{w}^{\mathrm{T}}\boldsymbol{S}_w\boldsymbol{w})^2} = 0 \tag{8-45}$$

推导可得

$$\boldsymbol{S}_b\boldsymbol{w} = J_F(\boldsymbol{w})\boldsymbol{S}_w\boldsymbol{w} \tag{8-46}$$

令 $J_F(\boldsymbol{w}) = \lambda$，则

$$\boldsymbol{S}_b\boldsymbol{w} = \lambda\boldsymbol{S}_w\boldsymbol{w} \tag{8-47}$$

这是一个广义特征值问题，若 $\boldsymbol{S}_w$ 非奇异，可得

$$\boldsymbol{S}_w^{-1}\boldsymbol{S}_b\boldsymbol{w} = \lambda\boldsymbol{w} \tag{8-48}$$

通过 $\boldsymbol{S}_w^{-1}\boldsymbol{S}_b$ 进行特征值分解，将最大特征值对应的特征向量作为最佳投影方向 $\boldsymbol{w}$。

以上 Fisher 准则只能用于解决两类分类问题，为了解决多类分类问题，Duda 提出了判别矢量集的概念，被称为经典的 Fisher 线性判别分析方法。Duda 指出，对于 c 类问题需要 $c-1$个用于两类分类的 Fisher 线性判别函数，即需要由 $c-1$ 个投影向量 $\boldsymbol{w}$ 组成一个投影矩阵 $\boldsymbol{W}\in R^{d\times c-1}$，将样本投影到此投影矩阵上，从而可以提取 $c-1$ 维的特征矢量。针对 c 类问

题，则样本的统计特性需要推广到 c 类上。

样本的总体均值向量：

$$\boldsymbol{m}_i = \frac{1}{n}\sum \boldsymbol{x} = \frac{1}{n}\sum_{i=1}^{c} n_i \boldsymbol{m}_i, i = 1,2,\cdots,c \tag{8-49}$$

样本的类内离散度矩阵：

$$\boldsymbol{S}_w = \sum_{i=1}^{c}\sum_{x\in w_i}(\boldsymbol{x} - \boldsymbol{m}_i)(x - \boldsymbol{m}_i)^{\mathrm{T}} \tag{8-50}$$

样本的类间离散度矩阵：

$$\boldsymbol{S}_b = \sum_{i=1}^{c}\sum_{x\in w_i} n(\boldsymbol{m}_i - \boldsymbol{m})(\boldsymbol{m}_i - \boldsymbol{m})^{\mathrm{T}} \tag{8-51}$$

将样本空间投影到投影矩阵 $\boldsymbol{W}$ 上，得到 $c-1$ 维的特征矢量 $\boldsymbol{y}$：

$$\boldsymbol{y} = \boldsymbol{W}^{\mathrm{T}}\boldsymbol{x} \tag{8-52}$$

其中，$\boldsymbol{W}\in R^{d\times c-1}$，$\boldsymbol{y}\in R^{c-1}$。投影后的样本统计特征也相应的推广到 c 类。

投影后总样本的均值向量：

$$\overline{\boldsymbol{m}} = \frac{1}{n}\sum \boldsymbol{y} = \frac{1}{n}\sum_{i=1}^{c} n_i \overline{m}_i \quad i = 1,2,\cdots,c \tag{8-53}$$

样本的类内离散度矩阵：

$$\overline{\boldsymbol{S}}_w = \sum_{i=1}^{c}\sum_{x\in w_i}(\boldsymbol{y} - \overline{m}_i)(\boldsymbol{y} - \overline{m}_i)^{\mathrm{T}} \tag{8-54}$$

样本的类间离散度矩阵：

$$\overline{\boldsymbol{S}}_b = \sum_{i=1}^{c}\sum_{x\in w_i} n(\overline{m}_i - \overline{m})(\overline{m}_i - \overline{m})^{\mathrm{T}} \tag{8-55}$$

Fisher 准则也推广到 c 类问题：

$$J_F(\boldsymbol{w}) = \frac{\overline{\boldsymbol{S}}_b}{\overline{\boldsymbol{S}}_w} = \frac{\boldsymbol{w}^{\mathrm{T}}\boldsymbol{S}_b\boldsymbol{w}}{\boldsymbol{w}^{\mathrm{T}}\boldsymbol{S}_w\boldsymbol{w}} \tag{8-56}$$

为使 Fisher 准则取得最大值，类似两类分类问题，$\boldsymbol{W}$ 需满足：

$$\boldsymbol{S}_b\boldsymbol{w} = \lambda\boldsymbol{S}_w\boldsymbol{w} \tag{8-57}$$

若 $\boldsymbol{S}_w$ 非奇异，则 $\boldsymbol{S}_w^{-1}\boldsymbol{S}_b\boldsymbol{w} = \lambda\boldsymbol{w}$，$\boldsymbol{W}$ 的每一列为 $\boldsymbol{S}_w^{-1}\boldsymbol{S}_b$ 的前 $c-1$ 个较大特征值对应的特征向量。

总体来说，LDA 用来特征降维的具体步骤如下：

1）中心化训练样本，并计算其类内离散度矩阵 $\boldsymbol{S}_w$ 和类间离散度矩阵 $\boldsymbol{S}_b$。

2）计算样本的协方差矩阵，并对其特征值分解，将特征向量按照其特征值的大小进行降序排列，取前若干个特征向量组成投影矩阵。

3）计算投影到投影矩阵上的样本的类内离散度矩阵$\overline{\boldsymbol{S}}_w$ 和类间离散度矩阵$\overline{\boldsymbol{S}}_b$。

4）对 $\boldsymbol{S}_w{}^{-1}\boldsymbol{S}_b$ 进行特征值分解，并将其特征向量按其特征值大小进行降序排列，取前 $c-1$个特征值对应的特征向量组成新的投影矩阵。

5）将训练样本按照新的投影矩阵进行投影。

6）对测试样本进行中心化处理，并按照新的投影矩阵进行投影。

7）选择合适的分类算法进行分类。

LDA 算法的函数实现

名称：fisher_lda

定义格式：

```
arma::mat fisher_lda(vector<vector<double>> &data, vector<int> &label, int nEmotion, int dim)
```

函数功能：使用 LDA 算法进行降维。

参数说明：data 为训练语音原始特征集合；label 为训练语音标签；nEmotion 为情感数量；dim 为 LDA 降维后维数。

返回：降维矩阵 ret。

程序清单：

```
arma::mat fisher_lda(vector<vector<double>> &data, vector<int> &label, int nEmotion, int dim)
{
int nRow = data[0].size();
vector<int> part;
part.push_back(0);
int m = label[0];
for (int i = 1; i < label.size(); ++i)
{
    if (label[i] != m)
    {
        part.push_back(i);
        m = label[i];
    }
}
part.push_back(label.size());
vector<arma::mat> emotion(nEmotion);
vector<arma::colvec> mean_i(nEmotion);
for (int i = 0; i < nEmotion; ++i)
{
    int nNum = part[i+1] - part[i];
    emotion[i].set_size(nRow, nNum);
    for (int j = part[i]; j < part[i+1]; ++j)
    {
        arma::colvec m(data[j]);
        emotion[i](arma::span::all, j - part[i]) = m;
    }
    mean_i[i] = arma::mean(emotion[i], 1);                    //参见式(8-49)
}
vector<arma::mat> S_i(nEmotion);
arma::mat SW;
for (int i = 0; i < nEmotion; ++i)
```

```
{
    emotion[i] -= repmat(mean_i[i], 1, emotion[i].n_cols);
    S_i[i] = emotion[i] * emotion[i].t();
}
SW = S_i[0];
SW.zeros();
arma::colvec mea = mean_i[0];
mea.zeros();
for (int i = 0; i < nEmotion; ++i)
{
    SW += S_i[i];                              //参见式(8-50)
    mea += (part[i + 1] - part[i]) * mean_i[i];
}
mea = mea / data.size();                       //参见式(8-53)
arma::mat SB = SW;
SB.zeros();
for (int i = 0; i < nEmotion; ++i)
{
    SB += (part[i + 1] - part[i]) * (mean_i[i] - mea) * (mean_i[i] - mea).t();
                                                                    //参见式(8-54)
}
SW /= data.size();
SB /= data.size();
                                                                //参见式(8-57)
arma::mat M = arma::pinv(SW) * SB;
arma::cx_vec eigval;
arma::cx_mat eigvec;
arma::eig_gen(eigval, eigvec, M);
arma::uvec indices = arma::sort_index(eigval);
arma::cx_mat ret(eigvec.n_rows, dim);
for (int i = 0; i < dim; ++i)
{
    ret.col(i) = eigvec.col(indices(i));
}
return ret;
}
```

注：为了提高效率，此处调用了 C++ 开源线性代数库 Armadillo，具体参见相关资料。

2. PCA 降维原理

主成分分析法（Principal Component Analysis，PCA）又称为主分量分析，由卡尔·皮尔森在 1901 年最早提出。当时，该算法仅对确定参数进行探讨，直到 1933 年才被霍特林应用到非确定参数。PCA 是经常使用的特征获取方法之一，是模式分类中的著名算法之一，是一种使用相当广泛的降低数据维度方法。因为 PCA 算法操作比较简便，并且参量限制较小，所以使用比较广泛，在神经科学、机器学习、图像处理等学科都有应用。简言之，PCA 的目的就是利用一组向量基去再次表征获得的信息量，使新的信息量能够尽可能表达初始信息之间的关联，最后从中获取“主分量”，很大程度上减小多余信息的干扰。为了使得重构信号误差最小，需要选取特征矩阵特征值较大的特征矢量，而用该特征矢量重构系数作为信号的低维特征。

设有 n 个样本为 $\boldsymbol{x}_1,\boldsymbol{x}_2,...\boldsymbol{x}_n \in R^d$，估计的协方差矩阵可表示为

$$\boldsymbol{S} = \frac{1}{n}\sum_{i=1}^{n}(\boldsymbol{x}_i - \bar{\boldsymbol{x}})(\boldsymbol{x}_i - \bar{\boldsymbol{x}})^{\mathrm{T}} \tag{8-58}$$

其中，$\bar{\boldsymbol{x}}$为样本的中心均值矢量。求解协方差矩阵 $\boldsymbol{S}$ 的特征值量和特征向量：

$$\boldsymbol{S}\boldsymbol{w} = \lambda \boldsymbol{w} \tag{8-59}$$

因为 $\boldsymbol{S}$ 的秩为 $n-1$，则可得到 $n-1$ 个特征矢量 $\boldsymbol{w}_1,\boldsymbol{w}_2,\cdots,\boldsymbol{w}_{n-1}$。设该特征矢量组成的变换矩阵为 $\boldsymbol{W}$，则样本 $\boldsymbol{x}$ 经过该变换矩阵被变换到 $n-1$ 维的低维子空间：

$$\boldsymbol{y} = \boldsymbol{W}^{T}(\boldsymbol{x} - \bar{\boldsymbol{x}}) \tag{8-60}$$

在语音情感识别中，PCA 分析首先计算语音特征样本的协方差矩阵 $\boldsymbol{S}$，然后计算得到 $\boldsymbol{S}$ 的特征值和对应的特征矢量，非零特征值按降序排列，选择其对应特征矢量 m 个，这 m 个特征矢量称为 m 个主元。对应的样本可以由它们线性表示为

$$y = \sum_{i=1}^{m} a_i w_i \tag{8-61}$$

其中，a_i 称为语音样本在特征子空间上的投影系数，可用该组合系数作为抽取特征。

8.4　实用语音情感的识别算法研究

模式识别领域中的诸多算法都曾用于语音情感识别的研究，典型的有隐马尔可夫模型（Hidden Markov models，HMM）、高斯混合模型（GMM）、K 近邻（k－Nearest Neighbor，KNN）、支持向量机（Support Vector Machine，SVM）和人工神经网络（Artificial Neural Network，ANN）等，表 8-3 中初步比较了它们各自的优缺点，以及在部分数据库上的识别性能表现。本节主要介绍三类算法：KNN、SVM 和 ANN。

表 8-3　各种识别算法在语音情感识别应用中的特性比较

算法	情感拟合性能	优　点	缺　点
GMM	高	对数据的拟合能力较强	对训练数据依赖性强
SVM	较高	适合于小样本训练集	多类分类问题中存在不足
KNN	较高	易于实现，较符合语音情感数据的分布特性	计算量较大
HMM	一般	适合于时序序列的识别	受到音位信息的影响较大
决策树	一般	易于实现，适合于离散情感类别的识别	识别率有待提高
ANN	较高	逼近复杂的非线性关系	容易陷入局部极小特性，算法收敛速度较低
混合蛙跳算法	较高	优化能力强，有利于发现情感数据中潜在的模式	在迭代后期容易陷入局部最优，收敛速度较慢

8.4.1 K 近邻分类器[C]

K 近邻（k－Nearest Neighbor，KNN）分类算法，是一种较为简单直观的分类方法，但在语音情感识别中表现出的性能却很好。KNN 分类器的分类思想是：给定一个在特征空间中的待分类的样本，如果其附近的 K 个最邻近的样本中的大多数属于某一个类别，那么当前待分类的样本也属于这个类别。在 KNN 分类器中，样本点附近的 K 个近邻都是已经正确分类的对象。在分类决策上只依据最邻近的一个或者几个样本的类别信息来决定待分类的样本应该归属的类别。KNN 分类器虽然原理上也依赖于极限定理，但在实际分类中，仅同少量的相邻样本有关，而不是靠计算类别所在特征空间区域。因此对于类别域交叉重叠较多的分类问题来说，KNN 方法具有优势。

已知类别的训练样本集样本的特征参数集为$\{\boldsymbol{X}_1,\boldsymbol{X}_2,\boldsymbol{X}_3,\cdots,\boldsymbol{X}_n\}$，对于待测样本 $\boldsymbol{X}$，计算其与$\{\boldsymbol{X}_1,\boldsymbol{X}_2,\boldsymbol{X}_3,\cdots,\boldsymbol{X}_n\}$中每一样本的欧式距离 $D(\boldsymbol{X},\boldsymbol{X}_l)(l=1,2,\cdots,n)$，即

$$D(\boldsymbol{X},\boldsymbol{X}_l) = \sqrt{\sum_{i=1}^{N} (X(i) - X_l(i))^2}, l = 1,2,\cdots,n \tag{8-62}$$

其中，N 代表特征向量的维数；$\min\{D(\boldsymbol{X},\boldsymbol{X}_l)\}$称为 X 的最近邻，而将 $D(\boldsymbol{X},\boldsymbol{X}_l)$从小到大排列后的前 K 个值称为 $\boldsymbol{X}$ 的 K 近邻。分析 K 近邻中属于哪一类别的个数最多，则将 $\boldsymbol{X}$ 归于该类。

KNN 算法大致可分为如下 4 步：

1）提取训练样本的特征向量，构成训练样本特征向量集合$\{\boldsymbol{X}_1,\boldsymbol{X}_2,\boldsymbol{X}_3,\cdots,\boldsymbol{X}_n\}$；

2）设定算法中 K 的值。K 值的确定没有一个统一的方法（根据具体问题选取的 K 值可能有较大的区别）。一般方法是先确定一个初始值，然后根据实验结果不断调试，最终达到最优。

3）提取待测样本的特征向量 $\boldsymbol{X}$，并计算 $\boldsymbol{X}$ 与$\{\boldsymbol{X}_1,\boldsymbol{X}_2,\boldsymbol{X}_3,\cdots,\boldsymbol{X}_n\}$中每一样本的欧式距离 $D(\boldsymbol{X},\boldsymbol{X}_l)$。

4）统计 $D(\boldsymbol{X},\boldsymbol{X}_l)$中 K 个最近邻的类别信息，给出 $\boldsymbol{X}$ 的分类结果。

KNN 算法的实现函数

名称：CKnnEmotionRecognition

定义格式：

```
std::vector<double> CKnnEmotionRecognition(std::vector<vector<double>> &trainset, std::vector
<int> &n, std::vector<vector<double>> &testset, std::vector<int> &p, int K)
```

函数功能：基于 KNN 算法对测试集进行分类。

参数说明：trainset 为训练集，testset 为测试集，第一维为样本个数，第二维为特征个数；n 为训练集中每类样本按序排列的最大序号（如果 trainset 依次包含 3 类样本，每类 25 个，则 n = [24,49,74]）；p 为测试集中，每类样本按序排列的最大序号；K 为 KNN 算法的 K 值。

返回值为测试集中几类信号的分类结果。

```
std::vector<double> CKnnEmotionRecognition(std::vector<vector<double>> &trainset, std::vector
<int> &n, std::vector<vector<double>> &testset, std::vector<int> &p, int k)
{
ntrain = trainset.size();                                    //训练集样本个数
ntest = testset.size();                                      //测试集样本个数
vector<vector<double>> distanceMatrix(ntrain,vector<double>(ntest,0));
if (trainset[1].size() != testset[1].size())                //特征维数不匹配
    return ratio;
else
{
    for(int i = 0;i < ntest;i ++)
    {
        for(int j = 0;j < ntrain;j ++)
            计算测试集特征与训练集特征的欧式距离
            distanceMatrix[i][j] = EucDist(trainset[j],testset[i]);
    }
}
int nEmotion = n.size();                                     //种类数目
vector<int> emtionCounter(nEmotion,0);
vector<int> flag(nEmotion,0);
for (int i = 0;i < ntest;i ++)
{
    // sort_indexes 的功能是将输入由小到大排序,并给出索引值
    std::vector<int> index = sort_indexes(distanceMatrix[i]);
    for (int j = 0;j < K;j ++)
    for (int q = 0;q < nEmotion;q ++)                        //按 KNN 算法进行分类
    {
        if (q == 0&&n[0] >= index[j]&&index[j] >= 1)
            flag[0] = flag[0] + 1;
        else if (q == nEmotion - 1)
            flag[nEmotion - 1] = flag[nEmotion - 1] + 1;
        else if (n[q] >= index[j]&&index[j] >= n[q - 1])
            flag[q] = flag[q] + 1;
    }
    std::vector<int> index1 = sort_indexes(flag);
    for (int q = 0;q < nEmotion;q ++)                        //计算识别正确的个数
    {
        if (i < p[0]&&i >= 0&&index1[nEmotion - 1] == 0)
            emtionCounter[0] = emtionCounter[0] + 1;
        else if((i < p[q]&&i >= p[q - 1])&&index1[nEmotion - 1] == q)
            emtionCounter[q] = emtionCounter[q] + 1;
    }
```

```
}
vector<double>ratio(nEmotion,0);
for (int q=0;q<nEmotion;q++)                                    //统计识别率
    if (q==0)
        ratio[q]=emtionCounter[q]/(p[q]+1);
    else
        ratio[q]=emtionCounter[q]/(p[q]-p[q-1]);
return ratio;
}
```

8.4.2 支持向量机

支持向量机是由 Cortes 和 Vapnik 等人提出的一种机器学习的算法，它是建立在统计学习理论和结构风险最小化的基础之上的。支持向量机在诸多模式分类应用领域中，如在解决小样本问题、非线性模式识别问题以及函数拟合等方面具有优势。

SVM 算法是统计学习理论的一种实现方式。最基本思路就是要找到使测试样本的分类错误率达到最低的最佳超平面，也就是要找到一个分割平面，使得训练集中的训练样本距离该平面的距离尽量的远以及平面两侧的空白区域（margin）最大，如图 8-2 所示。

在 n 维空间 R^n 中，对于两类问题进行分类时，设输入空间中的一组样本为$(\boldsymbol{x}_i,\boldsymbol{y}_i)$，$\boldsymbol{x}_i \in R^n$，$y_i \in \{+1,-1\}$是类别标号。在线性可分的情况下，存在多个超平面将两类样本分开，其中可以使得两个类别离超平面最近的样本与它的距离最大的那个超平面，称为最优超平面，如图 8-3 所示。

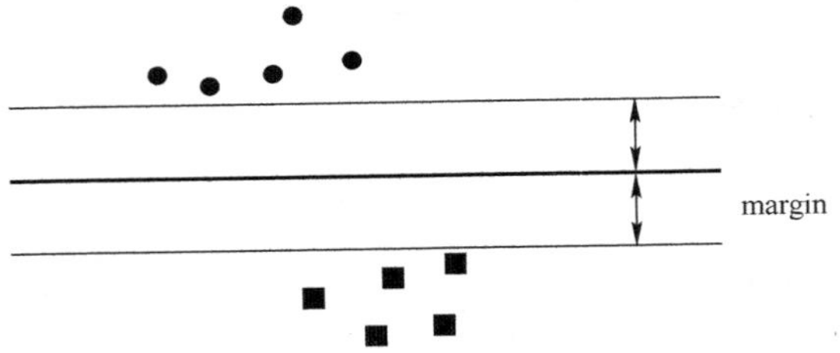

图 8-2　样本点的超平面分割法

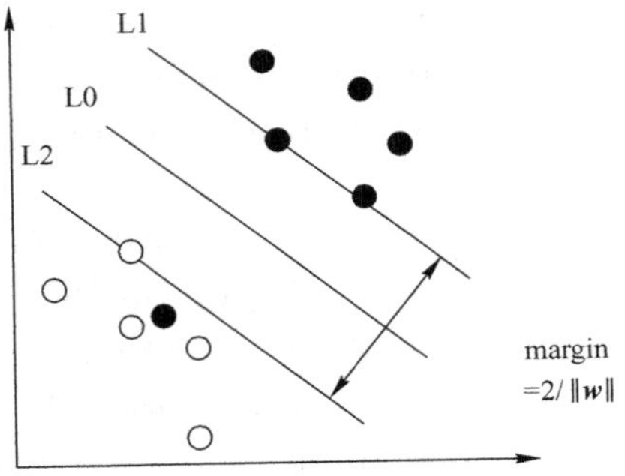

图 8-3　优分类超平面

设超平面方程为

$$\boldsymbol{wx}+b=0 \tag{8-63}$$

使得

$$\begin{cases}\boldsymbol{wx}_1+b=1\\ \boldsymbol{wx}_2+b=1\end{cases} \tag{8-64}$$

可得

$$(\boldsymbol{w}(\boldsymbol{x}_1-\boldsymbol{x}_2))/\|\boldsymbol{w}\|=2/\|\boldsymbol{w}\| \tag{8-65}$$

则分类函数就是 $g(\boldsymbol{x})=\boldsymbol{wx}+b$，且分类函数归一化以后，两类中的所有样本都满足 $|g(\boldsymbol{x})|$

$\geqslant 1$，距离分类超平面最近的样本满足 $|g(\boldsymbol{x})|=1$，分类间隔即为 $2/\|\boldsymbol{w}\|$。当 $\|\boldsymbol{w}\|$ 最小时，分类间隔最大。实际上，寻找最优分类面的问题就简化成一个简单的优化问题，即当约束条件为 $y_i[\boldsymbol{w}\boldsymbol{x}_i+\boldsymbol{b}]-1\geqslant 0(i=1,2,\cdots,n)$，使得 $\frac{1}{2}\|\boldsymbol{w}\|^2$ 最小。

引入拉格朗日算子，原问题变成了一个约束条件下的二次优化问题：

$$L(\boldsymbol{w},b,\boldsymbol{\alpha}) = -\sum_{i=1}^{n}\alpha_i(y_i(\boldsymbol{w}\boldsymbol{x}_i+b)-1)+\frac{1}{2}\|\boldsymbol{w}\|^2 \tag{8-66}$$

上式对 $\boldsymbol{w}$ 和 b 求偏微分并令其为 0，可得

$$\begin{cases}\boldsymbol{w} = \sum_{i=1}^{n}\alpha_i y_i \boldsymbol{x}_i \\ \sum \alpha_i y_i = 0\end{cases} \tag{8-67}$$

上式说明，$\boldsymbol{w}$ 可以用 $\{\boldsymbol{x}_1,\boldsymbol{x}_2,\cdots,\boldsymbol{x}_n\}$ 线性表示，且有一部分 $\alpha_i=0$，则对应于 $\alpha_i\neq 0$ 的样本矢量 $\boldsymbol{x}_i$ 为支持向量

$$\boldsymbol{w} = \sum_{i\in sv}\alpha_i y_i \boldsymbol{x}_i \tag{8-68}$$

将式（8-67）带入式（8-66），当约束条件为 $\alpha_i\geqslant 0(i=1,2,\cdots,n)$ 且 $\sum\alpha_i y_i=0$ 时，使得

$$\max\{Q(\boldsymbol{\alpha})\} = \max\left\{-\frac{1}{2}\sum_{i,j=1}^{n}\alpha_i\alpha_j y_i y_j(\boldsymbol{x}_i,\boldsymbol{x}_j)+\sum_{i=1}^{n}\alpha_i\right\} \tag{8-69}$$

如果样本是线性不可分的，如图 8-4 所示，则可以通过引入松弛变量得到近似的线性超平面，或者通过非线性映射算法实现低维输入空间线性不可分样本到高维特征空间线性可分样本的映射，再同样用上述针对线性可分情况的方法进行分析。

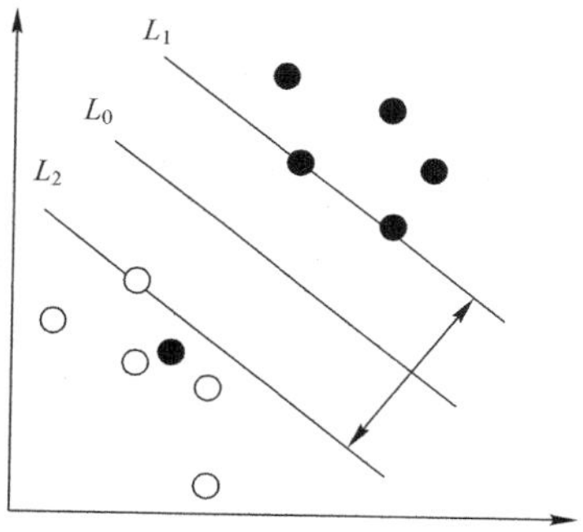

图 8-4　线性不可分情况

相应的策略是在式（8-66）的约束条件中引入松弛变量 $\xi_i\geqslant 0$，用以衡量对应样本 x_i 相对于理想条件下的偏离程度，可得新的约束条件为

$$\begin{cases}\boldsymbol{w}\cdot\boldsymbol{x}_i+b\geqslant 1-\xi_i, & y_i=1 \\ \boldsymbol{w}\cdot\boldsymbol{x}_i+b\leqslant \xi_i-1, & y_i=-1\end{cases}\quad i=1,2,\cdots,n \tag{8-70}$$

对应的优化问题转化为

$$\begin{aligned}&\min_{w,b,\xi}\frac{1}{2}\|\boldsymbol{w}\|^2+C\sum_{i=1}^{n}\xi_i \\ &s.t.\quad y_i((\boldsymbol{w}\cdot\boldsymbol{x}_i)+b)\geqslant 1-\xi_i,\xi_i\geqslant 0,i=1,2,\cdots,n\end{aligned} \tag{8-71}$$

式中，C 为正常数，用来平衡分类误差与推广性能。该问题同样可以利用拉格朗日函数求解，构造拉格朗日函数如下：

$$L(\boldsymbol{w},b,\xi,\boldsymbol{\alpha},\beta) = \frac{1}{2}\|\boldsymbol{w}\|^2+C\sum_{i=1}^{n}\xi_i-\sum_{i=1}^{n}\alpha_i(y_i((\boldsymbol{w}\cdot\boldsymbol{x}_i)+b)-1+\xi_i)-\sum_{i=1}^{n}\beta_i\xi_i \tag{8-72}$$

其中，$\alpha_i\geqslant 0$，$\beta_i\geqslant 0$ 为拉格朗日算子，对 $L(\boldsymbol{w},b,\xi,\boldsymbol{\alpha},\beta)$ 分别求 $\boldsymbol{w},b,\xi$ 的偏导，并令其偏导

为零，得到

$$\begin{cases} \boldsymbol{w} - \sum_{i=1}^{n} \alpha_i y_i x_i = 0 \\ C - \alpha_i - \beta_i = 0 \\ \sum_{i=1}^{n} \alpha_i y_i = 0 \end{cases} \tag{8-73}$$

将式（8-73）代入式（8-71）可得如下对偶问题：

$$\begin{aligned} &\max_{w,b,\alpha}\left\{-\frac{1}{2}\sum_{i=1}^{n}\sum_{j=1}^{n} y_i y_j \alpha_i \alpha_j (\boldsymbol{x}_i \cdot \boldsymbol{x}_j) + \sum_{i=1}^{n}\alpha_i\right\} \\ &s.t. \sum_{i=1}^{n}\alpha_i y_i = 0, 0 \leqslant \alpha_i \leqslant C, i = 1,2,\cdots,n \end{aligned} \tag{8-74}$$

通过上式可求得 α_i，法向量 $\boldsymbol{w}$ 和偏置 b，最后通过判决函数确定测试样本的类别。

$$f(x) = \mathrm{sgn}((\boldsymbol{w} \cdot \boldsymbol{x}) + b) = \mathrm{sgn}\left(\left(\sum_{i=1}^{n}\alpha_i y_i (\boldsymbol{x}_i \cdot \boldsymbol{x})\right) + b\right) \tag{8-75}$$

在引入非线性映射的方法中，假设 Φ 是低维输入空间 R^n 到高维特征空间 F 的一个映射，核函数对应高维特征 F 中向量内积运算，即

$$k(\boldsymbol{x}_i, \boldsymbol{x}_j) = \langle \Phi(\boldsymbol{x}_i), \Phi(\boldsymbol{x}_j) \rangle \tag{8-76}$$

最优分类问题转化为一个约束条件 $\sum_{i=1}^{n}\alpha_i y_i = 0 (\alpha_i \geqslant 0)$ 下的二次优化问题：

$$\max\{Q(\alpha)\} = \max\left\{-\frac{1}{2}\sum_{i=1}^{n}\sum_{j=1}^{n}\alpha_i\alpha_j y_i y_j k(\boldsymbol{x}_i \cdot \boldsymbol{x}_j) + \sum_{i=1}^{n}\alpha_i\right\} \tag{8-77}$$

其中，$k(\boldsymbol{x}_i, \boldsymbol{x}_j)$为核函数，$\alpha_i$ 为与每个样本对应的拉格朗日算子。

$$g(\boldsymbol{x}) = \mathrm{sgn}\left\{\sum_{i \in sv}\alpha_i^* y_i k(\boldsymbol{x}_i, \boldsymbol{x}) + b^*\right\} \tag{8-78}$$

其中，sgn( )为符号函数，定义为：

$$\mathrm{sgn}(\boldsymbol{x}) = \begin{cases} 1 & x > 0 \\ -1 & x \leqslant 0 \end{cases} \tag{8-79}$$

引入核函数后的支持向量机分类示意图如图 8-5所示。

选择使用不同的内积核函数，相当于将输入样本投影到不同的高维特征空间之中，对识别的效果会有影响，下面给出常用的几种核函数。

1）多项式形式的核函数

$$k_{\mathrm{poly}}(\boldsymbol{x}, \boldsymbol{x}_i) = [\boldsymbol{x} \cdot \boldsymbol{x}_i + 1]^q \tag{8-80}$$

式中，q 为多项式的阶数。

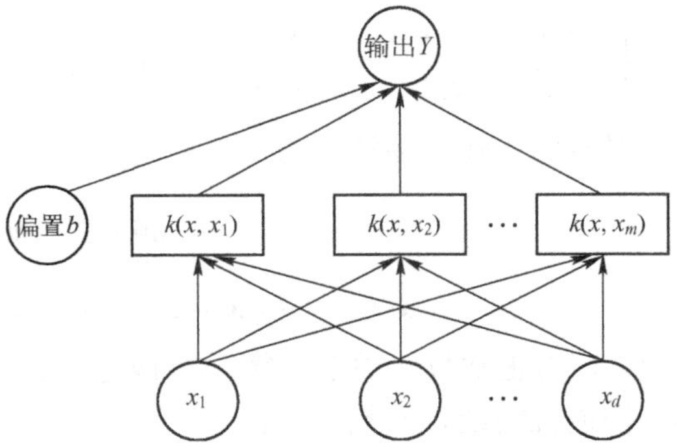

图 8-5　支持向量机示意图

2）径向基形式的核函数

$$k_{rbf}(\boldsymbol{x}, \boldsymbol{x}_i) = \exp\{-\|\boldsymbol{x} - \boldsymbol{x}_i\|^2 / 2\sigma^2\} \tag{8-81}$$

3）S 形核函数

$$k_{sign}(\boldsymbol{x},\boldsymbol{x}_i) = \tanh(v(\boldsymbol{x} \cdot \boldsymbol{x}_i) + c) \tag{8-82}$$

这三类核函数各有利弊，而且其参数选择也很重要。目前 SVM 技术还没有统一的核函数选取标准。一般在选取核函数及其参数时需要经过多次实验才能确定，目前识别效果较好的是径向基 RBF 函数。

上面介绍的是两类样本的分类问题，如果需要对 N 类问题进行分类，则需要对 SVM 进行组合。组合的策略有“一对一”和“一对多”。“一对多”的思想是在该类样本和不属于该类的样本之间构建一个超平面，假设总共有 k 个类别，则需要构建 k 个分类器，每个分类器分别用第 i 类的样本作为正样本，其余的样本作为负样本。该方法的缺点是样本数目不对称，负样本比正样本要多很多，故分类器训练的惩罚因子很难选择。“一对一”方式是每两类样本间构造一个超平面，一共需要训练 $k(k-1)/2$ 个分类器，最后识别样本时采用后验概率最大法选定待识别样本的类型，“一对一”方式的缺点是训练的分类器比较多。

8.4.3 人工神经网络

人工神经网络（Artificial Neural Network，ANN）是一种由大量简单处理单元构成的并行分布式数学模型。在人类意识到人脑计算与传统计算机处理方式的区别时，神经网络就成为科学家们探究信息处理任务的关注对象。人工神经网络主要从两方面模仿大脑工作：从外界环境中学习和用突触权值存储知识。神经元是神经网络处理信息的基本单位，是由突触权值、加法器、激活函数三部分构成的非线性模型，如图 8-6 所示。

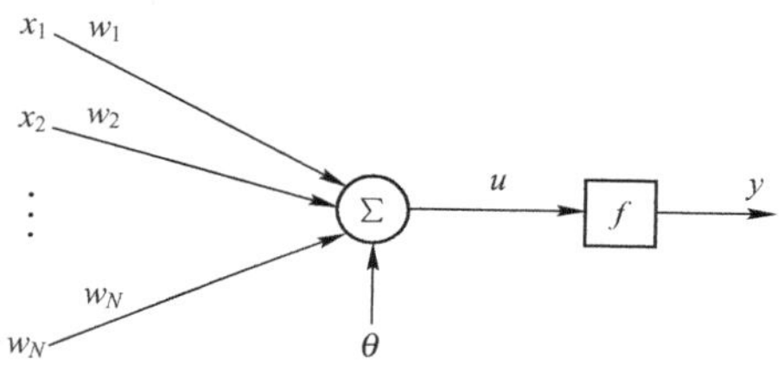

图 8-6 神经元模型

图 8-6 中，$x_1, x_2, \cdots, x_N$ 是来自于其他神经元的 N 个输入；$w_1, w_2, \cdots, w_N$ 为调节输入连接强度的权；θ 是神经元阈值。输入给函数的总量为

$$u = \sum_{i=1}^{N} w_i x_i - \theta \tag{8-83}$$

则神经元的输出为

$$y = f(u) \tag{8-84}$$

此处，$f(\cdot)$ 称为神经元活化函数，它是非线性函数。常用的活化函数有阶跃函数，其表示式为

$$f(u) = \begin{cases} 1, & u \geqslant 0 \\ 0, & u < 0 \end{cases} \tag{8-85}$$

以及 S 形函数，即 Sigmoid 函数

$$f(u) = \frac{1}{1 + e^{-\beta u}} \tag{8-86}$$

式中，β 是一个常数，它控制 S 形曲线扭曲部分的斜率。一般来说，选择活化函数的原则如下。

1）具有非线性特性，以便计算复杂的映射。

2）应尽量使其具有可微性，以便使运算简化。

Sigmoid 函数是最常用的函数之一，其具有以下特点：

①非线性和单调性；②无限次可微；③当权值很大时可近似阶跃函数；④当权值很小时可近似线性函数。

基于式（8-83）和活化函数计算活性的神经元通常称为“感知器”。当类别不能用一超平面完美分割时，需用结构更复杂的感知器，即所谓的“多层感知器”（Multi - Layer Perceptron，MLP）。如果感知器的活化函数具有非线性特性，则这种网络具有较强的分类能力。多层感知器网是由若干层感知器以及可修正的权连接而构成的多层前馈网络。通常多层感知器是指三层或三层以上的前馈网络。可以证明，一个三层感知器可以实现任意的输入到输出的映射。

多层感知器的结构由一个输入层、一个以上隐藏层和一个输出层组成。所有的连接均为相邻层之间的节点的连接，同层之间不连接。输入层不做任何运算，它只是将每个输入量分配到各个输入节点。图 8-7 为多层感知器结构。

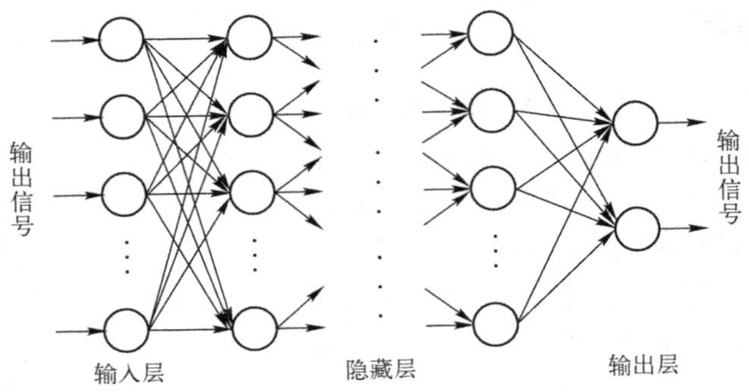

图 8-7　多层感知器结构

对于多层感知器，通常采用著名的 BP（Back Propagation）算法来修正连接权值。下面简单介绍用于 MLP 训练的 BP 算法。训练分两步：第一步是计算 MLP 的输出值；第二步是用 BP 算法更新网络的连接权值。具体步骤如下。

1）假定有 N 个输入节点，M 个输出节点。设置初始权值及阈值，即设所有的权值及节点的阈值为一个小的随机数。

2）给定新的输入值 $x_1,\cdots,x_N$ 及相应的理想输出信号 $d_1,d_2,\cdots,d_M$。

$$d_i=\begin{cases}+1 & (\text{属于 } i \text{ 类})\\ 0 & (\text{属于 } i \text{ 类})\end{cases} \tag{8-87}$$

3）计算当输入 $x_1,\cdots,x_N$ 通过网络时的实际输出值 $y_1,y_2,\cdots,y_M$。

对于网络中任一节点 j，它的输出的计算步骤为

$$u_j = \sum_{i=1}^{N} w_{ij}x_i - \theta_j \tag{8-88}$$

$$y_j=f(u_j)=1/(1+\exp(-u_j)) \tag{8-89}$$

式中，u_j 是加权后的输入与节点 j 的阈值的总和；θ_j 是节点 j 的阈值，网络中节点非线性的传输关系采用 Sigmoid 函数。

4）修正每个权值和阈值。从输出节点开始逐步向前递推，直到第一层。

$$w_{ij}(t+1)=w_{ij}(t)+\eta\sigma_j x_i \tag{8-90}$$

$$\theta_j(t+1)=\theta_j(t)+\eta\sigma_j \tag{8-91}$$

式中 $w_{ij}(t)$ 为 t 时刻从节点 i（输入节点或隐节点）到节点 j（隐节点或输出节点）的权；x_i 为第 i 个输入节点上的输入信号或第 i 个隐节点上的输出信号；η 为增益因子或收敛因子，是一个表示学习速率的常数，一般 $0<\eta<1$；σ_j 为节点 j 的权值校正因子。

当节点 j 是输出节点时，理想输出明确，σ_j 可表示为

$$\sigma_j = y_j(1-y_j)(d_j-y_j) \tag{8-92}$$

当节点 j 是隐含节点时，理想输出不明确，σ_j 定义为

$$\sigma_j = x_j(1-x_j)\sum_k \sigma_k w_{jk} \tag{8-93}$$

其中，d_j 和 y_j 分别是输出节点 j 的理想输出和实际输出，k 是隐含节点 j 上一层的全部节点。

5）转移到第2）步重复进行，直到各 w_{ij}，θ_j 稳定为止。

事实上，MLP 的训练属于用 LMS 准则使某目标函数极小的搜索程序。当输入信号未到来时，所有输出节点的值都为低值（0 或 <0.1），直到输入信号到来时其相应输出节点呈现高值（1.0 或 >0.9）。该训练是有教师的训练且训练属迭代型，随着各训练样本的重复进入，权值逐步调整，直到目标函数降到容许值或权值不再变动为止。一般，为了使权值变化更加平滑，还要在 BP 算法更新权值时加入一个动量，即

$$w_{ij}(t+1) = w_{ij}(t) + \eta\sigma_j x_i + \alpha(w_{ij}(t) - w_{ij}(t-1)) \tag{8-94}$$

其中，$\alpha(0<\alpha<1)$ 称为惯性矩。

反向误差传播算法（BP 算法）虽然可以很精确地实现函数的逼近和模式的分类。但是从本质上讲，BP 算法仍然是一种梯度算法，因此不可避免地存在局部最小值问题。此外，算法的训练速度慢，网络结构特别是隐层和隐节点的数目的选取尚无理论上的指导。本小节只是初步介绍 BP 算法在 MLP 的应用，关于 MLP 的权植初值化，训练样本的选择、隐层节点的设置和算法的改进等问题，可参考有关文献。

在模式识别中，应用最多、最成功的是多层前馈网络，其中又以采用 BP 学习算法的多层感知器（简称 BP 网络）为代表。由于网络采用的是监督学习方式进行训练，因此只能用于监督模式识别问题。在利用人工神经网络模型进行模式识别时，网络模型结构一旦确定，网络的输入节点数就是固定不变的，所以输入模式的长度必须是一定的。对于语音信号处理方面的应用来讲，首先要进行语音参数的时间归一化处理。而对于网络结构的输出节点的选择，决定了两种人工神经网络模型在模式识别中的应用方式。

（1）多输出型

所谓多输出型，即对于多个类别，只有一个人工神经网络模型，而这个网络有多个输出节点，每一个输出节点对应一个类别。网络的结构是输入节点数对应于样点数或者样本的特征维数，而输出层的节点数等于类别数。在训练阶段，如果用于训练的输入训练样本的类别标号是 i，则训练时第 i 个节点的期望输出设为 1，而其余输出节点期望输出均为 0。并且对于此类人工神经网络模型，利用每个类别的训练数据，对其进行有监督训练。在识别阶段，当一个未知类别的样本作用到输入端时，考查各输出节点的输出，并将这个样本的类别判定为与输出值最大的那个节点对应的类别。在某些情况下，如果输出最大的节点与其他节点输出的差距较小（小于某个阈值），则可以做出拒绝决策，这是用多层感知器进行模式识别的最基本方式。

实际上，多输出型神经网络还可以有很多其他的形式。更一般地，网络可以用 M 个输

出节点，利用某种编码来代表 c 个类别。上面介绍的方式只是其中一个特例，称为“1－0”编码模式或“c 中取 1”模式。

（2）单输出型

所谓单输出型，即一个人工神经网络模型只有一个输出。这样要识别多个类别，势必要准备多个人工神经网络模型。很多实验表明，在多输出方式中，由于网络要同时适应所有类别，势必需要更多的隐层节点，而且学习过程往往收敛较慢，此时可以采用多个多输入单输出形式的网络，让每个网络只完成识别两类分类，即判断样本是否属于某个类别。这样可以克服类别之间的耦合，通常可以得到更好的结果。

具体做法是，网络的每一个输入节点对应样本一个特征（或输入特征矢量的一维），而输出层节点只有一个。为每个类建立一个这样的网络（网络的隐层节点数可以不同）。对每一类进行分别训练，将属于这一类的样本的期望输出设为 1，而把属于其他类的样本的期望输出设为 0。注意每个网络模型必须要用所有类别训练数据进行有监督训练。在识别阶段，将未知类别的样本输入到每一个网络，如果某个网络的输出接近 1（或大于某个阈值，比如 0.5），则判断该样本属于这一类；而如果有多个网络的输出均大于阈值，则将类别判断为具有最大输出的那一类，或者做出拒绝；当所有网络的输出均小于阈值时，也可采取类似的决策。

8.5 应用与展望

1. 载人航天中的应用

烦躁情感具有特殊的应用背景，在某些严酷的工作环境中，烦躁是较为常见的、威胁性较大的一种负面情感。保障工作人员的心理状态健康是非常重要的环节。在未来可能的长期的载人任务中，对航天员情感和心理状态的监控与干预是一个重要的研究课题。在某些特殊的实际应用项目中，工作人员的心理素质是选拔和训练的一个关键环节，这是由于特殊的环境中会出现诸多的刺激因素，引发负面的心理状态。例如，狭小隔绝的舱体内环境、严重的环境噪声、长时间的睡眠剥夺等因素，都会增加工作人员的心理压力，进而影响任务的顺利完成。

因此，在航天通信过程中，有必要对航天员的心理健康状况进行监测，在发现潜在的负面情绪威胁时，应该及时进行心理干预和疏导。在心理学领域，进行心理状态评估的方法，主要是依靠专业心理医师的观察和诊断。而近年来的情感计算技术，则为这个领域提供了客观测量的可能。语音情感识别技术可以用于分析载人航天任务中的语音通话，对说话人的情感状态进行自动的、实时的监测。一旦发现烦躁状态出现的迹象，可以及时进行心理疏导。

在载人航天的应用中，需要考虑几个特殊的问题。

1）识别的对象群体是特定的。因此在识别技术上，可以为每一个说话人定制所需的声学特征和识别模型，以提高识别的准确度。

2）航天员在工作状态下的说话习惯与普通人不同，具有一定的特点。因此，有必要考虑针对不同的性格与不同的说话方式，调整已有的情感模型。在特殊的工作环境中，被试人员可能倾向于隐藏负面情绪的流露，语音中的唤醒度比正常条件下高。

3）预计环境噪声非常恶劣，需要有效的抗噪声解决方法。目前在情感识别领域，对噪声因素的研究尚处于起步阶段，在今后的实际应用中，对降噪技术的需求会越来越显著。

2. 情感多媒体搜索

语音情感识别技术的另一个重要应用，是在基于内容的多媒体检索中。传统的搜索引擎，一般是进行文本的检索，对网络上的多媒体数据的内容无法进行识别和搜索。目前，基于内容的检索技术已经带来了一些有趣的应用。通过从视频数据中分离出音频部分，对其中的语音信号进行自动语音识别，再对识别出的语义关键词进行匹配和搜索。

情感识别技术可能会给多媒体检索领域带来更多、更有趣的应用。多媒体数据中蕴含了大量的情感信息，例如摄影作品、音乐歌曲、影视作品等，都是丰富的情感信息源。如果可以对多媒体数据进行情感检索，也就是根据指定的情感类型，找寻出对应的多媒体数据，那么能够给网络用户提供的将是一个广阔的情感多媒体搜索平台。情感信息的检索技术在娱乐产业中会有很大的应用前景。

在用户进行网络视频搜索时，可以指定一些特殊的视频类型进行检索，例如“喜剧片”“真实”“清新”等与情感有关的描述词。这样的检索方式会给用户提供一个比现有的语义搜索平台更加广阔的情感信息搜索平台。然而，目前商用的搜索引擎还停留在对视频文件名和文件描述进行检索的阶段，有待将实用语音情感识别技术融合到音频内容的检索中。

3. 智能机器人

智能机器人技术是一个具有良好发展前景的领域。语音是人类交流与沟通的最自然、最便捷的方式，在人与机器人的交互中，语音是首选的交流手段之一。情感识别技术与智能机器人技术的结合，可以实现冰冷的机器能够识别用户的情感，是机器人情感智能的基础技术。在智能机器人拥有了情感识别能力之后，才有可能同用户进行情感交流，才有可能成为“个人机器人”，从而更加深入地融合到人们的社会生活和生产劳动中。

机器人的情感，是一个有趣的话题，在很多文艺作品中都有生动的讨论。从语音情感识别技术的角度看，具备一定情感智能的机器人可能进入人们生活的一个途径是在儿童的智能玩具中。情感语音的识别与合成技术可能带来一系列具备虚拟情感对话能力的玩具，在模拟情感交流的环境中，培养儿童的沟通与情感能力。语音情感识别技术在儿童的发展与教育科学中的应用，亦是值得探讨的一个课题。

8.6　思考与复习题

1. 什么是语音信号中的情感信息？为什么说语音信号的情感信息是很重要的信息资源？
2. 语音信号中的情感信息处理的内容是什么？它主要包含哪几个方面？
3. 在实验中，语音数据库是如何制作的？有哪些注意事项？
4. 情感语料的诱发方式有哪些？各有什么特点？
5. 情感的声学特征有哪些？特征的降维方法有哪些？
6. 情感的识别算法有哪些？各有什么特点？
7. 写出基于支持向量机或人工神经网络的语音情感识别的详细伪代码。

第 9 章　语音合成与转换

9.1　概述

语音合成是人机语音通信的一个重要组成部分，语音合成技术赋予机器“人工嘴巴”的功能，它解决的是如何让机器像人那样说话的问题。早在 200 多年前人们就开始研究“会说话的机器”了，当时人们利用模仿人的声道做成的橡皮声管，人为地改变其形状来合成元音。近代随着半导体集成技术和计算机技术的发展，从 20 世纪 60 年代后期开始到 70 年代后期，实用的英语语音合成系统首先被开发出来，随后各种语言的语音合成系统也相继被开发出来。语音合成的应用领域十分广泛，例如：自动报时、报警、公共汽车或电车自动报站、电话查询服务业务、语音咨询应答系统，打印出版过程中的文本校对等。这些应用都已经发挥了很好的社会效益。还有一些应用，例如电子函件及各种电子出版物的语音阅读、识别合成型声码器等，前景也是十分光明的。

语音合成研究的目的是制造一种会说话的机器，使一些以其他方式表示或存储的信息能转换为语音，让人们能通过听觉而方便地获得这些信息。机器说话或者计算机说话，包含着两个方面的可能性：一是机器能再生一个预先存入的语音信号，就像普通的录音机一样，不同之处只是采用了数字存储技术。这种语音合成不能解决机器说话的问题，因为它在本质上只是个声音还原过程，即原来存入什么音，讲出来仍是什么音，它不能控制声调、语调，也不能根据所讲内容的上下文来变音、转调或改变语气等。因此具有这一功能的系统称为语声响应系统。另一种是让机器像人类一样说话，或者说计算机模仿人类说话。仿照人的言语过程模型，可以设想在机器中首先形成一个要讲的内容，它一般以表示信息的字符代码形式存在；然后按照复杂的语言规则，将信息的字符代码转换成由基本发音单元组成的序列，同时检查内容的上下文，决定声调、重音、必要的停顿等韵律特性，以及陈述、命令、疑问等语气，最后给出相应的符号代码表示。这样组成的代码序列相当于一种“言语码”。从“言语码”出发，按照发音规则生成一组随时间变化的序列，去控制语音合成器发出声音，犹如人脑中形成的神经命令，以脉冲形式向发音器官发出指令，使舌、唇、声带、肺等部分的肌肉协调动作发出声音一样，这样一个完整的过程正是语音合成的全部含义。有的文献把语声响应系统称为语声合成，而把后一种语音合成称为语言合成。语声合成是语言合成的基础，有了清晰、自然的合成语音再加上一些语言学处理，就能让机器开口说话。在本书中，这两种合成统称为语声合成。

和语音合成原理相似的一种语音处理应用是语音转换，和语音合成不同的是，语音合成是根据参数特征合成语音，而语音转换是将某种特征的语音转换为另一种特征语音。众所周知，语音信号包含了很多信息，除了最为重要的语义信息外，还有说话人的个性特征（也称为身份信息）、情感特征、说话人的态度以及说话场景信息等。语音转换就是将 A 话者的语音转换为具有 B 话者发音特征的语音，而保持语音内容不变。一个完整的语音转换系统包括提取说话人个性信息的声学特征、建立两话者间声学特征的映射规则以及将转化后的语音特征合成语音信号三个部分。

语音合成的研究已有多年的历史，从技术方式讲可分为波形合成法、参数合成法和规则合成方法；从合成策略上讲可分为频谱逼近和波形逼近。

1. 波形合成法

波形合成法一般有两种形式。一种是波形编码合成，它类似于语音编码中的波形编解码方法。该方法直接把要合成语音的发音波形进行存储或者进行波形编码压缩后存储，合成重放时再解码组合输出。这种语音合成器只是语音存储和重放的器件，其中最简单的方法就是直接进行 A/D 变换和 D/A 反变换。显然，用这种方法合成的语音，词汇量不可能很大，因为所需的存储容量太大。虽然可以使用波形编码技术压缩一些存储量，但是在合成时要进行译码处理。另一种是波形编辑合成，它把波形编辑技术用于语音合成，通过选取音库中采取自然语言的合成单元的波形，对这些波形进行编辑拼接后输出。它采用语音编码技术，存储适当的语音基元，合成时，经解码、波形编辑拼接、平滑处理等处理输出所需的短语、语句或段落。和规则合成方法不同，波形合成法在合成语音段时所用的基元是不做大的修改的，最多只是对相对强度和时长做简单调整。因此这类方法必须选择比较大的语音单位作为合成基元，例如选择词、词组、短语甚至语句作为合成基元，这样在合成语音段时基元之间的相互影响很小，容易达到很高的合成语音质量。波形语音合成法是一种相对简单的语音合成技术，通常只能合成有限词汇的语音段。目前许多专门用途的语音合成器都采用这种方式，如自动报时、报站和报警等。

2. 参数合成法

参数合成法也称为分析合成法，是一种比较复杂的方法。为了节约存储容量，必须先对语音信号进行分析，提取出语音的参数，以压缩存储容量，然后由人工控制这些参数的合成。参数合成法一般有发音器官参数合成和声道模型参数合成两种方法。发音器官参数合成法是对人的发音过程直接进行模拟。它定义了唇、舌、声带的相关参数，如唇开口度、舌高度、舌位置、声带张力等，由发音参数估计声道截面积函数，进而计算声波。由于人的发音生理过程的复杂性和理论计算与物理模拟的差别，合成语音的质量暂时还不理想。声道模型参数合成法是基于声道截面积函数或声道谐振特性合成语音的。早期语音合成系统的声学模型，多通过模拟人的口腔声道特性来产生。其中比较著名的有 Klatt 的共振峰合成系统，后来又产生了基于 LPC、LSP 和 LMA 等声学参数的合成系统。这些方法用来建立声学模型的过程为：首先录制声音，这些声音涵盖了人发音过程中所有可能出现的读音；然后提取出这些声音的声学参数，并整合成一个完整的音库。在发音过程中，首先根据需要发的音，从音库中选择合适的声学参数，然后根据韵律模型中得到的韵律参数，通过合成算法产生语音。参数合成方法的优点是其音库一般较小，并且整个系统能适应的韵律特征的范围较宽，这类合成器比特率低，音质适中；缺点是参数合成技术的算法复杂，参数多，并且在压缩比较大时，信息丢失大，合成出的语音总是不够自然、清晰。为了改善音质，近几年发展的混合编码技术可以改善激励信号的质量。虽然比特率有所增大，但音质得到了提高。

3. 规则合成法

规则合成法通过语音学规则产生语音，是一种高级的合成方法。合成的词汇表不是事先确定，系统中存储的是最小的语音单位的声学参数，以及由音素组成音节、由音节组成词、由词组成句子和控制音调/轻重音等韵律的各种规则。给出待合成的字母或文字后，合成系统利用规则自动地将它们转换成连续的语音声波。这种方法可以合成无限词汇的语句。这种算法中，用于波形拼接和韵律控制的较有代表性的算法是基音同步叠加技术（PSOLA），该方法既能保持所发音的主要音段特征，又能在拼接时灵活调整其基频、时长和强度等超音段特征。其核心思想是，直接对存储于音库的语音运用 PSOLA 算法来进行拼接，从而整合成完整的语音。有别于传统概念上只是将不同的语音单元进行简单拼接的波形编辑合成，规则合成系统首先要在大量语音库中选择最合适的语音单元来用于拼接，而且在选音过程中往往采用多种复杂的技术，最后在拼接时，要使用如 PSOLA 等算法对其合成语音的韵律特征进行修改，从而使合成的语音能达到很高的音质。

9.2 帧合成技术

贯穿于语音分析全过程的是“短时分析技术”，任何语音信号的分析和处理必须建立在“短时”的基础上。因此，要想将以帧为单位的语音片段合成为连续的语音，必须进行帧合成处理。涉及的操作包括去窗函数和去交叠操作等。常用的三种数据叠加方法为：重叠相加法、重叠存储法和线性比例重叠相加法。

1. 重叠相加法

设有两个时间序列 $h(n)$ 和 $x(n)$，其中 $h(n)$ 的长度为 N，$x(n)$ 的长度为 N_1，而 $N_1 >> N$；将 $x(n)$ 分为许多帧 $x_i(m)$，每帧长与 $h(n)$ 的长度相接近，然后将每帧 $x_i(m)$ 与 $h(n)$ 做卷积，最后在相邻两帧之间把时间重叠的部分相加，因此该方法称为重叠相加法。

假设 $h(n)$ 不随时间变化，将 $x(n)$ 分帧后为 $x_i(m)$，相邻两帧无交叠，每帧长为 M，则有

$$x_i(m)=\begin{cases}x(n)(i-1) & M+1\leqslant n\leqslant iM, m\in[1,M], i=1,2,\cdots \\ 0, & \text{其他}\end{cases} \tag{9-1}$$

且

$$x(n)=\sum_{i=1}^{p}x_i(m), m\in[1,M], n=(i-1)M+m \tag{9-2}$$

式中，p 是分帧后的总帧数，$p=N_1/M$。

把每帧数据 $x_i(m)$ 和 $h(n)$ 进行补零，使其长度都为 $N+M-1$：

$$\tilde{x}_i(m)=\begin{cases}x_i(m), & m\in[1,M] \\ 0, & m\in[M+1,N+M-1]\end{cases} \tag{9-3}$$

$$\tilde{h}(m)=\begin{cases}h(m), & m\in[1,M] \\ 0, & m\in[M+1,N+M-1]\end{cases} \tag{9-4}$$

对 $\tilde{x}_i(n)$ 和 $\tilde{h}(n)$ 进行卷积，得到

$$y_i(n)=\tilde{x}_i(n)*\tilde{h}(n) \tag{9-5}$$

利用 DFT 和 IDFT 对 $y_i(n)$ 进行卷积计算，得

$$\begin{cases}\widetilde{X}_i(k)=\mathrm{DFT}(\tilde{x}_i(n))\\\widetilde{H}(k)=\mathrm{DFT}(\tilde{h}(n))\end{cases}\tag{9-6}$$

$$Y_i(k)=\widetilde{X}_i(k)\times\widetilde{H}(k)\tag{9-7}$$

$$y_i(n)=\mathrm{IDFT}(Y_i(k))\tag{9-8}$$

因此，$y_i(n)$长为$N+M-1$，而$\tilde{x}_i(n)$的有效长度为M，故相邻两帧$y_i(n)$之间有长度为$N-1$的数据在时间上相互重叠，把重叠部分相加，与不重叠部分共同构成输出：

$$y(n)=x(n)*h(n)=\sum_{i=1}^{p}x_i(n)*h(n)\tag{9-9}$$

重叠相加法计算的示意图如图9-1所示。

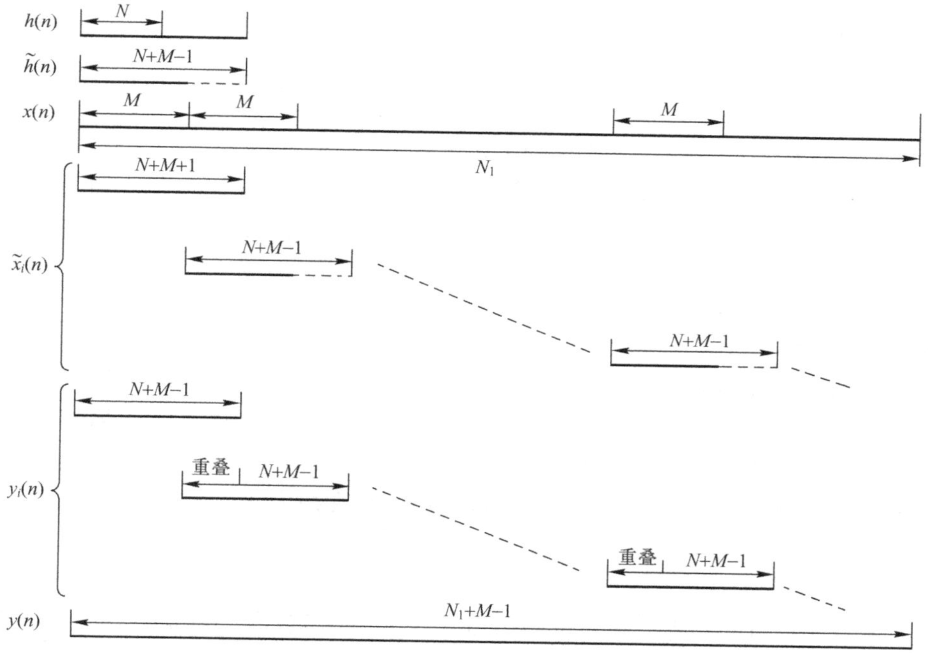

图9-1 重叠相加法示意图

在实际应用中已把重叠相加法推广到从频域转换到时域的过程中。信号$x(n)$是分帧的，每一帧$x_i(m)$为

$$x_i(m)=\begin{cases}x(n), & (i-1)\cdot\Delta L+1\leqslant n\leqslant i\cdot\Delta L+L, m\in[1,L], i=1,2,\cdots\\0, & 其他\end{cases}\tag{9-10}$$

式中，L为帧长；ΔL为帧移；i为帧号；而重叠部分长为$M=L-\Delta L$。

$x_i(m)$的信号经DFT为$X_i(k)$，在频域中对信号进行处理后得到$Y_i(k)$，经IDFT得到$y_i(m)$。而$y_{i-1}(m)$与$y_i(m)$之间有M个样点相重叠，如图9-2所示。由图可知，$y_{i-1}(m)$在$y(n)$中对应的样点位置是$(i-2)\Delta L+1\sim(i-2)\Delta L+L$，其中重叠的部分为$(i-1)\Delta L+1\sim(i-1)\Delta L+M$，$y_i(m)$对应$y_{i-1}(m)$的重叠部分的位置是$1\sim M$。因此可得：

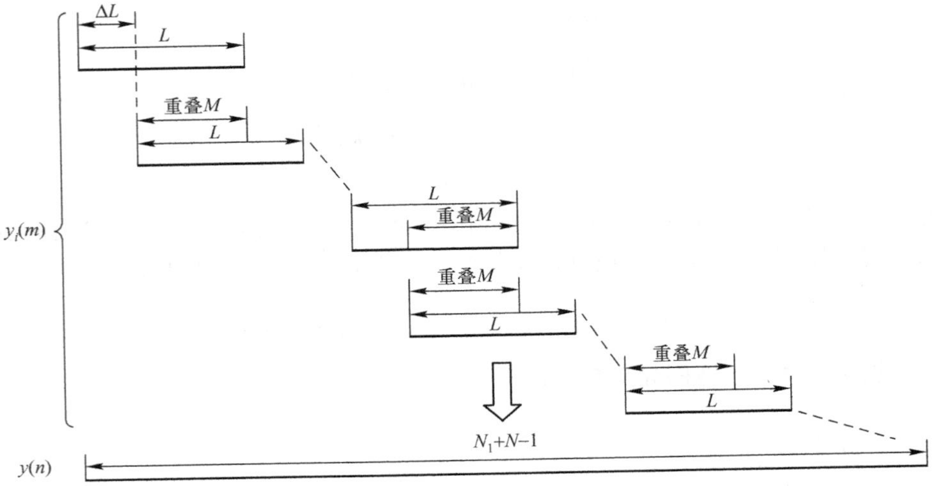

图 9-2 $y_i(m)$和$y(n)$的重叠相加法示意图

$$y(n)=\begin{cases}y(n), & n\leqslant(i-1)\Delta L\\ y(n)+y_i(m), & (i-1)\Delta L+1\leqslant n\leqslant(i-1)\Delta L+M, m\in[1,M]\\ y_i(m), & (i-1)\Delta L+M+1\leqslant n\leqslant(i-1)\Delta L+L, m\in[M+1,L]\end{cases} \tag{9-11}$$

2. 重叠存储法

重叠存储法与重叠相加法相同，设有两个时间序列$h(n)$和$x(n)$，其中$h(n)$的长度为N，$x(n)$的长度为N_1，而$N_1\gg N$；将$x(n)$分为许多帧$x_i(m)$，每帧长与$h(n)$的长度相接近，然后将每帧$x_i(m)$与$h(n)$做卷积。

假设$h(n)$是时不变的，将$h(n)$进行补零，使其长度都为$N+M-1$：

$$\tilde{h}(m)=\begin{cases}h(m), & m\in[1,M]\\ 0, & m\in[M+1,N+M-1]\end{cases} \tag{9-12}$$

但是，对于$x_i(m)$的处理方式与重叠相加法不同。虽然帧长仍然是$N+M-1$，但是要求分帧后每帧的最后一个数据点都在iM处（$i=1,2,\cdots$），对于第1帧数据帧的最后一点在M处，其长度只有M，达不到$N+M-1$，只能向前补$N-1$个零值。其结构如图9-3所示。

此时，前向补零后的序列$\tilde{x}(n)$可表示为

$$\tilde{x}(n)=\begin{cases}0, & 1\leqslant n\leqslant N-1\\ x(n-N+1), & N\leqslant n\leqslant N+N_1-1\end{cases} \tag{9-13}$$

将$\tilde{x}(n)$进行分帧，则每帧$x_i(m)$可表示为

$$x_i(m)=\tilde{x}(n)(i-1)M+1\leqslant n\leqslant iM+N-1, m\in[1,N+M-1] \tag{9-14}$$

对$x_i(n)$与$\tilde{h}(n)$计算卷积，得

$$y_i(n)=x_i(n)*\tilde{h}(n) \tag{9-15}$$

对于DFT的结果，每帧数据舍去前$N-1$个点，而只保留最后M个值，即每次卷积只取最后M个值：

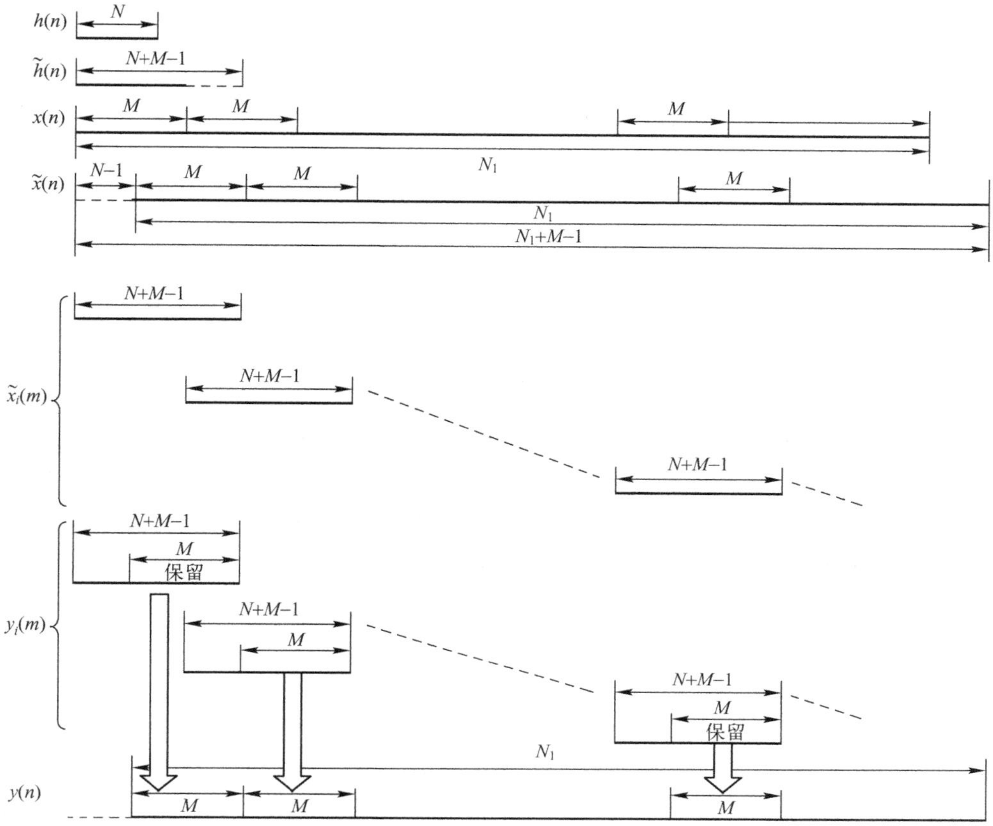

图 9-3 重叠存储法示意图

$$\tilde{y}_i(n)=y_i(m)m\in[N,N+M-1],n\in[(i-1)M+1,iM],i=1,2,\cdots \tag{9-16}$$

此时输出序列为

$$y(n)=\sum\tilde{y}_i(n) \tag{9-17}$$

在实际应用中，重叠存储法也可以推广到时域里。设 L 为帧长，ΔL 为帧移，i 为帧号，重叠部分长为 $M=L-\Delta L$。每一帧的 $y_i(m)$ 是由频域 $Y_i(k)$ 经 IDFT 得到的：

$$y(n)=\begin{cases}y(n), & n\leqslant(i-1)\Delta L\\ y_i(m), & (i-1)\Delta L+1\leqslant n\leqslant i\Delta L,m\in[1,\Delta L]\end{cases} \tag{9-18}$$

这里，把每帧 $y_i(m)$ 的前部 ΔL 个样点保存在 $y(n)$ 中，形成过程如图 9-4 所示。

3. 线性比例重叠相加法

当 $h(n)$ 是时不变的或缓慢变化的，采用重叠相加法可以获得满意的结果。但是，如果当前帧 $h_i(n)$ 和下一帧 $h_{i+1}(n)$ 变化较大，或不确定相邻两帧间是否会有较大的变化，常采用线性比例重叠相加法。线性比例重叠相加法是重叠相加法的一种修正，把重叠部分用一个线性比例计权后再相加。

设重叠部分长为 M，两个斜三角的窗函数 w_1 和 w_2 为

$$\begin{cases}w_1(n)=(n-1)/M\\ w_2(n)=(M-n)/M\end{cases},n\in[1,M] \tag{9-19}$$

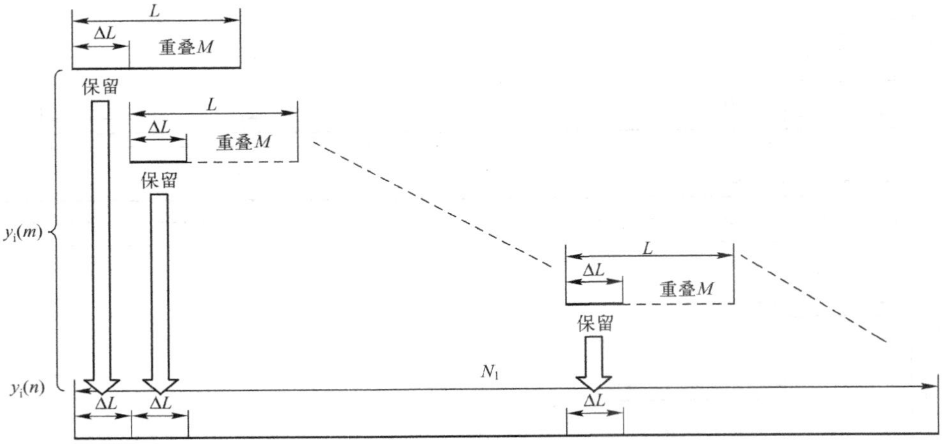

图 9-4　$y_i(m)$和$y(n)$的重叠存储法示意图

设前一帧的重叠部分为 y_1 和后一帧的重叠部分为 y_2，则重叠部分的数值 y 是由 y_1 和 y_2 经线性比例重叠相加法构成的，即

$$y(n)=y_1(n)\times w_2(n)+y_2(n)\times w_1(n) \tag{9-20}$$

此时，线性比例重叠相加法可表示为

$$y(n)=\begin{cases}y(n), & n\leqslant(i-1)\Delta L\\ y(n)\times w_2(n)+y_i(m)\times w_1(n) & (i-1)\Delta L+1\leqslant n\leqslant(i-1)\Delta L+M,m\in[1,M]\\ y_i(m), & (i-1)\Delta L+M+1\leqslant n\leqslant(i-1)\Delta L+L,m\in[M+1,L]\end{cases} \tag{9-21}$$

线性比例重叠相加法的优点在于重叠部分用了线性比例的窗函数，使两帧之间的叠加部分能平滑过渡。

帧合成技术相对比较容易实现，因此相关 C 语言实现可以参见 9.3.1 节，不再另行解释。

9.3 经典语音合成算法

9.3.1 线性预测合成法[C]

线性预测合成方法是目前比较简单和实用的一种语音合成方法，它以其低数据率、低复杂度、低成本，受到特别的重视。20 世纪 60 年代后期发展起来的 LPC 语音分析方法可以有效地估计基本语音参数，如基音、共振峰和声道面积函数等，可以对语音的基本模型给出精确的估计，而且计算速度较快。LPC 语音合成器利用 LPC 语音分析方法，分析自然语音样本，计算出 LPC 系数，就可以建立信号产生模型，从而合成出语音。

1. 基于线性预测系数和预测误差的语音合成

由线性预测理论可知，模型输出信号 $s(n)$和输入信号 $u(n)$间的关系可以用差分方程表示

$$s(n)=\sum_{i=1}^{p}a_i s(n-i)+Gu(n) \tag{9-22}$$

则系统

$$\hat{s}(n) = \sum_{i=1}^{p} a_i s(n-i) \tag{9-23}$$

称为线性预测器。$\hat{s}(n)$是 $s(n)$的估计值，由过去 p 个值线性组合得到的，表示由 $s(n)$的过去值可预测或估计当前值$\hat{s}(n)$。式中，a_i 是线性预测系数。线性预测系数可以通过在某个准则下使预测误差 $e(n)$达到最小值的方法来决定，预测误差的表示形式如下：

$$e(n) = s(n) - \hat{s}(n) = s(n) - \sum_{i=1}^{p} a_i s(n-i) \tag{9-24}$$

在已知预测误差 $e(n)$和预测系数 a_i 时，可求出合成语音

$$\tilde{s}(n) = e(n) + \sum_{i=1}^{p} a_i \tilde{s}(n-i) \tag{9-25}$$

基于线性系数和误差合成语音的函数实现

名称：SpeechSynthesisLinearCoefficientsAndError

定义格式：

```
std::vector<double> SpeechSynthesisLinearCoefficientsAndError (std::vector<std::vector<double>>
&aCoeff, std::vector<std::vector<double>> &resid, int nSampleLength, int nFrameInc, int p)
```

函数功能：通过线性系数和误差合成语音。

参数说明：aCoeff 为各帧预测系数；resid 为各帧预测误差；nSampleLength 为原始样本长度；nFrameInc 为帧移动；p 为预测阶数。

返回：合成语音 out。

程序清单：

```
std::vector<double> SpeechSynthesisLinearCoefficientsAndError(std::vector<std::vector<double>>
&aCoeff, std::vector<std::vector<double>> &resid, int nSampleLength, int nFrameInc, int p)

{
int nFrames = aCoeff.size();
std::vector<double> out(nSampleLength, 0);
for (int i = 0; i < nFrames; i++)
{
    std::vector<double> A, residFrame, synFrame;
    std::vector<double> b(p+1, 0);
    b[0] = 1;
    A = aCoeff[i];
    residFrame = resid[i];
    synFrame = filter(b, A, residFrame);               //合成语音,参见式(9-25)
    for (int j = 0; j < nFrameInc; j++)                //重叠存储法
    {
        out[i * nFrameInc + j] = synFrame[j];
    }
```

```
        if (i == nFrames - 1)
        {
            for (int j = nFrameInc; j < nSampleLength - nFrames * nFrameInc + nFrameInc; j++)
            {
                out[i * nFrameInc + j] = synFrame[j];
            }
        }
    }
    return out;
}
```

2. 基于线性预测系数和基音参数的语音合成

线性预测合成模型还可设计为一种“源—滤波器”模型，由白噪声序列和周期脉冲序列构成激励信号，经过选通、放大并通过时变数字滤波器（由语音参数控制的声道模型），就可以再获得原语音信号。这种参数编码的语音合成器的原理框图如图 9-5 所示。图 9-5 所示的线性预测合成形式有两种：一种是直接用预测器系数 a_i 构成的递归型合成滤波器；另一种是采用反射系数 k_i 构成的格型合成滤波器。

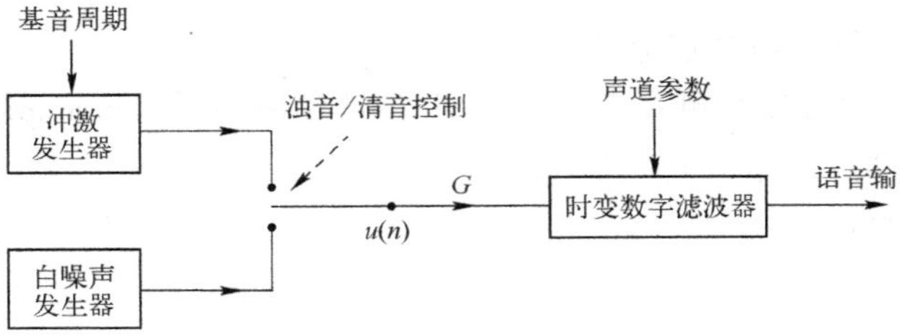

图 9-5　LPC 语音合成器

直接用预测器系数 a_i 构成的递归型合成滤波器机构如图 9-6 所示。用该方法定期地改变激励参数 $u(n)$ 和预测器系数 a_i，就能合成出语音。这种结构简单而直观，为了合成一个语音样本，需要进行 p 次乘法和 p 次加法。合成的语音样本由下式决定：

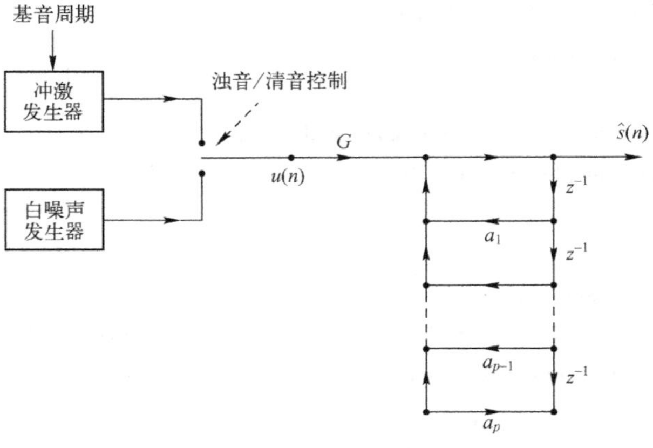

图 9-6　直接递归型 LPC 语音合成器

$$s(n) = \sum_{i=1}^{p} a_i s(n-1) + Gu(n) \tag{9-26}$$

式中，a_i 为预测器系数；G 为模型增益；$u(n)$为激励；$s(n)$为合成的语音样本；p 为预测器阶数。

直接式的预测系数滤波器结构的优点是简单、易于实现，所以曾被广泛采用，其缺点是合成语音样本需要很高的计算精度。这是因为这种递归结构对系数的变化非常敏感，系数的微小变化都可以导致滤波器极点位置发生很大变化，甚至出现不稳定现象。所以，由于预测系数 a_i 的量化所造成的精度下降，使得合成的信号不稳定，容易产生振荡的情况。而且预测系数的个数 p 变化时，系数 a_i 的值变化也很大，很难处理，这是直接式线性预测法的缺点。

另一种合成是采用反射系数 k_i 构成的格型合成滤波器。合成语音样本为

$$s(n) = Gu(n) + \sum_{i=1}^{p} k_i b_{i-1}(n-1) \tag{9-27}$$

式中，G 为模型增益；$u(n)$为激励；k_i 为反射系数；$b_i(n)$为后向预测误差；p 为预测器阶数。

由式（9-27）可看出，只要知道反射系数、激励位置（即基音周期）和模型增益就可由后向误差序列迭代计算出合成语音。合成一个语音样本需要$(2p-1)$次乘法和$(2p-1)$次加法。采用反射系数 k_i 的格型合成滤波器结构，虽然运算量大于直接型结构，却具有一系列优点：参数 k_i 具有 $|k_i|<1$ 的性质，因而滤波器是稳定的；同时与直接结构形式相比，它对有限字长引起的量化效应灵敏度较低。此外，基音同步合成需对控制参数进行线性内插，以得到每个基音周期起始处的值。然而预测器系数本身却不能直接内插，但可以证明，可对部分相关系数进行内插，如果原来的参数是稳定的，则结果必稳定。无论选用哪一种滤波器结构形式，LPC 合成模型中所有的控制参数都必须随时间不断修正。

在实际进行语音合成时，除了构成合成滤波器之外，还必须在有浊音的情况下，将一定基音周期的脉冲序列作为音源；在清音的情况下，将白噪声作为音源。由此可知，必须进行浊音/清音的判别和确定音源强度。

对于基音周期的检测，第 4 章已经进行了相关介绍。对于语音合成来说，常采用去掉共振峰影响后的最后一级残差信号 $e_n^{(p)}$（前向预测误差）的自相关函数的方式。这个残差信号的自相关函数也叫变形自相关函数 $r_e(n)$，它除了可用来检测基音周期之外，也可用来区别浊音/清音等。在 $r_e(0)$之后找出 $r_e(n)$取峰值时的 T，即从 $n=0$ 开始，搜索基音周期可能存在的 3～15ms 的区间，从而求出这个周期。

同样，浊音/清音的判别，也可以利用误差信号 $r_e(n)$。采用 $r_e(n)$的一个方法是利用 $r_e(T)/r_e(0)$这个比值，如果是浊音的话，$r_e(T)$则相当于 $r_e(n)$的一个极值。所以可以设定 $r_e(T)/r_e(0)$的比值在 0.18 以下为清音，在 0.25 以上为浊音。

基于线性系数和基音周期合成语音的函数实现

名称：SpeechSynthesisLinearCoefficientsAndPitch

定义格式：

```
std::vector<double> SpeechSynthesisLinearCoefficientsAndPitch(std::vector<std::vector<double>>
&aCoeff, std::vector<double> &Gain, std::vector<double> &Period, std::vector<double> &SF,
int nSampleLength, int nFrameInc, int nFrameLength, int p)
```

函数功能：通过线性系数和基音周期合成语音。

参数说明：aCoeff 为各帧预测系数；Gain 为各帧预测增益；Period 为帧周期；SF 为帧语音噪音标记；nSampleLength 为原始样本长度；nFrameInc 为帧移动；nFrameLength 为帧长；p 为预测阶数。

返回：合成语音。

程序清单：

```
std::vector<double>SpeechSynthesisLinearCoefficientsAndPitch(std::vector<std::vector<double>>
&aCoeff, std::vector<double>&Gain, std::vector<double>&Period, std::vector<double>&SF, int
nSampleLength, int nFrameInc, int nFrameLength, int p)
{
int overlap = nFrameLength - nFrameInc;
int nFrames = aCoeff.size();
int tal = 0;                                                    //初始化前导零点
std::vector<double>z_init(p, 0);
int&nf = nFrames;
int&wlen = nFrameLength;
std::vector<double>out;
std::vector<double>tempr1(overlap);                             //斜三角窗函数 w1
std::vector<double>tempr2(overlap);                             //斜三角窗函数 w2
for (int i = 0; i < overlap; i++)
{
    tempr1[i] = i * 1.0 / overlap;
    tempr2[i] = (overlap - 1 - i) * 1.0 / overlap;
}
for (int i = 0; i < nf; i++)
{
    std::vector<double>ai;
    std::vector<double>synt_frame;
    std::vector<double>excitation(wlen, 0);
    ai = aCoeff[i];
    double sigma_square = Gain[i];
    double sigma = std::sqrt(sigma_square);
    if (SF[i] == 0)                                             //无话帧
    {
        excitation = GenerateNormalNoise(wlen);
        std::vector<double>b(p + 1, 0);
        b[0] = sigma;
        std::vector<double>z_final(p, 0);
        synt_frame = filter(b, ai, excitation, z_init, z_final);
        z_init = z_final;
    }
    else                                                        //有话帧
```

```
{
    int PT = (int)Period[i];
    std::vector<double> exc_syn1(wlen + tal, 0);
    for (int j = 0; j < exc_syn1.size(); j++)
    {
        if ((j + 1) % PT == 0)
        {
            exc_syn1[j] = 1;
        }
    }
    std::vector<double> index;
    for (int j = 0 + tal; j < nFrameInc + tal; j++)
    {
        if (exc_syn1[j] == 1)
        {
            index.push_back(j - tal);
        }
    }
    for(int j = 0;j < wlen;j++)
    {
        excitation[j] = (exc_syn1[j + tal]);
    }
    if(index.size() == 0)
    {
        tal = tal + nFrameInc;
    }
    else
    {
        int eal = index.size();
        tal = nFrameInc - index[eal - 1];
    }
    double gain = sigma/(sqrt(1.0/PT));
    std::vector<double> b(p + 1,0);
    b[0] = gain;
    std::vector<double> z_final(p,0);
    synt_frame = filter(b,ai,excitation,z_init,z_final);        //用脉冲合成语音
    z_init = z_final;
}
if(i == 0)
{
    for(int j = 0;j < synt_frame.size();j++)
    {
```

```
                out.push_back((synt_frame[j]));
            }
        }
        else
        {
            int M = out.size();
            for(int j = 0;j < overlap;j ++)
            {
                //线性比例重叠相加法处理
                out[M - overlap + j] = out[M - overlap + j] * tempr2[j] + (synt_frame[j]) * tempr1[j];
            }
            for(int j = overlap;j < wlen;j ++)
            {
                out.push_back((synt_frame[j]));
            }
        }
    }
    //补齐数据长度为 nSampleLength
    std::vector < double > out2;
    if(out.size() < nSampleLength)
    {
        out2 = out;
        while(out2.size() < nSampleLength)
        {
            out2.push_back(0);
        }
    }
    else
    {
        for(int i = 0;i < nSampleLength;i ++)
        {
            out2.push_back(out[i]);
        }
    }
    std::vector < double >  out3;
    out3 = filterpost(bx,ax,out2);          //后处理,包括去加重、高通滤波和归一化
    return out3;
}
```

9.3.2 共振峰合成法[C]

共振峰语音合成器模型是把声道视为一个谐振腔，利用腔体的谐振特性，如共振峰频率及带宽，并以此为参数构成一个共振峰滤波器。因为音色各异的语音有不同的共振峰模式，

所以基于每个共振峰频率及其宽带，都可以构成一个共振峰滤波器。将多个这种滤波器组合起来模拟声道的传输特性，对激励声源发生的信号进行调制，经过辐射即可得到合成语音。这便是共振峰语音合成器的构成原理。实际上，共振峰滤波器的个数和组合形式是固定的，只是共振峰滤波器的参数，随着每一帧输入的语音参数改变，以此表征音色各异的语音的不同的共振峰模式。

共振峰的信息反映了声道的响应，它和基音结合能合成语音信号。共振峰语音合成模型如图 9–7 所示。从图中可以看出激励声源发生的信号，先经过模拟声道传输特性的共振峰滤波器调制，再经过辐射传输效应后即可得到合成的语音输出。由于发声时器官是运动的，所以模型的参数是随时间变化的。因此，一般要求共振峰合成器的参数逐帧修正。

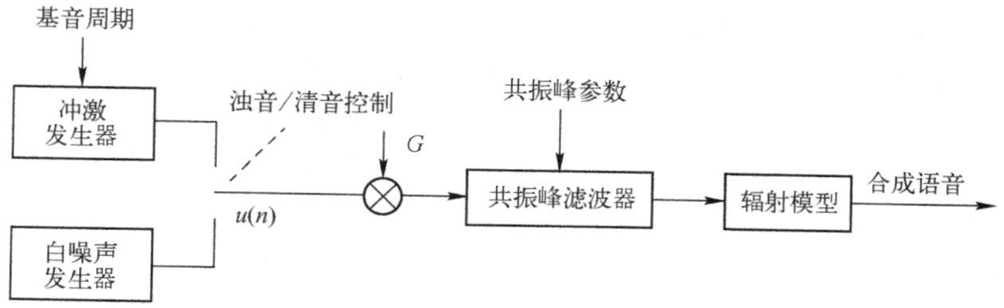

图 9–7　基于共振峰检测和基音参数的语音合成模型

获得了共振峰参数后，可以把每个共振峰频率和带宽都构成一个二阶数字带通滤波器，激励源将通过并联的时变共振峰频率滤波器合成语音。系统结构如图 9–8 所示。

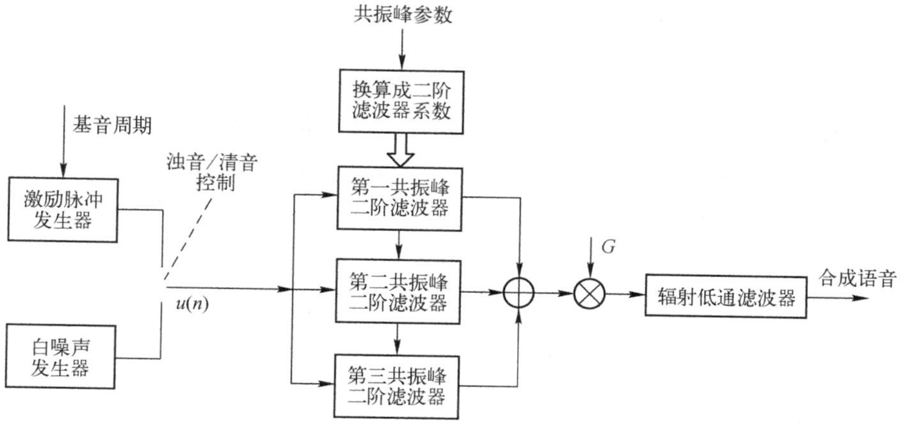

图 9–8　并联型时变共振峰与基音参数的语音合成模型

简单地将激励分成浊音和清音两种类型是有缺陷的。因为对浊辅音，尤其是浊擦音来说，声带振动产生的脉冲波和湍流是同时存在的，这时噪声的幅度要被声带振动周期性地调制。因此，为了得到高质量的合成语音，激励源应具备多种选择，以适应不同的发音情况。图 9–8 中激励源有三种类型：合成浊音语音时用周期冲激序列；合成清音语音时用伪随机噪声；合成浊擦音时用周期冲激调制的噪声。激励源对合成语音的自然度有明显的影响。发浊音时，最简单的是三角波脉冲，但这种模型不够精确。对于高质量的语音合成，激励源的脉冲形状是十分重要的，可以采用其他更为精确的形式，如多项式波等。合成清音时，激励源一般使用白噪声，实际实现时用伪随机数发生器来产生。但是，实际清音激励源的频谱应该是平坦的，其波形样本幅度服从高斯分布。而伪随机数发生器产生的序列具有平坦的频谱，但幅度是均匀分布的。根据中心极限定理，互相独立且具有相同分布的随机变量之和服从高斯分布。因此，将若干个（典型值为 14 ~ 18）随机数叠加起来，可以得到近似高斯分布的激励源。

声学原理表明，语音信号谱中的谐振特性（对应声道传输函数中的极点）完全由声道形状决定，和激励源的位置无关；而反谐振特性（对应于声道传输函数的零点）在发大多数辅音（如摩擦音）和鼻音（包括鼻化元音）时存在。因此，对于鼻音和大多数的辅音，应采用极零模型。语音合成模型通常采用两种声道模型：一种是将其模型化为二阶数字谐振器的级联。级联型结构可模拟声道谐振特性，能很好地逼近元音的频谱特性。这种形式结构简单，每个谐振器代表了一个共振峰特性，只需用一个参数来控制共振峰的幅度。采用二阶数字滤波器的原因是它对单个共振峰特性提供了良好的物理模型；同时在相同的频谱精度上，低阶的数字滤波器量化位数较小，在计算上也十分有效。另一种是将其模型化为并联形式。并联型结构能模拟谐振和反谐振特性，所以被用来合成辅音。事实上，并联型也可以模拟元音，但效果不如级联型好。并联型结构中的每个谐振器的幅度必须单独控制，从而产生合适的零点。为改进效果，在共振峰并联的语音合成中除三个时变的共振峰以外，再增加一个高频固定频率的峰值进行补偿。如采样频率为 8000 Hz 时，中心频率为 3500 Hz，带宽为 100 Hz。所以，合成时除了三个时变的共振峰滤波器，还增加一个固定频率的滤波器。

不管用线性预测法还是用倒谱法，都需获得共振峰频率 F_i 和带宽 B_i（下标 i 表示第 i 个共振峰）。二阶带通数字滤波器传递函数一般可表示为

$$H(z) = \frac{b_0}{1 + a_1 z^{-1} + a_2 z^{-2}} \tag{9-28}$$

该式分母有一对共轭复根，设为 $z_i = r_i e^{j\theta_i}$ 为任意复根值，则其共轭根为 $z_i^* = r_i e^{-j\theta_i}$。其中，$r_i$ 是根值的幅度，θ_i 是根值的相角。在已知共振峰频率 F_i 和带宽 B_i 时，滤波器传递函数分母的极点可表示为

$$\begin{cases} \theta_i = 2\pi F_i / f_s \\ r_i = e^{-B_i \pi / f_s} \end{cases} \tag{9-29}$$

此时，式（9-28）可变为

$$H(z) = \frac{b_0}{(1 - r_i e^{j\theta_i} z^{-1})(1 - r_i e^{-j\theta_i} z^{-1})} = \frac{b_0}{1 - 2r_i \cos\theta_i z^{-1} + r_i^2 z^{-2}} \tag{9-30}$$

和式（9-28）对比可得，$a_1 = -2r_i\cos\theta_i$ 和 $a_2 = r_i^2$。而 b_0 是一个增益系数，它使滤波器在中心频率处（即 $z = e^{-j\theta_i}$）的响应为 1，可导出

$$b_0 = |1 - 2r_i\cos\theta_i e^{-j\theta_i} + r_i^2 e^{-2j\theta_i}| \tag{9-31}$$

对于平均长度为 17 cm 的声道（男性），在 3 kHz 范围内大致包含三个或四个共振峰，而在 5 kHz 范围内包含四个或五个共振峰。语音合成的研究表明：表示浊音最主要的是前三个共振峰，只要用前三个时变共振峰频率就可以得到可懂度很好的合成浊音。所以在对声道模型参数进行逐帧修正时，高级的共振峰合成器要求前四个共振峰频率以及前三个共振峰带宽都随时间变化，更高频率的共振峰参数变化可以忽略。对于要求简单的场合，只需改变共

振峰频率 F_1、F_2、F_3，而带宽则固定不变。例如，前三个共振峰的带宽保持在 60 Hz、100 Hz、120 Hz 不变。根据不同的浊音，调整 F_1、F_2、F_3 以改变三个共振峰频率。但固定的共振峰带宽会影响合成语音的音质，这在合成鼻音时显得更为突出。图 9-7 的辐射模型比较简单，可用一阶差分来逼近。一般的共振峰合成器模型中，声源和声道间是互相独立的，没有考虑它们之间的相互作用。然而，研究表明，在实际语言产生的过程中，声源的振动对声道里传播的声波有不可忽略的作用。因此，提高合成音质的一个重要途径是采用更符合语音产生机理的语音生成模型。

高级共振峰合成器可合成出高质量的语音，几乎和自然语音没有差别。但关键是如何得到合成所需的控制参数，如共振峰频率、带宽、幅度等。而且，求取的参数还必须逐帧修正，才能使合成语音与自然语音达到最佳匹配。在以音素为基元的共振峰合成中，可以存储每个音素的参数，然后根据连续发音时音素之间的影响，从这些参数内插得到控制参数轨迹。尽管共振峰参数理论上可以计算，但实验表明，这样产生的合成语音在自然度和可懂度方面均不令人满意。

理想的方法是从自然语音样本出发，通过调整共振峰合成参数，使合成出的语音和自然语音样本在频谱的共振峰特性上最佳匹配，即误差最小，将此时的参数作为控制参数，这就是合成分析法。实验表明，如果合成语音的频谱峰值和自然语音的频谱峰值之差能保持在几个分贝之内，且基音和声强变化曲线能较精确地吻合，则合成语音在自然度和可懂度方面和自然语音没什么差别。为避免连续时邻近音素的影响，对于比较稳定的音素，如元音、摩擦音等，控制参数可以由孤立的发音来提取；而对于瞬态的音素，如塞音，其特性受前后音素影响很大，其参数值应对不同连接情况下的自然语句取平均。根据语音产生的声学模型，直接从自然语音样本中精确地提取共振峰参数还依赖于对激励源信息的获取。

基于共振峰和基音参数合成语音的函数实现

名称：SpeechSynthesisFormantAndPitch

定义格式：

```
std::vector < double > SpeechSynthesisFormantAndPitch ( std::vector < std::vector < double > > &Array2D, std::vector < double > &Period, std::vector < double > &SF, int nSampleLength, int nFrameInc, int nFrameLength, double fs)
```

函数功能：基于共振峰和基音参数合成语音。

参数说明：Array2D 为分帧数据；Period 为帧周期；SF 为帧语音噪声标记；nSampleLength 为原始样本长度；nFrameInc 为帧移；nFrameLength 为帧长；fs 为采样频率。

返回：合成语音 out3。

程序清单：

```
std::vector < double > SpeechSynthesisFormantAndPitch ( std::vector < std::vector < double > > &Array2D, std::vector < double > &Period, std::vector < double > &SF, int nSampleLength, int nFrameInc, int nFrameLength, double fs)
{
    int&N = nSampleLength;
    int nFrames = GetFrames(nSampleLength, nFrameLength, nFrameInc);
```

```
    int&nf = nFrames;                                   //帧数
    int&wlen = nFrameLength;
    int&inc = nFrameInc;
    int overlap = wlen - inc;
    std::vector<double>Etemp(nf,0);                     //帧能量
    GetEnergy(Array2D,Etemp);
    double maxabsEtemp = maxabs(Etemp);
    for(int i=0;i<Etemp.size();i++)
    {
    Etemp[i]/= maxabsEtemp;                             //能量归一化
    }
std::vector<double>out;                                 //初始化前导零点
std::vector<std::vector<std::vector<double>>> result = GetAllFramesFormants(Array2D, fs,
nFrameInc,SF);      //求共振峰参数,参见4.4节
std::vector<std::vector<double>>formantArray = result[0];
std::vector<std::vector<double>>bandWidthArray = result[1];
std::vector<double>tempr1(overlap);                     //斜三角窗函数w1
std::vector<double>tempr2(overlap);                     //斜三角窗函数w2
for(int i=0;i<overlap;i++)
{
    tempr1[i] = i*1.0/overlap;
    tempr2[i] = (overlap-1-i)*1.0/overlap;
}
std::vector<double>Bw;
std::vector<std::vector<double>>zint(4,std::vector<double>(2,0));
int tal =0;
for(int i=0;i<nf;i++)
{
    std::vector<double>yf = formantArray[i];
    std::vector<std::vector<double>>an;
    std::vector<double>bn;
    Bw = bandWidthArray[i];
    formant2filter4(yf,Bw,fs,an,bn);//求二阶带通数字滤波器系数,参见式(9-30)和式(9-31)
    std::vector<double>synt_frame(wlen,0),excitation(wlen,0);
    if(SF[i]==0)                                        //无话帧
    {
        excitation = GenerateNormalNoise(wlen);         //生成白噪声
        for(int k=0;k<4;k++)                            //4个滤波器并联输入
        {
            std::vector<double>Ak = an[k];
            std::vector<double>Bk{ bn[k],0,0 };
            std::vector<double>z_final(2,0);
```

```
            std::vector < double >  temp;
            temp = filter(Bk,Ak,excitation,zint[k],z_final);
            for(int j = 0;j < wlen;j ++)
            {
                synt_frame[j] + = temp[j];          //4 个滤波器输出叠加一起
            }
            zint[k] = z_final;
        }
    }
    else
    {
        int PT = (int)Period[i];
        std::vector < double > exc_syn1(wlen + tal,0);
        for(int j = 0;j < exc_syn1. size();j ++)
        {
            if((j + 1)% PT == 0)
            {
                exc_syn1[j] = 1;
            }
        }
        std::vector < double > index;
        for(int j = tal;j < inc + tal;j ++)
        {
            if(exc_syn1[j] == 1)
            {
                index. push_back(j - tal);
            }
        }
        for(int j = 0;j < wlen;j ++)
        {
            excitation[j] = exc_syn1[j + tal];
        }
        if(index. size() == 0)
        {
            tal = tal + inc;
        }
        else
        {
            int eal = index. size();
            tal = inc - index[eal - 1];
        }
        for(int k = 0;k <4;k ++)
```

```
        {
            std::vector<double> Ak = an[k];
            std::vector<double> Bk{ bn[k],0,0 };
            std::vector<double> z_final(2,0);
            std::vector<double>  temp;
            temp = filter(Bk,Ak,excitation,zint[k],z_final);
            for(int j = 0;j < wlen;j ++ )
            {
                synt_frame[j] + = temp[j];
            }
            zint[k] = z_final;
        }
    }
    double Et = 0;
    for(int j = 0;j < wlen;j ++ )
    {
        Et + = synt_frame[j] * synt_frame[j];
    }
    double rt = Etemp[i]/Et;
    double srt = sqrt(rt);
    for(int j = 0;j < wlen;j ++ )
    {
        synt_frame[j] * = srt;
    }
    if(i ==0)
    {
        for(int j = 0;j < synt_frame. size();j ++ )
        {
            out. push_back(synt_frame[j]);
        }
    }
    else
    {
        int M = out. size();
        for(int j = 0;j < overlap;j ++ )
        {
//线性比例重叠相加法处理
            out[M - overlap + j] = out[M - overlap + j] * tempr2[j] + synt_frame[j] * tempr1[j];
        }
        for(int j = overlap;j < wlen;j ++ )
        {
            out. push_back(synt_frame[j]);
```

```
            }
        }
    }
    std::vector<double>out2,out3;
    if(out.size()<N)
    {
        out2 = out;
        while(out2.size()<N)
        {
            out2.push_back(0);
        }
    }
    else
    {
        for(int i = 0;i<N;i++)
        {
            out2.push_back(out[i]);
        }
    }
    out3 = filterpost(bx,ax,out2);          //后处理,包括去加重、高通滤波和归一化
    return out3;
}
```

9.3.3 基音同步叠加技术

早期的波形编辑技术只能回放音库中保存的内容，而任何一个语言单元在实际语流中都会随着语言环境的变化而变化。20 世纪 80 年代末，由 F. Charpentier 和 E. Moulines 等提出的基音同步叠加技术（PSOLA）和早期的波形编辑有原则性的差别。它既能保持原始语音的主要音段特征，又能在音节拼接时灵活调整其基音、能量和音长等韵律特征，因而很适合于汉语语音和规则合成。同时汉语是声调语言系统，其词调模式、句调模式都很复杂，在以音节为基元合成语音时，句子中单音节的声调、音强和音长等参数都要按规则调整。

PSOLA 是基于波形编辑合成语音技术对合成语音的韵律进行修改的一种算法。决定语音波形韵律的主要时域参数包括：音长、音强和音高等。音长的调节对于稳定的波形段是比较简单的，只需以基音周期为单位加/减即可。但对于复杂的语音基元来说，实际处理时采用特定的时长缩放法；而音强的改变只要加强波形即可。但对一些重音有变化的音节，有可能幅度包络也需改变；音高的大小对应于波形的基音周期。对于大多数通用语言，音高仅代表语气的不同及话者的更替。但汉语的音高曲线构成声调，声调有辩义作用，因此汉语的音高修改比较复杂。

图 9-9 是基于 PSOLA 算法的语音合成系统的基本结构。由于利用 PSOLA 算法合成语音在计算复杂度、合成语音的清晰度、自然度方面都具有明显的优点，因而受到国内外很多学者的欢迎。本质上说，PSOLA 算法是利用短时傅里叶变换重构信号的重叠相加法。设信号

$x(n)$的短时傅里叶变换为

$$X_n(e^{j\omega}) = \sum_{m=-\infty}^{\infty} x(m)\omega(n-m)e^{-j\omega n} \qquad n \in Z \tag{9-32}$$

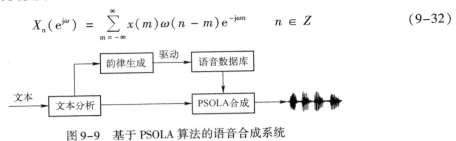

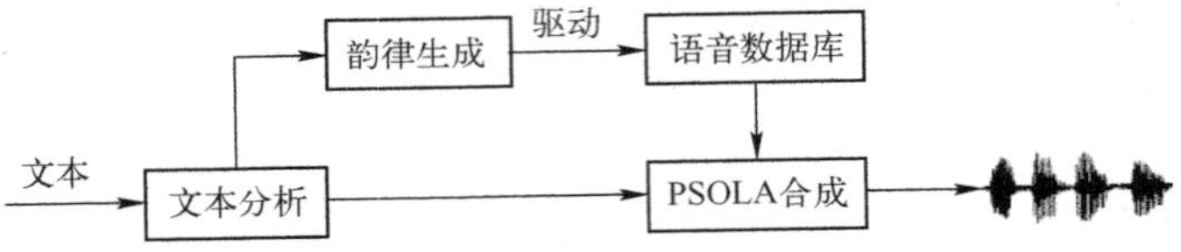

图 9-9　基于 PSOLA 算法的语音合成系统

由于语音信号是一个短时平稳信号，因此在时域每隔若干个（例如 R 个）样本取一个频谱函数就可以重构信号 $x(n)$，即

$$Y_r(e^{j\omega}) = X_n(e^{j\omega})\big|_{n=rR} \qquad r,n \in Z \tag{9-33}$$

其傅里叶逆变换为

$$y_r(m) = \frac{1}{2\pi}\int_{-\infty}^{\infty} Y_r(e^{j\omega})e^{j\omega m}d\omega \qquad m \in Z \tag{9-34}$$

然后通过叠加 $y_r(m)$可得到原信号，即

$$y(m) = \sum_{r=-\infty}^{\infty} y_r(m) \tag{9-35}$$

基音同步叠加技术一般有三种方式：时域基音同步叠加（TD - PSOLA）、线性预测基音同步叠加（LPC - PSOLA）和频域基音同步叠加（FD - PSOLA）。

本章主要介绍时域基音同步叠加法，其步骤如下。

1）对语音合成单元设置基音同步标记。同步标记是与合成单元浊音段的基音保持同步的一系列位置点，它们必须能准确反映各基音周期的起始位置。PSOLA 技术中，短时信号的截取和叠加，时间长度的选择，均是依据同步标记进行的。

2）以语音合成单元的同步标记为中心，选择适当长度（一般取两倍的基音周期）的时窗对合成单元做加窗处理，获得一组短时信号。

3）在合成规则的指导下，调整步骤 1）中获得的同步标记，产生新的基音同步标记。具体地说，就是通过对合成单元同步标记的插入、删除来改变合成语音的时长；通过对合成单元标记间隔的增加、减小来改变合成语音的基频等。

4）根据步骤 3）得到的合成语音的同步标记，对步骤 2）中得到的短时信号进行叠加，从而获得合成语音。

总体来说，PSOLA 法实现语音合成主要有三个步骤，分别为基音同步分析、基音同步修改和基音同步合成。

1. 基音同步分析

同步分析的功能主要是对语音合成单元进行同步标记设置。同步标记是与合成单元浊音段的基音保持同步的一系列位置点，用它们来准确反映各基音周期的起始位置。PSOLA 技术中，短时信号的截取和叠加，时间长度的选择，均是依据同步标记进行的。对于浊音段有基音周期，而清音段信号则属于白噪声，所以这两种类型需要区别对待。在对浊音信号进行基音标注的同时，为保证算法的一致性，一般令清音的基音周期为一常数。

2. 基音同步修改

以语音合成单元的同步标记为中心，选择适当长度（一般取两倍到四倍的基音周期）的时窗对合成单元做加窗处理，获得一组短时信号 $x_m(n)$：

$$x_m(n) = h_m(t_m - n)x(n) \tag{9-36}$$

式中，t_m 为基音标注点；$h_m(n)$ 一般取 Hamming 窗，窗长大于原始信号的一个基音周期，且窗间有重叠。

同步修改在合成规则的指导下，调整同步标记，产生新的基音同步标记。具体地说，就是通过对合成单元同步标记的插入、删除来改变合成语音的时长；通过对合成单元标记间隔的增加、减小来改变合成语音的基频等。因此，短时合成信号序列在修改时与一套新的合成信号基音标记同步。

时长修改相对简单，若时长修改因子为 γ，则合成轴的时间长度变为分析轴时间长度的 γ 倍，在保持基频不变的前提下，合成信号各帧的信号间的间隔（基音周期）不变，而帧的数量应改变为原来的 γ 倍。TD－PSOLA 的基本思路是在分析轴上寻找与合成轴上的时间点 t_q 相对应的时间点 t_m，使得 t_m 与 t_q/γ 间的距离最小。当 $\gamma>1$ 时，对应于放慢语音，此时需要增加插入某些帧信号；当 $\gamma<1$ 时，对应于加快语音，此时需要删除某些帧信号。$\gamma>1$ 时分析轴与合成轴各帧的映射关系如图 9-10b 所示。

修改基频的情况相对复杂。在帧数不变的情况下，如果只修改基频，必然会导致最后的时长发生变化。当基音频率增加时，基音周期减少，基音脉冲之间的间隔减少（对应的标注点间的间隔变小）；当基音频率减小时，基音周期增加，基音脉冲之间的间隔增大（对应的标注点间的间隔变大）。无论基音脉冲之间的间隔变小或变大，都会使合成轴的时间长度发生变化，所以进一步将结合时长修改因子改变调整合成语音的长度。设基频修改因子为 β 时（$\beta>1$ 对应于基频增大；$\beta<1$ 对应于基频降低）。基频降低时，分析轴与合成轴各帧的映射关系如图 9-10a 所示。

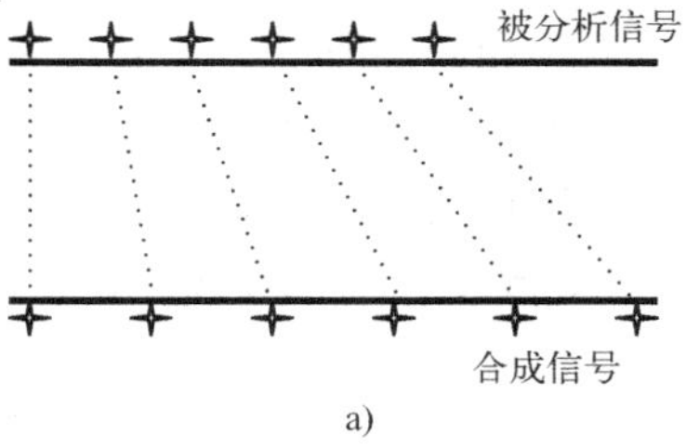

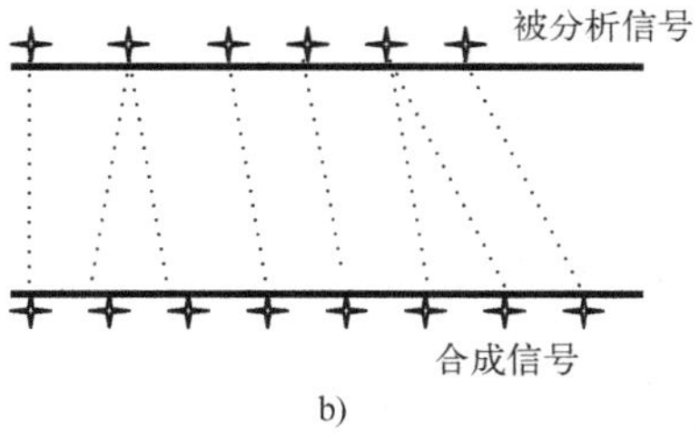

图 9-10 基音同步修改示意图
a）语音基频被降低 b）语音被延长但基频基本保持不变

3. 基音同步合成

基音同步合成是利用短时合成信号进行叠加合成。如果合成信号仅仅在时长上有变化，则增加或减少相应的短时合成信号；如果是基频上有变换，则首先将短时合成信号变换成符合要求的短时合成信号再进行合成。

基音同步叠加合成的方法有很多。采用原始信号谱与合成信号谱差异最小的最小平方叠加法合成法（Least－Square Overlap－Added Scheme）合成的信号为

$$\bar{x}(n) = \sum_q a_q \bar{x}_q(n) \bar{h}_q(\bar{t}_q - n) / \sum_q \bar{h}_q^{\ 2}(\bar{t}_q - n) \tag{9-37}$$

式中，分母是时变单位化因子，代表窗间的时变叠加的能量补偿；$\bar{h}_q(n)$为合成窗序列；a_q为相加归一化因子，是为了补偿音高修改时能量的损失而设的。式（9-37）可化简为

$$\bar{x}(n) = \sum_q a_q \bar{x}_q(n) \Big/ \sum_q \bar{h}_q(\bar{t}_q - n) \tag{9-38}$$

式中的分母是一个时变的单位化因子，用来补偿相邻窗口叠加部分的能量损失。该因子在窄带条件下接近于常数；在宽带条件下，当合成窗长为合成基音周期的两倍时该因子也为常数。

$$\bar{x}(n) = \sum_q a_q \bar{x}_q(n) \tag{9-39}$$

利用式（9-38）和式（9-39），可以通过对原始语音的基音同步标志 t_m 间的相对距离进行伸长和压缩，从而对合成语音的基音进行灵活的提升和降低。同样，还可通过对音节中的基因同步标志的插入和删除来实现对合成语音音长的改变，最终得到一个新的合成语音的基音同步标志 t_q，并且可通过对式（9-37）中能量因子 a_q 的变化来调整语流中不同部位的合成语音的输出能量。

9.4 语音信号的变速和变调[C]

语音信号的变速和变调属于语音转换范畴。语音变更是指在保留原语音所蕴含语意的基础上，通过对说话人的语音特征进行处理，使之听起来不像是原说话人所发出的声音的过程。这一技术拥有广阔的应用前景。例如，日常生活中的语音邮件、语音库转换为语音、多媒体语音信号处理等都需要用到这种技术。

语音转换技术涉及语音信号个人特性的研究，主要分为两个方面：一是声学参数，如共振峰频率、基频等，主要是由不同说话人的发声器官差异所决定的；另一个是韵律学参数，如不同说话人说话的快慢、节奏、口音是不一样的，主要和人们所处的环境有关。

语音变速是语音更改技术的一部分。语音变速是指把一个语音在时间上缩短或拉长，而语音的采样频率，以及基频、共振峰并没有发生变化；语音信号的变调是指把语音的基音频率降低或升高（如男女声互换），共振峰频率要做相应的改变，而采样频率保持不变。

1. 语音信号的变速

由语音合成的原理可知，由预测系数和基音信息就可以合成语音。因此要把语音缩短或拉长，就等于需要知道某些时刻的预测系数和基音信息。当把语音缩短时，设原来语音长为 T，每帧长为 $wlen$，帧移为 inc，总共有 f_n 帧。现在要把语音缩短，缩为时间长为 T_1，而帧长和帧移不变，总帧数随语音长度的减少而随之减少为 f_{n1}。如图 9-11 所示，黑点是原始语音每一帧的位置，时长为 T；而灰点是缩短语音每一帧的位置，时长为 T_1。缩短语音的帧数 f_{n1} 比原始语音的帧数 f_n 少。缩短语音的每一帧对应的原信号的时间已不是原始语音的时刻，往往在两个黑点之前（用灰点表示），所以要缩短语音所需的信息不能简单地把原始语音中的信息搬过来用，而要计算出原始语音上各灰点位置上的语音信息。

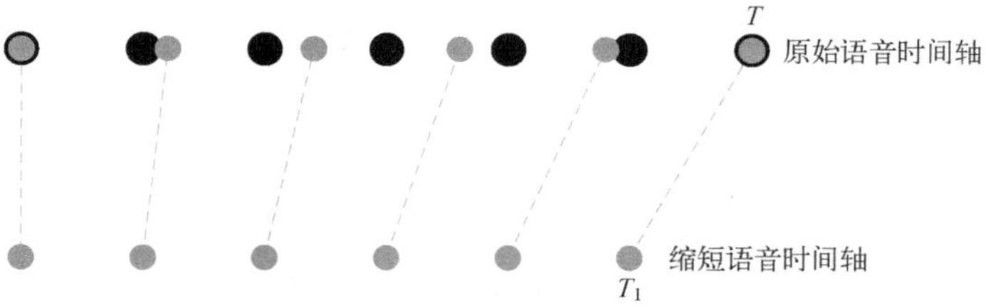

图 9-11　语音缩短时的参数对应关系

对于原始语音来说，通过基音检测可获得基音周期信息，通过线性预测分析可获得每帧的预测系数 a_i。基音周期可以通过内插得到缩短语音所要的信息，但预测系数 a_i 是不适合通过内插得到缩短语音所要的信息。线谱对（LSP）的归一化频率 LSF 反映了线性预测频域的共振峰特性。当语音从一帧往下一帧过渡时，共振峰会有所变化，LSF 也会有所变化。而 LSF 参数是可以进行内插的。不论缩短还是拉长，都可以通过对 LSF 的内插来完成的。

语音变速分析语音合成的示意图如图 9-12 所示。语音缩短或拉长的具体步骤如下。

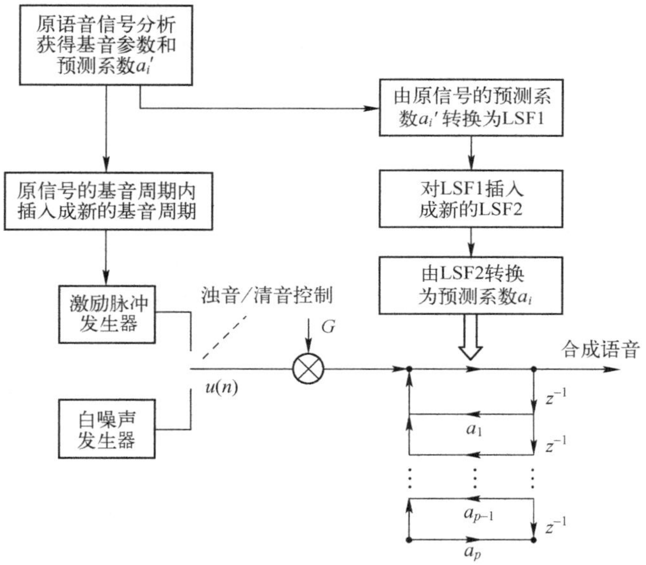

图 9-12　语音变速分析语音合成示意图

1）先对原始语音进行分帧，再做基音检测和线性预测分析，得到 $1\sim f_n$ 帧的基音参数和预测系数 a'_i。

2）把 $1\sim f_n$ 帧的基音参数按新的语音时长要求内插为 $1\sim f_{n1}$ 帧的基音参数。

3）把 $1\sim f_n$ 帧的预测系数 a'_i 转换成 $1\sim f_n$ 帧的 LSF 参数，称为 LSF1。把 $1\sim f_n$ 帧的 LSF1 按新的语音时长要求内插为 $1\sim f_{n1}$ 帧的 LSF2。

4）把 $1\sim f_{n1}$ 帧的 LSF2 重构成 $1\sim f_{n1}$ 帧线性预测参数 a_i，用预测系数和基音参数合成语音。

重构的语音信号时长为 T_1，再按原采用频率放音时，就能感觉到语速变了，或快（时长缩短）或慢（时长拉长），而相应的基音频率和共振峰参数都没有改变。

语音变速的函数实现

名称：SpeechSynthesisChangeSpeed

定义格式：

```
std::vector<double> SpeechSynthesisChangeSpeed(std::vector<std::vector<double>> &LsfCoeff,
std::vector<double> &Gain,std::vector<double> &Period,std::vector<double> &SF,int nSample-
Length,int nFrameInc,int nFrameLength,double fs,double rate)
```

函数功能：实现语音变速功能。

参数说明：LsfCoeff 为各帧的 lsf 参数；Period 为帧周期；SF 为帧语音噪音标记；nSampleLength 为原始样本长度；nFrameInc 为帧移动；nFrameLength 为帧长；fs 为采样频率；rate 为变速比例。

返回：合成语音 out3。

程序清单：

```
std::vector<double> SpeechSynthesisChangeSpeed(std::vector<std::vector<double>> &LsfCoeff,
std::vector<double> &Gain,std::vector<double> &Period,std::vector<double> &SF,int nSample-
Length,int nFrameInc,int nFrameLength,double fs,double rate)
{
    int nFrames = LsfCoeff.size();
    int nFrames1 = int(rate * nFrames);
    int overlap = nFrameLength - nFrameInc;
    std::vector<std::vector<double>> LsfCoeff2 = interp1(LsfCoeff,nFrames,nFrames1);
    std::vector<std::vector<double>> aCoeff2(nFrames1,std::vector<double>(p+1,0));//转
回预测系数
    for(int i=0;i<nFrames1;i++)
    {
    vector<double> LpcCoefficient(p+1);
    TransformFromLspToLpc(LsfCoeff2[i],LpcCoefficient);
    aCoeff2[i] = LpcCoefficient;
    }
std::vector<double> Period2 = interp1(Period,nFrames,nFrames1);
std::vector<double> Gain2 = interp1(Gain,nFrames,nFrames1);
std::vector<double> tempSF = SF;
std::vector<double> SF2 = interp1(tempSF,nFrames,nFrames1);
int tal=0;                              //初始化前导零点
std::vector<double> z_init(p,0);
int&nf = nFrames1;
int&wlen = nFrameLength;
std::vector<double> out;//输出
std::vector<double> tempr1(overlap);    //斜三角窗函数 w1
std::vector<double> tempr2(overlap);    //斜三角窗函数 w2
for(int i=0;i<overlap;i++)
```

```
    {
        tempr1[i] = i * 1.0/overlap;
        tempr2[i] = (overlap - 1 - i) * 1.0/overlap;
    }
    for(int i = 0;i < nf;i ++ )
    {
        std::vector < double > ai;
        std::vector < double > synt_frame;
        std::vector < double > excitation(wlen,0);
        ai = aCoeff2[i];
        double sigma_square = Gain2[i];
        double sigma = std::sqrt(sigma_square);
        if(SF2[i] <= 0.5)                                   //无话帧
        {
            excitation = GenerateNormalNoise(wlen);
            std::vector < double > b(p + 1,0);
            b[0] = sigma;
            std::vector < double > z_final(p,0);
            synt_frame = filter(b,ai,excitation,z_init,z_final);
            z_init = z_final;
        }
        else                                                //有话帧
        {
            int PT = (int)Period2[i];
            std::vector < double > exc_syn1(wlen + tal,0);
            for(int j = 0;j < exc_syn1.size();j ++ )
            {
                if((j + 1)% PT == 0)
                {
                    exc_syn1[j] = 1;
                }
            }
            std::vector < double > index;
            for(int j = 0 + tal;j < nFrameInc + tal;j ++ )
            {
                if(exc_syn1[j] == 1)
                {
                    index.push_back(j - tal);
                }
            }
            for(int j = 0;j < wlen;j ++ )
            {
```

```
                excitation[j] = (exc_syn1[j + tal]);
            }
            if(index.size() == 0)
            {
                tal = tal + nFrameInc;
            }
            else
            {
                int eal = index.size();
                tal = nFrameInc - index[eal - 1];
            }
            double gain = sigma/(sqrt(1.0/PT));
            std::vector<double> b(p + 1, 0);
            b[0] = gain;
            std::vector<double> z_final(p, 0);
            synt_frame = filter(b, ai, excitation, z_init, z_final);
            z_init = z_final;
        }
        if(i == 0)
        {
            for(int j = 0; j < synt_frame.size(); j++)
            {
                out.push_back((synt_frame[j]));
            }
        }
        else
        {
            int M = out.size();
            for(int j = 0; j < overlap; j++)
            {
                out[M - overlap + j] = out[M - overlap + j] * tempr2[j] + (synt_frame[j]) * tempr1[j];
            }
            for(int j = overlap; j < wlen; j++)
            {
                out.push_back((synt_frame[j]));
            }
        }
    }
    std::vector<double> out3;
    out3 = filterpost(bx, ax, out2);            //后处理,包括去加重,高通滤波和归一化
    return out3;
}
```

2. 语音信号的变调

语音信号的变调是指把原语音信号中的基音频率变大或变小。变调的最简单方法是在语音合成的过程中把基音频率改变后再合成。由于男声和女声的基音和共振峰频率都存在差异，因此变调时，需要对两者进行调整。语音变调合成的示意图如图 9-13 所示。

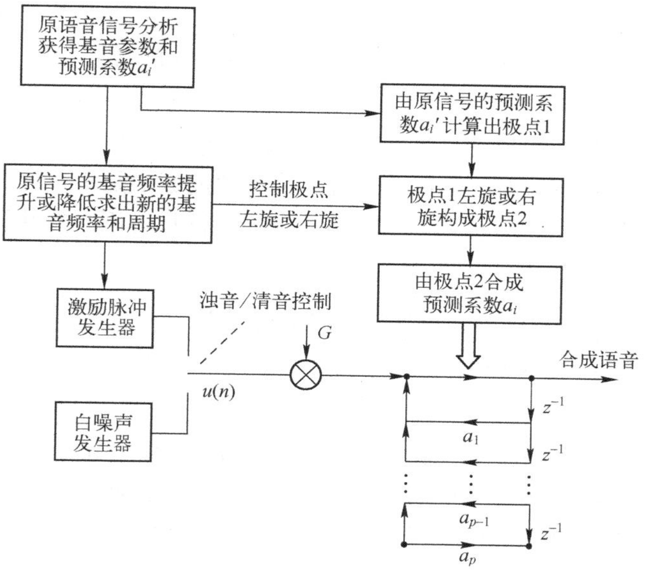

图 9-13 语音变调分析语音合成示意图

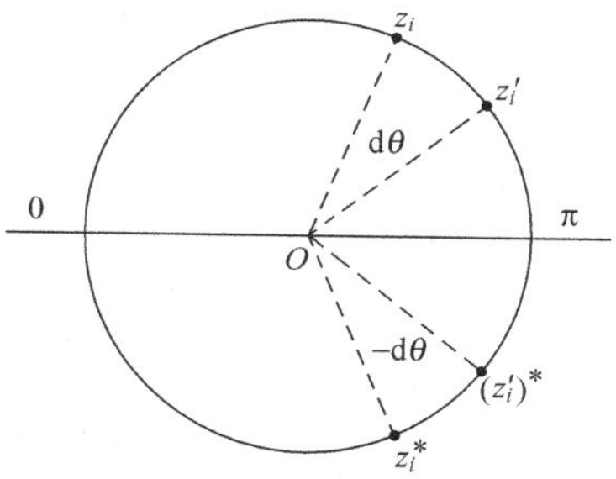

图 9-14 共振峰频率改变对应于根值位置的变化

预测误差滤波器 $A(z)$ 是一个由预测系数构成的多项式。基于线性预测系数的共振峰检测原理可知，共振峰频率 $F_i=\dfrac{\theta_i f_s}{2\pi}$，带宽 $B_i=-\left(\dfrac{f_s}{\pi}\right)\ln|z_i|$。由于是固定的，是常数，所以任何一个共振峰值 F_i 都与根的相位角 θ_i 有关。而 $\theta_i=\arctan\dfrac{\mathrm{Im}(z_i)}{\mathrm{Re}(z_i)}$，表示为根 z_i 的虚部和实部之比的反正切。当共振峰频率增加时，θ_i 就增加，可能 $\mathrm{Im}(z_i)$ 增加，或 $\mathrm{Re}(z_i)$ 减少。但 z_i 的模 $|z_i|$ 是一个定值 $|z_i|=\sqrt{\mathrm{Im}(z_i)^2+\mathrm{Re}(z_i)^2}$，所以在 $\mathrm{Im}(z_i)$ 增加时 $\mathrm{Re}(z_i)$ 必然减小。如图 9-14 所示的 Z 平面，其中单位圆实轴上方对应的相位角 θ_i 为正值，即 $0\sim\pi$；实轴下方对应的相角 θ_i 为负值，即 $0\sim-\pi$。图中根 z_i 的位置用黑点表示，在实轴上方共振峰增加时，相应的 θ_i 增加了 $\mathrm{d}\theta$，根的位置将顺时针转到 z'_i 的位置上，用灰点表示；而 z_i 的共轭值 z_i^* 虚部为负值，在实轴的下方，也是用黑点表示，当共振峰增加时，根 z_i^* 的位置将逆时针转到 $(z'_i)^*$ 的位置上，也用灰点表示。

当基音频率降低时，共振峰频率也稍有降低，在 Z 平面上根值 z_i 将逆时针转到 z'_i 的位置上，根 z_i^* 的位置将顺时针转到 $(z'_i)^*$ 的位置上。当根值从 z_i 转到 z'_i 位置上以后，对应的共振峰频率为

$$F'_i = \frac{\theta'_i f_s}{2\pi} \tag{9-40}$$

式中

$$\theta'_i = \arctan\frac{\mathrm{Im}(z'_i)}{\mathrm{Re}(z'_i)} = \theta_i + \mathrm{d}\theta \tag{9-41}$$

共振峰频率移动量为

$$\mathrm{d}F = F'_i - F_i = (\theta'_i - \theta_i)f_s/2\pi = \mathrm{d}\theta f_s/2\pi \tag{9-42}$$

其中

$$\mathrm{d}\theta = \theta'_i - \theta_i = 2\pi\mathrm{d}F/f_s \tag{9-43}$$

严格来说，基音频率变化对不同的共振峰频率变化的数值是不一样的，而且对带宽也会有一定的影响。为简化处理，基音频率增加或减少多少都只将不同的共振峰频率增加或减少100 Hz，带宽可以保持不变。

语音变调的函数实现

名称：SpeechSynthesisChangeTune

定义格式：

```
std::vector<double> SpeechSynthesisChangeTune(std::vector<std::vector<double>> &aCoeff,
std::vector<double> &Gain, std::vector<double> &Period, std::vector<double> &SF, int p, int
nSampleLength, int nFrameInc, int nFrameLength, double fs, double rate)
```

函数功能：语音变调。

参数说明：aCoeff 为各帧的预测系数；Gain 为预测增益；Period 为帧周期；SF 为帧语音噪声标记；p 为预测阶数；nSampleLength 为原始样本长度；nFrameInc 为帧移动；nFrameLength 为帧长；fs 为采样频率；rate 为变调比例。

返回：合成语音 out3。

程序清单：

```
std::vector<double> SpeechSynthesisChangeTune(std::vector<std::vector<double>> &aCoeff,
std::vector<double> &Gain, std::vector<double> &Period, std::vector<double> &SF, int p, int
nSampleLength, int nFrameInc, int nFrameLength, double fs, double rate)
{
    int nFrames = aCoeff.size();
    int nFrames1 = int(rate * nFrames);
    int overlap = nFrameLength - nFrameInc;
    std::vector<double> out;                    //输出
    std::vector<double> tempr1(overlap);        //斜三角窗函数 w1
    std::vector<double> tempr2(overlap);        //斜三角窗函数 w2
    for(int i = 0; i < overlap; i++)
    {
    tempr1[i] = i * 1.0/overlap;
    tempr2[i] = (overlap - 1 - i) * 1.0/overlap;
    }
```

```
int sign = (rate > 1) ? 1 : -1;
int lmin = int(fs/450);
int lmax = int(fs/60);
double delOMG = sign * 100 * 2 * pi/fs;                    //极点相角变化量
for(int i = 0;i < nFrames;i ++ )
{
    Period[i] = Period[i]/rate;
}
int tal = 0;                                               //初始化前导零点
std::vector < double > z_init(p,0);
int&nf = nFrames;
int&wlen = nFrameLength;
for(int i = 0;i < nf;i ++ )
{
    std::vector < double > ai;
    std::vector < double > synt_frame;
    std::vector < double > excitation(wlen,0);
    ai = aCoeff[i];
    double sigma_square = Gain[i];
    double sigma = std::sqrt(sigma_square);
    if(SF[i] == 0)                                         //无话帧
    {
        excitation = GenerateNormalNoise(wlen);
        std::vector < double > b(p + 1,0);
        b[0] = sigma;
        std::vector < double > z_final(p,0);
        synt_frame = filter(b,ai,excitation,z_init,z_final);
        z_init = z_final;
    }
    else                                                   //有话帧
    {
        int PT = (int)Period[i];
        if(PT > lmax)
            PT = lmax;
        if(PT < lmin)
            PT = lmin;
        std::vector < std::complex < double >> ft1;
        Roots(ai,ft1);
        //增加共振峰频率,实轴上方的根顺时针旋转,下方的根逆时针转,求出新的根
        for(int j = 0;j < p;j ++ )
        {
            if(ft1[j].imag() > 0)
```

```
        {
            ft1[j] = ft1[j] * std::complex<double>(cos(delOMG),sin(delOMG));
        }
        else
        {
            if(ft1[j].imag() <0)
            {
                ft1[j] = ft1[j] * std::complex<double>(cos(delOMG), -sin(delOMG));
            }
        }
    }
    //由新的根重新组成预测系数
    std::vector<std::complex<double>> temp = poly(ft1);
    for(int j =0;j <ai.size();j ++)
    {
        ai[j] = temp[j].real();
    }
    std::vector<double> exc_syn1(wlen + tal,0);
    for(int j =0;j <exc_syn1.size();j ++)
    {
        if((j+1)% PT ==0)
        {
            exc_syn1[j] =1;
        }
    }
    std::vector<double> index;
    for(int j =0 + tal;j <nFrameInc + tal;j ++)
    {
        if(exc_syn1[j] ==1)
        {
            index.push_back(j - tal);
        }
    }
    for(int j =0;j <wlen;j ++)
    {
        excitation[j] = (exc_syn1[j + tal]);
    }
    if(index.size() ==0)
    {
        tal = tal + nFrameInc;
    }
    else
```

```
            {
                int eal = index. size( );
                tal = nFrameInc - index[ eal - 1 ];
            }
            double gain = sigma/( sqrt( 1. 0/PT) );
            std: :vector < double > b( p + 1,0);
            b[ 0 ] = gain;
            std: :vector < double > z_final( p,0);
            synt_frame = filter( b, ai, excitation, z_init, z_final);
            z_init = z_final;
        }
        if( i ==0)
        {
            for( int j =0;j < synt_frame. size( );j ++ )
            {
                out. push_back( (synt_frame[ j] ) );
            }
        }
        else
        {
            int M = out. size( );
            for( int j =0;j < overlap;j ++ )
            {
                out[ M - overlap + j] = out[ M - overlap + j] * tempr2[ j] + (synt_frame[ j]) * tempr1[ j];
            }

            for( int j = overlap;j < wlen;j ++ )
            {
                out. push_back( (synt_frame[ j] ) );
            }
        }
    }
    std: :vector < double > out2;
    if( out. size( ) < nSampleLength)
    {
        out2 = out;
        while( out2. size( ) < nSampleLength)
        {
            out2. push_back(0);
        }
    }
    else
```

```
    {
        for(int i=0;i<nSampleLength;i++)
        {
            out2.push_back(out[i]);
        }
    }
    std::vector<double> out3;
    out3=filterpost(bx,ax,out2);            //后处理,包括去加重、高通滤波和归一化
    return out3;
}
```

9.5 文语转换系统

文语转换是指把文本文件通过一定的软硬件转换后由计算机或电话语音系统等输出为语音的过程，并尽量使合成的语音具有良好的自然度与可懂度。文语转换系统能够提供一个良好的人机交互界面，可以用于各种智能系统，如信息查询系统，自动售票系统，也可作为残疾人的辅助交流工具，如作为盲人的阅读工具或作为聋哑人的代言工具。从长远看，文语转换系统语音还可以用于通信设备或一些数字产品中，如手机和 PDA 等。因为目前的语音通信还是通过将语音信号经过编码、调制进行传输的，信息量比较大，要占用较宽的频带，通信的速度和质量也会受到限制和影响，如果传输的信息不是语音而是文字，由于一个汉字只占用两个字节，那么通信的速度会大大加快，通信设备终端只要将收到的文字信息转换成语音即可，因而极具应用价值。自 20 世纪 90 年代以来，随着计算机和多媒体技术的飞速发展，文语转换系统已逐渐显示了其巨大的应用前景和广泛的应用领域，因而也逐渐成为一个活跃的研究课题。

一个成功的文语转换系统输出的语音应当音质清晰，自然流畅。因此，一个文语转换系统，应当具有一个性能优良的语音合成模块。但是仅仅将一个个单字的发音机械地连接起来，这样合成的语音缺乏自然度。语音的自然度取决于其发音声调的变化，而在连续语流中一个字的发音不仅与这个字本身的发音有关，而且还要受到与其相邻的字的发音的影响。所以在文语转换系统中，必须事先对文本进行分析，根据上下文的关系来确定每个字发音的声调应如何变化，然后用这些声调变化参数去控制语音的合成。因此，文语转换系统还应当具有文本分析和韵律控制功能的模块。文本分析、韵律控制和语音合成这三个模块是文语转换系统的核心部分，其结构如图 9-15 所示。

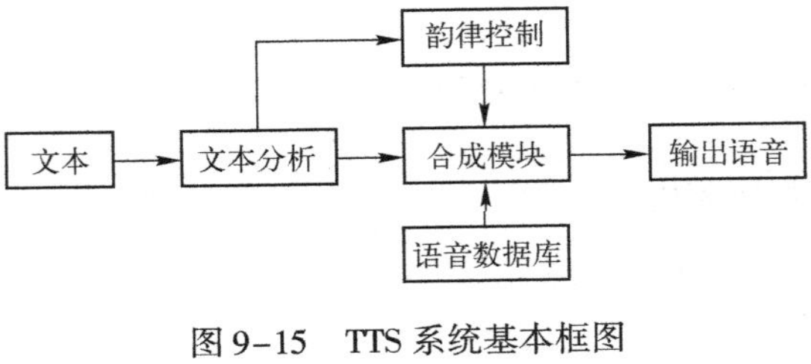

图 9-15　TTS 系统基本框图

1. 文本分析

文本分析的主要功能是使计算机能够识别文字，并根据文本的上下文关系在一定程度上对文本进行理解，从而知道要发什么音、怎么发音，并将发音的方式告诉计算机，另外还要让计算机知道文本中，哪些是词，哪些是短语、句子，发音时到哪应该停顿，停顿多长时间等。文本分析的工作可分为三个主要步骤：①将输入文本规范化，在这个过程中处理用户可能的拼写错误，并将文本中出现的一些不规范或无法发音的字符过滤掉；②分析文本中的词或短语的边界，确定文字的读音，同时在这个过程中分析文本中出现的数字、姓氏、特殊字符以及各种多音字的读音方式；③根据文本的结构、组成和不同位置出现的标点符号，来确定发音时语气的变换以及不同音的轻重方式。最终，文本分析模块将输入的文字转换成计算机能够处理的内部参数，便于后续模块进一步处理并生成相应的信息。

传统的文本分析主要是基于规则实现的，比较具有代表性的有：最大匹配法、反向最大匹配法、逐词遍历法、最佳匹配法和二次扫描法等。近几年来，随着计算机领域中数据挖掘技术的发展，许多统计学的方法以及人工神经网络技术在计算机数据处理领域中获得成功的应用。在此背景下，出现了基于数据驱动的文本分析方法，具有代表性的有：二元文法法、三元文法法、隐马尔可夫模型法和神经网络法等。

2. 韵律控制

任何人说话都有韵律特征。不同的声调、语气、停顿方式和发音长短都属于韵律特征。而韵律参数则包括了能影响这些特征的声学参数，如基频、音长、音强等。通过韵律控制模块，系统能够获得语音合成的具体韵律参数。与文本分析的实现方法类似，韵律控制的方法也分为基于规则的方法和基于数据驱动的方法。较早期的韵律控制的方法，均采用规则的方法。目前，通过神经网络或统计驱动的方法进行韵律控制的方法也获得成功的应用。

3. 语音合成

文语转换系统的合成语音模块一般采用波形拼接来合成语音的方法，其中最具代表性的是基音同步叠加法（PSOLA）。其核心思想是，直接对存储于音库的语音运用 PSOLA 算法来进行拼接，从而整合成完整的语音。然而，基于波形拼接方法的系统，也存在一些问题，就是它的音库往往非常庞大，需要占据较大的存储空间。这对系统推广到掌上型电脑或一些小的终端设备上非常不利。另外，在拼接时，两个相邻的声音单元之间的谱的不连续性，也容易造成合成音质的下降。目前，解决这些问题较好的途径是把基于规则的波形拼接技术和参数语音合成方法结合起来。在此基础上诞生了一些新的模型，如基音同步的正弦模型等，这些给进一步改善系统的性能提供了帮助。但是，这些工作目前还主要处于研究或实验室阶段。

9.6 语音转换及其研究方向

说话人语音转换的核心问题就是找出源说话人和目标说话人之间的匹配函数。目前有许多比较经典的转换算法，尽管思路不同，但是一个完整的说话人语音转换系统一般会考虑以下几个因素：

1）选择一个理想的分析合成模型。为了获得良好的语音转换效果，必须要建立一个有效的分析合成语音的数学模型。

2）选择一种较为理想的转换算法。在源说话人和目标说话人的个性特征参数之间建立一个有效的匹配函数，这也是说话人语音转换的核心所在。

3）选择一种有效的语音特征参数来表征说话人的个性特征。

韵律信息的转换和频谱特征参数的转换是语音转换的最基本的内容。在语音转换方法的选择上，现在国内外的研究主要集中在频谱参数的转换方法上，因此提出了许多关于频谱参数的转换方法，而韵律信息的转换研究则相对弱一点。

语音转换作为语音信号处理领域的一个新兴的分支，有着重要的理论价值和应用前景。通过对语音转换的研究，可以进一步加强对语音相关参数的研究，探索人类的发音机理，掌握语音信号的个性特征参数到底由哪些因素所决定，从而通过控制这些参数来达到自己的目的。因此，对语音转换的研究可以推动语音信号的其他领域如语音识别、语音合成、说话人识别等的发展。

最近十几年来语音转换逐渐成为国内外高校和相关研究机构的研究热点，在一定程度上已经取得了一定的成果，但这些成果在应用上还存在着很大的局限性，转换的语音质量与理想语音还有着很大的差距。

对于实现一个优良的语音转换系统，目前的工作还远远不够，以后需要进一步加强对相关算法的研究。总结来看，未来的研究热点主要包括以下几个方面：

1）目前的语音转换对于频谱和基音周期的转换是单独进行分析的，而没有考虑激励和声道之间的相互作用。然而研究表明，在实际语音的产生过程中，声源的振动对于声道中传播的声波有着不可忽略的作用，需要进一步研究激励和声道之间的关系，实现对它们进行同时转换，从而提高转换语音音质。

2）目前用于语音转换的语料库都是对称的，在实际生活中更多的是非对称的语料库。目前的转换方法是不可行的，需要加强基于非对称语料库进行训练的方法的研究。

3）目前的语音转换方法都是针对同一语种进行转换的，在实际的应用中需要加强对不同语种语音转换的研究，这必将推动机器翻译的发展。

4）当前的语音转换算法仍然停留在理论研究阶段，距离实际开发应用还有很长的路要走，需要进一步加强对相关算法的研究，以期进一步减少算法复杂度和运算量，实现语音的实时转换，在复杂度和实用性方面达到一个很好的折中。

5）实际的语音信号存在很大的噪声，这些噪声会对语音转换得到的语音质量造成很大的影响，需要研究不影响语音转换的有效降噪算法。

6）目前的转换算法都是基于每一帧单独进行转换，忽略了相邻帧之间的联系，在转换时需要考虑相邻帧之间的关系，以使转换语音保持有效的连续性。

相信随着语音技术的发展，语音转换技术会越来越广泛地应用于社会生活的各个领域。让转换后的语音具有目标说话人的语音特点是语音转换的目的，但是目前转换后的语音质量和目标语音还有着较大的差距，要想在语音转换研究领域获得进一步的突破，需要不断研究和探索。

9.7　思考与复习题

1. 语音合成的目的是什么？它主要可分为哪几类？什么叫作波形合成法和参数合成法？其区别在哪里？试比较它们的优缺点。

2. 波形编码合成中的波形拼接合成和规则合成法中的波形拼接有什么不同？

3. 对语音合成的激励函数有什么要求？在汉语中，对各种音段，应该使用什么样的激励函数较为合适？

4. 什么是 PSOLA 合成算法？它有几种实现方式？利用时域基音同步叠加技术合成语音的实现步骤是什么？

5. 什么是 TTS？它可以应用到哪些领域？一般一个 TTS 是由哪几部分组成的？

6. 常用的频谱特征参数转换方法有哪些？各有什么特点？

7. 常用的基音周期转换方法有哪些？各有什么特点？

8. 常用的韵律信息转换方法有哪些？各有什么特点？

9. 写出基于时域基音同步叠加技术的语音合成的完整伪代码。

第10章 声源定位

10.1 概述

声源定位技术主要是研究系统接收到的语音信号相对于接收传感器是来自什么方向和什么距离，即方向估计和距离估计。声源定位是一个有广泛应用背景的研究课题，其在军用、民用、工业领域都有广泛应用。在军事系统中，声源定位技术有助于武器的精确打击，为最终摧毁敌方提供有力保证。此外，利用声源定位技术，能及时、准确、快速地发现敌方狙击手的位置，为军队的进攻提供强有力的安全保障，为战斗的胜利做出重要贡献。目前，美国已开发出主要采用声测、红外和激光等原理探测敌狙击手的技术。在民用系统中，声源定位技术可以为用户提供准确可靠的服务，起到安全便利的作用。例如，如果在可视电话上装上声源定位系统，实时探测出说话人的方位，那么摄像头能实时跟踪移动着的说话人，从而使电话交流更加生动有趣。此外，该技术还可以用到会议现场以及机器人的听觉系统中。在工业上，声源定位技术也有广泛的应用，如工程上的故障检测、非接触式测量以及地震学中的地震预测和分析。

声源定位技术的内容涉及信号处理、语言科学、模式识别、计算机视觉技术、生理学、心理学、神经网络以及人工智能技术等多种学科。一个完整的声源定位系统包括声源数目估计、声源定位和声源增强（波束形成）。目前的声源定位研究主要分为两类：基于仿生的双耳声源定位算法和基于传声器阵列的声源定位算法。

基于仿生的双耳声源定位算法主要是利用人耳的特性实现。人耳对于声音信号的方位判断主要是依靠头部结构所引起的“双耳效应”和耳朵结构的“耳郭效应”及复杂的神经系统来实现。机器人头部的听觉系统常模拟这些效应实现。基于传声器阵列的声源定位算法是采用多个传声器构成的一个传声器阵列，在时域和频域的基础上增加一个空间域，对接收到的来自空间不同方向的信号进行空时处理，这就是传声器阵列信号处理的核心，它属于阵列信号处理的研究范畴。基于传声器阵列的声源定位技术主要有三类：基于高分辨率谱估计技术、基于可控波束形成技术以及基于时延估计的定位技术。

国外的声源定位技术研究起步较早，主要应用于军事领域。目前，美国、俄罗斯、日本、英国、以色列、瑞典等国家均已装备了被动声探测系统。国外的声源定位系统应用主要集中在智能导弹系统上，在战场上通过对目标进行智能声探测从而确定目标的方位，再反馈到控制系统并对其进行攻击。声源定位系统也可以应用于探测飞机或为直升机报警以及炮位侦察。近几年，在单兵声源定位系统、车载声测小基阵以及新型地雷研制等方面也有一定应用。

在国内，也有许多学者深入研究声源定位技术，并受到许多国防科技基金项目和国家自然科学基金项目的支持，取得了一定的成果。但由于声源定位环境的复杂性，再加之信号采集过程中不可避免地给语音信号掺进了各种噪声干扰，都使得定位问题成为一个极具挑战性的研究课题。

10.2　双耳听觉定位原理及方法

研究表明，人类听觉系统对声源的定位机理主要是由于人的头部以及躯体等对入射的声波具有一定的散射作用，以致到达人双耳时，两耳采集的信号存在着时间差（相位差）和强度差（声级差），它们成为听觉系统判断低频声源方向的重要客观依据。对于频率较高的声音，还要考虑声波的绕射性能。由于头部和耳壳对声波传播的遮盖阻挡影响，也会在两耳间产生声强差和音色差。总之，由于到达两耳处的声波状态的不同，造成了听觉的方位感和深度感，这就是常说的“双耳效应”。不同方向上的声源会使两耳处产生不同的（但是特定的）声波状态，从而使人能由此判断声源的方向位置。总体来说，利用双耳听觉在水平面内的声源定位要比垂直面内的声源定位精确得多，后者存在较大的个体差异。

对双耳听觉的水平定位的研究可追溯到 19 世纪。1882 年 Thompson 在他的论文“双耳在空间感知中的功能”中对双耳听觉的水平定位理论做了介绍。当时主要有三种理论：第一种是 Steinhauser 和 Bell 支持的理论，强调了双耳强度差（Interaural intensity difference，IID）的作用，并认为双耳时间差（Interaural time difference，ITD）与声源定位无关；Mayer 支持第二种理论，认为 ITD 和 IID 在声源定位中都很重要；Mach 和 Lord Rayleigh 赞同第三种理论，在强调 IID 的作用的同时，也强调了耳郭在声源定位中的作用。20 世纪初，Lord Rayleigh 等通过实验证实了在声信号为低频时听者对 ITD 最敏感，而当声音为高频时对 IID 最敏感。

10.2.1　人耳听觉定位原理

人耳听觉外周系统主要由不同作用的三个部分组成，即外耳、中耳和内耳。外耳包括耳翼和外耳道。外耳腔体在听觉的中频段（3000 Hz 左右）产生共鸣。在外耳道的末端，有一薄膜，称作鼓膜。鼓膜及鼓膜以内称为中耳。中耳由鼓膜和锥骨、砧骨和镫骨组成。声波由外耳道进入后推动鼓膜振动，进而使连接于鼓膜的三个听小骨也随之振动，并通过镫骨与卵形窗上的弹性膜传入内耳。中耳主要起“阻抗变换器”的作用，其使低阻抗的空气和从鼓膜开始直至耳蜗中的淋巴液高阻抗进行匹配。内耳是人耳听觉系统和听觉器官中最复杂和最重要的部分。耳蜗是内耳中专司听觉的部分，是具有蜗牛形状的中空器官，内部充满一种无色的淋巴液体。在内耳中，接受声音振动后，起“感觉”部分的是一个螺旋线似的胶质薄膜，称为基底膜。基底膜非常重要，主要分布在从卵形窗直到耳蜗顶端的整个通道中。耳蜗中的淋巴液被基底膜分隔成两部分，只是在耳蜗基底膜的底端蜗孔处被分隔的两部分淋巴液才混合在一起。沿基底膜表面分布着专司听觉的毛状神经末梢约 25000 条，其中最重要的听觉神经主要是前庭神经和蜗神经。

人耳可以听到频率在 20 Hz ~ 20 kHz 范围内的声音。人耳听觉系统是一个音频信号处理器，可以完成对声信号的传输、转换以及综合处理的功能，最终达到感知和识别目标的目的。人耳听觉系统有两个重要的特性，一个是耳蜗对于声信号的分频特性；另一个是人耳听觉掩蔽效应。相关内容已在 2.1.3 节描述过，这里不再赘述。但是，不同的人耳朵结构有所区别，因此每个人的听觉灵敏度也有一定的差异。由于屏蔽效应，人耳对声源目标的水平方位评估相比其垂直仰角而言，则要精确得多。

在混响环境中，优先效应具有重要作用，它是心理声学的特性之一。所谓的优先效应，是指当同一声源的直达声和反射声被人耳听到时，听音者会将声源定位在直达声传来的方向上，因为直达声首先到达人耳处，即使反射声的密度比直达声高 10 dB。因此，声源可以在空间中进行正确定位，而与来自不同方向的反射声无关。但是优先效应不会完全消除反射声的影响，反射声可以增加声音的空间感和响度感。

当将优先效应用在混响环境中识别语音时，就产生了哈斯效应。哈斯观察早期反射声时，发现早期反射声只要到达人耳足够早，就不会影响语音的识别，反而由于增加了语音的强度而有利于语音的识别。而且哈斯发现语音相对于音乐来说，对反射延迟时间和混响的变化更为敏感。对于语言声来说，只有滞后 50 ms 以上的延迟声才会对语音的识别造成影响。所以，50 ms 被称为哈斯效应的最大延时量。在哈斯做的平衡实验中，证明当延时为 10 ~ 20 ms 时，先导声会对滞后声有最大程度的抑制。有研究表明，利用哈斯效应提取先达声特征，可以改善声源定位效果，抑制多源干扰。

10.2.2 人耳声源定位线索

1. 双耳定位线索

人类通过双耳来感知外界声音，除了感知声音的强度、音调和音色的感觉外，还可以判断声源的距离和方向。研究表明，人类听觉系统对声源的定位机理主要是由于人的头部以及躯体等对入射的声波具有一定的散射作用，以致到达双耳时，两耳采集的信号存在着时间差（相位差）和强度差（声级差），它们成为听觉系统判断低频声源方向的重要客观依据。对于频率较高的声音，还要考虑声波的绕射性能。由于头部和耳壳对声波传播的遮挡影响，也会在两耳间产生声强差和音色差。总之，由于到达两耳处的声波状态的不同，造成了听觉的方位感和深度感，这就是常说的“双耳效应”。不同方向上的声源会使两耳处产生不同的（但是特定的）声波状态，从而使人能由此判断声源的方向位置。在实际应用中涉及的定位线索主要有：ITD、ILD、双耳相位差（Interaural Phase Difference）、双耳音色差（Interaural Timbre Difference）以及直达声和环境反射群所产生的差别。

由于声源与双耳的距离不同，因此声音到达双耳时存在时间差。此外，人头对入射声波的阻碍作用会导致两耳信号间的声级差。声级差不光与入射声波的水平方位角有关外，还与入射声波的频率有关。在低频时，声音波长大于人头尺寸，声音可以绕射过人头而使双耳信号没有明显的声级差。随着频率的增加，波长越来越短，头部对声波产生的阻碍越来越大，使得双耳信号间的声级差越来越明显——这就是人头掩蔽效应。因此，在低中频（$f<1.5$ kHz）情况下，双耳时间差是定位的主要因素；对于频率范围在 1.5 ~ 4.0 kHz 的信号来说，声级差和时间差都是声源定位的影响因素；而当频率 $f>5.0$ kHz 时，双耳声级差是定位的主要因素，与时间差形成互补。总的来说，双耳时间差和声级差涵盖了整个声音频率范围。

2. 耳郭效应

耳郭效应的本质就是改变不同空间方向声音的频谱特性，也就是说人类听觉系统功能上相当于梳状滤波器，将不同空间方向的声音进行不同的滤波。耳郭具有不规则的形状，形成一个共振腔。当声波到达耳郭时，一部分声波直接进入耳道，另一部分则经过耳郭反射后才进入耳道。由于声音到达的方向不同，不仅反射声和直达声之间强度比发生变化，而且反射声与直达声之间在不同频率上产生不同的时间差和相位差，使反射声与直达声在鼓膜处形成一种与声源方向位置有关的频谱特性，听觉神经据此判断声音的空间方向。频谱特性的改变主要是针对高频信号，由于高频信号波长短，经耳郭折向耳道的各个反射波之间会出现同相相加、反相相减，甚至相互抵消的干涉现象，形成频谱上的峰谷，即耳郭对高频声波起到了梳状滤波作用。利用耳郭效应进行声源定位时，主要是将每次接收到的声音与过去存储在大脑里的重复声排列或梳状波动记忆进行比较，然后判断定位。研究证明，随着信号垂直方位角度的增加，波谷频率也会逐渐增加，而这个波谷频率值可以从信号频谱图中提取出来。因此，在对前后镜像的声源进行定位时，可以通过耳郭效应对声源作精确定位。

3. 头相关传递函数

随着生理声学的发展，人们发现声音方位的影响在频谱上表现得极其突出，这种频谱上的区别是人耳定位的主要依据。从某一个方位的声源发出的声信号在到达听者的耳膜之前必然与听者的头部、肩部以及躯干、耳郭发生了反射、折射、散射以及衍射等声学作用，这种作用在时域上表示为头部相关脉冲响应（Head - Related Impulse Response，HRIR）。其既与声源相对于听者的方向有关，也因人体部位形状及大小的不同而存在个体差异。人体的这些部位对声信号的影响可以统一用一个函数来表示，即头部相关传递函数（HRTF）。HRTF 描述了声波从声源到双耳的传输过程，它是综合了 ITD、ILD 和频谱结构特性的声源定位模型。在自由场情况下，HRTF 定义为

$$
\begin{aligned}
H_L &= H_L(l,\theta,\varphi,f) = \frac{P_L(l,\theta,\varphi,f)}{P_0(l,f)} \\
H_R &= H_R(l,\theta,\varphi,f) = \frac{P_R(l,\theta,\varphi,f)}{P_0(l,f)}
\end{aligned}
\tag{10-1}
$$

式中，P_L，P_R分别是声源在左、右耳产生的频域复数声压；P_0是头移开后点声源在原头中心位置处的频域复数声压；r 代表声源距离；θ 代表水平入射角；φ 代表垂直入射角；f 代表频率。

HRTF 的谱特征反应在它们的谷点频率和峰点频率上，某些谷点频率和峰点频率随着声源方向的改变而改变。实际上，双耳的 HRTF 除了谱特征的差异外，还包含 ITD 和 ILD 的所有特征。通常，HRTF 函数的获得有两种方法：其一是通过对假头或真实听音者的双耳信号的测量得到；其二是利用声波的散射理论计算得到。近年来，随着数字技术和测量技术的发展，国外一些科研单位已经对 HRIR 进行了较为精确的测量，其中最为著名的就是麻省理工学院媒体实验室的 CIPIC 数据库。这些数据在互联网上早已公布，而且经过心理声学对比实验发现，CIPIC 的 HRIR 数据比较适合中国人的生理构造，声像定位实验与实际情况吻合较好。

除了上述的一些定位线索外，其他定位因素还包括头部的转动因素等。在低频或者较差的环境中，当双耳效应和耳郭效应对声源的定位不能给出明确的信息时，转动头部可以消除不确定性。这种方法常用于出现空间锥形区域声像混淆现象（前后镜像声源的混淆即是一种特例，此时只考虑双耳时间差和声级差不能实现准确定位）的情况下，因为这样会造成不确定的双耳效应。

10.2.3 声源估计方法

水平方位角是双耳听觉定位系统的最重要指标之一，也是较为精确和易于实现的定位指标。水平方位角的评估主要利用双耳效应中的 ITD、ILD 和 IPD 等与声源方位相关的参数。综上可知，在中低频（小于 1.5 kHz，最佳信号频率为 270 ~ 500 Hz）的情况下，双耳时间差起主要作用，利用该时延差可以很好地进行方位的评估；在中频（约 1.5 ~ 4 kHz）段，双耳时间差和双耳声级差共同作用；而在中高频（约 4 ~ 5 kHz）时，双耳声级差起主要的定位作用；在高频（约 5 ~ 6 kHz 以上）时，耳郭对声波的散射起到梳状滤波的作用，并对定位中垂面上声源的方位有重要作用。

图 10-1 为水平极坐标模型中任一方向的声音信号到达患者头部坐标时的示意图。此时线路方向、左右耳传声器传感器以及中心坐标点都在同一平面，因此利用这种坐标形式求解方位比较直观、方便。图中以 O 为圆心的圆为球形模型，C、D 点为左右耳传声器，θ 为声源目标的水平方位。假设声源信号位于患者头部的右前方，与头部坐标相切的声波信号的直线线路为 L_2，信号到达右耳传声器的线路为 L_1，头部半径为 r。由于该模型为球形结构，该示意图同样适用于垂直方位。

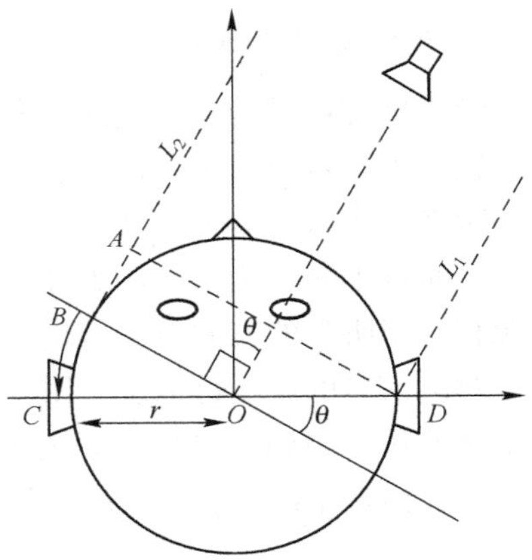

图 10-1　ITD 定位模型：球形结构

由此可见，信号到达两耳的距离 L_d 和 R_d 分别为

$$\begin{cases} L_d = L_2 + \overset{\frown}{BC} \\ R_d = L_1 \end{cases} \qquad (10\text{-}2)$$

声源到左右耳之间的距离差 Δd 为

$$\Delta d = L_d - R_d = AB + \overset{\frown}{BC} \qquad (10\text{-}3)$$

L_2 与 L_1 的直线距离差 AB 为

$$AB = OD \times \sin\theta = r \times \sin\theta \qquad (10\text{-}4)$$

$\overset{\frown}{BC}$的长度为

$$\overset{\frown}{BC} \approx OC \times \theta = r \times \theta \qquad (10\text{-}5)$$

因此，距离差 Δd 的计算公式为

$$\Delta d = AB + \overset{\frown}{BC} \approx r \times (\sin\theta + \theta) \qquad (10\text{-}6)$$

则，参数化双耳时间差模型函数为

$$\text{ITD}(\theta) = \frac{r \times (\sin\theta + \theta)}{c} \qquad (10\text{-}7)$$

对于不同的信号频率，双耳时间差模型有一定的变化规律，可以用参数化形式表示为

$$\text{ITD}(\theta, f) = \alpha_f \frac{r \times (\sin\theta + \theta)}{c} \qquad (10\text{-}8)$$

式中，α_f 是与频率相关的尺度因子。图 10-2 所示的细线表示不同耳郭结构的频率和 ITD (θ, f)（即 ΔT）的变化关系，黑线表示提取的耳郭结构的平均模型。当方位评估时，如果

信号频率与建模时不一致，就需要用到参数模型。

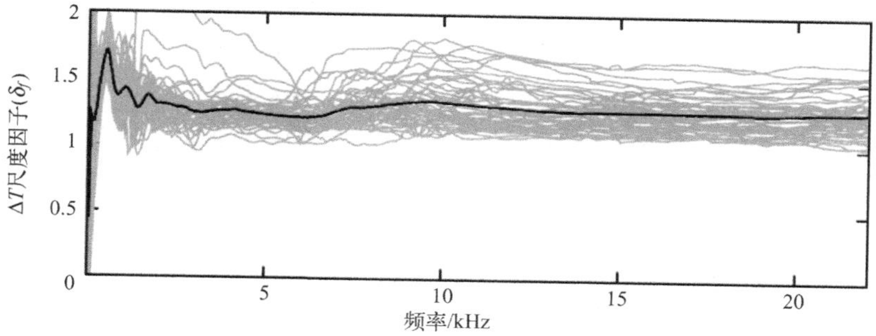

图 10-2　ITD 模型尺度因子

反转模型就可以得到水平角度 θ，如下式所示：

$$\theta = g^{-1}\left(\frac{c}{r\alpha_f}\times \mathrm{ITD}(\theta,f)\right) \tag{10-9}$$

这里，g^{-1}为 $g(\theta)=\sin\theta+\theta$ 的反转函数。$g(\theta)$不能通过普通方法求解方程，可使用切比雪夫序列获得 $g(\theta)$的多项式近似，进而获得 g^{-1}的近似表示：

$$g^{-1}(x)\approx \frac{x}{2}+\frac{x^3}{96}+\frac{x^5}{1280} \tag{10-10}$$

10.3　传声器阵列模型

10.3.1　窄带阵列信号处理模型

传声器阵列结构就是一定数量的传声器按照一定空间放置而构成的传声器组，也称为传声器阵列的拓扑结构。对声源定位起决定性作用的就是传声器阵列中各个阵元间距和放置的具体位置。传声器阵列的导向向量是由传声器阵列的拓扑结构所决定的，所携带的信息即声源位置的参数信息。因此，传声器阵列拓扑结构的好坏将会直接影响到声源定位的结果。同时，由于传声器阵列拓扑结构所接收到的声源信号不可避免地会受到人为或自然的影响，所以传声器阵列系统在定位过程中总会有些许误差存在。

根据声源距传声器阵列的位置不同可将传声器阵列接受模型分为近场和远场。通常，近场和远场的判断公式为：$r<\dfrac{2L^2}{\lambda}$。其中，L 为传声器阵列的总长度；λ 为目标信号的波长；r 为传声器阵列和声源之间的距离。

对于传声器阵列处理的信号来说，建立拓扑结构需考虑的因素更为复杂。因为，传声器阵列可能是近距离接收，也可能是远距离接收，所以近场和远场模型下不同的拓扑结构所构成的导向向量也不相同。不同的导向向量携带的信息也不同，声源近场模型中所携带的信息不仅有距离、时延，还有声源空间位置；而声源远场模型中携带的仅仅是声源的空间位置信息，即方位和俯仰。此外，阵元间距也直接影响声源定位的结果，而阵元个数可以适当地提高定位精度。由此可见，传声器的拓扑结构对声源定位起着至关重要的作用。在实际应用中，不同的传声器阵列拓扑结构在阵列信号处理中的作用是不同的，会产生不同的声音接收效果。

假设传声器阵由 M 个全向传声器组成，信号源的个数为 P，所有到达阵列的波可近似为平面波。将第一个阵元设为参考阵元，则到达参考阵元的第 j 个信号为

$$s_j(t)=z_j(t)\mathrm{e}^{\mathrm{j}\omega_j t},\quad j=1,2,\cdots,P \tag{10-11}$$

式中，$z_j(t)$ 为第 j 个信号的复包络，包含信号信息；$\mathrm{e}^{\mathrm{j}\omega_j t}$ 为空间信号的载波。由于信号满足窄带假设条件，则 $z_j(t-\tau)\approx z_j(t)$，那么经过传播延迟 τ 后的信号可以表示为

$$s_j(t-\tau)=z_j(t-\tau)\mathrm{e}^{\mathrm{j}\omega_j(t-\tau)}\approx s_j(t)\mathrm{e}^{-\mathrm{j}\omega_j\tau},\quad j=1,2,\cdots,P \tag{10-12}$$

则理想情况下第 i 个阵元接收到的信号可以表示为

$$x_i(t)=\sum_{j=1}^{P}s_j(t-\tau_{ij})+n_j(t) \tag{10-13}$$

式中，τ_{ij} 为第 j 个信号到达第 i 个阵元时相对于参考阵元的时延，$n_i(t)$ 为第 i 个阵元上的加性噪声。根据式（10-12）和式（10-13）可得，整个传声器阵接收到得信号为

$$\boldsymbol{X}(t)=\sum_{i=1}^{M}s_i(t)\mathrm{a}_i+\boldsymbol{N}(t)=\boldsymbol{AS}(t)+\boldsymbol{N}(t) \tag{10-14}$$

式中，$a_i=[\mathrm{e}^{-\mathrm{j}\omega_i\tau_{i1}},\mathrm{e}^{-\mathrm{j}\omega_i\tau_{i2}},\cdots,\mathrm{e}^{-\mathrm{j}\omega_i\tau_{iP}}]^{\mathrm{T}}$ 为信号 i 的导向向量；$\boldsymbol{A}=[a_1,a_2,\cdots,a_M]$ 为阵列流形；$\boldsymbol{S}(t)=[s_1(t),s_2(t),\cdots,s_P(t)]^{\mathrm{T}}$ 为信号矩阵；$\boldsymbol{N}(t)=[n_1(t),n_2(t),\cdots,n_M(t)]^{\mathrm{T}}$ 为加性噪声矩阵；$[\cdot]^{\mathrm{T}}$ 表示矩阵转置。

10.3.2 传声器阵列信号模型

假设 P 个声源 $\boldsymbol{S}_j(j=1,\cdots,P)$，$M$ 个无差异全向传声器 $\boldsymbol{D}_i(i=1,\cdots,M)$，如图 10-3 所示。设声源为点源，位置矢量为 $\boldsymbol{S}_j=r_j*[\sin\theta_i\cos\varphi_i\quad \sin\theta_i\sin\varphi_i\quad \cos\theta_i]$。式中，$\theta_i$ 表示第 1 个声源与 Z 轴的夹角，φ_i 表示第 1 个声源矢量在 XOY 平面的投影与 X 轴的夹角。阵元的位置矢量为 $\boldsymbol{D}_i$，通常 $\boldsymbol{D}_1=[0,0,0]$。

当传声器阵列应用于室外或者大型会议室等环境时，声源与传声器阵列相距较远，此时可采用简化的传声器阵列的远场信号模型。当声源与传声器阵列距离较远时，即 $\|\boldsymbol{S}_j\| >> \|\boldsymbol{D}_i\|$（这里，$\|\cdot\|$ 代表向量的范数）。此时，两个传声器之间的幅度衰减差异近似相等，图 10-3 中的矢量 $\boldsymbol{S}_j-\boldsymbol{D}_i$ 与声源位置矢量 $\boldsymbol{S}_j$ 可看成是平行矢量，如图 10-4 所示。时延可表示为

$$\tau_{ij}=(\|\boldsymbol{S}_j-\boldsymbol{D}_i\|-\|\boldsymbol{S}_j\|)/c=\|\boldsymbol{D}_i\|\cos\varphi/c=(\boldsymbol{u}_j\cdot\boldsymbol{D}_i)/c \tag{10-15}$$

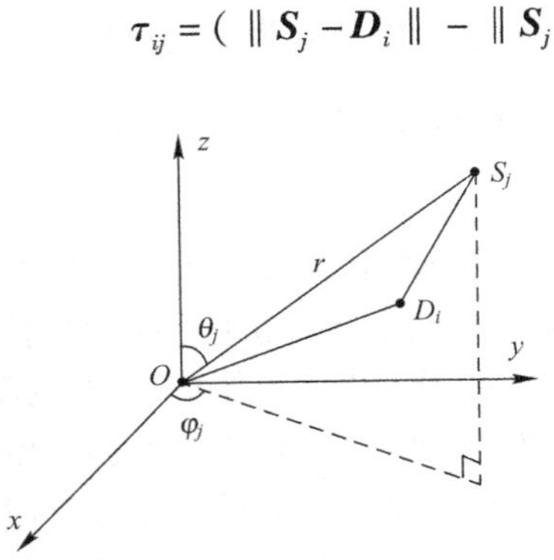

图 10-3　传声器阵列接收信号模型

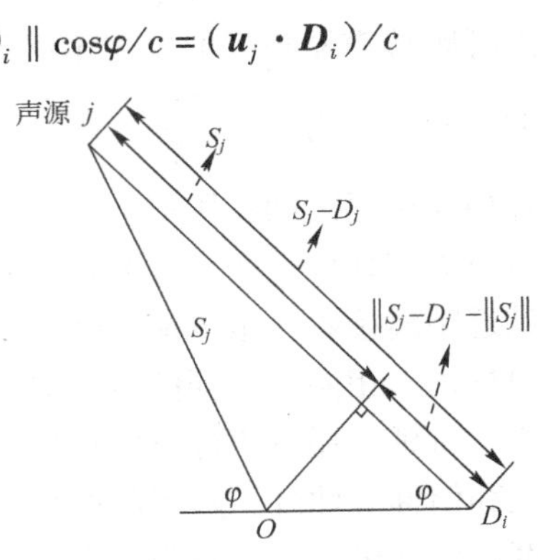

图 10-4　远场模型分析

其中，φ 为声源位置矢量 $\boldsymbol{S}_j$ 与传声器位置矢量 $\boldsymbol{D}_i$ 的夹角，$\boldsymbol{u}_j$ 为矢量 $\boldsymbol{S}_j$ 的单位方向矢量：

$$\vec{\boldsymbol{u}}_j=[\sin\theta_j\cos\varphi_j \quad \sin\theta_j\sin\varphi_j \quad \cos\theta_j]^{\mathrm{T}} \tag{10-16}$$

由于声源距传声器阵列很远，可以采用近似的平面波模型，声源的位置矢量实际上仅用方向就可以表示，因此可用单位方向矢量来表示其位置信息。

在实际应用中，传声器阵列拓扑结构一般采用均匀线阵和均匀圆阵等。不同的拓扑结构，其导向向量表示会有所不同。

（1）均匀线阵

均匀线阵（Uniform Linear Array，ULA）是最简单常用的阵列形式。如图 10-5 所示，M 个阵元等距离排列成一直线，阵元间距为 d。考虑到声源频率在 100～3400 Hz 之间，因此在空气中波长相应为 10～340 cm。综合考虑空间采样定理、阵列尺寸等因素，阵元间距一般为 5～15 cm。假定一信源位于远场，即其信号到达各阵元的波为平面波，其波达方向（DOA）定义为与阵列法线的夹角 θ。

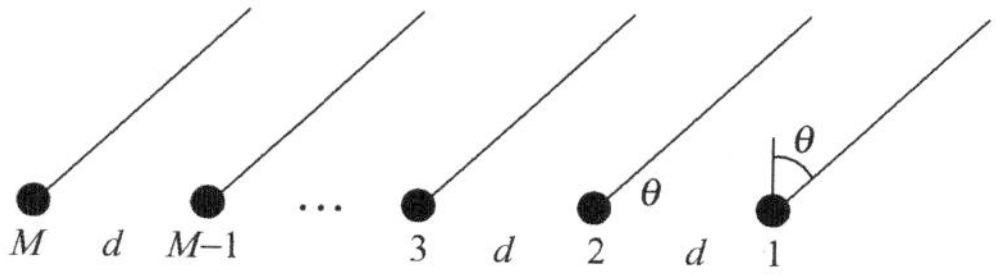

图 10-5　ULA 示意图

阵元的坐标为

$$\boldsymbol{D}_i=[(i-1)\cdot d \quad 0 \quad 0]^{\mathrm{T}} \tag{10-17}$$

则由式（10-14）、式（10-15）和式（10-17）可得等距线阵的流形矩阵为：

$$\begin{aligned}\boldsymbol{A}&=[a(\omega_1,\theta_1,\varphi_1),a(\omega_2,\theta_2,\varphi_2),\cdots,a(\omega_P,\theta_P,\varphi_P)]\\&=\begin{pmatrix}1 & 1 & \cdots & 1\\ \mathrm{e}^{-\mathrm{j}\omega_1 d\sin(\theta_1)\cos(\varphi_1)/c} & \mathrm{e}^{-\mathrm{j}\omega_2 d\sin(\theta_2)\cos(\varphi_2)/c} & \cdots & \mathrm{e}^{-\mathrm{j}\omega_P d\sin(\theta_P)\cos(\varphi_P)/c}\\ \vdots & \vdots & \vdots & \vdots\\ \mathrm{e}^{-\mathrm{j}\omega_1(M-1)d\sin(\theta_1)\cos(\varphi_1)/c} & \mathrm{e}^{-\mathrm{j}\omega_2(M-1)d\sin(\theta_2)\cos(\varphi_2)/c} & \cdots & \mathrm{e}^{-\mathrm{j}\omega_P(M-1)d\sin(\theta_P)\cos(\varphi_P)/c}\end{pmatrix}\end{aligned} \tag{10-18}$$

式中，c 代表声速；ω_j 为信号 $\boldsymbol{S}_j$ 电波传播延迟在第 i 个阵元引起的相位差。当波长和阵列的几何结构确定时，该流形矩阵只与空间角 θ_j 和 φ_j 有关，与基准点的位置无关。以上给出了等距线阵的导向向量的表示形式。实际使用的阵列结构要求导向向量 $a(\theta)$ 与空间角 θ 一一对应，不能出现模糊现象。这里需要说明的是：阵元间距 d 是不能任意选定的，甚至有时需要非常精确的校准。假设 d 很大，相邻阵元的相位延迟就会超过 2π，此时，阵列导向向量无法在数值上分辨出具体的相位延迟，就会出现相位模糊。可见，对于等距线阵来说，为了避免导向向量的相位模糊，其阵元间距不能大于半波长$\dfrac{\lambda_0}{2}$，以保证阵列流形矩阵的各个列向量线性独立。

（2）均匀圆阵

均匀圆周阵列简称均匀圆阵（Uniform Circular Array，UCA），是平面阵列。阵列的有效估计是二维的，能够同时确定信号的方位角和仰角。均匀圆阵由 M 个相同阵元均匀分布在 $x-y$ 平面一个半径为 R 的圆周上，如图 10-6 所示。采用球面坐标系表示入射平面波的波达方向，坐标系

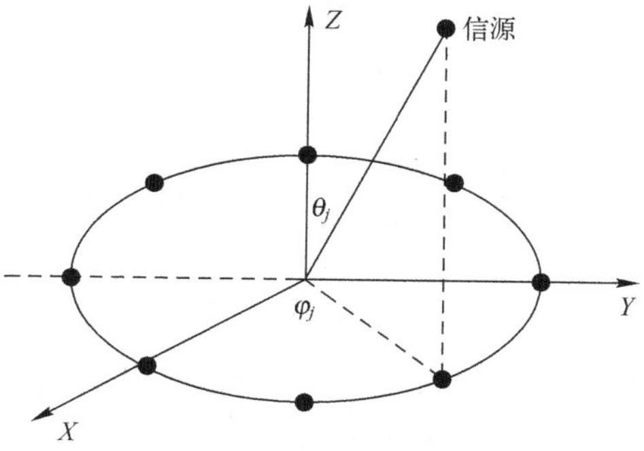

图 10-6　UCA 示意图

的原点 O 位于阵列的中心，即圆心。信源俯角 $\theta \in \left[0,\frac{\pi}{2}\right]$ 是原点到信源的连线与 z 轴的夹角，方向角 $\varphi \in [0,2\pi]$ 则是原点到信源的连线在 $x-y$ 平面上的投影与 x 轴之间的夹角。

阵列的第 i 个阵元与 x 轴之间的夹角为

$$\gamma_i = \frac{2\pi(i-1)}{M} \tag{10-19}$$

则该处的位置向量为

$$\boldsymbol{D}_i = (r\cos\gamma_i, r\sin\gamma_i, 0) \tag{10-20}$$

由式（10-14）、式（10-15）和式（10-20）可知，时延为

$$\tau_{ij} = r\sin\theta_j\cos(\varphi_j - \gamma_i)/c \tag{10-21}$$

均匀圆阵相对于波达方向为 θ_j 和 φ_j 的信号的导向向量为

$$\boldsymbol{a}(\omega_j,\theta_j,\varphi_j) = [\mathrm{e}^{-\mathrm{j}\omega_j\tau_{1j}} \quad \mathrm{e}^{-\mathrm{j}\omega_j\tau_{2j}} \quad \cdots \quad \mathrm{e}^{-\mathrm{j}\omega_j\tau_{Mj}}]^{\mathrm{T}} \tag{10-22}$$

对于水平定位来说，此时 $\theta_j = 90°$，式（10-18）和式（10-22）都可以得到相应化简，使得流形矩阵只和水平角度 φ_j 有关。

10.4 房间回响模型[C]

1. 房间模型的意义

在声源定位、信号提取、回波抵消等语音信号处理算法中，建立一个灵活、合理的房间混响模型，对算法运行、评估具有重要的作用。Allen 和 Berkley 在文献中提出的 IMAGE 法是构建房间混响模型最常用的方法之一。基于该方法在 MATLAB 中构建房间冲激响应，并通过控制信号反射阶数、房间维数和传声器方向性，为诸多算法建立一个切合实际的室内声学环境模型。

常见的房间声学环境仿真方法主要分为波动方程模型、射线模型和统计模型三种。其中，基于波动方程模型的方法包括有限元方法和边界元方法，这种方法在声音频率较高时分析的数据量很大，运算复杂，因此一般适用于低频、小空间范围的声学环境仿真。另外一种是时域有限差分法，该方法比其他方法更适用于视听化技术，其突出的特点是能够直接模拟声场的分布，精度比较高，适用于声源位于房间角落或其他一些复杂场景的情况。基于波动方程模型的方法的难点在于边界条件的界定和对象几何特征的描述。

基于射线模型的方法主要有射线跟踪法和 IMAGE 方法，主要的区别在于计算反射路径的方法不同。射线跟踪法用携带能量的有限条射线来描述声源能量的辐射，每条射线的能量在传播过程中由于墙面的反射和空气的吸收而衰减，在接收端记录每条声线的路径和到达时的能量，即可得到房间冲激响应，与 IMAGE 方法相比该方法能胜任复杂场景的计算，而 IMAGE 方法仅适用于具有规则几何特性的房间声学环境的仿真。

基于统计模型的能量分析方法是一种模拟化分析方法，运用能量流关系式对复合的、谐振的组装结构进行动力特性、振动响应和声辐射的理论评估，常应用于车船室内高频噪声分析和声学环境设计，一般不适用于普通室内声学模型。

2. 仿真原理与方法

最简单的房间回响模型（IMAGE 法）是利用镜像法计算房间脉冲响应，该模型可以模

拟出 n 个虚拟声源。图 10-7 是设定的一个矩形房间。在图中，灰色圆圈代表声源，黑色星号代表传声器位置。两点之间的连线代表声波传播的路径。此处明显是直接路径。

声波被墙壁反射后就形成回响，然后和原始声源信号一起叠加到传声器上。理论上，回响信号好像是墙后镜像的声源点发射的声波，如图 10-8 所示。如果传声器在黑色星号的位置，那么虚拟的声源就是黑色圆圈所代表的位置。图中，黑色的线代表实际的声波路径，灰色的线代表声波的虚拟路径。通过多次重复镜像步骤，多个虚拟声源就被模拟出来。图 10-9 是带有两个虚拟声源的模拟场景。

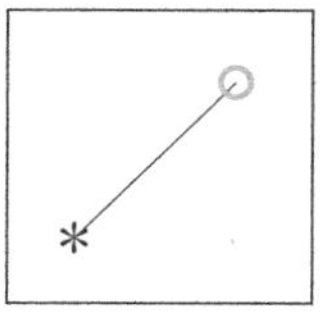

图 10-7　声波直接传输的路径

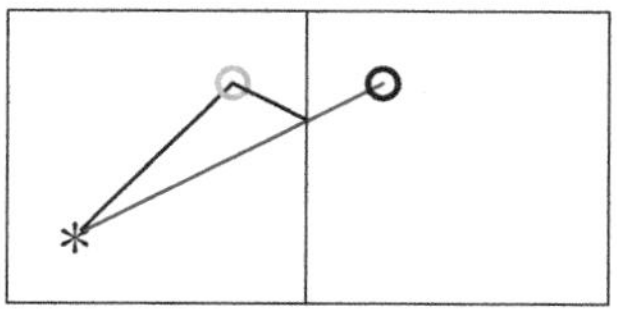

图 10-8　虚拟声源传输的路径

为了简化，此处只把虚拟声源当作独立的源，而不考虑虚拟声源的反射。

图 10-10 是一维的场景模型。“ + ” 号是原点。虚拟点的 x 坐标 x_i 可以用下式表示：

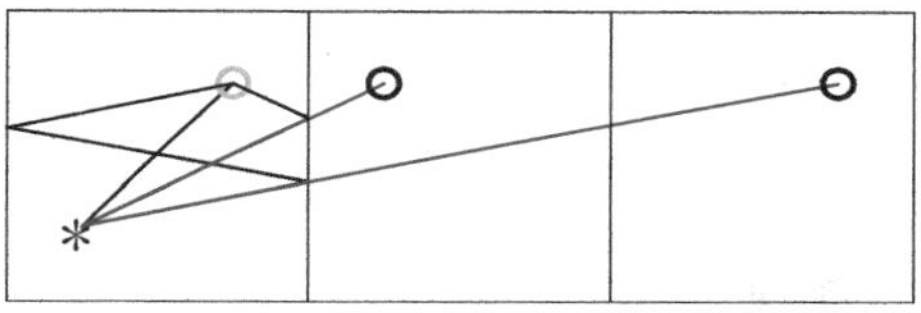

图 10-9　带双虚拟声源的模拟场景

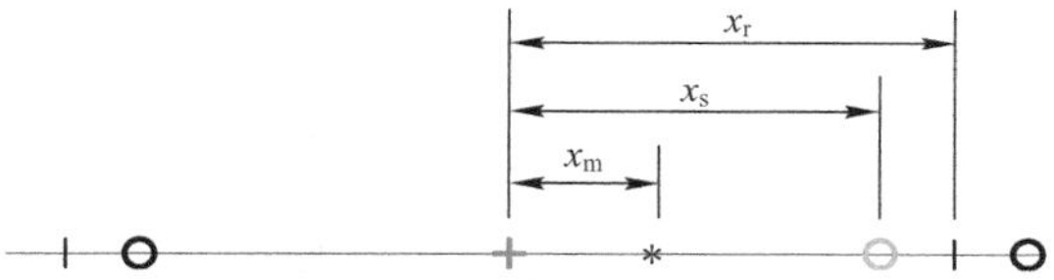

图 10-10　场景的一维模型

$$x_i = (-1)^i x_s + \left[i + \frac{1-(-1)^i}{2}\right]x_r \tag{10-23}$$

x_s 是声源的 x 坐标，x_r 是房间 x 轴的长度。虚拟声源的个数用下标 i 表示。当 i 为负值时，虚拟声源的 x 轴坐标在 x 的负轴上。此处，$i=0$ 表示虚拟声源就是实际声源。传声器和第 i 个虚拟声源的距离可表示为

$$x_i = (-1)^i x_s + \left[i + \frac{1-(-1)^i}{2}\right]x_r - x_m \tag{10-24}$$

此处，x_r 代表传声器的 x 轴坐标。同理，虚拟声源的 y 轴和 z 轴坐标可以表示为

$$y_j = (-1)^j y_s + \left[i + \frac{1-(-1)^j}{2}\right]y_r - y_m \tag{10-25}$$

$$z_k = (-1)^k z_s + \left(i + \frac{1-(-1)^k}{2}\right)z_r - z_m \tag{10-26}$$

此时，虚拟源到原点的距离为

$$d_{ijk} = \sqrt{x_i^2 + y_j^2 + z_k^2} \tag{10-27}$$

每个虚拟源的延迟点数为

$$u_{ijk}(t) = f_s \cdot \frac{d_{ijk}}{c} \tag{10-28}$$

此处，t 代表时间。上式中，$\frac{d_{ijk}}{c}$代表回响的有效时延。定义单位脉冲响应函数 $a_{ijk}(u)$ 为

$$a_{ijk}(u_{ijk})=\begin{cases}1, u_{ijk}=0\\0, \text{others}\end{cases} \tag{10-29}$$

影响回响幅度的因素主要有以下两种。

1）声源到传声器的距离：幅度系数 b_{ijk} 反比于距离 d_{ijk}，即

$$b_{ijk}\propto\frac{1}{d_{ijk}} \tag{10-30}$$

2）声波反射个数：如果所有墙壁的反射系数 r_w 相同，则墙壁系数 r_{ijk} 定义为

$$r_{ijk}=r_w^{|i|+|j|+|k|} \tag{10-31}$$

综合式（10-30）和式（10-31），可得最终的幅度系数为

$$e_{ijk}=b_{ijk}\cdot r_{ijk} \tag{10-32}$$

综上所述，单位脉冲响应 $h(t)$ 为

$$h(t)=\sum_{i=-n}^{n}\sum_{j=-n}^{n}\sum_{k=-n}^{n}a_{ijk}\cdot e_{ijk} \tag{10-33}$$

3. 传声器接收信号的模拟

获得单位脉冲响应 $h(t)$ 后，传声器接收到的信号为 $s(t)$ 为

$$s(t)=\sum_{i=1}^{n}h_i(t)*p_i(t) \tag{10-34}$$

式中，$h_i(t)$ 代表传声器和声源对建立的脉冲响应；$p_i(t)$ 代表实际的声源信号。

房间回响模型的函数实现

名称：rir

定义格式：

```
vector<double> rir(int fs, vector<double> mic, int n, double r, vector<double> rm, QVector<double>
src)
```

函数功能：根据简单回响模型模拟传声器脉冲信号。

参数说明：fs 为采样频率；mic 为传声器位置；n 为虚拟声源个数；r 为反射系数；rm 为房间大小；src 为声源位置。

返回：模拟的传声器脉冲响应 h。

程序清单：

```
vector<double> rir(int fs, vector<double> mic, int n, double r, vector<double> rm, QVector<double>
src)
{
    vector<int> nn;
    for(int i = -n; i <= n; i++) nn << i;
    vector<double> rms, srcs, xi, yj, zk;
    for(int i = 0; i < nn.size(); i++) {                    //参见式(10-23)
        rms << nn[i] + 0.5 - 0.5 * pow(-1, nn[i]);
        srcs << pow(-1, nn[i]);
    }
    for(int i = 0; i < nn.size(); i++) {                    //虚拟声源的 x,y,z 坐标
```

```
        xi << srcs[i] * src[0] + rms[i] * rm[0] - mic[0];          //参见式(10-24)
        yj << srcs[i] * src[1] + rms[i] * rm[1] - mic[1];          //参见式(10-25)
        zk << srcs[i] * src[2] + rms[i] * rm[2] - mic[2];          //参见式(10-26)
    }
    vector < vector < vector < double >>> d( nn. size( ), vector < vector < double >> ( nn. size( ), vector <
double > (nn. size( ),0)));
    vector < vector < vector < int >>> time( nn. size( ), vector < vector < int >> ( nn. size( ), vector < int >
(nn. size( ),0)));
    vector < vector < vector < double >>> li,lj,lk;
    vector < vector < vector < double >>> c(d),e,f,g;
    meshgrid(xi,yj,zk,li,lj,lk);                                   //转化为三维坐标
    meshgrid(nn,nn,nn,e,f,g);                                      //转化为三维坐标
    for(int i =0;i < nn. size( );i ++ )
    for(int j =0;j < nn. size( );j ++ )
    for(int k =0;k < nn. size( );k ++ ){
        //欧式距离
        d[i][j][k] = sqrt(li[i][j][k] * li[i][j][k] + lj[i][j][k] * lj[i][j][k] + lk[i][j][k] *
lk[i][j][k]);                                                      //参见式(10-27)
        double tem = fs * d[i][j][k]/343;                          //延迟点数,参见式(10-28)
        int temi;
        if(tem - int(tem) >=0. 5)temi = int(tem) +1;
        else temi = int(tem);
        time[i][j][k] = temi +1;
        c[i][j][k] = pow(r,fabs(e[i][j][k]) + fabs(f[i][j][k]) + fabs(g[i][j][k]));      //参
见式(10-31)
    }
    for(int i =0;i < nn. size( );i ++ )
    for(int j =0;j < nn. size( );j ++ )
    for(int k =0;k < nn. size( );k ++ ){
        e[i][j][k] = c[i][j][k]/d[i][j][k];   //参见式(10-30)和式(10-32)
    }
    vector < int > tempT;
    for(int i =0;i < nn. size( );i ++ )
    for(int j =0;j < nn. size( );j ++ )
    for(int k =0;k < nn. size( );k ++ )
        tempT << time[i][j][k];
    int maxLength = maxabs(tempT);
    vector < double > h(maxLength,0);
    for(int i =0;i < nn. size( );i ++ )
    for(int j =0;j < nn. size( );j ++ )
    for(int k =0;k < nn. size( );k ++ )
        h[time[i][j][k] -1] + = e[i][j][k];   //脉冲响应,参见式(10-33)
    return h;
}
```

10.5 基于传声器阵列的声源定位方法

基于传声器阵列的声源定位算法大致可以分为三类：基于最大输出功率的可控波束形成器的声源定位算法、基于到达时间差的声源定位算法和基于高分辨率谱估计的声源定位算法。

1）基于最大输出功率的可控波束形成技术：对传声器阵列接收到的语音信号进行滤波、加权求和，然后直接控制传声器指向使波束有最大输出功率的方向。

2）基于到达时间差的定位算法：首先求出声音到达不同位置传声器的时间差，再利用该时间差求得声音到达不同位置传声器的距离差，最后用搜索或几何知识确定声源位置。

3）基于高分辨率谱估计的定向算法：利用求解传声器信号间的相关矩阵来定出方向角，从而进一步定出声源位置。

10.5.1 基于最大输出功率的可控波束形成算法

基于可控波束的定位算法，是最早期的一种定位算法。该算法的基本思想是：采用波束形成技术，调节传声器阵列的接收方向，在整个接收空间内扫描，得到的能量最大的方向即为声源的方位，采用不同的波束形成器可以得到不同的算法。该方法是在满足最大似然准则的前提下，以搜索整个空间的方式，使传声器阵列所形成的波束能够对准信源的方向，从而可以获得最大的输出功率。通过对传声器所接收到的声源信号进行滤波，并加权求和以得到波束，进而通过搜索声源可能的方位来引导该波束，得到波束输出功率最大的点就是声源的方位。基于可控波束形成的定位算法，主要分为延迟累加波束算法和自适应波束算法。前者的运算量较小，信号失真小，但抗噪性能较差，需要阵元数较多才能有比较好的效果。而后者因为添加了自适应滤波的环节，运算量相对于前者会比较大，并且运算结果会产生一定的失真，但传声器数目较少的情况下也会得到不错的效果，在没有混响的情况下也有比较不错的性能。

目前，波束形成技术已经广泛应用于基于传声器阵列的语音拾取技术中，但要达到精确有效的声源定位还是十分困难的。主要原因在于该方法需要对整个空间进行搜索，运算量非常大，很难实时进行。虽然也可以采用一些迭代的算法来减少运算量，但是常常没有一个有效的全局峰值，常收敛于几个局部的最大值，且对初始搜索值极其敏感。可控波束定位技术依赖于声源信号的频谱特性，其优化准则绝大多数都是基于背景噪声和声源信号的频谱特性的先验知识。因此，该类方法在实际系统应用中的性能差异较大，加之其计算复杂程度高，限制了该类算法的应用范围。

本节主要介绍延迟－求和波束形成法的原理。假设传声器的数目为M，延迟－求和波束形成法对接收到的麦克信号 $x_i(t)$ 进行校正并求和，以期望从不同的空间位置中得到源信号，同时削弱噪声和混响的影响。该方法可简单定义为

$$y(t,q_s) = \sum_{i=1}^{M} x_i(t+\Delta_i) \tag{10-35}$$

式中，Δ_i 是当阵列指向声源 q_s 时的“可控延时”，用以补偿从声源到传声器的每个直达信号的时延。式（10-35）表明，用声波到达时间差来控制波束方向可以达到声源定位的目的。

该方法的优点是可以一步完成定位，且在最大似然意义上是最优的，同时对不相关的噪

声有抑制作用。最优的条件有两个：1）接收到的噪声是加性噪声、彼此互不相关、方差均一且数值不大；2）声源到传声器距离相等。但是，在实际情况下，存在反射以及复杂的噪声影响，会影响该方法的精度。

为了削弱噪声和混响的影响，可以在传声器进行时间校正之前进行滤波，从而产生滤波-累加方法。该方法的频域表达式如下所示：

$$Y(\omega,q) = \sum_{n=1}^{N} G_n(\omega)X_n(\omega)\mathrm{e}^{\mathrm{j}\omega\Delta_n} \tag{10-36}$$

式中，$X_n(\omega)$和 $G_n(\omega)$分别为第 n 个传声器接收到的信号的傅里叶变换及对应的滤波器。对于某一声源位置 q，该方法将传声器信号进行该位置下的可控时延相位校正，其形式同时域中的波束形成在本质上是等同的。传声器间的信号相加以及基于频率的滤波，在某种程度上补偿了环境以及信道效应（噪声、反射）所造成的影响。根据声源信号的性质，噪声和混响的特性来选择适当的滤波器，可以提高算法的性能，但很难获得最优滤波器。

通过控制阵列方向来引导该波束，搜索声源的可能位置，最终得到使波束输出功率最大的点就是声源的方位。波束输出功率可定义为

$$P(q) = \int_{-\infty}^{+\infty} |Y(\omega)|^2 \mathrm{d}\omega \tag{10-37}$$

所得的声源位置为

$$\hat{q}_s = \arg\max_q P(q) \tag{10-38}$$

滤波-累加可控波束形成声源定位方法原理如图 10-11 所示。

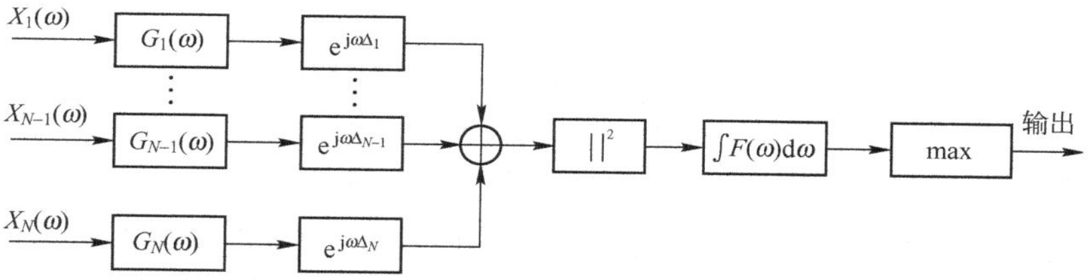

图 10-11 滤波-累加可控波束形成声源定位法原理框图

10.5.2 基于到达时间差的定位算法[C]

基于到达时间差的定位技术称为时延估计技术。时延估计（Time Delay Estimation，TDE）是语音增强与声源定位领域的一项关键技术。所谓时延是指传感器阵列中不同位置的传感器接收到的同源信号由于传输距离的差异而产生的时间差。时延估计就是利用信号处理和参数估计的相关知识来对上述时延进行估计和确定。基于时延估计的声源定位算法就是根据传声器阵列中不同位置的传声器接收语音信号的时延，来估计出信号源的方位。

在现有的基于传声器阵列的声源定位算法中，基于到达时间差的定位算法的运算量较小，实时性效果比较好，而且硬件成本低，因而倍受关注。基于 TDE 的声源定位算法一般分为两个步骤：第一，先进行时延估计，并确定传声器阵列中不同传声器对同源语音信号的到达时间差（Time Different of Arrive，TDoA）；第二，就是根据测定出的 TDoA 和各个传声器的几何位置，通过双曲线方程，来最终确定声源的方位和距离。

因此，只要测定出时间延迟，就可以计算出方位角的度数，从而确定声源的位置。但是，

两个传声器只适用于二维平面的情况，要在实际应用也就是三维空间中确定声源位置，就必须采用传声器阵列，用多个传声器测定多个时延和方位角，才能最终准确确定声源的位置。

时延估计算法的方法有很多，例如广义互相关（Generalized Cross Correlation，GCC）法、LMS 自适应滤波法、线性回归法以及互功率谱相位，其中广义互相关法应用最为广泛。广义互相关法通过求两信号之间的互功率谱，并在频域内给予一定的加权，来抑制噪声和反射的影响，再反变换到时域，得到两信号之间的互相关函数。而互相关函数的峰值处，就是两信号之间的相对时延。然而在实际应用中，由于噪声等的影响，相关函数或多或少会受到影响，最大峰会被弱化，有时甚至还会出现多个峰值，这些都造成了实际峰值检测的困难。而广义互相关法就是在功率谱域对信号进行加权，突出相关的信号部分并抑制受噪声干扰的部分，从而使相关函数在时延处的峰值更为突出。

时延估计具体过程如图 10-12 所示。

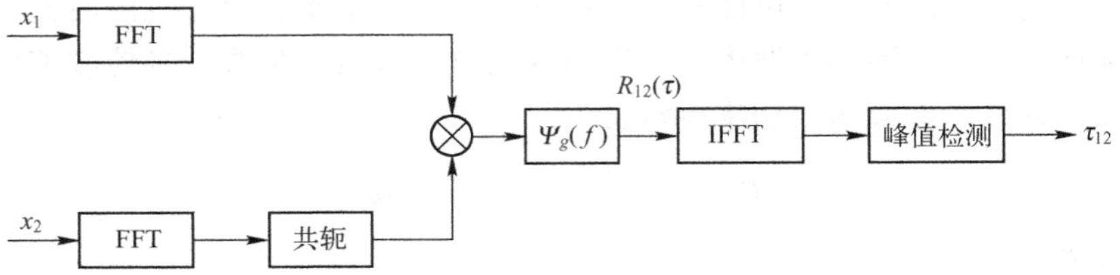

图 10-12　广义互相关时延估计基本流程

设 $h_1(n)$ 和 $h_2(n)$ 分别为声源信号是 $s(n)$ 到两个传声器的冲激响应，则传声器接收到的信号可用以下模型来表示：

$$\begin{cases} x_1(n) = h_1(n) \otimes s(n) + n_1(n) \\ x_2(n) = h_2(n) \otimes s(n) + n_2(n) \end{cases} \tag{10-39}$$

其中，$n_1(n)$ 和 $n_2(n)$ 分别为两个传声器所接收到的噪声信号。

将两信号进行滤波处理，设 $x_1(n)$ 与 $x_2(n)$ 的傅里叶变换分别为 $X_1(\omega)$ 和 $X_2(\omega)$，两路滤波器的系统函数分别为 $F_1(\omega)$ 和 $F_2(\omega)$，则滤波后的信号可表示为

$$\begin{cases} Y_1(\omega) = F_1(\omega)X_1(\omega) \\ Y_2(\omega) = F_2(\omega)X_2(\omega) \end{cases} \tag{10-40}$$

两传声器接收到信号的广义互相关函数 $R_{12}(\tau)$ 可表示为

$$\begin{aligned} R_{12}(\tau) &= \int_0^{2\pi} Y_1(\omega) Y_2^*(\omega) e^{-j\omega\tau} d\omega \\ &= \int_0^{2\pi} F_1(\omega) F_2^*(\omega) X_1(\omega) X_2^*(\omega) e^{-j\omega\tau} d\omega \\ &= \int_0^{2\pi} \Phi_{12}(\omega) X_1(\omega) X_2^*(\omega) e^{-j\omega\tau} d\omega \end{aligned} \tag{10-41}$$

其中，$\Phi_{12}(\omega) = F_1(\omega)F_2^*(\omega)$ 为广义互相关加权函数。针对不同的噪声和反射的情况，可以选择不同的加权函数 $\Phi_{12}(\omega)$，使广义互相关函数具有比较尖锐的峰值。而互相关函数的峰值处，就是两个传声器之间的相对时延。但实际应用中，由于信噪比较低以及窗长有限，往往使这种分析不稳定。因此，选择适当的加权函数 $\Phi_{12}(\omega)$，要考虑到高分辨率和稳定性。常用到的一些广义互相关加权函数如表 10-1 所示。

表 10-1 常用的广义互相关加权函数

名 称	广义互相关加权函数 $\Phi_{12}(\omega)$
ROTH	$\Phi_{12}(\omega)=\dfrac{1}{G_{x_1x_1}(\omega)}$
平滑相干变换（SCOT）	$\Phi_{12}(\omega)=\dfrac{1}{\sqrt{G_{x_1x_1}(\omega)G_{x_2x_2}(\omega)}}$
互功率谱相位（CSP 或 PHAT）	$\Phi_{12}(\omega)=\dfrac{1}{\lvert G_{x_1x_2}(\omega)\rvert}$
Eckart 加权	$\Phi_{12}(\omega)=\dfrac{G_{ss}(\omega)}{\lvert G_{n_1n_1}(\omega)G_{n_2n_2}(\omega)\rvert}$
最大似然加权（ML）	$\Phi_{12}(\omega)=\dfrac{\lvert\gamma(\omega)\rvert^2}{\lvert G_{x_1x_2}(\omega)\rvert(1-\lvert\gamma(\omega)\rvert^2)}$
HB 加权	$\Phi_{12}(\omega)=\dfrac{\lvert G_{x_1x_2}(\omega)\rvert}{G_{x_1x_1}(\omega)G_{x_2x_2}(\omega)}$
WP 加权	$\Phi_{12}(\omega)=\dfrac{\lvert G_{x_1x_2}(\omega)\rvert^2}{G_{x_1x_1}(\omega)G_{x_2x_2}(\omega)}$

表 10-1 中 $G_{x_1x_1}(\omega)$ 和 $G_{x_2x_2}(\omega)$ 分别表示接收信号 $x_1(n)$ 与 $x_2(n)$ 的自功率谱，$G_{n_1n_1}(\omega)$ 和 $G_{n_2n_2}(\omega)$ 分别表示噪声信号 $n_1(n)$ 和 $n_2(n)$ 的自功率谱，$G_{ss}(\omega)$ 表示信源信号的自功率谱，$\lvert\gamma(\omega)\rvert^2$ 表示两传声器接收信号的模平方相干函数，其定义为

$$\lvert\gamma(\omega)\rvert^2=\frac{\lvert G_{x_1x_2}(\omega)\rvert^2}{G_{x_1x_1}(\omega)G_{x_2x_2}(\omega)} \tag{10-42}$$

表 10-1 中，$\Phi_{12}(\omega)=1$ 表示基本相关法的加权函数。在这些加权函数中，Eckart 加权、最大似然加权、HB 加权和 WP 加权的广义相关时延估计，能达到误差性能下界。但是，由于实际应用中，一般不能预先得到有关信号和噪声的先验知识，只能用其估计值来代替加权函数的理论值。因此，实际结果跟理论性能有较大的差距，尤其是在混响较强的情况下。

由上述讨论可知，广义相关时延算法主要是基于信号和噪声的先验知识，需要通过较多的数据才能准确估计出来。但是实际上，往往只用了一帧数据来获得信号的功率谱和互功率谱的估计，因此误差会比较大。在理论上，几乎每一种加权的广义相关时延算法均可采用自适应的方式来实现。自适应滤波是基于一定的误差准则，在收敛的情况下给出的时延估计，因此它对于功率谱和互功率谱的估计，相对来说更为精确。此外，自适应滤波法还可以处理时变信号，它会根据信号统计特性的变化，自动调节滤波器系数，鲁棒性更好。

从理论上看，估计二维或者是三维的参数仅需要两个到三个独立的时延估计值，每一个时延估计值都对应于一个双曲线或双曲面，它们的交点即为声源的位置。但是，由于实际的估计误差和分辨率的影响，往往不能交于一个点。而由多个时延估计值对应的双曲线或双曲面在空间上交于一个区域，可采用最小二乘拟合的方法来求出最优解。

基于时延估计的声源定位算法在运算量上往往优于其他算法，可以在实际系统中以较低的成本实现。但是该算法也有许多的缺点。

1）估计时延和定位是分成两个阶段来完成的，因此在定位阶段用到的参数已经是对过去时间的估计，这在某种意义上是对声源位置的次最优估计。

2）基于时延估计的声源定位技术仅适用于单声源的情况，多声源定位的效果较差。

3）在房间有较强的噪声和混响的情况下，时延估计的误差相对较大，从而影响第二步的定位精度。

基于广义互相关法的声源定位算法的函数实现

名称：GCC_Method

定义格式：

```
vector<int> GCC_Method(const string&m,const vector<double> &s1,const vector<double> &s2,int
wlen,int inc)
```

函数功能：基于广义互相关法的声源定位。

参数说明：m 为算法名称；s1 为传声器脉冲 1；s2 为传声器脉冲 2；wlen 为帧长；inc 为帧移。

返回：每帧数据声源定位的结果 G。

程序清单：

```
vector<int> GCC_Method(const string&m,const vector<double> &s1,const vector<double> &s2,int
wlen,int inc)
{
    vector<double> wnd = hamming(wlen);
    int nf = (s1.size() - wlen)/inc + 1;
    vector<double> Y1 = enframe(s1,wnd,wlen,nf,inc);                    //分帧
    vector<double> Y2 = enframe(s2,wnd,wlen,nf,inc);
    vector<int> G(nf,0);
    int width = 2;
    while(width < wlen){
        width *= 2;
    }
    width *= 2;
    if(m == "roth"){        //本程序实现的是基于 roth 的互相关算法,其他算法类似,参见提供的
例程
        for(int n = 0;n < nf;n++){
            vector<double> x(wlen,0),y(wlen,0);
            for(int j = 0;j < wlen;j++){
                x[j] = Y1[n * wlen + j];
                y[j] = Y2[n * wlen + j];
            }
            vector<std::complex<double>> fx(width),fy(width),conj_fy(width),conj_fx
(width),Sxx(width),Sxy(width),Sxy2(width);
            for(int i = 0;i < wlen;i++){
                fx[i].imag(0);fy[i].imag(0);
                fx[i].real(x[i]);fy[i].real(y[i]);
            }
            for(int i = wlen;i < width;i++){
                fx[i].imag(0);fy[i].imag(0);
```

```
                fx[i].real(0);fy[i].imag(0);
            }
            fft(fx,width);
            fft(fy,width);
            for(int i=0;i<width;i++){
                conj_fy[i].real(fy[i].real());
                conj_fy[i].imag(-fy[i].imag());
                conj_fx[i].real(fx[i].real());
                conj_fx[i].imag(-fx[i].imag());
            }
            for(int i=0;i<width;i++)Sxx[i]=fx[i]*conj_fx[i];
            vector<double>gain(width,0);
            for(int i=0;i<width;i++)
                gain[i]=1/fabs(sqrt(Sxx[i].real()*Sxx[i].real()+Sxx[i].imag()*Sxx[i]
.imag()));
            for(int i=0;i<width;i++)
                Sxy[i]=gain[i]*fx[i]*conj_fy[i];        //参见式(10-42)
            ifft(Sxy,width);
            for(int i=width/2;i<width;i++)Sxy2[i-width/2]=Sxy[i];
            for(int i=0;i<width/2;i++)Sxy2[i+width/2]=Sxy[i];
            double MAX_ele=0;
            int pos=0;
            for(int i=0;i<width;i++)
            {
                if(sqrt(Sxy2[i].real()*Sxy2[i].real()+Sxy2[i].imag()*Sxy2[i].imag())
>MAX_ele){
                    pos=i;
                    MAX_ele=sqrt(Sxy2[i].real()*Sxy2[i].real()+Sxy2[i].imag()*Sxy2
[i].imag());
                }
            }
            G[n]=pos-width/2;
        }
        return G;
    }
    std::cerr<<"No such method!"<<std::endl;
}
```

10.5.3 基于高分辨率谱估计的定位算法[C]

由现代高分辨率谱估计技术发展而来的声源定位算法，称为子空间技术。子空间技术是阵列信号处理技术中应用最广、研究最多、最基本也是最重要的技术之一。如今，子空间技术已成功运用到通信和雷达等许多民用和军事领域。由于空间信号的方向估计和时间信号的频率估计有许多相似之处，所以许多时域的非线性谱估计方法都可以推广为空域的谱分析方法。传统的阵列信号处理均假设信号为远场窄带信号。此时，信源距阵列足够远，则阵列接收信号是一系列平面波的叠加。

特征子空间类算法，是现代谱估计最重要的算法之一，通过对阵列接收数据做数学分解，划分为两个相互正交的子空间：与信号源的阵列流形空间一致的信号子空间，和与信号子空间正交的噪声子空间。子空间分解类算法，就是利用两个子空间的正交特性，构造出"针状"空间谱峰，从而大大提高算法的分辨力。子空间分解类算法从处理方式上大致可以分为两类：一类是以 MUSIC 为代表的噪声子空间类算法；一类是以旋转不变子空间（ESPRIT）为代表的信号子空间类算法。以 MUSIC 为代表的算法包括特征矢量法、MUSIC 以及求根 MUSIC 法等；以 ESPRIT 为代表的算法主要有 TAM、LS－ESPRIT 以及 TLS－ESPRIT 等。

由式（10-14）可知，在第 n 次采样时刻，得到的数据向量为

$$\boldsymbol{X}(n)=\boldsymbol{AS}(n)+\boldsymbol{N}(n), n=1,2,\cdots,L \tag{10-43}$$

其中，L 为采样点数；$\boldsymbol{X}(n)$ 为 M 个阵元输出；$\boldsymbol{A}$ 为流形矩阵；$\boldsymbol{S}(n)$ 为平面波的复振幅；$\boldsymbol{N}(n)$ 为零均值、方差为 σ_N^2 的白噪声且与信号源无关。上述变量可表示为

$$\begin{cases}\boldsymbol{X}(n)=[X_1(n),X_2(n),\cdots,X_M(n)]^{\mathrm{T}}\\ \boldsymbol{A}=[a(\theta_1),a(\theta_2),\cdots,a(\theta_P)]\\ \boldsymbol{S}(n)=[S_1(n),S_2(n),\cdots,S_P(n)]^{\mathrm{T}}\\ \boldsymbol{N}(n)=[N_1(n),N_2(n),\cdots,N_M(n)]^{\mathrm{T}}\end{cases} \tag{10-44}$$

阵列 $\boldsymbol{A}$ 也可理解为阵列方向向量的集合，表示所有信源的方向，其中 $a(\theta_j)$ 称为第 j 个源信号的方向向量。因此通过求解式（10-44），可以估计出信源位置。

（1）古典谱估计法

古典谱估计法是通过计算空间谱求取其局部最大值，从而估计出信号的波达方向。Bartlett 波束形成方法是经典傅里叶分析对传感器阵列数据的一种自然推广，其原理是使波束形成器的输出功率相对于某个输入信号最大。设希望来自 θ 方向的输出功率为最大，结合式（10-44）可得代价函数为

$$\begin{aligned}\theta&=\arg\max_w[E\{\boldsymbol{w}^{\mathrm{H}}\boldsymbol{X}(n)\}^2]\\&=\arg\max_w[\boldsymbol{w}^{\mathrm{H}}E\{\boldsymbol{X}(n)\boldsymbol{X}^{\mathrm{H}}(n)\}\boldsymbol{w}]\\&=\arg\max_w[\boldsymbol{w}^{\mathrm{H}}R_X\boldsymbol{w}]\\&=\arg\max_w[E\{|\mathrm{d}(t)|^2\}|\boldsymbol{w}^{\mathrm{H}}\boldsymbol{a}(\theta)|^2+\sigma_n^2\|\boldsymbol{w}\|^2]\end{aligned} \tag{10-45}$$

在白噪声方差 σ_n^2 一定的情况下，权重向量的范数 $\|\boldsymbol{w}\|$ 不影响输出信噪比，故取权重向量的范数为 1，用拉格朗日因子的方法求得上述最大优化问题的解为

$$\boldsymbol{w}_{BF}=\frac{\boldsymbol{a}(\theta)}{\|\boldsymbol{a}(\theta)\|} \tag{10-46}$$

从式（10-45）可以看出，阵列权重向量是使信号在各阵元上产生的延迟均衡，以便使它们各自的贡献最大限度地综合在一起。空间谱是以空间角为自变量分析到达波的空间分布，其定义为

$$P_{BF}(\theta)=\frac{\boldsymbol{a}^{\mathrm{H}}(\theta)\boldsymbol{R}_X\boldsymbol{a}(\theta)}{\boldsymbol{a}^{\mathrm{H}}(\theta)\boldsymbol{a}(\theta)} \tag{10-47}$$

将所有导向向量的集合$\{\boldsymbol{a}(\theta)\}$成为流形矩阵。在实际应用中，流形矩阵可以在阵列校准时确定或者利用接收的采样值计算得到。

从式（10-47）可知，利用空间谱的峰值就可以估计出信号的波达方向。当有 $P>1$ 个信号存在时，对于不同的 θ，利用式（10-47）计算得到不同的输出功率。最大输出功率对应的空间谱的峰值也就最大，而最大空间谱峰值对应的到的 DOA 值即为信号波达方向的估计值。古典谱估计方法将阵列所有可利用的自由度都用于在所需观测方向上形成一个波束。当只有一个信号时，这个方法是可行的。但是当存在来自多个方向的信号时，阵列的输出将包括期望信号和干扰信号，估计性能会急剧下降。而且该方法要受到波束宽度和旁瓣高度的限制，这是由于大角度范围的信号会影响观测方向的平均功率，因此，这种方法的空间分辨率比较低。虽然通过增加传声器阵列的阵元来提高分辨率，但是这样会增加系统的复杂度和算法对于空间的存储要求。

（2）Capon 最小方差法

为了解决 Bartlett 方法的一些局限性，Capon 提出了最小方差法。该方法使部分（不是全部）自由度在期望观测方向形成一个波束，同时利用剩余的自由度在干扰信号方向形成零陷，可以使得输出功率最小，达到使非期望干扰的贡献最小的目的，同时增益在观测方向保持为常数（通常为 1），即

$$\min_w E[\,|\boldsymbol{y}(n)|^2\,]=\min_w E[\,|\boldsymbol{w}\cdot\boldsymbol{x}(n)|^2\,]=\min_w \boldsymbol{W}^{\mathrm{H}}\boldsymbol{R}_X\boldsymbol{W} \tag{10-48}$$

式中，约束条件为 $\boldsymbol{W}^{\mathrm{H}}\boldsymbol{a}(\theta_0)=1$，$\boldsymbol{R}_X=E(\boldsymbol{X}\cdot\boldsymbol{X}^{\mathrm{H}})$ 是接收信号 $\boldsymbol{X}$ 的协方差矩阵。求解式(10-48)得到的权向量通常称为最小方差无畸变响应波束形成器权值，因为对于某个观测方向，它使输出信号的方差（平均功率）最小，又能使来自观测方向的信号无畸变地通过(增益为 1，相移为 0)。这是个约束优化问题，可以利用拉格朗日乘子法求解。

令 $L=\boldsymbol{W}^{\mathrm{H}}\boldsymbol{R}_X\boldsymbol{W}-\lambda[\boldsymbol{W}^{\mathrm{H}}\boldsymbol{a}(\theta_0)-1]$，$L$ 分别对$\boldsymbol{W}^{\mathrm{H}}$ 和 λ 求偏导数可得：

$$\begin{cases}\boldsymbol{W}^{\mathrm{H}}\boldsymbol{a}(\theta_0)=1\\ \boldsymbol{R}_X\boldsymbol{W}=\lambda\boldsymbol{a}(\theta_0)\end{cases} \tag{10-49}$$

式（10-50）两端分别左乘$\boldsymbol{W}^{\mathrm{H}}$ 得

$$\boldsymbol{W}^{\mathrm{H}}\boldsymbol{R}_X\boldsymbol{W}=\lambda\,\boldsymbol{W}^{\mathrm{H}}\boldsymbol{a}(\theta_0)=\lambda \tag{10-50}$$

上式两端分别右乘$\boldsymbol{a}^{\mathrm{H}}(\theta_0)$得：

$$\lambda\,\boldsymbol{a}^{\mathrm{H}}(\theta_0)=\boldsymbol{W}^{\mathrm{H}}\boldsymbol{R}_X\,(\boldsymbol{W}^{\mathrm{H}}\boldsymbol{a}(\theta_0))^{\mathrm{H}}=\boldsymbol{W}^{\mathrm{H}}\boldsymbol{R}_X \tag{10-51}$$

因此，

$$\boldsymbol{W}^{\mathrm{H}}=\lambda\,\boldsymbol{a}^{\mathrm{H}}(\theta_0)\boldsymbol{R}_X^{-1} \tag{10-52}$$

对（10-53）式两端分别右乘 $\boldsymbol{a}(\theta_0)$有

$$\lambda\,\boldsymbol{a}^{\mathrm{H}}(\theta_0)\boldsymbol{R}_X^{-1}\boldsymbol{a}(\theta_0)=\boldsymbol{W}^{\mathrm{H}}\boldsymbol{a}(\theta_0)=1 \tag{10-53}$$

所以，

$$\lambda=\frac{1}{\boldsymbol{a}^{\mathrm{H}}(\theta_0)\boldsymbol{R}_X^{-1}\boldsymbol{a}(\theta_0)} \tag{10-54}$$

将式（10-54）带入式（10-52）中，并对两边取共轭对称，最终得到

$$W=\frac{\boldsymbol{R}_X^{-1}\boldsymbol{a}(\theta_0)}{\boldsymbol{a}^{\mathrm{H}}(\theta_0)\boldsymbol{R}_X^{-1}\boldsymbol{a}(\theta_0)} \tag{10-55}$$

利用 Capon 波束形成法得到的空间功率谱公式如下：

$$P_{\mathrm{Capon}}(\theta)=\frac{1}{\boldsymbol{a}^{\mathrm{H}}(\theta)\boldsymbol{R}_X^{-1}\boldsymbol{a}(\theta)} \tag{10-56}$$

计算 Capon 谱并在全部 θ 范围上搜索其峰值，就可估计出 DOA。

虽然与古典谱估计法相比，Capon 法能提供更佳的分辨率，但 Capon 法也有很多缺点。如果存在与感兴趣信号相关的其他信号，Capon 法就不能再起作用，因为它在减小处理器输出功率时无意中利用了这种相关性，而没有为其形成零陷。换句话说，在使输出功率达到最小的过程中，相关分量可能会恶性合并。另外，Capon 法需要对矩阵求逆运算，会使得计算量非常大。

（3）MUSIC 算法

MUSIC 算法是由 R. O. Schmidt 于 1979 年提出来，并于 1986 年重新发表。它是最早的也是最经典的超分辨 DOA 估计方法，利用信号子空间和噪声子空间的正交性，构造空间谱函数，通过谱峰搜索，检测信号的 DOA。MUSIC 算法对 DOA 的估计从理论上可以有任意高的分辨率。

由式（10-45）可得接收信号的协方差矩阵为

$$\begin{aligned}\boldsymbol{R}_X&=E[\boldsymbol{X}(t)\boldsymbol{X}^{\mathrm{H}}(t)]\\&=\boldsymbol{A}E[\boldsymbol{S}\boldsymbol{S}^{\mathrm{H}}]\boldsymbol{A}^{\mathrm{H}}+\boldsymbol{A}E[\boldsymbol{S}\boldsymbol{N}^{\mathrm{H}}]+E[\boldsymbol{N}\boldsymbol{S}^{\mathrm{H}}]\boldsymbol{A}^{\mathrm{H}}+E[\boldsymbol{N}\boldsymbol{N}^{\mathrm{H}}]\end{aligned} \tag{10-57}$$

由于假设信号与噪声是不相关的，且噪声为平稳的加性高斯白噪声，因此式（10-57）中的二，三项为零，且有 $E[\boldsymbol{N}\boldsymbol{N}^{\mathrm{H}}]=\sigma_N^2\boldsymbol{I}$。则式（10-58）简化为式（10-58）：

$$\boldsymbol{R}_X=\boldsymbol{A}\boldsymbol{R}_s\boldsymbol{A}^{\mathrm{H}}+\sigma_N^2\boldsymbol{I} \tag{10-58}$$

式中，$\boldsymbol{R}_s$ 是有用信号的协方差矩阵。由于假设信号源之间互不相关，因此 $\boldsymbol{R}_s$ 为满秩矩阵，其秩为 P。而 $\boldsymbol{A}$ 为 $M\times P$ 维的矩阵，其秩也是 P，并且 $\boldsymbol{A}\boldsymbol{R}_s\boldsymbol{A}^{\mathrm{H}}$ 是 Hermite 半正定矩阵，其秩也是 P。因此，令 $\boldsymbol{A}\boldsymbol{R}_s\boldsymbol{A}^{\mathrm{H}}$ 的特征值为 $\mu_0\geqslant\mu_1\geqslant\cdots\geqslant\mu_{P-1}>0$，那么 $\boldsymbol{R}_X$ 的 M 个特征值为：

$$\lambda_k=\begin{cases}\mu_k+\delta_N^2, & k=0,1,\cdots,P-1\\ \delta_N^2, & k=P,P+1,\cdots,M-1\end{cases} \tag{10-59}$$

特征值对应的特征向量分别为 $\boldsymbol{q}_0,\boldsymbol{q}_1,\cdots,\boldsymbol{q}_{P-1},\boldsymbol{q}_P,\cdots,\boldsymbol{q}_{M-1}$，其中前 P 个对应大特征值，后 $M-P$ 个对应小特征值。由此可知，协方差矩阵 $\boldsymbol{R}_X$ 经过特征值分解后可以产生 P 个较大的特征值和 $M-P$ 个较小的特征值，并且这 $M-P$ 个小特征值非常接近。所以当这些小特征值的重数 K 确定后，信号的个数就可以由式（10-59）估计出来：

$$\hat{P}=M-K \tag{10-60}$$

对于与 $M-P$ 个最小特征值对应的特征向量，有

$$(\boldsymbol{R}_X-\lambda_i\boldsymbol{I})\boldsymbol{q}_i=0,\quad i\in[P,M-1] \tag{10-61}$$

即

$$(\boldsymbol{R}_X-\sigma_N^2\boldsymbol{I})\boldsymbol{q}_i=(\boldsymbol{A}\boldsymbol{R}_s\boldsymbol{A}^{\mathrm{H}}+\sigma_N^2\boldsymbol{I}-\sigma_N^2\boldsymbol{I})\boldsymbol{q}_i=\boldsymbol{A}\boldsymbol{R}_s\boldsymbol{A}^{\mathrm{H}}\boldsymbol{q}_i=0 \tag{10-62}$$

因为 $\boldsymbol{A}$ 满秩，$\boldsymbol{R}_s$ 非奇异，因此有

$$\boldsymbol{A}^{\mathrm{H}}\boldsymbol{q}_i=\begin{pmatrix}\boldsymbol{a}^{\mathrm{H}}(\theta_0)\boldsymbol{q}_i\\ \boldsymbol{a}^{\mathrm{H}}(\theta_1)\boldsymbol{q}_i\\ \vdots\\ \boldsymbol{a}^{\mathrm{H}}(\theta_{P-1})\boldsymbol{q}_i\end{pmatrix}=\begin{bmatrix}0\\0\\ \vdots\\0\end{bmatrix} \tag{10-63}$$

这表明与 $M-P$ 个最小特征值对应的特征向量，和 P 个信号特征值对应的导向向量正交，即信号子空间和噪声子空间正交。因此，构造 $M\times(M-P)$ 维的噪声子空间为

$$\boldsymbol{V}_N=[\boldsymbol{q}_P,\boldsymbol{q}_{P+1},\cdots,\boldsymbol{q}_{M-1}] \tag{10-64}$$

则定义 MUSIC 空间谱为

$$P_{\mathrm{MUSIC}}(\theta)=\frac{\boldsymbol{a}^{\mathrm{H}}(\theta)\boldsymbol{a}(\theta)}{\boldsymbol{a}^{\mathrm{H}}(\theta)\boldsymbol{V}_N\boldsymbol{V}_N^{\mathrm{H}}\boldsymbol{a}(\theta)} \tag{10-65}$$

或

$$P_{\mathrm{MUSIC}}(\theta)=\frac{1}{\boldsymbol{a}^{\mathrm{H}}(\theta)\boldsymbol{V}_N\boldsymbol{V}_N^{\mathrm{H}}\boldsymbol{a}(\theta)} \tag{10-66}$$

由于信号子空间和噪声子空间正交，所以当 θ 等于信号的入射角时，MUSIC 空间谱将产生极大值。因此当对 MUSIC 空间谱搜索时，其 P 个峰值将对应 P 个信号的入射方向，这就是 MUSIC 算法。

具体来说，MUSIC 算法的步骤归纳如下：

1）收集信号样本 $\boldsymbol{X}(n)$，$n=0,1,\cdots,L-1$，其中 L 为采样点数，估计协方差函数为 $\hat{\boldsymbol{R}}_X=\frac{1}{L}\sum_{i=0}^{L-1}\boldsymbol{X}\boldsymbol{X}^{\mathrm{H}}$。

2）对 $\hat{\boldsymbol{R}}_X$ 进行特征值分解，得 $\hat{\boldsymbol{R}}_X\boldsymbol{V}=\boldsymbol{\Lambda}\boldsymbol{V}$。式中 $\boldsymbol{\Lambda}=\mathrm{diag}(\lambda_0,\lambda_1,\cdots,\lambda_{M-1})$ 为特征值对角阵，且从大到小顺序排列 $\boldsymbol{V}=[\boldsymbol{q}_0,\boldsymbol{q}_1,\cdots,\boldsymbol{q}_{M-1}]$ 是对应的特征向量。

3）利用最小特征值的重数 K，按照式（10-60）估计信号数 $\hat{P}$，并构造噪声子空间 $\boldsymbol{V}_N=[\boldsymbol{q}_P,\boldsymbol{q}_{P+1},\cdots,\boldsymbol{q}_{M-1}]$。

4）按照式（10-66）搜索 MUSIC 空间谱，找出 $\hat{P}$ 个峰值，得到 DOA 估计值。

尽管从理论上讲，MUSIC 算法可以达到任意精度分辨，但是也有其局限性。它在低信噪比的情况下不能分辨出较近的 DOA。另外，当阵列流形存在误差时，对 MUSIC 算法也有较大的影响。

（4）ESPRIT 算法

由于 MUSIC 算法需要进行谱峰搜索，计算量很大，因此在实际应用中对于系统的计算速度要求较高。针对这个问题，学者开始研究各种不需要进行谱峰搜索的快速 DOA 算法。Roy 等人提出的旋转不变子空间（ESPRIT）算法是空间谱估计中的另一种经典算法。ESPRIT 算法的基本思想是利用旋转不变因子技术来估计信号参数，把传感器阵列分解成两个完全相同的子阵列，在两个子阵列中每两个相对应的阵元有着相同的位移，即阵列具有平移不变性，每两个位移相同的传感器配对。在实际情况下，比如等间距的直线阵列或双直线阵列都可以满足 ESPRIT 算法对于阵列传声器的要求。它同 MUSIC 算法一样，也需要对阵列接收数据自相关矩阵进行特征值分解，但是两者存在明显的不同，MUSIC 算法利用了自相关矩阵信号子空间的正交性，而 ESPRIT 算法利用了自相关矩阵信号子空间的旋转不变特性。

ESPRIT 算法不需要知道阵列的几何结构，因此对于阵列的校准要求比较低，现在 ESPRIT 算法已经成为主要的 DOA 估计算法之一。

设由 M 个对偶极子组成的传声器阵列，两个子阵列对应元素具有相等的敏感度模式和相同的位移偏移量 d，P 个独立的中心频率为 ω_0 的窄带信号源入射到该阵列，两个子阵列第 i 组对应阵元的接收信号可以表示为

$$x_i(t) = \sum_{j=1}^{P} s_j(t) a_i(\theta_j) + n_{xi}(t) \tag{10-67}$$

$$u_i(t) = \sum_{j=1}^{P} s_j(t) \mathrm{e}^{\mathrm{j}\omega_0 d\sin\theta_j/c} a_i(\theta_j) + n_{ui}(t) \tag{10-68}$$

式中，θ_j 表示第 j 个信号源的入射方向，将每个子阵列的接收信号表示成向量形式有

$$\boldsymbol{x}(t) = \boldsymbol{A}(\theta)\boldsymbol{S}(t) + \boldsymbol{n}_x(t) \tag{10-69}$$

$$\boldsymbol{u}(t) = \boldsymbol{A}(\theta)\boldsymbol{\Phi}\boldsymbol{S}(t) + \boldsymbol{n}_u(t) \tag{10-70}$$

式中，$\boldsymbol{x}(t), \boldsymbol{u}(t) \in R^{M\times 1}$ 是带噪声的数据向量；$\boldsymbol{\Phi} = \mathrm{diag}\{\mathrm{e}^{\mathrm{j}\omega_0 d\sin\theta_1/c}, \cdots, \mathrm{e}^{\mathrm{j}\omega_0 d\sin\theta_P/c}\}$ 表示两个阵列之间的相位延迟，也称为旋转不变因子；$\boldsymbol{n}_x(t) = [n_{x1}(t), \cdots, n_{xM}(t)]^{\mathrm{T}}$ 和 $\boldsymbol{n}_u(t) = [n_{u1}(t), \cdots, n_{uM}(t)]^{\mathrm{T}}$ 为加性噪声向量。

定义整个阵列的接收向量为 $z(t)$，用子阵列接收向量来表示

$$\boldsymbol{z}(t) = \begin{bmatrix} \boldsymbol{x}(t) \\ \boldsymbol{u}(t) \end{bmatrix} = \overline{\boldsymbol{A}}\boldsymbol{S}(t) + \boldsymbol{n}_z(t) \tag{10-71}$$

式中，

$$\overline{\boldsymbol{A}} = \begin{bmatrix} \boldsymbol{A} \\ \boldsymbol{A\Phi} \end{bmatrix}, \boldsymbol{n}_z(t) = \begin{bmatrix} \boldsymbol{n}_x(t) \\ \boldsymbol{n}_u(t) \end{bmatrix} \tag{10-72}$$

传声器阵列接收向量 $z(t)$ 的自相关矩阵为

$$\boldsymbol{R}_{zz} = E\{z(t)z^{\mathrm{H}}(t)\} = \overline{\boldsymbol{A}}\boldsymbol{R}_{ss}\overline{\boldsymbol{A}}^{\mathrm{H}} + \sigma_n^2\Sigma_n \tag{10-73}$$

设 $P \leqslant 2M$，则$\boldsymbol{R}_{zz}$的 $2M-P$ 个最小的广义特征值等于 σ_n^2，而与 P 个最大广义特征值相对应的特征向量$\boldsymbol{E}_s$ 满足

$$\mathrm{Range}\{\boldsymbol{E}_s\} = \mathrm{Range}\{\overline{\boldsymbol{A}}\} \tag{10-74}$$

式中，Range{ · }表示由矩阵中的向量张成的空间。则存在唯一的非奇异矩阵 $\boldsymbol{T}$ 满足

$$\boldsymbol{E}_s = \overline{\boldsymbol{A}}\boldsymbol{T} \tag{10-75}$$

利用阵列的旋转不变结构特性，$\boldsymbol{E}_s$ 可以分解成为$\boldsymbol{E}_x \in R^{M\times P}$和$\boldsymbol{E}_u \in R^{M\times P}$，即

$$\boldsymbol{E}_s = \begin{bmatrix} \boldsymbol{E}_x \\ \boldsymbol{E}_u \end{bmatrix} = \begin{bmatrix} \boldsymbol{AT} \\ \boldsymbol{A\Phi T} \end{bmatrix} \tag{10-76}$$

由于$\boldsymbol{E}_x$ 和$\boldsymbol{E}_u$ 共享一个列空间，$\boldsymbol{E}_{xu} = [\boldsymbol{E}_x \mid \boldsymbol{E}_u]$的秩为 P，则

$$\mathrm{Range}\{\boldsymbol{E}_x\} = \mathrm{Range}\{\boldsymbol{E}_u\} = \mathrm{Range}\{\boldsymbol{A}\} \tag{10-77}$$

这表明存在一个唯一的秩为 P 的矩阵 $\boldsymbol{F} \in R^{2P\times P}$可满足

$$0 = [\boldsymbol{E}_x \mid \boldsymbol{E}_u]\boldsymbol{F} = \boldsymbol{E}_x\boldsymbol{F}_x + \boldsymbol{E}_u\boldsymbol{F}_u = \boldsymbol{AT}\boldsymbol{F}_x + \boldsymbol{A\Phi T}\boldsymbol{F}_u \tag{10-78}$$

定义

$$\boldsymbol{\Psi} = -\boldsymbol{F}_x\boldsymbol{F}_u^{-1} \tag{10-79}$$

把式（10-79）带入式（10-78）可得

$$AT\Psi = A\Phi T \Rightarrow AT\Psi T^{-1} = A\Phi \tag{10-80}$$

如果信号的入射方向不同，则流形矩阵 A 是满秩的，则可以得到：

$$T\Psi T^{-1} = \Phi \tag{10-81}$$

显然，Ψ 的特征值必然等于对角矩阵 Φ 的对角元素，而 T 的列向量为 Ψ 的特征向量。

ESPRIT 算法避免了大多数 DOA 估计方法所固有的搜索过程，大大减小了计算量，并降低了对于硬件的存储要求。和 MUSIC 算法不同的是，ESPRIT 算法不需要精确知道阵列的流行向量，因此，对阵列校正的要求不是很严格。

虽然目前空间谱估计已经取得了大量的研究成果，但是目前的方法绝大多数是基于远场窄带信号而设计的。基于传声器阵列的声源定位算法，与传统的 DOA 估计方法有许多的共同点，同属于阵列信号处理的范畴。但是，基于传声器阵列的信号处理，是针对于没有经过任何调制的宽带自然语音信号，且信号源不总是位于阵列的远场，尤其是在室内的情况下，信号源一般位于阵列的近场。因此，窄带假设和远场假设将不再成立。

基于空间谱估计声源定位算法的函数实现

名称：Spectrum_Method

定义格式：

```
vector < double > Spectrum_Method( const string &m, const arma::cx_rowvec &s1, const arma::cx_rowvec &s2, int wlen, int inc, int range, int fs)
```

函数功能：基于空间谱估计的声源定位。

参数说明：m 为算法名称；s1 为传声器信号 1；s2 为传声器信号 2；wlen 为帧长；inc 为帧移；range 为角度范围；fs 为采样频率。

返回：每帧数据声源定位的结果 Angle。

程序清单：

```
vector < double > Spectrum_Method( const string &m, const arma::cx_rowvec &s1, const arma::cx_rowvec &s2, int wlen, int inc, int range, int fs)
{
    int M = 2;                                    //阵元数目
    int p = 1;                                    //信源数
    double d = 0.5;
    arma::cx_mat a(1, M);
    for(int i = 0; i < M; i++) a[i] = i;
    vector < double > t;
    double temp = -PI;
    while(temp <= PI){
        t.push_back(temp);
        temp += 1.0/fs;                           //采样时间
    }
    vector < double > H = hamming(wlen);          //窗函数
    int nf = (s1.size() - wlen)/inc + 1;          //帧数
    vector < double > Rangle;
```

```
    temp = -range;
    while(temp <= range + 0.05){
        Rangle.push_back(temp);temp += 0.1;
    }
    vector<double> Angle(nf,0);                      //返回角度
    if(m == "capon"){                                //capon 算法
        for(int i = 0;i < nf;i ++ ){
            arma::cx_mat X(2,wlen);
            for(int j = 0;j < wlen;j ++ ){
                X(0,j) = s1[i * inc + j] * H[j];
                X(1,j) = s2[i * inc + j] * H[j];
            }
            arma::cx_mat Rx = X * trans(X)/t.size();
            arma::cx_mat Rinv = inv(Rx);
            vector<double> S_theta(Rangle.size(),0);
            int j = 0;
            double theta = -range;
            while(theta <= range + 0.05){
                arma::cx_mat aaa = arma::exp(a * PI * sin(theta * PI/180) * complex<double>(0,
    -1));
                //Capon 波束形成法得到的空间功率谱,参见式(10-56)
                double bbb = 1.0/accu(arma::pow(abs(aaa * Rinv),2));
                S_theta[j] = bbb;
                j ++ ;
                theta += 0.1;
            }
            int pos = 0;
            double max_v = S_theta[0];
            for(int j = 0;j < S_theta.size();j ++ )
            if(S_theta[j] > max_v){
                pos = j;
                max_v = S_theta[j];
            }
            Angle[i] = Rangle[pos];
        }
        return Angle;
    }
    if(m == "music"){
        "music 算法"
        for(int i = 0;i < nf;i ++ ){
            arma::cx_mat X(2,wlen);
            for(int j = 0;j < wlen;j ++ ){
                X(0,j) = s1[i * inc + j] * H[j];
```

```
                X(1,j) = s2[i * inc + j] * H[j];
            }
            arma::cx_mat Rx = X * trans(X)/t.size();
            arma::cx_mat E,V;
            arma::vec D;
            arma::svd(E,D,V,Rx);
            arma::cx_mat tem_mat(2,1),Nn;
            tem_mat(0,0) = E(0,1);tem_mat(1,0) = E(1,1);
            Nn = tem_mat * trans(tem_mat);
            vector<double> S_theta(Rangle.size(),0);
            int j = 0;
            double theta = -range;
            while(theta <= range + 0.05) {
                arma::cx_mat aaa = arma::exp(a * PI * sin(theta * PI/180) * complex<double>(0,
-1));
                //MUSIC 法得到的空间功率谱,参见式(10-66)
                double bbb = 1.0/accu(arma::pow(abs(aaa * Nn),2));
                S_theta[j] = bbb;
                j++;
                theta += 0.1;
            }
            int pos = 0;
            double max_v = S_theta[0];
            for(int j = 0;j < S_theta.size();j++)
            if(S_theta[j] > max_v) {
                pos = j;
                max_v = S_theta[j];
            }
            Angle[i] = Rangle[pos];
        }
        return Angle;
    }
    if(m == "esprit") {                                             //esprit 算法
        for(int i = 0;i < nf;i++) {
            arma::cx_mat X(2,wlen);
            for(int j = 0;j < wlen;j++) {
                X(0,j) = s1[i * inc + j] * H[j];
                X(1,j) = s2[i * inc + j] * H[j];
            }
            arma::cx_mat Rx = X * trans(X)/t.size();
            arma::cx_mat E,V;
            arma::vec D;
            arma::svd(E,D,V,Rx);
            std::complex<double> phi = E(1,0)/E(0,0);           //参见式(10-79)
```

```
            double w = angle(phi);
            Angle[i] = asin(w/PI) * 180/PI;
        }
        return Angle;
    }
    std::cerr << " no such method" << std::endl;            //否则输出无该算法
    }
```

10.6 总结与展望

声源定位技术研究是一项涉及声学、信号检测、数字信号处理、电子学、软件设计等诸多技术领域的新技术课题。声源定位的研究涉及广泛而复杂的理论知识和实际情况，需要采用多方面的先进技术才能取得好的研究成果。由于声源定位技术具有被动探测方式、不受通视条件干扰、可全天候工作的特点，其定位技术具有重大军事应用前景，在民用方面还可以进行声源监测、室内声源跟踪等。但由于声源定位环境的复杂性，再加之信号采集过程中不可避免地给语音信号掺进了各种噪声干扰，都使得定位问题成为一个极具挑战性的研究课题。现有的定位算法普遍存在计算复杂、检测速度慢、效率低和误报率高的缺点。

基于传声器阵列的音频信号处理在声源定位与语音增强方面扮演着非常重要的角色，近些年来国内外研究人员也提出了许多新的算法与新的应用。根据这些新的发展，依然可以进一步进行下面的研究：

1）结合定位与增强的方法，对传声器阵列的实际工作性能进行进一步的实验，得到传声器阵列的工作参数，并对阵列本身的性能与参数的关系进行详细分析。

2）改变传声器阵列的拓扑结构，对更加复杂的拓扑结构（如二维阵列或三维阵列）进行探讨，甚至对无规则形状的拓扑结构进行理论分析与实验证明。

3）对于复杂环境，可使用多组传声器阵列的协同定位，对各阵列间的信息融合方法进行探讨。

4）利用传声器阵列与成熟的语音识别系统共同构建功能更丰富的智能拾音系统。

10.7 思考与复习题

1. 声源定位有什么意义，主要应用在哪些场合？
2. 人耳听觉定位的基本原理是什么？利用了哪些人耳特性？
3. 人耳的定位线索有哪些？各有什么特点？
4. 简述双耳声源定位的过程。
5. 传声器阵列模型有哪些？各有什么特点？
6. 基于传声器阵列的声源定位的优点有哪些？
7. 基于传声器阵列的声源定位方法有哪些？各有什么优缺点？
8. 补全 GCC_Method 函数，并给出基于时延估计的声源定位的详细伪代码。

第11章 语音隐藏

11.1 概述

数字化浪潮带来了日新月异的技术变革，深刻地影响和改变着我们的社会和生活。然而，数字化浪潮在带来各种便捷多媒体数据服务的同时，也带来了新的隐忧。首先，与传统的模拟复制相比，数字化复制不会带来复制内容的质量退化，可以在短时间内实现大量的完美数字拷贝。由于用户无须支付任何版税便可以无限复制数字数据，这引起了严重的版权问题，给内容提供商造成相当可观的财产损失。据国际知识产权联盟不完全统计，在音乐和娱乐及其相关行业，对等网络共享技术造成的版权侵害，使得世界贸易每年因此蒙受的损失高达102亿美元。因此，迫切需要有效的技术手段来保障内容所有者的知识产权及商业利益，以确保内容所有者能够获得应得的回报，否则内容提供商可能不愿意分发作品的数字格式。而媒体内容的缺失最终将阻碍多媒体技术产业的进步。其次，在法庭上一些存储在数字文件中的媒体数据（如声音、图像或视频）常被作为法庭证据。但是，由于媒体数据可以轻易被篡改或伪造，因此这种数据脆弱性可能会导致作为法庭证据的文件的合法性受到质疑。制定有效的方法阻止用户非法滥用或篡改数字化媒体，保护媒体数据的真实性且保证其信息内容在传送到目的地的过程中没有被修改，都有着非常迫切的现实需求。

数字水印作为信息隐藏的一个重要应用分支，是解决上述问题的主要技术方法之一。受版权保护及数据防篡改认证等需求的驱动，数字水印技术近年来受到研究人员的高度重视，已成为多媒体安全领域的一个研究热点。

信息隐藏的另一个主要应用分支是隐蔽通信。当各种形式的数据利用互联网公共信道传输数据时，面对黑客或“对手”的攻击，信息存在泄密的危险，保障传输信息的安全成为一项颇受关注的问题。传统的解决方法是采用数据加密手段，防止未经授权对传输的数据内容进行访问。数据内容通过加密过程进行转换以使其含义对不具有解密密钥的人模糊不清。例如，内容所有者可以使用一个秘密的密钥加密一个压缩视频比特流或视频的每一帧。由于视频帧被加密，因此没有正确解密密钥的用户无法正常解密压缩比特流（或扩展的视频是不可见的）。虽然目前在理论上证明加密系统是足够安全的，但在实际应用中还远远不够。在公共信道上，传输含义模糊不清的加密密文等同于明确提示攻击者密文的重要性，因此更容易引起注意而受到攻击，即便无法破解密钥，攻击者也能破坏信息，从而阻止通信双方信息理解。隐蔽通信利用人体的自身感知缺陷，将特定的隐秘信息以某种不被感知的方式嵌入到文本、声音、图像、视频信号等数字化的载体中。其与加密方法的本质区别在于：加密仅仅只是对信息的内容进行隐藏，而隐蔽通信不仅隐藏了信息的内容，而且隐藏了信息传输通道。信息隐藏技术利用第三方感知上的麻痹性，提供了一种有别于加密的安全模式。因此，通过信息隐藏技术与加密技术的相互补充，可以更有效地满足通信安全性的要求。

经过十多年的技术发展，人们对信息隐藏技术的研究取得了一些进展，但受各种客观因素影响，目前国际学术界的侧重点仍在研究以图像为宿主载体的商用的水印系统以及隐写技术，而对于以语音为宿主载体的信息隐藏技术的研究成果还相对比较少，仍处于研究的初级阶段，存在着很多亟待解决的问题：

1）从实际系统的角度看，目前的语音信息隐藏技术，在计算复杂性，抗各种攻击的能力，可实现性上，或多或少存在一些问题。例如时域信息隐藏技术相对容易实现且计算量较小，但抵抗攻击的能力较差。变换域信息隐藏技术通常利用语音掩蔽效应和扩频技术的思想，具有较强抵抗攻击的能力，但实现较复杂。最关键的是现有的算法几乎都不能很好地对抗同步攻击，从而导致目前还没有一种语音信息隐藏算法真正做到实用。

2）从理论上看，语音信息隐藏技术研究的基础理论还没有得到完善。在信息嵌入和检测的数学模型、信息容量估计、最佳隐藏信息检测、信道编码在数字信息隐藏中的应用、错误概率的界限等问题上还没有一个很圆满的答案。

3）从信息隐藏的评价标准看，在数字语音信息隐藏的研究工作中，还缺乏统一的、系统的标准来对比不同数字语音信息隐藏系统之间的性能差异。众多语音隐藏研究者在进行仿真实验时，往往是根据自己的喜好或方便选择不同的语音片断来进行测试，这给客观评价语音信息隐藏算法的性能造成了很大困难。

目前大部分信息隐藏方法都针对图像载体研究，以语音作为宿主载体的相关研究相对较少。由于语音是人们日常生活交流的主要方式之一，语音通信在世界范围内存在宽广的硬件基础和海量的通信次数，因此语音信息隐藏在军事、安全、商业等领域有着非常广泛的需求。综上所述，针对语音的信息隐藏研究具有非常重要的研究意义和应用前景。

11.2 信息隐藏基础

信息隐藏，是集多学科理论与技术于一身的新兴技术领域。信息隐藏技术主要利用人类感觉器官在感知上的局限性以及多媒体数字信号本身存在的冗余，以数字媒体或数字文件为载体，将特定的秘密信息隐藏在一个宿主信号（如文本、数字化的声音、图像、视频信号等）中。信息隐藏保证隐藏的信息不被人所感知，减少被攻击的可能性，从而达到保护信息安全的目的。信息隐藏通常可看成是一个通信过程，典型的信息隐藏模型框图如图 11–1 所示。

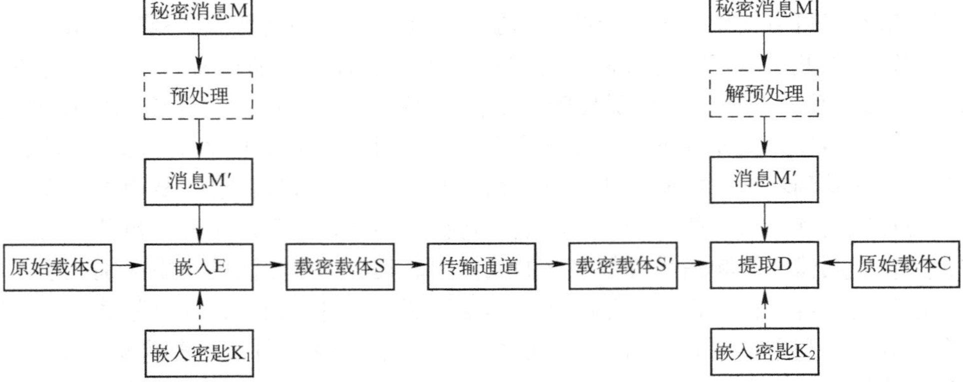

图 11–1 典型的信息隐藏模型框图

嵌入 E：是指通过使用特定的算法，将秘密消息隐藏到原始载体的过程。

载密载体 S：它是嵌入过程的输出，是指已经嵌入了秘密消息的某种介质（可以是文本、图像或音频等）。为满足不可感知的要求，在没有使用工具进行分析时，载密载体与原始载体从感官（比如感受图像、视频的视觉和感受声音、音频的听觉）上几乎没有差别。

嵌入密钥 K1：是指不是所有信息隐藏模型必需的，但是可用来控制信息嵌入过程中的一些辅助信息，提高算法的隐秘性或提高数据提取效率。

信息提取 D：通常指的是隐秘信息提取算法，即利用某种策略从包含隐秘信息的接收端信息中，提取出隐藏的有用信息的算法，是信息嵌入的逆过程。

预处理：该操作也不是所有隐藏算法必需的，但是通过对秘密信息进行加密、置乱或特性调制，可以有效地改善信息隐藏算法的性能：①加密。使隐藏数据呈现噪声特性，即使被攻击破解后，也无法判断是否是隐秘信息，从而提高安全性；②编码。使得数据收到攻击时，有一定的检错和纠错能力，从而提高鲁棒性。

根据最终用途的不同，信息隐藏算法一般可以分为阈下信道、隐密术、匿名通信和版权标识等，详细分类可见图 11-2。

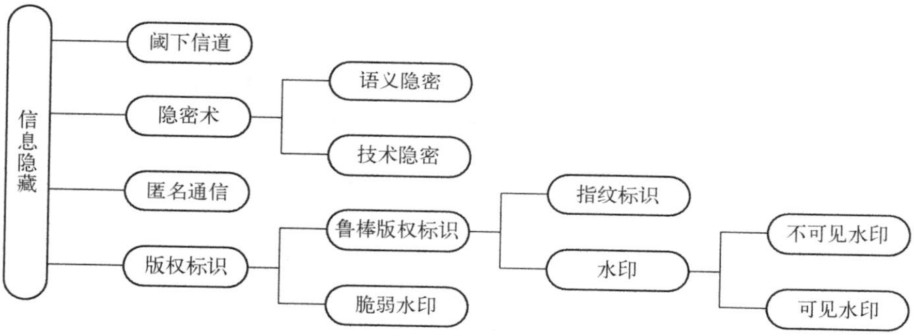

图 11-2　信息隐藏技术分类

阈下信道是一种典型的信息隐藏技术，它是在公开信道中建立一种实现隐蔽通信的信道，称之为隐蔽信道，除指定的接收者外，其他任何人均不知道传输数据中是否有阈下消息存在。阈下信道在国家安全方面的应用价值很大，除了情报和隐私保密之外，有很多新的应用。

隐密术，又称为密写术，就是将秘密信息隐藏到看起来普通的宿主信息（尤其是多媒体信息）中进行传送，是用于存储或通过公共网络发送出去进行通信的技术。

匿名通信是指通过一定的方法将业务流中的通信关系加以隐藏，使窃听者无法直接获知或推知双方的通信关系或通信的一方。匿名通信不是隐藏通信的内容，而是隐藏信息的存在形式，目的是尽力阻止通信分析。

信息隐藏技术应用于版权保护时，所嵌入的签字信号通常被称作“数字水印”。数字水印技术是通过一定的算法将一些标志性信息（即数字水印）直接嵌入到数字载体（包括多媒体、文档、软件等）当中，但不影响原内容的价值和使用，也不容易被人的知觉系统（如视觉或听觉系统）觉察或注意到。这些标志信息只有通过专用的检测器或阅读器才能提取。但在某些使用可见数字水印的场合，版权保护标志要求是可见的，并希望攻击者在不破坏数据本身质量的前提下无法去掉水印。按照载体信息类型的不同，信息隐藏方法可以分为基于彩色或灰度图像、文本、视频、音频等信息隐藏技术。

11.3 语音信息隐藏算法

简单来说，语音信息隐藏系统通常包含三个部分：隐藏信息生成模块 G、信息嵌入模块 E，以及隐藏信息检测（提取）模块 D。语音信息隐藏系统的框架如图 11-3 所示。

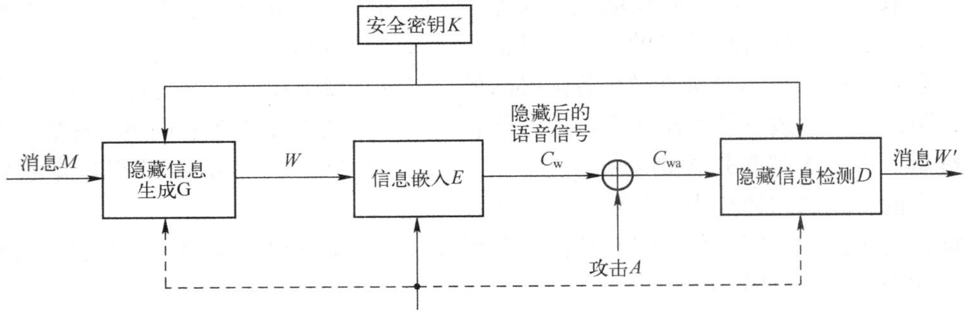

图 11-3 语音信息隐藏系统的框架

隐藏信息是由安全密钥为输入参数的不可逆函数产生，从而保证隐藏信息的安全性。在一些系统中，原始语音信号也被用于生成隐藏信息 W。隐藏信息 W 生成的一般过程可用公式表示为

$$W=G(M,C,K) \tag{11-1}$$

其中，W 代表隐藏信息；G 代表隐藏信息生成算法；M 代表欲嵌入的原始信息；C 代表原始语音信号；K 则代表安全密钥，用于保护隐藏信息的安全。

在隐藏信息嵌入过程中，可以通过合适的嵌入规则（例如加性嵌入或乘性嵌入）将隐藏信息嵌入到原始语音信号的时域或变换域中。整个过程可用公式表示为

$$C_w=E(W,C) \tag{11-2}$$

其中，C_w 代表嵌入隐藏信息后的语音信号；E 代表隐藏信息嵌入规则。

在隐藏信息的检测过程中，有些并不需要原始语音数据 C，这样的检测称为盲检测，而需要原始数据 C 参与的检测称为非盲检测。设隐藏信息检测操作为 D，C_{wa} 为受攻击或干扰后的语音信号，则隐藏信息的盲检测过程可表示为

$$W'=D(C_{wa},K) \tag{11-3}$$

11.3.1 低比特位编码法[C]

最低有效位（Least Significant Bits，LSB）方法是最早提出的一种最基本的信息隐藏算法。许多其他的隐藏算法都是在 LSB 算法基础上进行改进和扩展的，这使得该算法成为使用最为广泛的隐藏技术之一。算法的基本思想是在每个采样点中用一个二进制的字符串编码来取代最低有效位。例如，在每 16 位的采样表述中，最低四位可以用作隐藏位。因此，低比特位编码很容易把大量的信息嵌入到音频信号中，但是这种嵌入的数据容易被很多信号处理的攻击破坏。

LSB 语音信息隐藏方法的基本思想是利用人耳对物理随机噪声不敏感的特点，利用隐秘

信息替换语音信号中的不重要的部分，从而产生类似随机噪声，以达到隐藏信息的目的，也不易被察觉。如果接收者知道秘密信息嵌入位置，即可提取出隐秘信息。

基本 LSB 语音信息隐藏算法的嵌入过程是通过选择一个语音载体样本的子集$\{j_1,\cdots\cdots,j_{l(m)}\}$，然后在子集上执行像素替换操作，即把$c_{j_i}$的最低有效位与秘密信息$m_i$进行交换（$m_i$可以是 1 或 0）。一个替换系统可以修改载体样本点的多个比特，如在一个载体样本点的两个最低比特位隐藏两比特，可以提高信息嵌入量。在提取过程中，抽取出被选择语音样本点序列，将最低有效位排列起来重构秘密信息。基本 LSB 语音信息隐藏具体算法描述如下：

嵌入过程：

```
for(i=1;i<=语音样本序列个数;i++)
  s_i↔c_i
for (i=1; i<=秘密消息长度; i++)
  //将选取的语音样本点的最不重要位依次替换成秘密信息
  s_{j_i}←c_{j_i}↔m_i
```

基于 LSB 算法的语音隐藏的函数实现

名称：LSB_Hide

定义格式：

```
vector<double>LSB_Hide(constvector<double>&Y,constchar * p,vector<int>&InsertData,int size)
```

函数功能：使用 LSB 算法将需隐藏数据隐藏入输入语音数据。

参数说明：Y 为输入原信号；InsertData 为隐藏信息（0 或 1）；size 为采样位数。

返回：含有隐藏信息的语音信号 Y2。

程序清单：

```
vector<double>LSB_Hide(constvector<double>&Y,constchar * p,vector<int>&InsertData,int size)
{
    vector<double>Y2(Y);
    int mess_len=Y.size()<InsertData.size()?Y.size():InsertData.size();
    int gg;
    for(int i=0;i<mess_len;i++)
{
    if(size==16){
        gg=(Y[i]+1)*32768;
        if(gg>65535)gg=65535;
        if(InsertData[i]==1){
            gg=gg | 0x1;
            Y2[i]=double(gg)/32768.0-1.0;
        }
        else{
```

```
            gg = gg&( ~0x1);
            Y2[i] = double(gg)/32768.0 - 1.0;
        }
    }
    else{
        gg = (Y[i] +1) * 128;
        if(gg >255)gg =255;
        if(InsertData[i] ==1){
            gg = gg | 0x1;
            Y2[i] = double(gg)/128.0 - 1.0;
        }
        else{
            gg = gg&( ~0x1);
            Y2[i] = double(gg)/128.0 - 1.0;
        }
    }
}
return Y2;
}
```

提取过程：

```
for(i =1;i <= 秘密消息长度;i ++)
{
  i↔j_i              //序列选取
  m'_i←LSB(c_{j_i})   //重构新排列成隐秘消息序列
}
```

基于 LSB 算法的隐藏数据提取的函数实现

名称：LSB_Extract

定义格式：

```
vector < double > LSB_Extract( vector < int > Y)
```

函数功能：基于 LSB 算法提取语音数据中的隐藏信息。

参数说明：Y 为含有隐藏信息的语音信号。

返回：原有隐藏信息 out。

程序清单：

```
vector < double > LSB_Extract( vector < int > Y)
{
vector < double > out;
    for(int i =0;i < Y. size( );i ++){
        if(Y[i]%2 ==0)out. push_back(0);     //判断末位是否为0
```

```
            else out. push_back(1);
        }
        return out;                    //返回提取的隐藏信息
    }
```

11.3.2　回声隐藏算法[C]

人类听觉系统对高能量信号前后短时间发生的少量畸变无法感知，超前掩蔽区持续时间较短（大约 5 ~ 20 ms），而滞后掩蔽区持续时间较长（大约 50 ~ 200 ms）。回声隐藏算法即是一种利用了人类听觉系统的这种时域掩蔽特性，通过在时域引入回声将隐藏信息嵌入到语音信号中的算法。原始语音信号和经过回声隐藏后的数字语音对于人耳来说，前者就像是从耳机里听到的声音，没有回声。而后者就像是从扬声器里听到的声音，包含有所处空间诸如墙壁、家具等物体产生的回声。因此，回声隐藏与其他数字语音隐藏信息方法不同，它不是将隐藏信息当作随机噪声嵌入到原始数字语音，而是作为原始数字语音的环境条件隐藏信息。

Bender 等人于 1996 年最早提出了基于音频的信息隐藏技术——回声隐藏。回声隐藏就是在原始声音中引入人耳不可感知的回声，以达到信息隐藏的目的。与其他音频信息隐藏方法相比，回声隐藏具有以下优点：隐藏算法简单；算法不产生噪声，隐藏效果好，并且有时由于回声的引入，使声音听起来更加浑厚；对同步的要求不高，算法本身甚至可以实现粗同步；提取隐藏信息时不需要原始音频序列，实现了盲检测。但是回声隐藏算法也存在缺陷：当回声幅度较小，又采用传统的倒谱分析来检测回声时，与回声相对应的尖峰容易淹没；如果增大回声幅度，则隐藏效果又会降低，容易被察觉并非法攻击，而且检测算法大都复杂，运算量一般比较大。因此，大部分对回声隐藏的研究都集中在改进以上缺陷。作为音频信息隐藏领域的一个重要分支，回声隐藏技术在近十年的时间内得到了不断发展。

基于回声隐藏法的语音嵌入过程可表示为：

$$C_w[n]=\begin{cases}C_o[n]+\alpha C[n-m_0], & m=0\\ C_o[n]+\alpha C[n-m_1], & m=1\end{cases} \tag{11-4}$$

式中，$C_w[n]$为嵌入隐藏信息后的信号；$C_o[n]$为原始语音信号；α 为嵌入强度；m_0、m_1 分别为隐藏信息 $m=0$ 或 1 所对应的时间间隔。

回声隐藏的原理是通过引入回声来将秘密数据嵌入到载体音频数据中。该算法利用人类听觉系统的特性，在明文（原始语音）中加入包含延迟的回声，从而将密文嵌入到明文中。Bender 等人提出的回声核数学模型表示如下：

$$h(n)=\delta(n)+\alpha\delta(n-d) \tag{11-5}$$

嵌入回声的声音 $y[n]$可以表示为 $x[n]$和 $h[n]$的卷积，$x[n]$和 $h[n]$分别为原始声音信号和回声核的单位脉冲响应。回声信号由 $\alpha\delta(n-d)$引入到原始声音当中，其中 d 为延迟时间，α 为衰减系数。嵌入回声的声音信号表示如下：

$$y[n]=x[n]*h[n] \tag{11-6}$$

回声隐藏的具体方法是：对一段声音信号数据，先将其分成若干包含相同样点数的片段，每个片段时间约为几到几十毫秒，样点数记为 N，每段用来嵌入 1 比特隐藏信息。在信息嵌入过程中，对每段信号使用式（11-6），选择 $d=d_0$，则在信号中嵌入隐藏信息比特“0”；选择 $d=d_1$，则在信号中嵌入隐藏信息比特“1”。延时 d_0 和 d_1 是根据人耳听觉掩蔽效应为准则进行选取的。最后，将所有含有隐藏信息的声音信号串联成连续信号。基于回声隐藏法的语音嵌入过程可表示为

$$y[n]=\begin{cases}x[n]+\alpha C[n-d_0], & m=0\\ x[n]+\alpha C[n-d_1], & m=1\end{cases} \tag{11-7}$$

嵌入信息的提取实际上就是确定回声延时。由于每段隐写声音信号都是单个卷积性组合信号，直接从时域或频域确定回声延时存在一定困难，可采用卷积同态滤波系统来处理，将这个卷积性组合信号变为加性组合信号。Bender 等人用倒谱分析的方法来确定回声延时。对于声音信号 $y[n]$，其复倒谱描述如下：

$$C_y[n]=F^{-1}[\ln(F(y[n]))] \tag{11-8}$$

其中，F 和 F^{-1} 分别表示傅里叶变换和傅里叶反变换。于是式（11-8）可表示为

$$C_y[n]=F^{-1}[\ln(X(\mathrm{e}^{\mathrm{j}w}))]+F^{-1}[\ln(H(\mathrm{e}^{\mathrm{j}w}))] \tag{11-9}$$

式（11-9）视为分别计算 $x[n]$ 和 $h[n]$ 的复倒谱，然后求和，即 $C_y[n]=C_x[n]+C_h[n]$。$h[n]$ 的复倒谱为 $C_h[n]=F^{-1}[\ln(H(\mathrm{e}^{\mathrm{j}w}))]$。

其中，$H(\mathrm{e}^{\mathrm{j}w})=1+\alpha\mathrm{e}^{-\mathrm{j}wd}$。由于 $\ln(1+x)=x-x^2/2+x^3/3-\ldots(|x|<1)$，又因衰减系数 $0<\alpha<1$，则

$$\ln H(\mathrm{e}^{\mathrm{j}w})=\alpha\mathrm{e}^{-\mathrm{j}wd}-\frac{\alpha^2}{2}\mathrm{e}^{-2\mathrm{j}wd}+\frac{\alpha^3}{3}\mathrm{e}^{-3\mathrm{j}wd}-\ldots$$

所以

$$C_y[n]=C_x[n]+\alpha\delta(n-d)-\frac{\alpha^2}{2}\delta(n-2d)+\frac{\alpha^3}{2}\delta(n-3d)-\ldots \tag{11-10}$$

式中，$C_y[n]$ 仅在 d 的整数倍处出现非零值，即在信号的复倒谱域 $C_y[n]$ 中，回声延时处会出现峰值，据此可确定嵌入回声延时的大小。

回声法语音信息隐藏具体算法描述如下：

（1）嵌入过程

设音频序列为 $S(n)=\{s(n),0\leqslant n\leqslant N\}$，则含有回声的音频序列 $y(n)$ 为

$$y(n)=\begin{cases}s(n), & 0\leqslant n\leqslant d\\ s(n)+\lambda s(n-d), & d\leqslant n\leqslant N\end{cases} \tag{11-11}$$

其中，$s(n)$ 是纯净音频信号，$\lambda s(n-d)$ 是 $s(n)$ 的回声信号。d 是回声和信号之间的延时，一般取 $d\leqslant N$，λ 为衰减系数。在回声编码中通过修改 d 来嵌入秘密信息。具体方法是将一个音频数据文件分成若干包含相同点数的片段，每段时间约为几十毫秒，样点数记为 N，每段用来嵌入 1 比特的隐藏信息。在嵌入阶段，对每段信号用式（11-11）表示，选择 $d=d_0$，则在信号中嵌入比特“0”；选择 $d=d_1$，则在信号中嵌入比特“1”。

```
for(i=1;i<=秘密消息长度;i++)
  //将每段样本叠加延时
    for (j=1; j<=每段长度; j++)
      y_ij = y_ij + αy_(ij-m)
```

基于回声法进行语音隐藏的函数实现

名称：Echo_Hide

定义格式：

```
vector < double > Echo_Hide( constvector < double > &Y, constchar * p, vector < int > &InsertData, int fs)
```

函数功能：基于回声法进行语音隐藏

参数说明：Y 为输入原信号；InsertData 为隐藏信息（0 或 1）；fs 为采样频率。

返回：含有隐藏信息的语音信号 Y2。

程序清单：

```
vector < double > Echo_Hide( constvector < double > &Y, vector < int > &InsertData, int fs)
{
    vector < double > Y2( Y);
    int mlen = 0.1 * fs;
    int d0 = 0.1 * mlen;
    int d1 = 0.05 * mlen;
    double alpha = 0.7;
    int mess_len = ( Y.size()/mlen) < InsertData.size()? ( Y.size()/mlen): InsertData.size();
    for( int i = 0;i < mess_len;i ++ ) {
        if( InsertData[ i] == 1) {                                    //嵌入数据“1”
            for( int j = 0;j < mess_len;j ++ ) {
                if( i * mess_len + j < d1) Y2[ i * mess_len + j] = Y[ i * mess_len + j];
                else Y2[ i * mess_len + j] = Y[ i * mess_len + j] + alpha * Y[ i * mess_len + j - d1];
            }
        }
        else{                                                          //嵌入数据“0”
            for( int j = 0;j < mess_len;j ++ ) {
                if( i * mess_len + j < d0) Y2[ i * mess_len + j] = Y[ i * mess_len + j];
                else Y2[ i * mess_len + j] = Y[ i * mess_len + j] + alpha * Y[ i * mess_len + j - d0];
            }
        }
    }
    return Y2;
}
```

（2）提取过程

对于一个音频回声信号，隐藏信息提取的关键是确定回声的延时。由上节分析可知，回声信号的复倒谱在回声延时出会出现极大值，根据其中较大者则可以判断回声延时，从而确定嵌入的比特位是“0”还是“1”。

```
for( i = 1;i <= 秘密消息长度;i ++ )
        //求出该段倒谱 s
    If( s( m0) > s( m1) )     Bit( i) = 0;
```

```
else                    Bit(i) = 1;
```

基于回声法的隐藏数据提取的函数实现

名称：Echo_Extract

定义格式：

```
vector<double> Echo_Extract(const vector<double> &x_embeded,int N,int m0,int m1,int len)
```

函数功能：基于回声法提取语音数据中的隐藏信息。

参数说明：x_embeded 为含有隐藏信息的语音信号；N 为分段长度；m0 为比特位为 0 的延迟；m1 为比特位为 1 的延迟；len 为隐藏信息的长度。

返回：原有隐藏信息 message。

程序清单：

```
vector<double> Echo_Extract(const vector<double> &x_embeded,int N,int m0,int m1,int len)
{
    vector<double> message(len,0);                          //隐藏信息
    int width = 2;
    while(width < N){
        width = width * 2;                                  //fft 长度
    }
for(int i = 0;i < len;i ++){
    vector<double> E(N,0);
    for(int j = 0;j < N;i ++){
        E[j] = x_embeded[i * N + j];                        //分段语音
    }
    vector<double> R(width);
    std::complex<double> f[width];
    std::complex<double> f2[width];
    for(int i = 0;i < N;i ++){
        f[i].imag(0);
        f[i].real(E[i]);
    }
    for(int i = N;i < width;i ++){                          /*不足补零*/
        f[i].imag(0);
        f[i].real(0);
    }
    fft(f,width);
    for(int i = 0;i < width;i ++){
    f2[i] = std::complex<double>(log(sqrt(f[i].real() * f[i].real() + f[i].imag() * f[i]
.imag())),0.0);
    }
    ifft(f2,width);                                         //参见式(11-6)
```

```
        for(int i =0;i < width;i ++ ){
            R[i] =f2[i].real();
        }
        if(R[m0] > R[m1])message[i] =0;             //判断哪个点倒谱大
        else message[i] =1;
    }
    return message;
}
```

11.3.3　其他算法

1. 相位编码算法

人耳具有对绝对相位不敏感，对相对相位敏感的特性。相位编码法充分利用人耳的这一种特点，将代表秘密数据位的参考相位替换原始语音段的绝对相位，并对其他的语音段进行调整，以保持各段之间的相对相位不变化，从而达到嵌入不可感知的隐藏信息的目的。

相位编码法的一个缺陷是当代表秘密数据的参考相位急剧变化时，会出现明显的相位偏差。它不仅会影响秘密信息的隐蔽性，还会增加接收方译码的难度。为了使相位偏差的影响得以改善，算法需要在数据转换点间留有一定的间隔以使转换变得平缓，但这又会减小带宽。因此，必须在嵌入数据量与嵌入效果之间进行平衡。

Bender 等人提出了一种相位编码的方法：

1）对声音信号进行分帧，并运用傅里叶变换，获得相位向量 $\boldsymbol{\phi}_i(w_k)$ 和幅度向量 $\boldsymbol{A}_i(w_k)$。

2）根据公式 $\Delta\boldsymbol{\phi}_{i+1}=\boldsymbol{\phi}_{i+1}(w_k)-\boldsymbol{\phi}_i(w_k)$ 计算并存储两个相邻语音片断间的相位差，然后按照如下公式修正首段相位值

$$\boldsymbol{\phi}'_0(k)=\begin{cases}\dfrac{\pi}{2}, & m=0\\ -\dfrac{\pi}{2}, & m=1\end{cases} \tag{11-12}$$

使用相位差建立新的相位向量

$$\boldsymbol{\phi}'_i(w_k)=\boldsymbol{\phi}'_{i-1}(w_k)+\Delta\boldsymbol{\phi}_i(w_k) \tag{11-13}$$

然后使用新相位 $\boldsymbol{\phi}'_i(w_k)$ 和原幅度向量 $\boldsymbol{A}_i(w_k)$ 进行傅里叶反变换获得包含隐藏信息的语音信号。

3）检测过程与嵌入过程相反，利用首段相位值进行判决。

2. 扩频算法

扩频技术最早应用于军事通信系统中，扩频信号是不可预测的伪随机宽带信号，扩频系统具有很高的抗干扰能力等特点。语音信息隐藏系统采用相似的扩频技术，常用的嵌入的方式有三种：加性嵌入、乘性嵌入和指数嵌入，对应的公式分别是

$$\begin{cases}C_{\mathrm{w}}=C_{\mathrm{o}}+\alpha W_{\mathrm{r}}\\ C_{\mathrm{w}}=C_{\mathrm{o}}(1+\alpha W_{\mathrm{r}})\\ C_{\mathrm{w}}=C_{\mathrm{o}}\mathrm{e}^{\alpha W_{\mathrm{r}}}\end{cases} \tag{11-14}$$

其中，C_w 表示嵌入隐藏信息后的语音信号；C_o 表示原始语音信号；α 表示隐藏信息的嵌入强度；W_r 表示扩频后的隐藏信息。

扩频信息隐藏的检测过程通过计算伪随机噪声和含隐藏信息的语音信号的相关值来检测信息，可表示为

$$Z_{lc} \leqslant C_w, \quad W_m \geqslant C_w^H W_m \tag{11-15}$$

$$m = \begin{cases} 1, & Z_{lc} > T_{th} \\ 0, & Z_{lc} < -T_{th} \\ \text{nothing}, & \text{其他} \end{cases} \tag{11-16}$$

式中，Z_{lc}表示检测相关值；W_m 表示隐藏信息的扩频模式；T_{th}表示判决阈值。

为了最小化基于扩频的信息隐藏系统的检测错误率，一些文章提出了改进的扩频信息隐藏方法，如 He 在文献中提出一种基于修改感知熵心理模型和改进扩频的信息隐藏方法。大部分的扩频方法为了提高算法的鲁棒性，均将隐藏信息扩展到整个原始语音信号中，而改进算法只是将信息嵌入到信号的特殊区域（如比平均能量高的区域），这样在计算复杂度方面比原始扩频方法要低。使用修改的感知熵的心理模型提高了算法的鲁棒性，降低了计算复杂度。

3. Patchwork 算法

Patchwork 算法是由 Bender 等人在 1996 年提出的，最初应用于图像隐藏信息。Patchwork 本质上是一种基于统计的信息隐藏算法，其思想是在原始语音信号中嵌入特定的统计特性，下面给出具体算法。

（1）信息嵌入过程

1）对语音信号分帧，然后将安全密钥映射为一个随机数产生器，利用随机数产生器伪随机地选择两个相互交织的相同大小的子集 $A=\{a_i, i=1\cdots M\}$ 和 $B=\{b_j, j=1\cdots M\}$。

2）根据嵌入规则 $a'_i = a_i + \Delta a_m$，$b'_j = b_j - \Delta b_m$ 改变所选择的样本，其中 $a_i \in A$，$b_j \in B$，$m=\{0,1\}$，Δa_m 和 Δb_m 表示 0 和 1 的两种模式。系数的改变量 Δa_m 和 Δb_m 必须满足不可感知性，所以 Δa_m 和 Δb_m 由心理听觉模型确定。

（2）信息提取过程

1）对信号分帧，然后将安全密钥映射为一个随机数产生器，利用随机数产生器伪随机地选择两个相互交织的相同大小的子集 $C=\{c_i, i=1...M\}$ 和 $D=\{d_j, j=1...M\}$。

2）利用公式计算统计量

$$T_0^2 = \frac{(\overline{a_0} - \overline{b_0})^2}{S_0^2}, \quad T_1^2 = \frac{(\overline{a_1} - \overline{b_1})^2}{S_1^2}$$
$$S_m^2 = \frac{\sum_{i=1}^{n}(a_i - a_m)^2 + \sum_{i=1}^{n}(b_i - b_m)^2}{n(n-1)} \quad m = 0,1 \tag{11-17}$$

3）定义 $T^2 = \max(T_0^2, T_1^2)$，判决过程如下：

$$m = \begin{cases} 1, & T^2 > \text{Threshold} \ \& \ T_0^2 < T_1^2 \\ 0, & T^2 > \text{Threshold} \ \& \ T_0^2 > T_1^2 \\ \text{nothing}, & T^2 \leqslant T_{th} \end{cases} \tag{11-18}$$

因为原始算法假设随机样本的样本均值相同，而实际上样本均值之间的真正差异并不总等于零，所以存在一定缺陷。YEO 在文献中提出了一种基于离散余弦变换域的改进算法，改进主要表现在：

- 自适应地计算 Δa_m 和 Δb_m。
- 在嵌入过程中使用了正负号函数。
- 假定样本值的分布是正态分布，而不是均匀分布，更符合实际情况。

这些改进使得该算法能够抵抗 MP3 压缩攻击以及一般的信号处理操作，具有较好的鲁棒性。

4. 量化算法

基于量化的隐藏算法是嵌入隐藏信息的一种有效手段。与叠加方法不同，量化隐藏方法不是将隐藏信息简单地加在原始信号上，而是根据不同的信息，用不同的量化器去量化原始信号。提取数据时，根据待检数据与不同量化结果的距离恢复出嵌入的信息。量化隐藏方法具有许多优点：

1）在隐藏信息检测时多为盲检测，不需要知道原始的语音信息。

2）载体不影响隐藏信息的检测性能，在无噪声干扰的情况下可以完全恢复出嵌入的信息。

因此，量化嵌入成为新流行的信息隐藏方法。经过近几年的研究，已形成较完整的理论体系。根据信息嵌入位置的不同，基于量化方法的语音信息隐藏可分为两类：时域算法和频域算法。时域算法是通过在语音信号的时域（空域）直接修改样本的幅值来嵌入隐藏信息，而频域技术是通过改变语音信号的频域系数（如 DFT、DCT、DWT 系数）来隐藏信息。由于可以把隐藏信息分散到所有或部分信号样本上，所以频域算法隐藏性好、稳健性较强。

量化隐藏方案可用公式表示为

$$y=\begin{cases}Q(x,d)+3d/4, & w=1\\ Q(x,d)+d/4, & w=0\end{cases} \tag{11-19}$$

其中，d 是量化步长；w 是隐藏信息；x 是原始语音信号（时域或其他域）；y 是量化值。

量化函数 $Q(x,d)$ 可表示为

$$Q(x,d)=\lfloor x/d \rfloor \cdot d \tag{11-20}$$

其中，$\lfloor x \rfloor$ 表示向下取整。

信息提取过程通过计算待检测数据和不同量化结果之间的距离来恢复出隐藏信息，用公式描述为

$$w=\begin{cases}1, & y-Q(y,d)\geqslant d/2\\ 0, & y-Q(y,d)\leqslant d/2\end{cases} \tag{11-21}$$

由上述公式可得，当攻击对 y 所造成的误差满足 $\Delta y\in(kd-d/4,kd+d/4)$，则嵌入的信息比特可正确提取。一般而言，基于量化的数字语音信息隐藏算法易于实现，但是其对某些攻击的鲁棒性较差。

11.4 常用评价指标

语音信息隐藏系统的主要性能指标包括：感知透明性、鲁棒性和信息容量等。三个指标

是相互制约的，如图 11-4 所示。通常而言，隐藏信息的嵌入强度越大，则系统的鲁棒性能越好，但同时隐藏信息的不可觉察性越差。如果要同时保持很强的稳健性和很好的不可觉察性，就要以牺牲信息容量为代价。

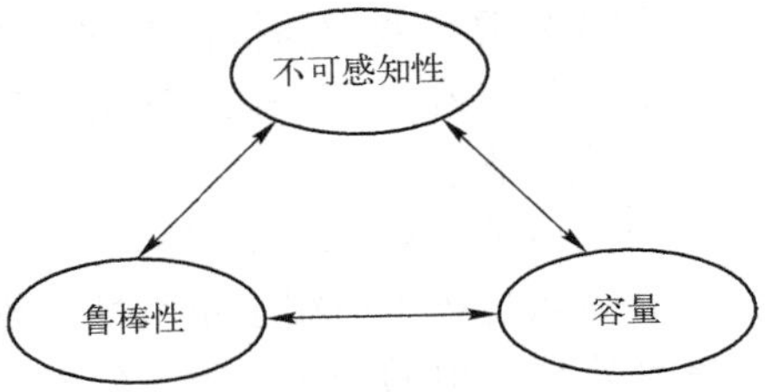

图 11-4　三个指标的关系

（1）感知透明性

感知透明性即要求隐藏信息不能影响语音的质量即听觉上的不可察觉性，评价感知透明性可使用主观标准与客观标准。具体指标同第五章 5.2.4 节的语音质量评价标准。

（2）鲁棒性

鲁棒性用来衡量隐藏信息算法的抗攻击能力，用于判断隐藏信息破坏者在不影响或很少影响语音质量的前提下去掉隐藏信息的能力。在实际应用中，常用隐藏信息的误码率（BIT Error Rate，BER）来衡量隐藏信息的抗攻击能力，即在各种攻击后提取的隐藏信息的错误比特数与原始隐藏信息的总比特数的比值。误码率的定义如下：

$$\mathrm{BER}=\frac{\mathrm{Bit\_Error}}{\mathrm{Bit\_All}}\times 100\% \tag{11-22}$$

其中，Bit_Error 表示隐藏信息中错误的比特数；Bit_All 表示隐藏信息的总比特数。

语音隐藏数据的攻击和密码学的攻击一样，包括主动攻击和被动攻击。主动攻击的目的并不是破解隐藏信息，而是篡改或破坏隐藏信息，使合法用户也不能读取隐藏信息。而被动攻击则试图破解隐藏信息算法，被动攻击的难度大得多，但是一旦成功，则所有用该算法加密的数据都会失去安全性。

语音隐藏算法通常的攻击手段可归纳如下。

1）A/D 和 D/A 转换：音频信号是模拟信号还是数字信号取决于携带音频的物质，就像计算机上的音频信号从声卡中输出，然后录制到磁带中，就必须经过 D/A 转换过程，反之则需要经过 A/D 转换过程。

2）加入噪声：音频信号在有噪信道中传输，或者在传输或存储中经过修改，都可看作加入噪声，它可以是加性噪声或者是乘性噪声。在一般情况下，加入的噪声多是高斯白噪声或者有色噪声。

3）时域上的剪切或伸缩：对音频信号的静音段做非常小的剪切，并不影响声音的质量，可以达到去除无用信号，留下有用信号的目的；伸缩音频信号以适应播放时间，就需要对音频信号进行伸缩，例如伸缩 10%。这种攻击对于要求同步性的水印算法是一种非常有效的攻击手段。

4）滤波：目的是去除不需要的频率成分。在某些音频信号处理中，线性或者非线性滤波操作应用非常频繁，如通过低通、高通或者带通滤波，以达到增强某一特定频率或者降低某一频率的作用。

5）采样频率转换：为适应不同的硬件播放条件，或者与不同采样频率的音频合成为同一个音频，都需要变换采样频率。例如，44.1 kHz 的音频信号通过插值可以变换为 48 kHz 的音频信号，或者通过下采样变换为 22.05 kHz 的音频信号。这种时域重采样变换，尤其是下采样变换，对数字水印是一种比较有效的攻击手段。

6）音频压缩编码：利用压缩编码（如 MP3）对声音信号进行压缩，也是一种有效的攻击。水印嵌入和压缩是一对矛盾，对加水印的一个重要的要求就是所加的水印是不可被感知的，而压缩的作用就是把这种不被感知的冗余信息去掉。MP3 压缩算法的效率比较高，它充分利用了可定量分析的人类听觉模型，把人耳听不到的信息和被掩蔽的声音信号去掉了，而这正是某些水印算法的加水印的位置。因此，MP3 压缩和解压缩对水印检测的影响较大，数字音频水印算法必须特别注意抵抗这种信号处理。

7）量化精度变换：为适应不同的硬件播放条件，或者与不同量化精度的音频合成为同一段音频，都需要变换量化精度。例如，可以把每采样点 16 bit 量化精度变换为 8 bit 量化精度，或者变换为 32 bit 量化精度。

8）声道数转换：为适应不同的硬件播放条件，或者与不同声道的音频信号合成为同一段音频，都需要变换声道，如将双声道转换为单声道。

9）降噪：为消除噪声以提高清晰度，通常对音频信号进行降噪处理。降噪算法种类很多，对语音隐藏算法造成的影响也不同。

（3）信息容量

信息容量也常称为隐藏信息带宽，指单位长度的语音中可以嵌入的信息量，通常用比特率来表示，单位为 bit/s，即每秒语音中可以嵌入多少比特的隐藏信息。也有以样本数为单位的，如在每个采样样本中可嵌入多少比特的信息。对于数字语音来说在给定语音采样率的条件下两者是可以相互转换的。

除了上述三个主要性能指标外还有其他一些指标，例如算法复杂度、可监测性等。这些指标的重要性通常与应用相关，不同的应用领域对指标有着不同的要求。

11.5 总结与展望

尽管经过近十多年的技术发展，在众多科研工作者的努力下，语音信息隐藏领域的研究已取得了一些进展，但是国内外的研究仍不成熟，存在着很多亟待解决的问题。今后可能的研究方向包括以下几方面。

1. 语音隐藏信道的基础理论研究

虽然近年来信息隐藏基础理论取得了一定的发展，但是基于高斯分布的高度简化的信道模型和真实世界的语音载体信道之间存在差距大、匹配度低等问题。而通过结合听觉感知特征，从接近实际应用的角度研究和建立语音隐藏信道模型，对语音信息隐藏领域有着重要的理论指导作用。这些研究有助于估计隐藏信道容量，深化语音信息嵌入和检测的数学模型、最优嵌入、最佳信息检测、信道编码等方法在语音信息隐藏中的应用，并对于错误概率界限等问题也能给出一个圆满的答案。因此，针对语音隐藏信道的基础理论研究是一个值得深入探讨的研究方向。

2. 建立统一的语音信息隐藏系统评价标准的研究

在当前语音信息隐藏的研究工作中，语音信息隐藏系统的评价标准严重滞后于语音隐藏算法的研究。对于隐秘信息嵌入的能量、嵌入到原始语音数据的幅度和位置，以及对提取的信息的可靠性判别等问题无法做出准确的解答，信息隐藏的不可感知性也只是一个比较模糊的主观感觉。由于缺乏系统的统一的评价指标、相关参数及测试方法来对比不同语音信息隐藏系统之间的性能差异，因此无法公正地评价和比较当前所提出各种算法的性能。众多语音隐藏研究者在进行仿真实验时，往往是根据自己的喜好或方便选择不同的语音片断来进行测试，这样就给客观评价语音信息隐藏算法的性能造成了很大困难。因此，研究建立统一的语音信息隐藏系统评价标准，是一项亟待解决的关键问题。

3. 隐秘信息同步提取方法的研究

隐秘信息的同步是语音信息隐藏中一个非常棘手的问题。大部分语音隐藏系统在理论研究中通过假设嵌入和提取两端数据完美同步暂时规避了这一难点。然而在实际应用中同步问题至关重要。作为数字通信系统的一个基本要素，同步技术和理论已得到广泛、深入的研究。但在语音信息隐藏的应用中，同步带来具有挑战性的新问题。因为在这些系统中同时存在两种同步：语音宿主信号的同步以及隐藏数据的同步。首要的同步目标不是隐藏数据，而是几乎感知不到变化的语音信息。第二同步目标才是经过不显著降低感知质量的信号处理操作的隐秘数据。根据不同的嵌入方法，同步错误可能出现在各种无恶意或恶意的处理信道中。一类重要的同步方法要求隐秘信号与语音信号具有不一致的几何特征。通常这类同步方法将隐秘信息嵌入到语音信号的函数、直方图、或矩阵中。然而如果嵌入端和检测端操作不完全相同，这些方法可能会产生失同步。因此研究语音新的具有不变性的特征以及对应的同步提取方法对于语音隐藏具有重要的现实意义。

总之，目前语音信息隐藏算法还没有达到人们预期的效果，信息隐藏技术必须与密码学、多媒体技术、通信理论、编码理论、心理声学、信号处理、模式识别等多个学科有效结合，通过新的思路实现可实际应用的语音信息隐藏系统。信息隐藏方法的最大优点在于除通信双方以外的任何第三方都不知道存在隐藏消息这个事实，这就较之单纯的密码加密方法更多了一层保护，使得需要保护的消息由加密通信的“看不懂”变为隐蔽通信的“看不见”。例如，将机密资料（图像、文字等）隐藏于一般的可公开的图像之中，然后通过网络传递，看起来和其他的非机密的图像一样，因而十分容易逃过非法拦截者的注意或破解。虽然隐蔽通信技术不能完全取代加密通信技术，但无论在商业机密通信，还是在军事通信方面，它都是很有应用前景的通信技术。

11.6 思考与复习题

1. 语音伪装和语音水印有什么相似和不同的地方，各自有哪些主要应用场合？
2. 评价语音信息隐藏系统的三个重要指标分别是什么？相互之间有什么样的关系？
3. 简要说明回声隐藏算法的基本原理以及信息隐藏和提取过程。
4. 扼要阐述一下目前语音信息隐藏亟待研究解决的问题
5. 语音信息隐藏的研究与哪些学科具有紧密联系？
6. 任选两种语音隐藏算法常用的攻击手段，并试编写 C++ 函数实现，并结合附录的程序编程进行验证。

第12章 语音编码

12.1 概述

语音编码（Speech Coding）在语音通信及人类信息交流中占有举足轻重的地位。相比于语音信号的模拟传输，数字传输方式使得语音传输更多样化、低成本化和强保密化，同时频率利用率更加有效。但是，如果仅对语音信号进行模/数转换，那么传输或存储语音的数据量会非常大。因此，为了降低传输或存储的费用，就必须对其进行压缩。研究各种编码技术的目的就是为了减少传输码率（传输每秒钟语音信号所需要的比特数）或存储量，以提高传输或存储的效率。显然，经过降低数据量的编码后，同样的信道容量能传输更多路信号，存储器容量也会相应变小，因而此类编码又称为压缩编码。实际上，压缩编码需要在保持可懂度与音质、降低数码率和降低编码的计算代价这三方面进行折中。早期的固定电话和移动通信的高速发展，促进了语音压缩编码技术的不断发展。目前，虽然光纤的广泛使用使得有线通信的带宽变得更廉价，但是在有线通信以及移动通信、卫星通信和掌上电脑的语音传送应用中，语音编码依旧扮演着十分重要的角色。

语音编码的研究起源于80年前，主要是由于窄带电话线语音信号传送系统的发展需要，例如早期的通道声码器、共振峰声码器和模式匹配声码器。20世纪50年代后期，语音编码的研究着重于线性语音源系统的生成模型。这种模型包括一个线性慢时变系统（声道模型）和周期脉冲激励序列（浊音信号）以及随机激励（清音信号）。源系统为一自回归时序模型，声道是全极点滤波器，参数通过线性预测分析得到。除了线性预测模型之外，同态分析也可分离出卷积的信号。20世纪六、七十年代，超大规模集成电路（Very Large Scale Integration，VLSI）技术的出现和数字信号处理理论的发展为语音编码中存在的问题提供了新的解决方案。代表性的编码技术包括余弦分析合成技术、多带激励声码器、线性预测编码（Linear Predictive Coding，LPC）中的多脉冲和矢量激励和矢量量化。到20世纪90年代中期，速率为4～8 kbit/s的波形与参数混合编码器在语音质量上已接近前者的水平，且已达到实用化阶段。

语音编码通常分为三类：波形编码、参数编码与混合编码。波形编码与参数编码的主要区别在于重建的语音时域信号是否在波形上与原始信号一致。

1）波形编码力图使重建后的语音时域信号的波形与原语音信号波形保持一致，它具有适应能力强、语音质量好等优点，但是编码速率要求高，在12.6～64 kbit/s之间。主要代表编码技术就是自适应差分脉冲编码调制（Adaptive Delta Pulse Code Modulation，ADPCM）。

2）参数编码一般称作“声码器技术”。它根据对声音形成机理的分析，以重建语音信号具有足够的可懂性为原则，通过建立语音信号的产生模型，提取代表语音信号特征的参数来编码，其不一定在波形上与原始信号匹配。在频域上，这一模型对应为具有一定零极点分布的数字滤波器，编码器需要发送的就是滤波器参数和一些相关的特征值。

由于语音是短时平稳的，即短时间内可以认为声音模型的特征是近似于不变的，所以模型特征参数更新的频度较低，从而有效地降低了编码比特率。参数编码的优点是编码速率低，可以低到2.4 kbit/s甚至以下。但是，其合成语音质量差，特别是自然度较低；对说话环境的噪声较敏感，需要较安静的环境才能给出较高的可懂度。共振峰声码器和线性预测声码器都是典型的参数声码器。

3）混合编码结合了上述两类编码方法的优点，突破了两类编码方法的界限，从而得到更广泛的应用。与参数编码相同，它也是在语音产生模型的基础上采用分析合成技术，但同时它也利用了语音的时间波形信息，从而增强重建语音的自然度，使得语音质量有明显的提高，代价是编码速率相应上升，一般在2.4～16 kbit/s之间。常见编码有多脉冲激励线性预测编码、规则脉冲激励线性预测编码和码本激励线性预测编码等。

当前的研究目标主要集中在4 kbit/s码率以下的高音质、低延迟的声码器，提高在噪声信道中低码率编码器的性能，以及多种信号的传输技术。为达到这些目的，未来的研究工作包括更为有效的参数量化技术、非线性预测技术、多分辨率时频分析技术和高阶统计量的使用，以及对人耳感知特性的进一步研究和探索等。

12.2 理论依据

将语音信号编码为二进制数字序列，最简单的方法是对其直接进行模/数转换。只要采样率足够高，量化每个样本的比特数足够多，就可以保证解码恢复的语音信号有很好的音质，不会丢失有用信息。然而对语音信号直接数字化所需的数码率太高，例如，普通的电话通信中采用8 kHz采样率，如果用12 bit进行量化，则数码率为96 kbit/s。这样大的数码率即使对很大容量的传输信道也是难以承受的，因而必须对语音信号进行压缩编码。对语音信号进行压缩编码的基本依据是语音信号的冗余度和人的听觉感知机理。根据统计分析，语音信号中存在着多种冗余度，本章主要从时域和频域进行描述。

1. 时域冗余度

1）幅度非均匀分布。由于语音通话中自然会有间隙，所以语音信号中会出现大量的低电平样本，从而导致语音中的小幅度样本出现的概率较高。因此，实际通话的信号功率电平一般比较低。

2）语音信号样本间的相关性很强。语音波形采样数据的最大相关性存在于邻近的样本之间。当采样频率为8 kHz时，相邻样值之间的相关系数大于0.85；甚至在相距10个样本的区间里，还会有0.3左右的数量级。如果采样率提高，样本间的相关性将更强，因而可以利用这种较强的一维相关性进行N阶预测编码。

3）浊音语音段具有准周期性。对语音浊音部分编码的最有效的方法之一是对一个音调间隔波形来编码，并以其作为同样声音中其他基音段的模板。

4）声道的形状及其变化比较缓慢。上述样本间、周期间的一些相关性，都是在10～30 ms时间间隔内进行统计的所谓短时自相关。如果在较长的时间间隔（比如几十秒）内进行统计，则得到长时自相关函数。对长时自相关函数的统计表明，8 kHz采样语音的相邻样本间的平均相关系数高达0.9。

5）静止系数（语音间隙）。两个人打电话时，每人的讲话时间为通话总时间的一半，另一半听对方讲。听的时候一般不讲话，即使在讲的时候，也会出现字、词、句之间的停顿。通话分析表明，语音间隙使得全双工话路的典型效率约为通话时间的 40%（即静止系数为 0.6）。显然，语音间隙本身就是一种冗余，若能正确监测（或预测）出静止段，便可“插空”传输更多的信息。

2. 频域冗余度

功率谱密度函数的定义为单位频带内的信号功率，其表示了信号功率随着频率的变化情况，即信号功率在频域的分布状况。相当长的时段内的统计平均可得到长时功率谱密度，语音信号的典型功率谱曲线如图 12-1 所示。不难看出，其功率谱密度呈现强烈的非平坦性。从统计的观点看，这意味着没有充分利用给定的频段，或者说存在着固定的冗余度。如图所示，功率谱的高频能量较低，这恰好对应于时域上相邻样本间的相关性。而且，信号的直流分量能量并非是最大的。

语音编码的第二个依据是利用人类听觉的某些特点，即人的听觉感知机理。这些特性主要包括人耳掩蔽效应、人耳对不同频段声音的敏感特性以及对语音信号的相位变化不敏感性（第 2 章中已做说明，此处不再赘述）。

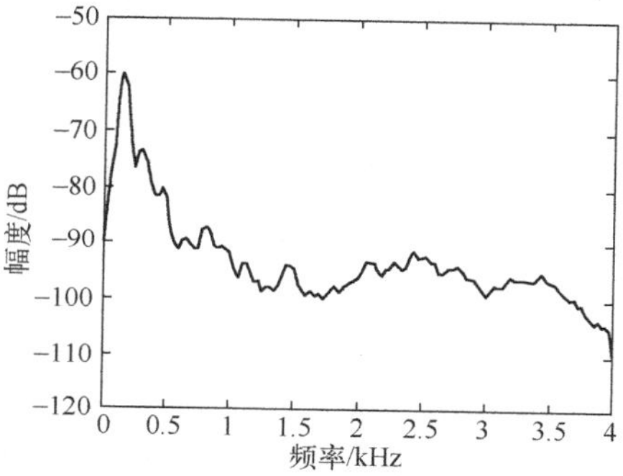

图 12-1　语音信号的功率谱密度函数

综上所述，语音信号的冗余度和人的听觉感知机理是语音压缩编码的理论基础。从信息论角度来估计，语音中最基本的元素是音素，个数大约有 128 ~ 256 个。如果按通常的说话速度来计算，每秒平均发出 10 个音素，则此时的信息率为

$$I = \log_2(256)^{10} = 80(\text{bit/s}) \tag{12-1}$$

此外，如果把发音看成是以语音速率来发报文，则对英语来讲，每一个字母为 7 位，即 7 bit。那么，按照通信语音速率计算，即每分钟 125 个英语单字，则信息率为

$$I = 7 \times 7 \times \frac{125}{60} \approx 100(\text{bit/s}) \tag{12-2}$$

所以，理论上语音压缩编码的极限速率为 80 ~ 100 bit/s。当然，此时只能传送句子内容，至于讲话者的音质、音调等重要信息已全部丢失。由此可知，从标准编码速率（64 kbit/s）到极限速率（80 ~ 100 bit/s）之间存在着很大的跨距（约 640 倍），这对于理论研究和工程实践都有着极大的吸引力。

12.3 主要性能指标

语音编码研究的主要问题是如何在给定的编码速率下获得尽可能好的高质量语音，同时减小编码的延时及算法的复杂度。因此，衡量一种语音压缩编码算法的主要指标包括：编码速率、语音质量、顽健性、算法复杂度和算法的可扩展性等。在语音通信系统中，指标还包括编解码时延和误码容限等。

（1）编码速率

编码速率又称为比特率，是指一个编码器的信息速率。通常情况下，语音码率的定义如下：

1）中码率（Medium－Rate）：8～16 kbit/s。

2）低码率（Low－Rate）：2.4～8 kbit/s。

3）超低码率（Very－Low－Rate）：<2.4 kbit/s。

一般而言，低码率高质量的编码算法复杂度较高，延迟也就更大。在语音通信系统中，编码速率决定了编码器工作时占用的信道带宽。低速率编码可以占用少的信道带宽。此外，为了提高信道利用效率，也可以采用一些特殊技术，如语音插空技术，它利用语音信号之间的自然停顿传送另一路语音或数据。

（2）编码器的顽健性

是通过取多种不同来源的语音信号（不同发音人的语音、各种背景噪声下的语音、用各种麦克风或不同频响的放大器录制的语音/非语音等）进行编码解码，并对输出语音质量进行比较测试而得到的一种指标。

（3）编码器时延

一般用单次编解码所需时间来表示编码器时延。在实时语音通信系统中，语音编解码时延对系统通信质量有很大的影响。

（4）误码容限

是指通常要求编码器在1%的误码率下仍能提供可用的输出语音。

（5）算法的复杂度

算法的复杂度包括两个方面：运算复杂度和内存要求。它们影响算法硬件实现的成本，是算法推广应用的一个不容忽视的因素。运算复杂度通常使用MIPS来衡量，即用处理每一秒信号所需的数字信号处理器指令条数；内存用字节或千字节来衡量。

（6）算法可扩展性

是指一种编码算法不仅能解决当前的实际应用，而且可以兼顾将来的发展，即当运算器件性能增强时，只需对算法稍加修改就可获得更高的语音质量。

总体来说，一个理想的语音编码器应该是低速率、高语音质量、低延时、高误码容限、低复杂度并具有良好的顽健性和算法可扩展性。由于这些指标之间存在着相互制约的关系，实际的编码器都是这些指标的折中。但是，正是这些相互矛盾的要求推动了语音编码技术的发展。目前，随着高速数字处理器件性能价格比的不断提高，计算复杂度的矛盾不再突出，算法的顽健性、误码容限、音频转接能力和合成语音音质等反而成为当前低速率语音编码技术研究的主要矛盾。

除了上述客观指标外，语音质量是衡量语音编解码技术的关键指标。在数字通信系统中，语音质量通常分为四类：

1）广播级（Broadcast）：宽带高音质语音信号，码率64 kbit/s以上。

2）网络或电话级（Network or Toll）：语音质量与模拟语音信号相当（带宽为200～3200 Hz），码率16 kbit/s以上。

3）通信级：语音质量有所下降，但有较高的自然度和话者识别度，码率4.8 kbit/s以上。

4）合成级（Synthetic）：能保证一定的语音质量，但自然度和话者识别度下降。

通常，语音质量的评价标准可分为两大类：主观测量（Subjective Measures）和客观测量（Objective Measures）。前者是建立在人的主观感受上的，而后者主要包括一些客观的物理量，如信噪比等。相关指标在第 5 章中已有说明，此处不再赘述。

12.4 波形编码

最早的语音编码系统是采用波形编码方法，如脉冲编码调制（PCM）等，这是一种基于语音信号波形的编码方式，也叫非参数编码，其目的是力图使重建的语音波形保持原语音信号的形状。这种编码器是把语音信号当成一般的波形信号来处理，它的优点是具有较强的适应能力，有较好的合成语音质量，然而编码速率高，编码效率低。当编码速率为 64 ~ 16 kbit/s 时，波形编码方法有较高的编码质量，但当编码速率下降时，其合成语音质量会下降得很快。常用的波形编码包括脉冲编码调制（PCM）、自适应增量调制（Adaptive Delta Modulation，ADM）、自适应差分脉冲编码调制（ADPCM）、子带编码（Sub - Band Coding，SBC）和变换域（Transform Coding，TC）编码等。由于脉冲编码调制和 A/D 转换的原理是一样的，很多书籍中对上述编码都有所介绍。为此，本章对这些波形编码只是粗略介绍，有兴趣的读者可以参阅相关书籍，如《通信原理》中的量化与编码部分。

12.4.1 脉冲编码调制[C]

1937 年，A. H. Reeves 提出的脉冲编码调制（PCM）开创了语音数字化通信的历程。PCM 是最简单的波形编码形式，它直接把语音信号进行采样量化，表示成二进制数字信号，并通过并 - 串转换变为串行的脉冲，然后用脉冲对采样幅度进行编码，以便于传输和存储，故称为脉冲编码调制。由于没有利用语音信号的冗余度，PCM 编码效率很低。一般来说，根据量化间隔的取值方式，PCM 分为均匀 PCM（不论信号幅度的大小，都采用同等的量化阶距进行量化）、非均匀 PCM（在输入为低电平时量化阶距小，而高电平时量化阶距大）和自适应 PCM（量化间隔匹配于输入信号的方差值，使量化前信号的能量为恒定值）等。

在语音通信中，通常采用 8 位的 PCM 编码就能够保证满意的通信质量。本节简要介绍一种基于 13 折线法的语音编码方式。13 折线法采用的折叠码有 8 位。其中，第一位 c_1 表示量化值的极性正负。后面的 7 位分为段落码和段内码两部分，用于表示量化值的绝对值。其中，第 2 ~ 4 位（$c_2c_3c_4$）是段落码，共计 3 位，可以表示 8 种斜率的段落；其他 4 位（$c_5c_6c_7c_8$）为段内码，可以表示每一段落内的 16 种量化电平。段内码代表的 16 个量化电平是均匀划分的。所以，这 7 位码总共能表示 $2^7=128$ 种量化值。段落码和段内码的编码规则如表 12-1 和表 12-2 所示。

表 12-1　段落码

段落序号	段落码 $c_2c_3c_4$	段落范围（量化单位）	量化间隔
8	111	1024 ~ 2048	64
7	110	512 ~ 1024	32
6	101	256 ~ 512	16

（续）

段落序号	段落码 $c_2c_3c_4$	段落范围（量化单位）	量化间隔
5	100	128～256	8
4	011	64～128	4
3	010	32～64	2
2	001	16～32	1
1	000	0～16	1

表 12-2 段内码

段内序号	段内码 $c_5c_6c_7c_8$	段内序号	段内码 $c_5c_6c_7c_8$
15	1111	7	0111
14	1110	6	0110
13	1101	5	0101
12	1100	4	0100
11	1011	3	0011
10	1010	2	0010
9	1001	1	0001
8	1000	0	0000

在上述编码方法中，虽然段内码是按量化间隔均匀编码的，但是因为各个段落的斜率不等，长度不等，故不同段落的量化间隔是不同的。

13 折线法 PCM 编码函数实现

名称：pcm_encode

定义格式：vector<vector<int>> pcm_encode(const vector<int> &x)

函数功能：13 折线法 PCM 编码。

参数说明：输入语音信号 x；返回 8 位编码信号 out。

程序清单：

```
vector<vector<int>> pcm_encode(const vector<int> &x)
{
    int n = x.size();
    vector<vector<int>> out(n, vector<int>(8,0));
    for(int i = 0;i < n;i ++)
    {
        int step = 0,st = 0;
        if(x[i] > 0)out[i][0] = 1;                //信号的极性表示,c1
        else out[i][0] = 0;
        //按表 12-1 求 c2c3c4
        if(abs(x[i]) >= 0 && abs(x[i]) < 16)
        {
```

```
        out[i][1] = 0;out[i][2] = 0;out[i][3] = 0;step = 1;st = 0;
    }
    else if(abs(x[i]) >= 16 && abs(x[i]) < 32)
    {
        out[i][1] = 0;out[i][2] = 0;out[i][3] = 1;step = 1;st = 16;
    }
    else if(abs(x[i]) >= 32 && abs(x[i]) < 64)
    {
        out[i][1] = 0;out[i][2] = 1;out[i][3] = 0;step = 2;st = 32;
    }
    else if(abs(x[i]) >= 64 && abs(x[i]) < 128)
    {
        out[i][1] = 0;out[i][2] = 1;out[i][3] = 1;step = 4;st = 64;
    }
    else if(abs(x[i]) >= 128 && abs(x[i]) < 256)
    {
        out[i][1] = 1;out[i][2] = 0;out[i][3] = 0;step = 8;st = 128;
    }
    else if(abs(x[i]) >= 256 && abs(x[i]) < 512)
    {
        out[i][1] = 1;out[i][2] = 0;out[i][3] = 1;step = 16;st = 256;
    }
    else if(abs(x[i]) >= 512 && abs(x[i]) < 1024)
    {
        out[i][1] = 1;out[i][2] = 1;out[i][3] = 0;step = 32;st = 512;
    }
    else
    {
        out[i][1] = 1;out[i][2] = 1;out[i][3] = 1;step = 64;st = 1024;
    }
    if(abs(x[i]) >= 2048)
    {
        for(int j = 1;j <= 7;j ++ ) out[i][j] = 1;
    }
    else
    {   //求 c5c6c7c8
        int temp = (abs(x[i]) - st)/step;
        int j = 7;
        while(temp! = 0)
        {
            out[i][j] = temp % 2;
            temp / = 2;
            j -- ;
```

```
            }
        }
    }
    return out;
}
```

13 折线法 PCM 解码函数实现

名称：pcm_decode

定义格式：vector < double > pcm_decode(const vector < vector < int >> &ins)

函数功能：13 折线法 PCM 解码。

参数说明：输入编码信号 ins；返回解码语音信号 out。

程序清单：

```
vector < double > pcm_decode( const vector < vector < int >> &ins)
{
int n = ins. size( );
vector < double > out( n,0);
int slot[8] = {0,16,32,64,128,256,512,1024};
int step[8] = {1,1,2,4,8,16,32,64};
for( int i =0;i < n;i ++ )
{
    int ss =2 * ins[i][0] -1;                                        //求符合位
    int temp =4 * ins[i][1] +2 * ins[i][2] + ins[i][3];              //求段落码
    int st = slot[temp];
    int dt = (8 * ins[i][4] +4 * ins[i][5] +2 * ins[i][6] + ins[i][7]) * step[temp] +0.5 *
double( step[temp]);                                                 //求段内值
    out[i] = double(ss) * double( st + dt)/2048.0;                   //转为解码信号
}
return out;
}
```

12.4.2 自适应预测编码

利用线性预测可以改进编码的量化器性能。因为预测误差的动态范围和平均能量均比输入信号小。如果对预测误差进行量化和编码，则量化比特数将减少。在接收端，只要使用与发送端相同的预测器，就可恢复原信号。基于这种原理的编码方式称为预测编码（Predictive Coding，PC）；当预测系数是自适应随语音信号变化时，又称为自适应预测编码（Adaptive PC，APC）。

语音数据流一般分为 10～20 ms 相继的帧，而预测器系数（或其等效参数）则与预测误差一起传输。在接收端，用由预测器系数控制的逆滤波器再现语音。采用自适应技术后，预测器要自适应变化，以便与信号匹配。预测编码的优点之一是能够改善信噪比。

正如在前面介绍的那样，语音信号中存在两种类型的相关性，即在样点之间的短时相关性和相邻基音周期之间的长时相关性。因为浊音信号具有准周期性，所以相邻周期的样本之间具有很大的相关性。因而在进行相邻样本之间的预测之后，预测误差序列仍然保持这种准周期性。为此，可以通过再次预测的方法来压缩比特率，即根据前面预测误差中的脉冲消除基音的周期性，这种预测称为基于基音周期的预测。相邻样本之间的预测利用了相邻的样本值，所以称为“短时预测”，它实际上是频谱包络的预测；而为了区别于短时预测，将基于基音周期的预测称为“长时预测”，它实际上是基于频谱细微结构的预测。

利用线性预测对语音进行这两种相关性的去相关处理后，得到的是预测余量信号。如果用预测余量信号作为激励信号源，输入长时预测滤波器，再将其输出作为短时预测滤波器的输入，即可在输出端得到解码后的合成语音信号。虽然采用了线性预测、自适应量化和噪声抑制等手段，使 APC 系统稍微变得复杂，但是实验表明该系统在 16 kbit/s 时可得到与 7bit 对数 PCM 同等的语音质量（35 dB 信噪比）。

12.4.3　自适应差分脉冲编码调制

1. 增量调制（Delta modulation，DM）

DM 是将语音信息用最低限度的一位数来表示的方法。DM 的主要思路为：首先判别下一个语音信号值比当前的信号值是高还是低，如果高则编码为“1”；如果低则编码为“0”。该方法虽然编码简单，但是会产生斜率过载和颗粒噪声。当语音波形幅度发生急剧变化（与量化阶梯 Δ 相比）时，译码波形不能充分跟踪这种急剧的变化而必然产生失真，称为斜率过载。相反地，在没有输入语音的无声状态，或者是信号幅度为固定值时，量化输出都将呈现 0、1 交替的序列，而译码后的波形只是 Δ 的重复增减。这种噪声称为颗粒噪声，它给人以粗糙的噪声感觉。图 12-2 为这两种噪声的形式。

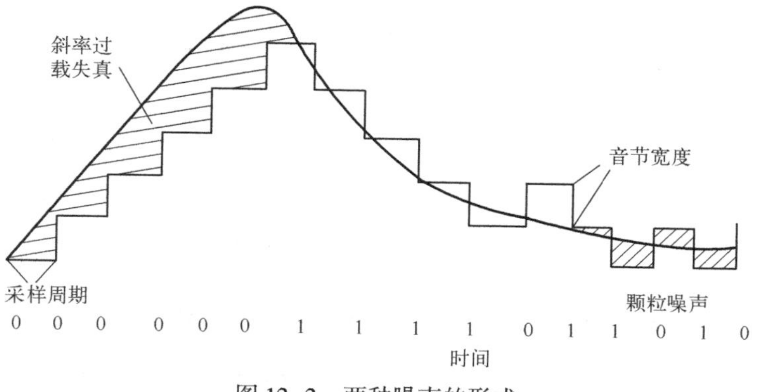

图 12-2　两种噪声的形式

一般情况下，人不容易觉察过载噪声，而粒状噪声对整个频谱都会产生影响，所以对音质影响比较大。为此，有必要将 Δ 的幅值与实际的语音信号进行比较，从而使 Δ 取值足够小。但是，如果步进幅值 Δ 取得小，那么过载噪声就会增大。虽然可以通过增加采样频率减小各个采样值之间的语音信号变化，但是信息压缩的效果就会降低。因此，必须谨慎地选择采样频率和 Δ 幅值，需按均方量化误差最小（两种失真均减至最小）的原则来选择 Δ。一种有效的策略就是采用随输入波形变化自适应改变 Δ 大小的自适应编码方式，使 Δ 值随信号平均斜率变化。斜率大时，Δ 自动增大；反之则减小。这就是自适应增量调制（Adaptive DM，ADM）的基本原理，即在语音信号幅值变化不太大的区间内，取小的 Δ 值来抑制粒状噪声；在幅值变化大的地方，取大的 Δ 值来减小过载噪声。其增量幅度的确定方法为，首先在粒状噪声不产生大的影响的前提下，确定最小的 Δ 幅值。如果同样的符号持续产生两次以上，在第三次时就将 Δ 幅值增加一倍；如果产生异号，将 Δ 幅值减小 1/2。当异号持续产生而减小 Δ 幅值时，一直减小到以最初确定的最小的 Δ 幅值为下限为止。引入自适应技术后，ADM 大约可增多 10 dB 的增益。试验表明，采样率为 56 kHz 的 ADM 具有与采样率为 8 kHz 时的 7bit 对数 PCM 相同的语音质量。

2. 差分脉冲编码调制（Differential PCM，DPCM）

DM 编码是一位编码，因此要产生优质的语音信号就必须以高频进行采样。一种改进的编码方法是采用多位量化来量化两个采样之间的差分信号，即将 DM 方式中的一位量化改为多位量化称为差分脉冲编码调制（Differential PCM，DPCM）。因为差分信号比原语音信号的动态范围和平均能量都小，因此对相邻样本间的差信号（差分）进行编码，可压缩信息量，从而大大降低信道负载。

DPCM 实质上是自适应预测编码 APC 的一种特殊情况，是最简单的一阶线性预测，即

$$A(z) = 1 - a_1 z^{-1} \tag{12-3}$$

DPCM 的结构框图如图 12-3 所示。图中，$x(n)$是输入语音信号，$x_r(n)$是重建的语音信号，$x_p(n)$是预测信号，$c(n)$是编码后信号，$d(n)$是预测误差信号，或称作余量信号。此处的预测器是固定预测器，其预测系数是根据长时统计参数求出的，尽管总的预测增益大于 1，但是与语音短时段不匹配，使得一些段的预测增益比较小，甚至小于 1。并且，由于 a_1 是固定的，显然它不可能对所有讲话者和所有语音内容都是最佳的。如果采用高阶（$p>1$）的固定预测，改善效果也并不明显。

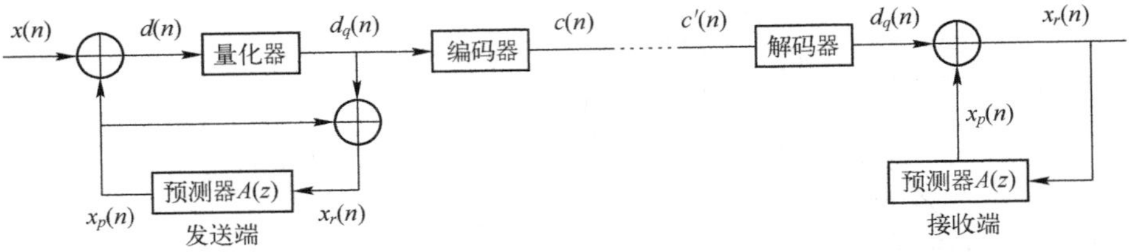

图 12-3　DPCM 的工作原理

3. 自适应差分脉冲编码调制（Adaptive DPCM，ADPCM）

相对来说，比较好的改善方法是采用自适应量化及高阶自适应预测的 DPCM，称为自适应差分脉冲编码调制（Adaptive DPCM，ADPCM）。ADPCM 本质上也是一种 APC。但通常的 APC 指的是包含短时预测、长时预测及噪声谱整形的系统，而 ADPCM 是只包括短时预测的编码系统。实践表明，DM 可获得约 6 dB 的信噪比增益，DPCM 可获得约 10 dB 的信噪比增益，而 ADPCM 可获得更好的效果（大约 14 dB）。

CCITT 在 1984 年提出的 32 kbit/s 编码器建议（G. 721 标准），就是采用 ADPCM 作为长途传输中的一种新的国际通用语音编码方案，这种 ADPCM 可达到标准 64 kbit/s 的 PCM 的语音传输质量，并具有很好的抗误码性能。ADPCM 将脉冲编码调制、差值调制和自适应技

术三者结合起来，进一步利用语音信号样点间的相关性，并针对语音信号的非平衡特点，使用了自适应预测和自适应量化，在 32 kbit/s 速率上能够给出网络等级语音质量，从而符合进入公用网的要求。G. 721 算法的框图如图 12-4 所示，其中红色粗线部分是解码器框图。由图中可以看出，编码器中嵌入一个解码器，使得编码器的自适应修正完全取决于信号的反馈值。这个反馈值与解码器的输出是一致的，所以后续的差值采样就补偿了量化误差，从而避免了量化误差的积累。

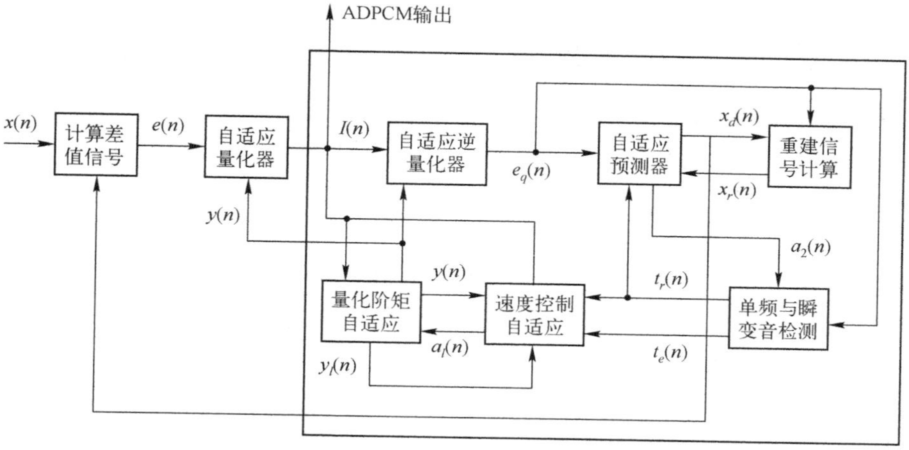

图 12-4　ADPCM G. 721 编码器

G. 721 算法的具体步骤如下：

1）求采样值 $x(n)$ 与其估计 $x_d(n)$ 之差

$$e(n)=x(n)-x_d(n)$$

2）自适应量化 $e(n)$ 并编码输出 $I(n)$

$$I(n)=\log_2|e(n)|-y(n) \tag{12-4}$$

其中，$I(n)$ 的编码值如表 12-3 所示。$y(n)$ 是量化阶矩自适应因子，它包含短时能量变化较快的语音信号 $y_u(n)$ 和类慢变信号 $y_l(n)$ 两部分，经速度调整因子 $a_l(n)$ 加权平均而成

$$y(n)=a_l(n)\cdot y_u(n-1)+[1-a_l(n)]\cdot y_l(n-1)(0\leqslant a_l\leqslant 1) \tag{12-5}$$

对快变信号来说，$a_l(n)$ 趋于 1；而对慢变信号来说，$a_l(n)$ 趋于 0。

表 12-3　G. 721 编码器量化表

归一化输入 $\log_2\|e(n)\|-y(n)$	输出代码 $I(n)$	归一化量化输出 $\log_2\|e_q(n)\|-y(n)$
[3.12，+∞]	7	3.32
[2.72，3.12]	6	2.91
[2.34，2.72]	5	2.52
[1.91，2.34]	4	2.13
[1.38，1.91]	3	1.66
[0.62，1.38]	2	1.05
[−0.98，0.62]	1	0.031
[−∞，−0.98]	0	−∞

3）阶矩自适应因子。$y_u(n)$称为快速非锁定标度因子，它的取值范围为$1.06 \leqslant y_u(n) \leqslant 10$，对应的线性域为$\Delta_{min}=2^{1.06}=2.085$，$\Delta_{max}=2^{10}=1024$。

$$y_u(n)=(1-2^{-5})y(n)+2^{-5}\omega[I(n)] \tag{12-6}$$

$\omega[I(n)]$的取值如表 12-4 所示。

表 12-4　$\omega[I(n)]$的取值

$I(n)$	7	6	5	4	3	2	1	0
$\omega[I(n)]$	70.13	22.19	12.38	7.00	4.00	2.56	1.13	-0.75

为了适应语音预测差值信号中的基音引起的能量突变，$\omega[I(n)]$的高端取值都很大。对于带内数据，信号短时能量基本上是平稳的，阶矩自适应采用如下算法：

$$y_l(n)=(1-2^{-6})y_l(n-1)+2^{-6}y_u(n) \tag{12-7}$$

式中，$y_l(n)$称为锁定标度因子。

4）速度控制。$a_l(n)$是速度控制因子，它是通过$I(n)$的长时平均幅度值$e_{ml}(n)$与短时平均幅度值$e_{ms}(n)$的差求出的。它反映了预测余量信号的变化率。

$$长时：d_{ml}(n)=(1-2^{-7})d_{ml}(n-1)+2^{-7}F[I(n)] \tag{12-8}$$

$$短时：d_{ms}(n)=(1-2^{-5})d_{ms}(n-1)+2^{-5}F[I(n)] \tag{12-9}$$

函数$F[I(n)]$的取值如表 12-5 所示。

表 12-5　$F[I(n)]$的取值

$I(n)$	7	6	5	4	3	2	1	0
$F[I(n)]$	7	3	1	1	1	0	0	0

当余量信号短时能量平稳时，$I(n)$的统计特性随时间变化很小，$e_{ml}(n)$与$e_{ms}(n)$相差不大。而当余量信号短时能量起伏较大时，它们出现差值。利用这一特性先计算中间参数$a_p(n)$：

$$a_p(n)=\begin{cases}(1-2^{-4})a_p(n-1)+2^{-3}, & |d_{ms}(n)-d_{ml}(n)| \geqslant 2^{-3}d_{ml}(n) \text{ 或 } y(n)<3 \\ (1-2^{-4})a_p(n-1), & 其他\end{cases} \tag{12-10}$$

显然，当$I(n)$幅度变化较大时，$a_p(n)$趋于2；而差别小时，$a_p(n)$趋于0。条件$y(n)<3$表明输入信号很小，处于清音段或噪声段，这时也有$a_p(n)$趋于2，以便量化器处于快速自适应状态来等待输入信号的突然变化。量化器速度控制因子$a_l(n)$是通过对$a_p(n)$限幅得到的：

$$a_l(n)=\begin{cases}1, & a_p(n-1) \geqslant 1 \\ a_p(n-1), & a_p(n-1)<1\end{cases} \tag{12-11}$$

因此，量化器从快速自适应向慢速自适应转变有一个延时。对于带内调幅数据，这种延迟效应可以防止自适应速度过早变慢，从而避免脉冲沿产生太大的畸变。

5）自适应逆量化器输出

$$e_q(n)=2^{y(n)+I(n)} \tag{12-12}$$

6）自适应预测。预测器采用 6 阶零点，2 阶极点的模型。预测信号为

$$x_d(n) = \sum_{i=1}^{2} a_i(n-1)x_r(n-i) + x_{dz}(n) \tag{12-13}$$

$$x_{dz}(n) = \sum_{j=1}^{6} b_j(n-1)e_q(n-j) \tag{12-14}$$

重建信号为

$$x_r(n) = x_d(n) + e_q(n) \tag{12-15}$$

极点、零点预测器系数分别是 a_i 和 b_j。其调整方式为

$$b_j(n) = (1-2^{-8})b_j(n-1) + 2^{-7}\operatorname{sgn}[e_q(n)] \cdot \operatorname{sgn}[e_q(n-j)] \tag{12-16}$$

此式隐含结果 $|b_j(n)| \leqslant 2$，为保证算法稳定，二阶极点预测器系数限制如下：

$$|a_2(n)| \leqslant 0.75\ ;\ |a_1(n)| \leqslant 1 - a_2(n) - 2^{-4} \tag{12-17}$$

则调整方式为

$$a_1(n) = (1-2^{-8})a_1(n-1) + 3 \cdot 2^{-8}\operatorname{sgn}[p(n)] \cdot \operatorname{sgn}[p(n-1)] \tag{12-18}$$

$$a_2(n) = (1-2^{-7})a_2(n-1) + 2^{-7}\operatorname{sgn}[p(n)] \cdot \{\operatorname{sgn}[p(n-2)] - f[a_1(n-1)] \cdot \operatorname{sgn}[p(n-1)]\} \tag{12-19}$$

式中

$$p(n) = e_q(n) + s_{dz}(n) \tag{12-20}$$

$$f(a_1) = \begin{cases} 4a_1, & |a_1| \leqslant 1/2 \\ 2\operatorname{sgn}[a_1], & |a_1| > 1/2 \end{cases} \tag{12-21}$$

7）单频和瞬变调整。当 ADPCM 编码器遇到频移键控信号（FSK）或其他窄带瞬变信号时，需要将系统从慢速自适应状态强制性的调整到快速自适应状态。为此，引入单频信号判定条件 t_e 和窄带信号瞬变判据 t_r：

$$t_e(n) = \begin{cases} 1, a_2(n) < -0.71875 \\ 0, \text{其他} \end{cases} \tag{12-22}$$

$$t_r(n) = \begin{cases} 1, t_e(n) = 1 \text{ 且 } |e_q(n)| > 24.2^{y_l(n)} \\ 0, \text{其他} \end{cases} \tag{12-23}$$

当 $t_e(n)=1$ 时，就认为出现了单频信号或频率瞬变。这时强制将量化处于快速自适应状态。当 $t_r(n)=1$ 时，还须要将 a_i 和 b_j 同时置零。采用这些措施后 G.721 ADPCM 可以传递 4.8 kbit/s 的 FSK 信号。同时 $a_p(n)$ 的判定也由下式决定：

$$a_p(n) = \begin{cases} (1-2^{-4})a_p(n-1) + 2^{-3}, & |d_{ms}(n) - d_{ml}(n)| \geqslant 2^{-3}d_{ml}(n) \text{ or } y(n) < 3 \text{ or } t_e(n) = 1 \\ 1,\ t_r(n) = 1 \\ (1-2^{-4})a_p(n-1), \text{其他} \end{cases} \tag{12-24}$$

当 ADPCM 与 PCM 之间发生换码级联的时候，需要在 ADPCM 内部进行 PCM 级联同步调整。方法就是在解码端将重建信号 $x_r(n)$ 重新编码成 ADPCM 码 $I_{ex}(n)$ 并与输入的 $I(n)$ 比较，根据差值 $x_r(n)$ 调整重建信号的电平级别。经过同步调整过程，ADPCM 就可以有效地防止同步级联误差积累。

为了加深对原理的理解，可参见提供的参考源代码。由于代码较长，这里就不再列举。

12.5 参数编码

由于参数编码是针对语音信号的特征参数来编码，所以与波形编码不同，它只适用于语音信号，对其他信号编码时质量会下降很多。参数编码在提取语音特征参数时，往往会利用某种语音生成模型在幅度谱上逼近原语音，以使重建语音信号有尽可能高的可懂度，即力图保持语音的原意，但重建语音的波形与原语音信号的波形却有相当大的区别。利用参数编码实现语音通信的设备通常称为声码器，例如通道声码器、共振峰声码器、同态声码器以及广泛应用的线性预测声码器等都是典型的语音参数编码器。其中，比较有实用价值的是线性预测声码器，这是因为它较好地解决了编码速率和编码语音质量的问题。

线性预测编码（Linear Prediction Code，LPC）器是应用最成功的低速率参数语音编码器。它基于全极点声道模型的假定，采用线性预测分析合成原理，对模型参数和激励参数进行编码传输，因而可以以很低的比特率（2.4 kbit/s 以下）传输可懂的语音。图 12-5 给出了典型的 LPC 声码器的框图。与利用线性预测的波形编码不同的是它的接收端不再利用残差，即不具体恢复输入语音的波形，而是直接利用预测系数等参数合成传输语音。波形编码器的主要作用是用作预测器，而声码器的主要作用是建立模型。

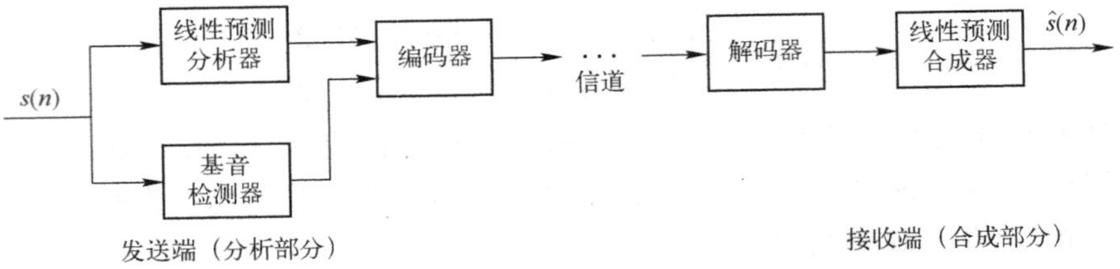

图 12-5　LPC 声码器框图

有关 LPC 的基本原理在前面章节中已经有了详细的讨论，这里不再重复。由于声码器的主要目的是用低数码率来编码传输语音，因此这里主要讨论 LPC 声码器参数的编码和传输问题。

12.5.1 LPC 参数的变换和量化

LPC 声码器中，必须传输的参数是 p 个预测器系数、基音周期、清浊音信息和增益参数。直接对预测系数 a_i 量化后再传输是不合适的，因为系数 a_i 很小的变化都将导致合成滤波器极点位置的较大变化，甚至造成不稳定的现象。这表明需要用较多的比特数去量化每个预测器系数。为此，可将预测器系数变换成其他更适合于编码和传输的参数形式。归纳起来，有以下几种。

（1）反射系数 k_i

k_i 在 LPC 算法中可以直接递推得到，它广泛应用于线性预测编码中。对反射系数的研究表明，各反射系数幅度值的分布是不相同的：k_1 和 k_2 的分布是非对称的，对于多数浊音信号，k_1 接近于 -1，k_2 则接近于 +1，；而较高阶次的反射系数 k_3、k_4 等趋向于均值为 0 的高斯分布。此外，反射系数的谱灵敏度也是非均匀的，其值越接近于 1 时，谱的灵敏度越高，即此时反射系数很小的变化将导致信号频谱的较大偏移。

上面的分析表明，对在[-1,+1]区间的反射系数做线性量化是低效的，一般都是进行非线性量化。比特数也不应均匀分配，k_1、k_2 量化的比特数应该多些，通常用5~6 bit；而 k_3、k_4 等的量化比特数逐渐减小。

（2）对数面积比

根据 k_i 系数的特点，在大量研究的基础上发现，最有效的编码是对数面积比：

$$g_i = \ln\left[\frac{1-k_i}{1+k_i}\right] = \ln\left[\frac{A_{i+1}}{A_i}\right] \quad (1 \leqslant i \leqslant p) \tag{12-25}$$

式中，A_i 是用无损声管表示声道时的面积函数。上式将域 $-1 \leqslant k_i \leqslant +1$ 映射到 $-\infty \leqslant g_i \leqslant +\infty$，这一变换的结果使 g_i 呈现相当均匀的幅度分布，可以采用均匀量化。此外，参数之间的相关性很低，经过内插产生的滤波器必定是稳定的，所以对数面积比很适合于数字编码和传输。每个对数面积比参数平均只需5~6 bit量化，就可使参数量化的影响完全忽略。

（3）预测多项式的根

对预测多项式进行分解，有

$$A(z) = 1 - \sum_{i=1}^{p} a_i z^{-i} = \prod_{i=1}^{p} (1 - z_i z^{-i}) \tag{12-26}$$

这里，参数 $z_i(i=1,2,\cdots p)$ 是 $A(z)$ 的一种等效表示，对预测多项式的根进行量化，很容易保证合成滤波器的稳定性，因为只要确定根在单位圆内即可。平均来说，每个根用5 bit量化就能精确表示 $A(z)$ 中包含的频谱信息。然而，求根将使运算量增加，所以采用这种参数不如采用第1、2种参数效率高。

通常，一帧典型的LPC参数包括1 bit清浊音信息、大约5 bit增益常数、6 bit基音周期、平均5~6 bit量化每个反射系数或对数面积比（共有8~12个），所以每帧约需60 bit。如果一帧25 ms，则声码器的数码率为2.4 kbit/s左右。

12.5.2 LPC-10编码器

20世纪70年代后期，美国使用线性预测编码器标准LPC-10作为在2.4 kbit/s速率上的推荐编码方式。1981年这个算法被官方接受，作为联邦标准1015号文件。1982年Thomas E. Tremain发表了这个算法，即“政府标准线性预测编码算法LPC-10”。利用这个算法可以合成清晰、可懂的语音，但是抗噪声的能力和自然度尚有欠缺。自1986年以来，美国第二代保密电话装置采用了速率为2.4 kbit/s的LPC-10e（LPC-10的增强型）作为语音处理手段。下面介绍LPC-10的工作原理和一些改进措施。

1. 编码器

（1）编码器的基本原理

图12-6为LPC-10的编码器框图。原始语音经过100~3600 Hz的锐截止的低通滤波器之后，输入A/D转换器，以8 kHz采样率12 bit量化得到数字化语音，然后每180个采样点（22.5 ms）为一帧，以帧为处理单元。编码器分两个支路同时进行，其中一个支路用于提取基音周期 T 和清浊音U/V判决信息；另一支路用于提取声道滤波器参数RC和增益因子RMS。提取基音周期的支路把A/D转换后输出的数字化语音缓存，经过低通滤波、二阶逆滤波后，再用平均幅度差函数AMDF计算基音周期，经过平滑、校正得到该帧的基音周期。

与此同时，对低通滤波后输出的数字语音进行清浊音标志。提取声道参数支路需先进行预加重处理。预加重的目的是加强语音谱中的高频共振峰，使语音短时谱以及 LPC 分析中的残差频谱变得更为平坦，从而提高了谱参数估值的精确性。

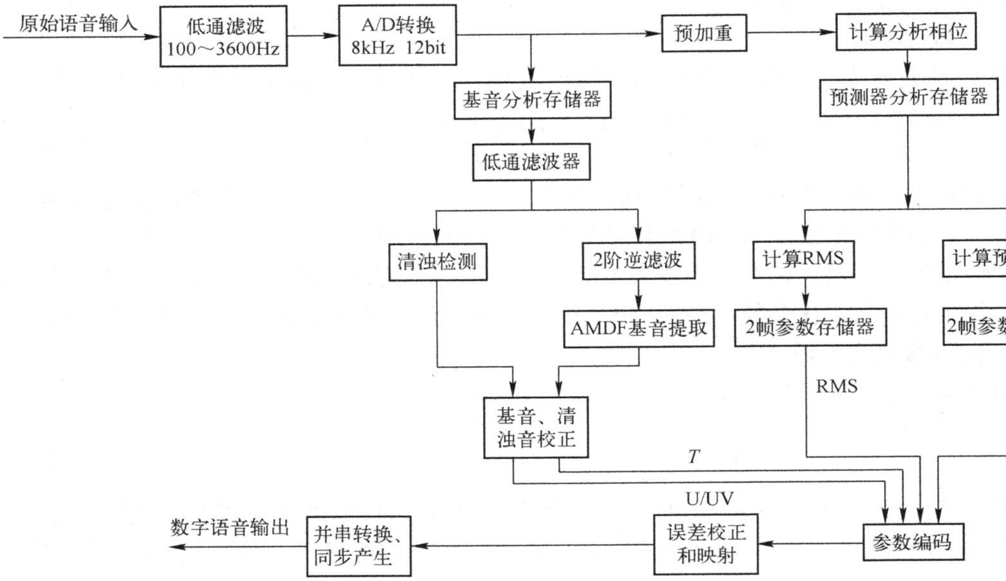

图 12-6　LPC-10 编码器原理框图

预加重滤波器的传递函数为

$$H(z)=1-0.9375z^{-1} \tag{12-27}$$

（2）计算声道滤波器参数

采用 10 阶 LPC 分析滤波器，利用协方差法计算 LPC 分析滤波器 $A(z)=1-\sum_{i=1}^{10}a_iz^{-i}$ 的预测系数 $a_1,a_2,\cdots,a_{10}$，并将其转换成反射系数 RC，或者部分相关系数 PARCOR 来代替预测系数进行量化编码。理论上，RC 参数和 PARCOR 参数互为相反数，系统稳定条件是其绝对值小于 1，这在量化时是容易保证的。LPC 分析采用半基音同步算法，即浊音帧的分析帧长取为 130 个样本以内的基音周期整数倍值来计算 RC 和 RMS。这样，每一个基音周期都可以单独用一组系数处理。在接收端恢复语音时也是如此处理。清音帧是取长度为 22.5 ms 的整帧中点为中心的 130 个样本形成分析帧来计算 RC 和 RMS。

（3）增益因子 RMS 的计算

计算公式为

$$\mathrm{RMS}=\sqrt{\frac{1}{N}\sum_{i=1}^{N}x^2(i)} \tag{12-28}$$

式中，$x(i)$是经过预加重的数字语音；N 是分析帧的长度。

（4）基音周期提取和清/浊音检测

输入数字语音首先经过截止频率为 800 Hz 的 4 阶 Butterworth 低通滤波器滤波，然后再经过二阶逆滤波（逆滤波器的系数为前面 LPC 分析得到的短时谱参数 $a_1,a_2,\cdots,a_{10}$）。把采样频率降低至原来的 1/4，再计算延迟时间为 20～256 个样点的平均幅度差函数 AMDF，由 AMDF 的最小值确定基音周期。计算 AMDF 的公式为

$$\mathrm{AMDF}(k) = \sum_{m=1}^{130} |x(m) - x(m+k)| \tag{12-29}$$

式中，$k=20,21,22,\cdots,40,42,44,\cdots,80,84,88,\cdots,156$。这相当于在 50～400 Hz 范围内计算 60 个 AMDF 值。清/浊音判决是利用模式匹配技术，基于低带能量、AMDF 函数最大值与最小值之比和过零率计算。最后对基音值、清/浊音判决结果用动态规划算法，在 3 帧范围内进行平滑和错误校正，从而给出当前帧的基音周期 T、清/浊音判决参数 U/V。每帧清/浊音判决结果用两位码表示 4 种状态，分别为：00——稳定的清音；01——清音向浊音转换；10——浊音向清音转换；11——稳定的浊音。

（5）参数编码与解码

在 LPC－10 的传输数据流中，将 10 个反射系数（k_1，k_2，…，k_{10}）、增益因子（RMS）、基音周期 T、清/浊音 U/V、同步信号 Sync 编码成每帧 54 bit/s。由于传输速率为 44.4 帧/s，因此，码率为 2.4 kbit/s。同步信号采用相邻帧 1，0 码交替的模式。

2. 解码器

LPC－10 接收端解码器框图如图 12-7 所示。接收到的语音信号经串/并转换及同步后，利用查表法对数码流进行检错、纠错。纠错译码后的数据经参数解码得到基音周期、清/浊音标志、增益以及反射系数，并延时一帧输出。输出数据在过去的一帧、当前帧和将来的一帧的三帧内进行平滑。由于每帧语音只传输一组参数，但一帧之内可能有不止一个基音周期，因此要对接收数值进行由帧块到基音块的转换和插值。

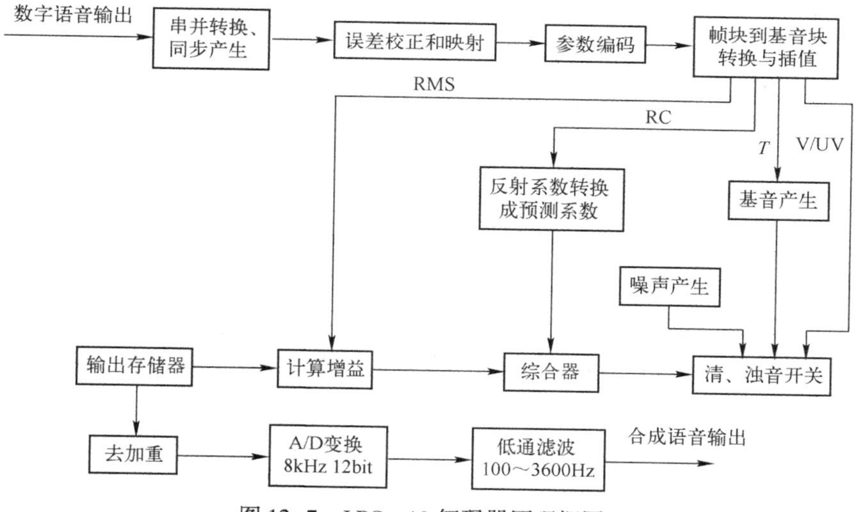

图 12-7 LPC－10 解码器原理框图

（1）参数插值原则

对数面积比参数值每帧插值两次；RMS 参数值在对数域进行基音同步插值；基音参数值用基音同步的线性插值；在浊音向清音过渡时对数面积比不插值。每个基音周期更新一次预测系数、增益、基音周期、清/浊音等参数。这个过程在帧块到基音块的转换和插值中完成。

（2）激励源

根据基音周期和清/浊音标志决定要采用的激励信号源。清音帧用随机数作为激励源；浊音帧用周期性冲激序列通过一个全通滤波器来生成激励源，这个措施改善了合成语音的尖峰性质。语音合成滤波器输入激励的幅度保持恒定不变，输出幅度受 RMS 参数加权。下面给出一组有 41 个样点的浊音激励信号：

$$e(n)=\{0,0,0,0,0,0,0,0,5,-8,13,-24,43,-83,147,-252,359,\\ -364,92,336,-306,-336,92,364,359,252,147,81,\\ 43,24,13,8,5,0,0,0,0,0,0,0\}$$

若当前的基音周期不等于 41 个样点，则将此激励源截短或者填零，使之与基音周期等长。

（3）语音合成

用 Levinson 递推算法将反射参数 $k_1,k_2,\cdots,k_p$，变换成预测系数 $a_1,a_2,\cdots,a_p$。接收端合成器应用直接型递归滤波器 $H(z)=1\Big/\left(1-\sum\limits_{i=1}^{p}a_iz^{-i}\right)$ 合成语音。对其输出进行幅度校正、去加重，并转换为模拟信号，最后经 3600 Hz 的低通滤波器后输出模拟语音。

12.5.3 LPC－10 编解码器的缺点及改进

LPC－10 虽然有编码速率低的优点，但是合成语音听起来很不自然，即使提高编码速率也无济于事。这主要是因为清浊音判决和浊音信号的基音检测很难做到十分可靠。有些摩擦音本身就清浊难分，在辅音与元音的过渡段或者有背景噪声的情况下，检测结果就更容易发生错误。这种错误对合成语音的清晰度影响特别严重。此外采用简单的二元激励形式，也不符合实际情况，因而造成自然度的下降。在增强型 LPC－10e 中采用了如下一些措施来改善语音的质量。

（1）改善激励源

采用混合激励代替简单的二元激励。此时，浊音的激励源是由经过低通滤波的周期脉冲序列与经过高通滤波的白噪声相加而成的，周期脉冲与噪声的混合比例随输入语音的浊化程度变化。清音的激励源是白噪声加上位置随机的一个正脉冲跟随一个负脉冲的脉冲对形成的爆破脉冲。对于爆破音，脉冲对的幅度增大，与语音的突变成正比。采用混合激励可以使原来二元激励合成引起的金属声、重击声、音调噪声等得到改善。

采用激励脉冲加抖动的方式。将基音相关性不是很强或残差信号中有大的峰值的语音帧判定为抖动的浊音帧。除采用脉冲加噪声的混合激励外，激励信号中的周期脉冲的相位要做随机地抖动，即对每个基音周期的长度乘上一个 0.75～1.25 之间均匀分布的随机数，这样可以改善语音的自然度。单脉冲与码本相结合的激励模式可兼取多脉冲激励线性预测编码与码本激励线性预测编码的长处，对不同的语音段采用不同的激励模式。对于具有周期性的语音段用以基音周期重复的单脉冲作为激励源，非周期性语音段用从码本中选择的随机序列作为激励源。

（2）改进基音提取方法

计算线性预测残差信号或者语音信号的自相关函数，并利用动态规划的平滑算法来更准确地提取基音周期。首先，将一帧的线性预测残差信号经过低通滤波后，求出所有可能的基音时延点上的归一化自相关系数；然后选出其中 L 个最大值，获得相邻 3 帧的每帧 L 个最大值并基于动态规划算法求得最佳基音值。

此外，还可以选择线谱对参数 LSP 作为声道滤波器的量化参数。

12.6 语音信号的混合编码

波形编码能保持较高的语音音质，抗干扰性较好，硬件上也容易实现，但比特速率较高，而且时延较大。参数编码的比特速率大大降低，最大可压缩到 2 kbit/s 左右，但自然度差，语音质量难以提高。20 世纪 80 年代后期，综合上述两种方式的混合编码技术被广泛使用。混合编码同声源编码一样也假定了一个语音产生模型，但同时又使用与波形编码相匹配的技术将模型参数编码。

对 LPC 声码器的改进方法就是采用混合激励模型，以便能够更加充分地描述丰富的语音特性。混合激励由一个多带混合模型来实现，对于浊音激励源，多带混合激励吸取了多带激励（MBE）语音产生模型的特点，将整个频段分成固定的几个频带，分别控制各频带的脉冲和噪声谱的混合比例，以更好地逼近残差谱。而对于清音谱，仍采用平坦的白噪声谱作为激励源。这样，混合激励比较细致地合成了浊音谱形状，使合成语音变得较为自然。

混合激励线性预测（MELP）声码器抗环境噪声能力强，计算复杂度低，有着广阔的应用前景，美国国防部在 1996 年将其作为新的 2.4 kbit/s 语音编码的联邦标准，以取代 LPC-10，并在 1997 年 3 月，确定为新的美国联邦标准。MELP 主要用于军事、保密系统的通信，在民用系统中也有一定的应用，如无线通信、互联网语音函件等。

MELP 声码器在传统的二元激励 LPC 模型上采用了混合激励、非周期脉冲、自适应谱增强、脉冲整形滤波以及傅里叶级数幅度值等 5 项新技术，使合成语音质量得到了极大的改善，可以在 2.4 kbit/s 码率上提供良好的语音质量。

MELP 声码器的编码原理与解码原理如图 12-8 与图 12-9 所示。

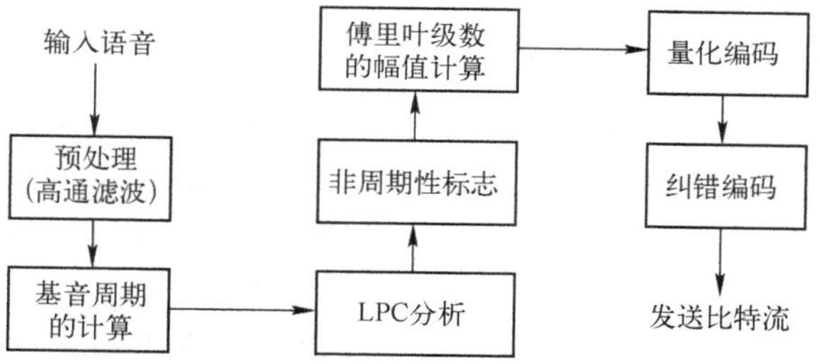

图 12-8　MELP 声码器编码原理图

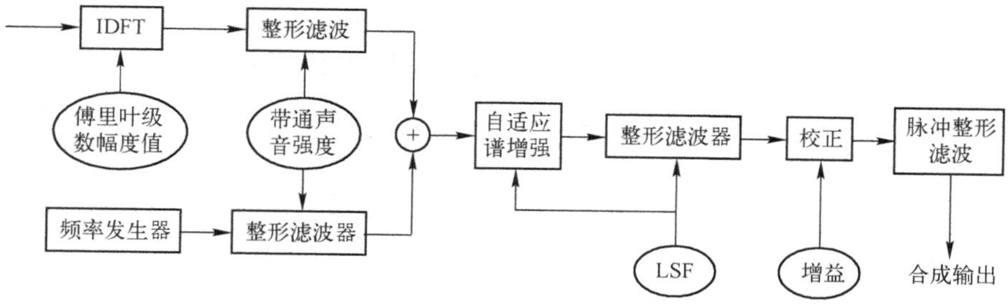

图 12-9　MELP 声码器解码原理图

由图可知，MELP声码器吸收了混合激励的思想，仍以传统的LPC模型为基础，同时在基音提取和激励信号产生等方面采用了一些新的方法以提高语音合成质量，这些新方法主要包括多带混合激励、使用非周期脉冲、残差谐波处理技术、自适应谱增强技术和脉冲整形滤波。其中，非周期脉冲、多带混合激励、自适应谱增强和残差谐波处理技术用来改善合成语音的激励信号，脉冲整形滤波器用来对合成语音进行后处理。

（1）多带混合激励

采用多带混合激励是MELP模型中最重要的特征，传统的LPC编码算法在每一帧中仅对输入信号进行一次清/浊音判决，在解码器端也是简单用一个清/浊音开关来表示，这样不能完整表达语音信号所含的丰富的激励信息。多带的思想来源于多带激励（Multi－Band－Excitation，MBE）算法，采用多带处理可以使得从频域上对激励信号的划分更加精密，合成的激励也更加准确。分带滤波器由5个带通滤波器相加得到，5个带通滤波器均采用6阶的巴特沃斯带通滤波器，滤波后的语音信号经全整流及平滑滤波，并采用清/浊音判决器取代清/浊音开关。通过用混合的激励取代简单的二元激励，可得到一个与短时谱相应的具有清音和浊音混合成分的激励谱，大大提高了合成语音的质量。

（2）非周期脉冲

采用混合激励可以减少合成语音中的蜂鸣噪声，但是当要处理的信号基音较高而且伴有噪声时，通常采用在激励信号中混入较多的低频白噪声的方法来减弱其周期性，但这样会使合成语音听起来有些杂音，在MELP算法中使用一种更有效的处理方法，即采用非周期脉冲。

在编码端将基音周期不是很强的浊音段用非周期标志来标识，这样接收端解码的时候根据非周期性的标志让基音周期在一个区间随机变动来减弱合成语音的周期性，采用这种方法可以很好地模拟那些不稳定的声门脉冲，从而使合成语音更加逼近原始的语音信号。需要说明的是，采用非周期脉冲要基于这种混合激励的算法，如果单纯使用非周期脉冲，可能会使语音质量恶化。

（3）残差谐波处理

在LPC残差信号中含有大量的语音特征，由于码率的限制，以往的低速率LPC算法在生成激励脉冲时，只反映了它的周期性，并没有反映它的幅度特性，因而不能很好地反映实际激励脉冲动态变化的特性。近几年来，由于采用了矢量量化和LSP技术，使得线性预测参数的量化比特数比以往大大减少，可以多空出几个比特。在MELP算法中，把这几个比特用于对残差信号的处理。但是用这几个比特很难全面描绘残差信号的特性，MELP算法借鉴原波形插值算法的做法，只对较重要的特征，如各基音周期谐波处的傅里叶级数幅度值进行矢量量化。残差信号中对语音影响最大的是低频带，经过对谱波数目和量化误差与合成语音效果之间关系的权衡考虑，2.4 kbit/s的MELP算法对最低10阶内的谐波进行矢量量化；而10阶以上谐波的傅里叶级数幅度值被认为是平坦的，由单位值来代替。对于这样得到的谱，按基音周期进行离散傅里叶反变换，得到周期脉冲激励序列，它比固定的脉冲序列提供了更多的灵活性。对残差谐波谱的传输，在很大程度上提高了合成语音的自然度、清晰度和抗噪声的能力，大大改善了LPC合成语音闷弱、嘶哑和合成语音重等特点。

（4）自适应谱增强

由于共振峰带宽即使在一个基音周期内也可能发生变化，同时LPC的全极点模型削弱了共振峰的特征，再加上量化误差等原因，LPC合成滤波器的极点形状与自然语音的共振峰形状存在偏差，导致了在共振峰之间合成语音的波谷不如原来的语音波谷，使合成语音听起来发闷。为了使合成语音与原始语音在共振峰有更好的匹配，MELP算法引入了自适应谱增强技术。

自适应谱增强通过让激励信号经过自适应谱增强滤波而实现。自适应谱增强滤波器是阶数等于线性预测阶数，而系数自适应变化的零点滤波器与一阶零极点滤波器级联而成的滤波器组。通过突出激励谱中共振峰频率处的谱密度，可以达到提高整个短时谱在共振峰处的信噪比，这也符合线性预测残差信号中仍包含一定的共振峰形状的特性。其中，极点滤波器的作用是衰减共振峰之间的频率分量，突出共振峰的结构；零点滤波器的作用是补偿对共振峰之间的频率分量的衰减；一阶零极点滤波器的作用是补偿零极点引起的滤波器频谱倾斜。零极点滤波器的系数均由LPC系数乘以一个相应的自适应比例因子得到。在许多基于共振峰谱包络合成中低速语音编码算法中都采用这种自适应谱增强的技术。其实现原理较为简单，算法的复杂度也不高，对编码端没有额外的要求，是加强低速率语音编码质量的实用技术。

（5）脉冲整形滤波

脉冲整形滤波的目的是为了让分带合成语音与原始语音在非共振峰区波形上具有更好的匹配。周期性较强的语音，是通过声门的周期性开闭产生声门脉冲激励而产生的。然而，实际语音的产生是很复杂的，其主要原因是：人说话时的声门开闭不一定很完整，往往除了主要的声门脉冲，还可能在主要脉冲之间出现一些小的二次谐波；声门关闭不完全会造成一些吸气噪声；两次大的激励峰之间由于声道作用的非线性，可能会出现一些背景噪声。以上因素都会造成声门激励脉冲的峰值不集中于时域的一个点上，并且使语音的周期性发生一定的混淆。LPC合成时很难对这些复杂的现象进行准确的模拟，致使合成语音同原始语音相比，在一个周期内的峰-峰值更加尖锐。同时，LPC分析的共振峰带宽比实际情况要大，会引起某些频带处的谐波信号衰减较大。

为了使合成语音符合原始语音的这一变化情况获得较为自然的语音，应对合成语音的峰-峰值进行平滑。平滑方法包括在周期激励中引入第二个峰值，或改变周期激励谱的形状，但这些方法可能会破坏原有的激励模型，造成失真。为了保持原有激励模型的优点，MELP算法在语音合成后加一级后处理——脉冲整形滤波。该滤波器是一个FIR滤波器，其系数是通过将典型男性周期脉冲的谱强制变换为平坦谱，再进行傅里叶反变换得到的，它具有减弱某些频带周期性的作用，降低了基音周期为典型周期附近的峰-峰值，使合成语音的蜂鸣效果降低，变得更为连贯、自然。

12.7 研究展望

随着3G、4G移动通信的发展，以手机电视、移动音乐、流媒体音乐，以及移动音视频会议等为代表的诸多移动多媒体应用将快速发展，同时大容量存储器和宽带网络的发展，使得人们对传输带宽和传输速率的要求逐渐放宽，而随之提高了对音频质量的要求。在这种趋势下，当前对语音、音频编码的研究主要集中在空间音频编码和适合未来移动通信的语音与音频通用编码等方面。

空间音频编码是一种基于空间听觉线索的压缩编码技术，它通过高效提取和重建空间听觉信息，实现低码率高质量多声道音频编码。空间音频编码的目标是利用空间听觉冗余，以尽可能低的码率传送高质量的多声道音频信号，通过与空间视频编码技术相结合，在保证重建音频质量的前提下，完成对现实场景的完美重现。空间音频编码的基础理论是双耳线索编码理论，通过提取声道间的差异信息以及相关度信息实现多声道压缩编码。与传统多声道编码相比，空间音频编码在相同的音质下可有1/2到2/3的码率下降，在满足人们较高音质需求的同时，也减轻了目前高质量多声道音频信号对传输和存储上的压力，从而使其在广播、Internet流媒体等领域有着巨大的应用前景。

语音与音频通用编码作为当前语音、音频编码的另一个研究热点，其研究目标是利用统一的编码框架，实现对包括语音、音乐、语音和音乐的混合（混合音频）等复杂音频信号的高效编码，从而弥补单一类型的语音、音频编码方式仅适合处理一种类型信号的不足。将线性预测与变换编码相结合的变换预测编码算法就是基于此目的而设计，该算法以线性预测编码技术为核心，通过开环或闭环的方式，将预测残差在频域量化，通过在时域分辨率和频域分辨率之间取得折中，实现对语音和音频信号的通用编码。

12.8 思考与复习题

1. 什么叫作量化、编码、解码？它们是如何实现的？为什么说在采样率受限于信号带宽时传输数码率取决于语音信号的概率分布？常用的语音信号的概率函数是什么？

2. 什么是信源编码？信源编码主要解决什么问题？什么是信道编码？信道编码主要解决什么问题？

3. 语音编码通常分为哪几类？波形编码、参数编码与混合编码各有什么优点和缺点？

4. 什么叫作PCM的均匀量化和非均匀量化？后者比前者有什么优点？常用的有哪几种非均匀量化方式？我国采用哪种方式？你知道我国的语音质量的清晰度测试方法吗？

5. 什么叫作声码器？其传输数码率可低达多少？目前已研究出哪几种声码器？其中最常用的是哪一种？为什么？

6. 请画出线性预测声码器的原理框图。在LPC声码器中，最好的量化参数是什么？为什么？在LPC声码器中如何使用矢量量化技术来进一步降低数码率？除书中介绍的方法之外，还有什么方法吗？

7. 混合激励线性预测编码（MELP）的原理是什么？你能画出它的系统框图吗？MELP有什么优缺点？

8. 你知道多少语音编码国际标准？现代通信技术的发展对语音编码技术提出了什么要求？当前语音编码的研究主要致力于解决什么问题？

附　　录

附录 A　MFC 类模板及引入的函数库说明

A.1　std::vector 简介

vector 是 C ++ 标准模板库中的部分内容，它是一个多功能的、能够操作多种数据结构和算法的模板类和函数库。vector 之所以被认为是一个容器，是因为它能够像容器一样存放各种类型的对象。

简单地说，vector 是一个能够存放任意类型的动态数组，能够增加和压缩数据。

为了可以使用 vector，必须在头文件中包含下面的代码：

```
#include < vector >
```

vector 属于 std 命名域的，因此需要通过命名限定，完成代码为：

```
std::vector < int > vInts;
```

vector 定义方法及部分操作函数如表 A-1-1 和表 A-1-2 所示。

表 A-1-1　vector 定义方法

定 义 方 法	表　　述
vector < Elem > c	创建一个类型为 Elem 的空 vector
vector < Elem > c1(c2)	复制一个类型为 Elem 的 vector
vector < Elem > c(n)	创建一个类型为 Elem 的 vector，含有 n 个数据，数据默认构造产生
vector < Elem > c(n,elem)	创建一个含有 n 个 elem 复制的类型为 Elem 的 vector
vector < Elem > c(beg,end)	创建一个以［beg；end）区间的类型为 Elem 的 vector

表 A-1-2　部分 vector 操作函数

操 作 函 数	表　　述
c. assign(beg,end)	将[beg;end)区间中的数据赋值给 c
c. assign(n,elem)	将 n 个 elem 的复制赋值给 c
c. at(idx)	传回索引 idx 所指的数据，如果 idx 越界，抛出 out_of_range
c. back()	传回最后一个数据，不检查这个数据是否存在
c. begin()	传回迭代器中的第一个数据地址
c. capacity()	返回容器中数据个数
c. clear()	移除容器中所有数据
c. empty()	判断容器是否为空
c. nd()	指向迭代器中的最后一个数据地址

（续）

操作函数	表述
c. erase(pos)	删除 pos 位置的数据，传回下一个数据的位置
c. erase(beg,end)	删除［beg，end）区间的数据，传回下一个数据的位置
c. front()	传回第一个数据
c. insert(pos,elem)	在 pos 位置插入一个 elem 拷贝，传回新数据位置
c. insert(pos,n,elem)	在 pos 位置插入 n 个 elem 数据。无返回值
c. insert(pos,beg,end)	在 pos 位置插入在［beg，end）区间的数据。无返回值
c. max_size()	返回容器中最大数据的数量
c. pop_back()	删除最后一个数据
c. push_back(elem)	在尾部加入一个数据
c. rbegin()	传回一个逆向队列的第一个数据
c. rend()	传回一个逆向队列的最后一个数据的下一个位置
c. resize(num)	重新指定队列的长度
c. reserve()	保留适当的容量
c. shrink_to_fit()	释放内存
c. size()	返回容器中实际数据的个数
c1. swap(c2)	将 c1 和 c2 元素互换

A. 2　std:: complex 简介

标准 C ++ 中提供 complex 模板类完成对复数类型的封装，使用 complex 必须要包含头文件 <complex>，如：

```
#include <complex>
using namespacestd;
```

部分 complex 操作函数如表 A-2-1 所示。

表 A-2-1　complex 操作函数

函数	含义
lreal()	返回复数的实部
limag()	返回复数的虚部
labs(x)	返回复数 x 的模
larg(x)	返回复数 x 的相角
lconj(x)	返回复数 x 的共轭复数
lnorm(x)	返回复数 x 的模的平方

A. 3　FFTW 函数库简介

为了提高运算效率，平台引入学术和工程上广泛使用的离散傅里叶变换的函数库 FFTW（the Fast Fourier Transform in the West）。FFTW 是一个 C 程序编写的开源库程序，是由 MIT

的 M. Frigo 和 S. Johnson 共同开发，在速度、多维数据处理以及并行运算上，都有着很卓越的表现，被广泛地使用在 MATLAB 等软件中。

FFTW 编程的方法大致为：首先用 fftw_malloc 分配输入输出内存，然后输入数据赋值，创建变换方案(fftw_plan)，执行变换(fftw_execute)，最后释放资源。

一维复数据的 DFT 的函数接口定义为：

```
fftw_plan fftw_plan_dft_1d(int n,fftw_complex * in,fftw_complex * out,int sign,unsigned flags);
```

其中，n 为数据个数，可以为任意正整数，但如果为一些小因子的乘积计算起来可以更有效。

in 和 out 分别表示输入和输出数据。如果 in 和 out 指针相同，则为原位运算；否则为非原位运算。

sign 可以为正变换 FFTW_FORWARD(-1)，也可以为逆变换 FFTW_BACKWORD(+1)，实际上就是变换公式中指数项的符号。需注意 FFTW 的逆变换没有除以 N，即数据正变换再反变换后是原始数据的 N 倍。

flags 参数一般情况下为 FFTW_MEASURE 或 FFTW_ESTIMATE。FFTW_MEASURE 表示 FFTW 会先计算一些 FFT 并测量所用的时间，以便为大小为 n 的变换寻找最优的计算方法。依据机器配置和变换的大小（n），这个过程耗费约数秒（时钟 clock 精度）。FFTW_ESTIMATE则相反，它直接构造一个合理的但可能是次最优的方案。总体来说，如果程序需要进行大量相同大小的 FFT，并且初始化时间不重要，可以使用 FFTW_MEASURE，否则应使用 FFTW_ESTIMATE。FFTW_MEASURE 模式下 in 和 out 数组中的值会被覆盖，所以该方式应该在用户初始化输入数据 in 之前完成。

fftw_complex 默认由两个 double 量组成，在内存中顺序排列，实部在前，虚部在后，即typedef double fftw_complex。

附录 B　基于 MFC 的语音录放原理与程序实现

B.1　MFC 消息机制

Microsoft Visual Studio（简称 VS）是美国微软公司的开发工具包系列产品。VS 是一个基本完整的开发工具集，它包括了整个软件生命周期中所需要的大部分工具，如 UML 工具、代码管控工具、集成开发环境（IDE）等。所写的目标代码适用于微软支持的所有平台，包括 Microsoft Windows、Windows Mobile、Windows CE、.NET Framework、.NET Compact Framework、Microsoft Silverlight 及 Windows Phone。

Visual Studio 是目前最流行的 Windows 平台应用程序的集成开发环境，其最新版本为 Visual Studio 2015，基于 .NET Framework 4.5.2 构建。本书选择 Visual Studio 2013 作为学习测试软件。

语音信号处理程序依托于 MFC 平台，MFC（Microsoft Foundation Classes）是微软公司实现的一个 C++类库，封装了大部分的 Windows API 函数，提高了程序的开发速度。MFC 消息机制如图 B-1-1 所示。

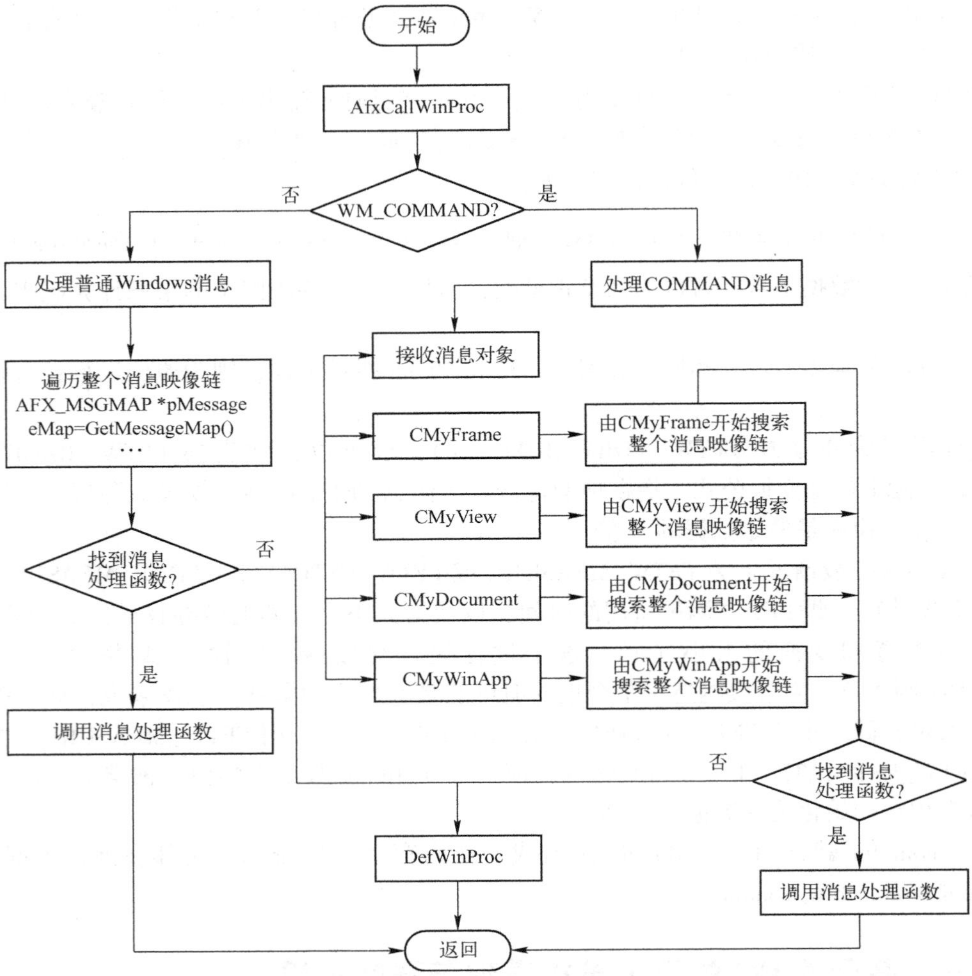

图 B-1-1　MFC 消息机制

AfxWndProc 消息处理过程可概括为：

（1）AfxWndProc 处理消息时首先判断 WM_QUERYAFXWNDPROC，是就返回 1，表示使用 MFC 的消息映射系统。

（2）调用 AfxCallWndProc。AfxCallWndProc 在 WM_INITDIALOG 消息中将调用_AfxHandleInitDialog 使对话框居中。AfxCallWndProc 还将在线程状态中对消息对得保存，并最后调用窗口对象的窗口过程：虚函数 WindowProc()。

（3）CWnd::WindowProc 调用 CWnd::OnWndMsg()，如果返回 FALSE，则再调用 CWnd::DefWindowProc()。

（4）CWnd::OnWndMsg()对应于 SDK 程序中的 switch 语句。首先它过滤特殊的消息 WM_COMMAN，WM_NOTIFY，WM_ACTIVATE，WM_SETCURSOR 并调用框架类对应的特殊处理函数，而其他消息进入消息映射表中去查找处理函数。

（5）WM_COMMAND 的处理：

- 虚函数 CWnd::OnCommand()消息是框架类产生的，故调用框架类的OnCommand()实现。OnCommand 检查表示控件的 LPARAM 参数，控件产生的消息会在 LPARAM 中包含控件窗口，对控件通知消息会调用特写处理过程。如消息是为某个控件产生的，会 OnCommand在将消息直接发送给该控件后返回；否则，它保证产生命令的用户界面元素没有被禁用，然后将调用 OnCmdMsg。

- CFrame::OnCmdMsg()按以下顺序查找在消息映射表中查找处理函数：活动视图，活动视图的文档，主窗口，应用程序。找到后就调用 DispatchCmdMsg 以执行所找到的处理函数，没找到时调用 DefWindowProc。
- static BOOL DispatchCmdMsg()根据函数签名（消息表入口项中的 nSig 变量）执行不同操作。一般菜单命令的签名是 AfxSig_xx，会直接调用处理函数，其他签名可能要预先分解消息参数 LPARAM，WPARAM。

常用消息的处理流程如图 B-1-2 所示。

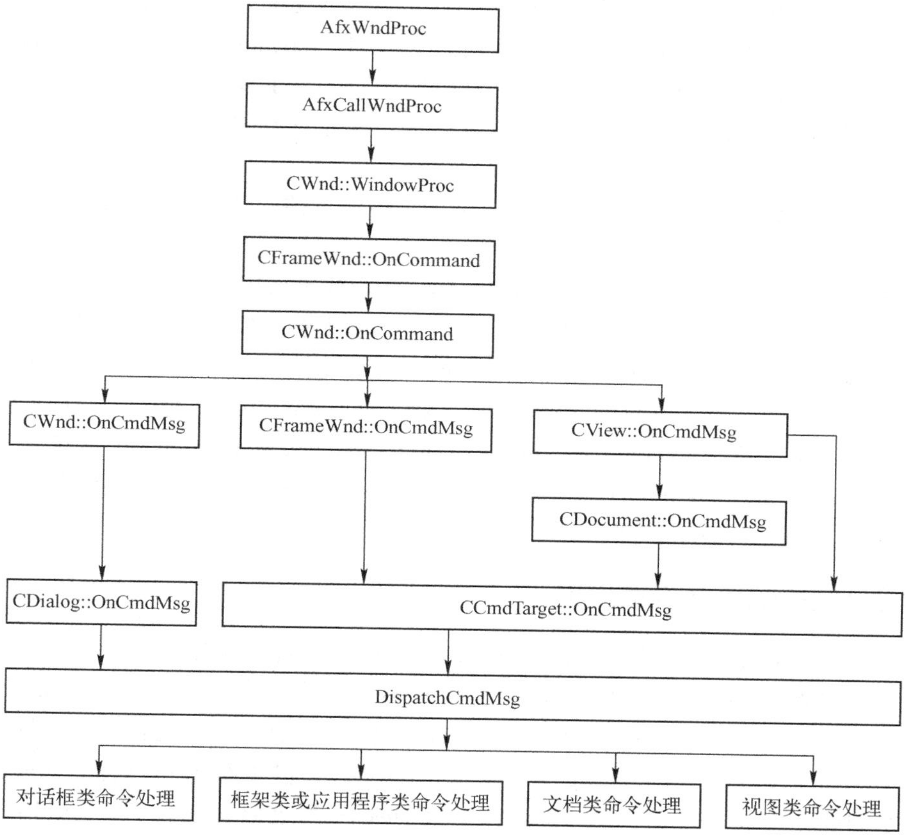

图 B-1-2　常用消息的处理流程

（6）处理一般窗口消息：AfxWndProc→AfxCallWndProc→CWnd::WindowProc →CWnd::OnWndMsg→AfxFindMessageEntry→实际处理函数。

（7）调用成员函数。

函数签名的定义：

```
union    MessageMapFunctions{
```

```
Afx_PMSG    pfn;//一般成员函数指针
        BOOL (AFX_MSG_CALL    CWnd:: * pfn_bD)(CDC * );
        BOOL (AFX_MSG_CALL    CWnd:: * pfn_bb(BOOL);
};
```

在 OnWndMsg 中会将此联合中的 pfn 设为消息处理函数的地址：mmf. pfn = lpEntry - > pfn，同时，查找合适的签名，从 WPARAM，LPARAM 中取出必要的参数，使用与签名一致的原型调用处理函数。

（8）其他类型的消息：

1）WM_NOTIFY

CWnd::ONWndMsg()用 CWnd::OnNotify()来进行处理。OnNotify 调用OnChildNotify()将消息送给控件。

2）消息反射：可用消息反射宏来实现，以便控件自己处理特定的消息。

3）WM_ACTIVATE：OnWndMsg()中调用_AfxHandleActivate()检查最高层是否是 WM_ACTIVATE，是则向最高层窗口发送 WM_ACTIVATETOPLEVEL 消息。

4）WM_SETCURSOR：当鼠标按下时会激活最后一个活动窗口，此时在_AfxHandleSet-Cursor()中处理。

MFC 消息控制流最具特色的地方是 CWnd 类的虚拟消息预处理函数 PreTranslateMessage()，通过重载这个函数，可以改变 MFC 的消息控制流程，甚至可以作一个全新的控制流出来。只有穿过消息队列的消息才受 PreTranslateMessage()影响，采用 SendMessage()或其他类似的方式向窗口直接发送的而不经过消息队列的消息根本不会理睬 PreTranslateMessage()的存在。消息预处理共两个入口：CWinApp::PreTranslateMessage，CWnd::PreTranslateMessage。在消息由 TranslateMessage()和 DispatchMessage()处理前，CWinApp::Run()调用 CWinApp::PreTranslateMessage，然后，CWinApp::PreTranslateMessage 会从消息结构中对指定的目标窗口及应用程序的主窗口调用每个窗口的 CWnd::Translatemessage()。如预处理过程返回 TRUE，则消息不再进行后继处理。

B.2 基于 MFC 的语音录放原理

软件处理的基本文件格式是 . wav 文件，语音软件在文件菜单中提供了录音功能，为语音处理提供了功能性保障。录音功能使用了 windows 提供的多媒体处理库 winmm. lib，该库封装了 windows 下大部分的多媒体处理 API。软件平台中的录音功能是在该媒体库基础上进行再封装实现的。设计的 CRecordDlg 类以对话框的形式提供了对录制语音的采样率、信道数和比特率的设置，通过接口函数 WriteWaveFileHeader 写进语音文件头。StartRecording 和 StopRecording 两个接口函数封装了录音的主要过程，处理流程如图 B-2-1 所示。

其中，m_WaveFormatEx 是 WAVEFORMATEX 对象，描述了 . wav 语音的文件头信息，包括波形格式、信道数、采样率、对齐方式、比特数，格式如下：

```
typedef struct {
WORD wFormatTag;
WORD nChannels;
DWORD nSamplesPerSec;
```

```
DWORD nAvgBytesPerSec;
WORD nBlockAlign;
WORD wBitsPerSample;
WORD cbSize;
} WAVEFORMATEX;
```

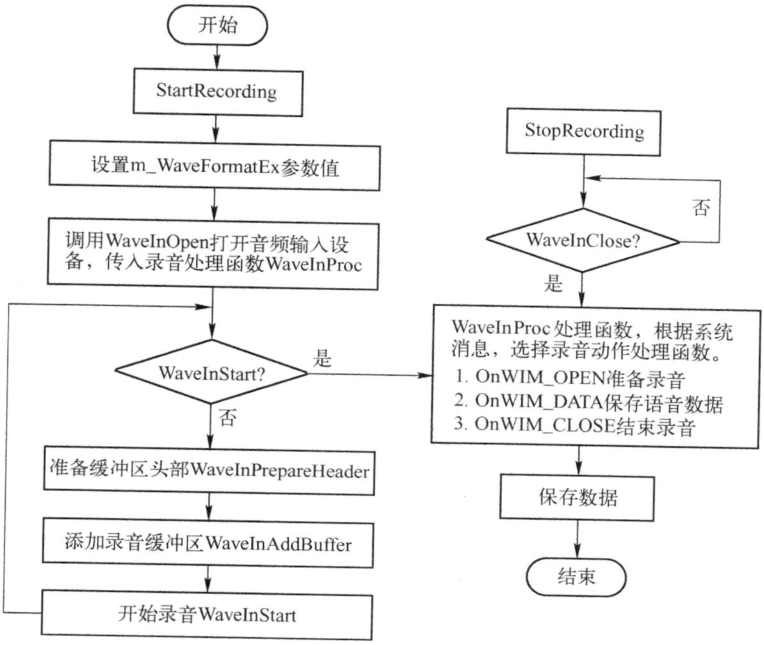

图 B-2-1　语音采集基本原理

wFormatTag：指定一些压缩的音频格式，如 G723.1，TURE DSP 等。不过一般都是 WAVEFORMAT_PCM 格式，即未压缩的音频格式。

nChannels：声道数，取值可为 1 或者 2。

nSamplesPerSec：每秒采样数，取值为 8000、11025、22050 和 44100 等标准值。

nAvgBytesPerSec：每秒平均的字节数。

nBlockAlign：一个比较特殊的值，表示对音频处理时的最小处理单位，对于 PCM 非压缩，其值是 wBitsPerSample * nChannels/8。

wBitsPerSample：每采样值的位数，取值为 8 或者 16。

cbSize：表示该 WAVEFORMATEX 的结构在标准的头部之后还有多少字节数（对于 PCM 格式而言），初值为 0。

图中涉及的函数包括：

（1）WaveInOpen：该函数是系统提供的，功能是打开音频输入设备，并且传入 WaveInProc 处理函数，WaveInProc 在调用函数 WaveInStart 后开始工作，在调用函数 WaveInClose 后停止工作，其调用类中定义了三个回调信号：

1）OnWIM_OPEN：当执行 WaveInStart( ) 函数时，并产生这个回调信号，调用 OnWIM_OPEN 函数。代表录音设备已经打开。

2）OnWIM_DATA：当每块缓存块填满时，产生这个回调信号。在这次调用中，回调函数应当完成如下工作：处理将存满的缓存块，例如存入文件或送入其他设备；向录音设备送入新的缓存块。录音设备任何时刻都应当拥有不少于两个的缓存块，以保证录音不间断性。

3）OnWIM_CLOSE：当调用 WaveInClose 函数时，会产生这个回调信号，代表录音设备关闭成功。回调函数调用中，可以执行相应的一些操作，如关闭文件、保存信息等。

（2）WaveInPrepareHeader 函数用于准备好录音缓存空间，以便使用。一般至少需要准备两块缓存，因为录音不能间断，当一块填满时没有时间等待去送入下一块缓存，所以必须提前准备好。

（3）WaveInAddBuffer 函数用于将缓存送入录音设备，存入已录下的音频。开始录音时，应至少送入两块不同的缓存，即调用两次该函数。之后，为了不致使录音产生间断，应保证至少有一块缓存在录音时为空，以备衔接。

此外，在语音处理过程中，频域处理需要 FFT。为了提高运算效率，平台引入学术和工程上广泛使用的离散傅里叶变换的函数库 FFTW。

如果语音信号的处理需要线性代数方面知识的支持，Armadillo 库是个不错的选择。Armadillo是一个封装了 BLAS 和 LAPACK 的 C ++ 开源线性代数库，后两者分别是美国自然科学基金和美国国家科学基金资助的项目，是业内公认的标准线性代数计算的解决方案。Armadillo 对两者进行了封装，使其接口相似于 MATLAB，在 C ++ 平台上得到了很好的推广。

B.3 基于 MFC 的语音录放程序实现

程序的详细的实现步骤如下：

（1）打开 Visual Studio 软件，选择菜单项：文件→新建→项目，弹出“新项目”对话框。

（2）左侧面板中已安装模板的 Visual C ++ 下选择 MFC，在中间窗口中选择 MFC 应用程序，然后在下面的名称编辑框中键入工程名称，本例取名“test_record”，在地址编辑框中设置工程的保存路径。单击“确定”按钮。

（3）单击“下一步”按钮到“MFC 应用程序向导”对话框，在应用程序类型下选择“基于对话框”，其他使用默认设置，单击“完成”按钮，如图 B-3-1 所示。

在资源视图的资源树中双击某个 ID，可在中间区域内显示相应的资源界面。双击 IDD_TEST_RECORD_DIALOG 时，中间区域就会显示 test_record 对话框模板。

在 test_record 对话框模板上单击鼠标右键，然后在右键菜单中选择属性，则在右侧面板中会显示对话框的属性列表，如图 B-3-2 所示。

（4）Caption：对话框标题。此处默认为 test_record，可将其修改为“录放音测试”，其他设置为默认。

（5）在资源视图中单击鼠标右键，选择“添加资源”，选择“Menu”，单击“新建”按钮，如图 B-3-3所示。

（6）在图 B-3-4 所示位置处输入“设置”→“设置参数”。

（7）设置参数，在右下角将设置参数的 ID 修改为 ID_SET。然后右击设置参数，单击“添加事件处理程序”。弹出事件处理程序向导对话框，消息类型选择“COMMAND”，类列表选择“Ctest_recordDlg”，然后单击“添加编辑”。

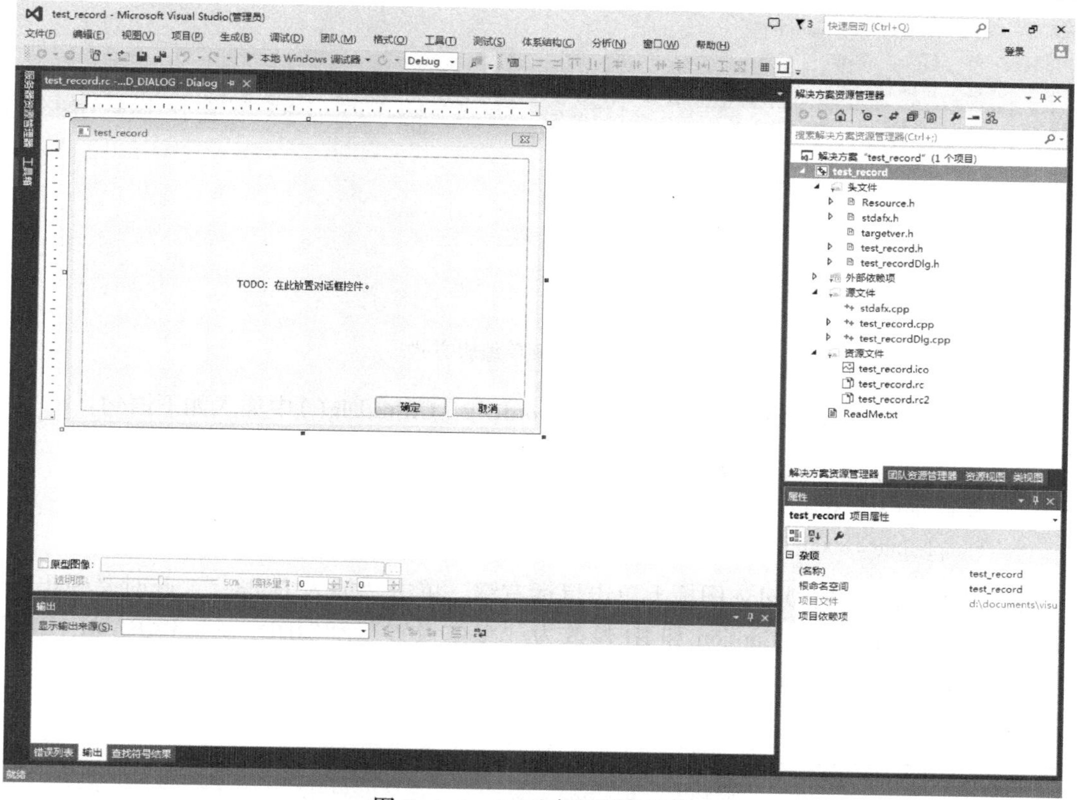

图 B-3-1　MFC 应用程序窗体

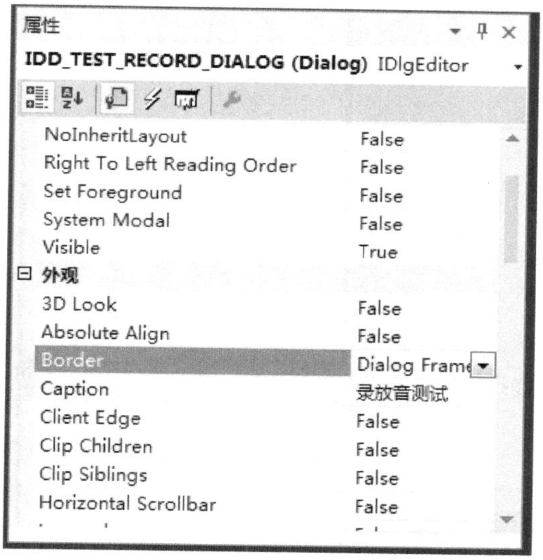

图 B-3-2　对话框的属性列表

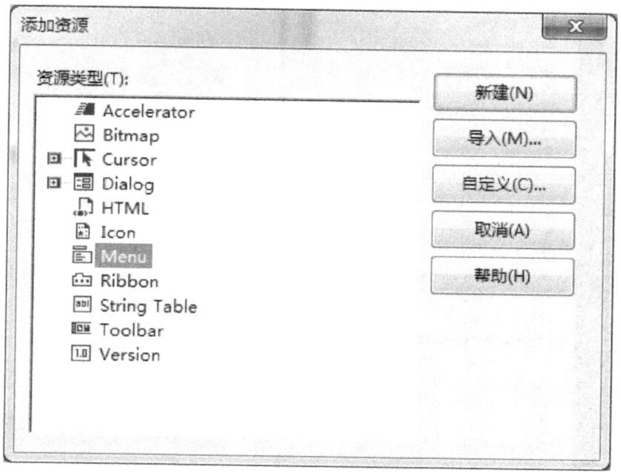

图 B-3-3　添加资源窗体

（8）打开对话框头文件 test_recordDlg. h，声明 CMenu 变量，在实现和生成的消息映射函数之间输入 CMenu　m_Menu；同时声明采样率和采样精度，在最后一个 public 下输入 "unsigned long SampleRate；" 和 "int BitsPerSample；"。

图 B-3-4　菜单编辑方式

打开 test_recordDlg. cpp 文件，在 Ctest_recordDlg::OnInitDlg( )中加入如下语句：

```
m_Menu. LoadMenuW(IDR_MENU1);
SetMenu(&m_Menu);
SampleRate = 8000;BitsPerSample = 16;
```

（9）在资源视图的 Dialog 图标上单击鼠标右键，单击“插入 Dialog”，此时又弹出一个新的对话框。将对话框的 Caption 和 ID 修改为“参数设置”和“IDD_SET_PARAMETERS”。再单击右侧的工具箱，如图 B-3-5 所示。

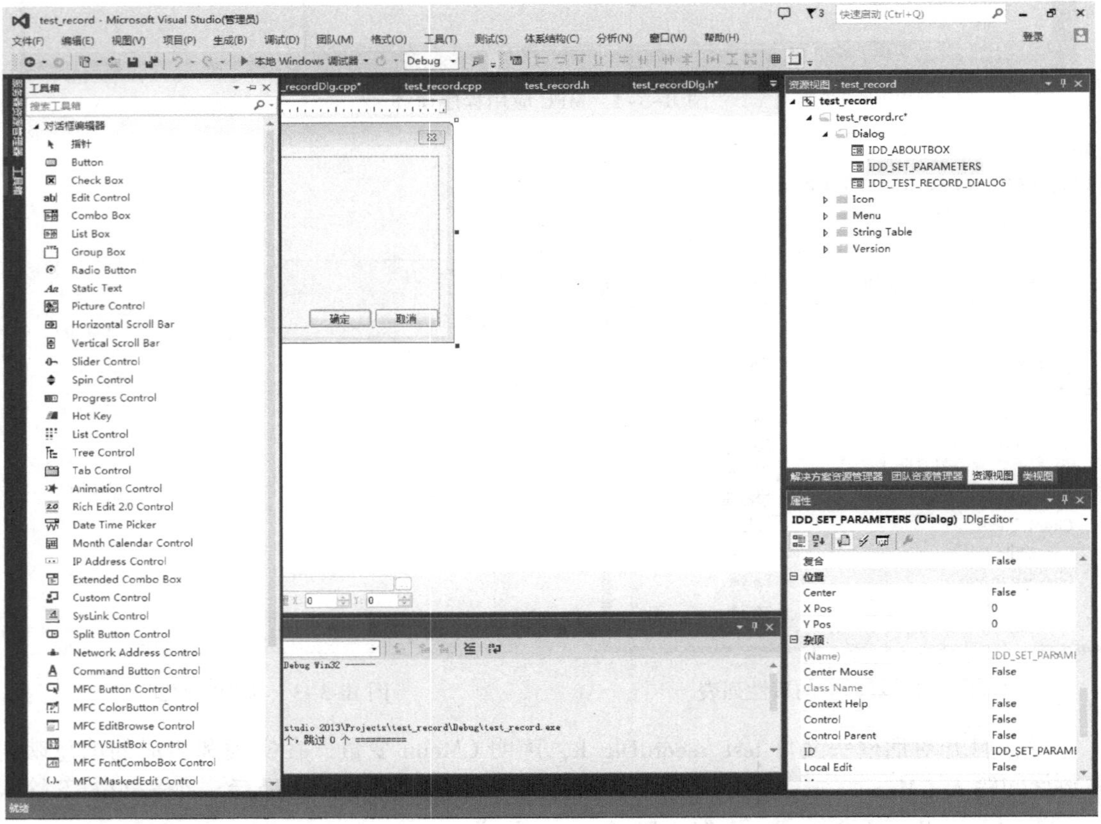

图 B-3-5　工具箱界面

向对话框添加两个“Combo Box”和两个“Static Text”。将两个 Static Text 控件的 Caption分别改为“采样率”和“采样精度”。将两个 Combo Box 控件的 ID 修改为“IDC_SAMPLERATE”和“IDC_BITSPERSAMPLE”。最终界面如图 B-3-6 所示。

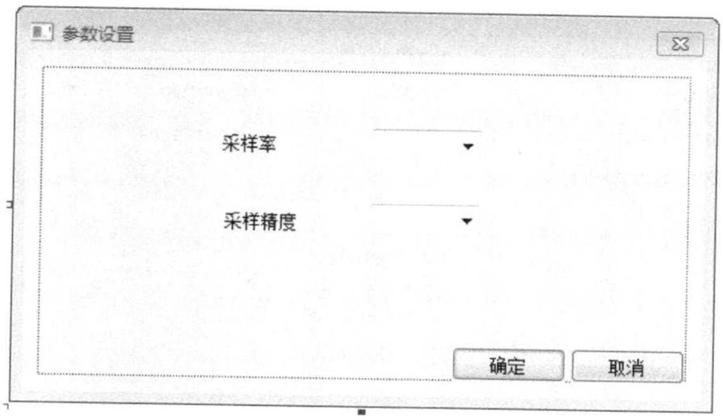

图 B-3-6　参数设置窗体

(10) 双击图 B-3-6 所示对话框，出现“MFC 添加类向导”对话框，如图 B-3-7 所示。在类名中输入“CParameterDlg”，然后单击“完成”按钮。然后再在图 B-3-6 所示对话框中双击“确定”按钮和“取消”按钮，添加消息响应函数。再在对话框中单击鼠标右键，选择“类向导”，如图 B-3-8 所示，出现“类向导”对话框，选择“虚函数”选项卡，选中“OnInitDialog”，并单击“添加函数”按钮，最后单击“确定”按钮。

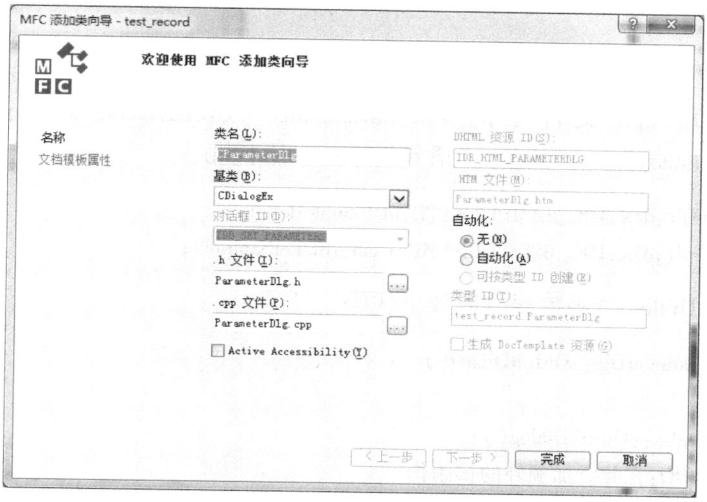

图 B-3-7　MFC 添加类向导窗体

(11) 修改 ParameterDlg.h 和 ParameterDlg.cpp 两个文件。在 ParameterDlg.h 里最后一个 public 之后，输入如下代码：

```
CComboBox   m_SampleRate;
CComboBox m_BitsPerSample;
int in_SampleRate;
int in_BitsPerSample;
```

图 B-3-8　“类向导”对话框

在 ParameterDlg. cpp 文件中的 DoDataExchange(CDataExchange * pDX)函数里的“CDialogEx::DoDataExchange(pDX);”语句后添加如下代码：

```
DDX_Control(pDX,IDC_SAMPLERATE,m_SampleRate);
DDX_Control(pDX,IDC_BITSPERSAMPLE,m_BitsPerSample);
```

然后将 OnInitDialog()函数修改成如下代码：

```
BOOL CParameterDlg::OnInitDialog()
{
    CDialogEx::OnInitDialog();
    // TODO:在此添加额外的初始化
    m_SampleRate. AddString(TEXT("8.0 kHz"));
    m_SampleRate. AddString(TEXT("11.025 kHz"));
    m_SampleRate. AddString(TEXT("22.05 kHz"));
    m_SampleRate. AddString(TEXT("44.1 kHz"));
    m_BitsPerSample. AddString(TEXT("16 bits"));
    m_BitsPerSample. AddString(TEXT("8 bits"));
    //设置默认值
    int nIndex = m_SampleRate. FindStringExact(0,TEXT("8.0 kHz"));
    m_SampleRate. SetCurSel(nIndex);
```

```
    nIndex = m_BitsPerSample.FindStringExac(0,TEXT("16 bits"));
    m_BitsPerSample.SetCurSel(nIndex);
    return TRUE;// return TRUE unless you set the focus to a control
}
```

将 OnBnClickedOk()函数修改成如下代码：

```
void CParameterDlg::OnBnClickedOk()
{
    // TODO:在此添加控件通知处理程序代码
    int k = m_SampleRate.GetCurSel();
    switch (k)
    {
    case 0:
        in_SampleRate = 11025;
        break;
    case 1:
        in_SampleRate = 22050;
        break;
    case 2:
        in_SampleRate = 44100;
        break;
    case 3:
        in_SampleRate = 8000;
        break;
    default:
        break;
    }
    if (0 == m_BitsPerSample.GetCurSel())
        in_BitsPerSample = 16;
    else
        in_BitsPerSample = 8;
    CDialogEx::OnOK();
}
```

（12） 打开 test_recordDlg.cpp，在头部输入“#include " ParameterDlg.h"”，将参数设置对话框头文件包含进去，然后再将 OnSet()函数修改成如下代码：

```
void Ctest_recordDlg::OnSet()
{
    //TODO:在此添加命令处理程序代码
    CParameterDlg dlg;
    //initialize dialog data
    if (dlg.DoModal() == IDOK)
    {
```

```
            //retrieve the dialog data
            SampleRate = dlg. in_SampleRate;
            BitsPerSample = dlg. in_BitsPerSample;
        }
    }
```

（13）再打开录放音测试对话框，删除生成的资源模板中自动添加的一个标题为“TO-DO：Place dialog controls here.”的静态文本框。添加两个“button”控件，将两个控件的caption分别改为“录音”和“放音”，ID分别改为“IDC_RECORD”和“IDC_DISPLAY”。然后分别双击两个控件，添加消息响应函数。

（14）在资源视图的Dialog项中再添加一个Dialog对话框，将caption修改为“录音控制”，ID改为“IDD_RECORD_CONTROL”添加两个“button”控件，将两个控件的caption分别改为“开始”和“结束”，ID分别改为“IDC_RECORD_START”和“IDC_RECORD_END”。双击对话框，出现生成类向导对话框，输入类名为“RecordControlDlg;”，单击“完成”按钮。然后分别双击两个控件和“确定”按钮、“取消”按钮，添加消息响应函数。打开test_recordDlg. cpp，在头部输入“#include " RecordControlDlg. h"”。

（15）在解决方案资源管理器的头文件上单击鼠标右键，选择“添加”→“新建项”，如图B-3-9所示。选择头文件（.h），命名为Wave. h，单击“添加”按钮。

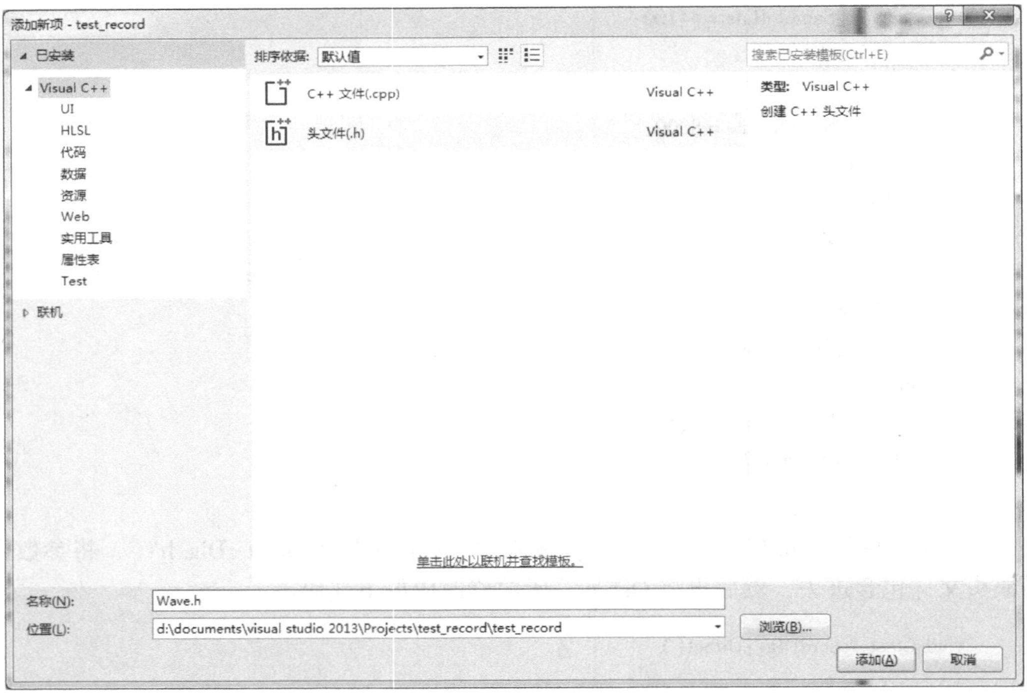

图B-3-9 “添加新项”窗体

编辑Wave. h头文件为如下代码：

```
#pragma once
```

```
#include "afx.h"
#include <vector>
const double max_16_bits = 32768;
const double max_8_bits = 128;                //因为归一化到 -1 到 1
struct Wave
{
    //RIFF 头
    CHAR szRiffID[4];
    DWORD dwRiffSize;
    CHAR szRiffFormat[4];
    //fmt chunk
    CHAR szFmtID[4];
    DWORD dwFmtSize;
    WORD wFormatTag;                          //编码格式
    WORD wChannels;                           //声道数
    DWORD dwSamplesPerSec;                    //采样频率
    DWORD dwAvgBytesPerSec;                   //每秒的数据量
    WORD wBlockAlign;                         //块对齐
    WORD wBitsPerSample;                      //采样精度
    //fact chunk
    /* CHAR szFactID[4];
    DWORD dwFactSize; */
    //data chunk
    CHAR szDataID[4];
    DWORD dwDataSize;
};
class CWave :public CObject
{
public: //仅从序列化创建
    CWave();
    DECLARE_SERIAL(CWave)
    CWave(const CWave &wave);
    CWave & operator = (const CWave &wave);
    //特性
public:
    Wave m_wave;
    std::vector<double> m_dataArray;
    //实现
public:
    virtual ~CWave();
    //生成的消息映射函数
protected:
    //数值归一化
```

```
        void Normalization();
        void invNormalization();
    public:
        void SetWave();
        //设置.wav 文件的默认形式
        template <typename DataType>                    //模板声明,其中 T 为类型参数
        void Binary2Int(DataType &result,BYTE *ch,int M);  //M 个 byte 转换为 result
        //将 M 个 8bits 的数据转换为 DataType 型数据
        void read(CFile &file);
        //从文件中读入内容到内存
        void write(CFile &file);
    };
    bool equal_char(char *a,char *b,int nLen);
```

（16）然后在源文件中添加 Wave. cpp，编辑 Wave. cpp 文件代码如下：

```
#include "stdafx.h"
#include "Wave.h"
#include <cmath>
#include <algorithm>

IMPLEMENT_SERIAL(CWave,CObject,1)
CWave::CWave()
{
    //构造函数
    SetWave();
}
//拷贝构造函数
CWave::CWave(const CWave &wave)
{
    for (int i=0;i<4;i++)
    {
        m_wave.szRiffID[i] = wave.m_wave.szRiffID[i];
        m_wave.szRiffFormat[i] = wave.m_wave.szRiffFormat[i];
        m_wave.szFmtID[i] = wave.m_wave.szFmtID[i];
        m_wave.szDataID[i] = wave.m_wave.szDataID[i];
    }
    m_wave.dwRiffSize = wave.m_wave.dwRiffSize;
    m_wave.dwFmtSize = wave.m_wave.dwFmtSize;
    m_wave.wFormatTag = wave.m_wave.wFormatTag;// WAVE_FORMAT_PCM;//音频格式.wav
    m_wave.wChannels = wave.m_wave.wChannels;
    m_wave.dwSamplesPerSec = wave.m_wave.dwSamplesPerSec;
    m_wave.dwAvgBytesPerSec = wave.m_wave.dwAvgBytesPerSec;
    m_wave.wBlockAlign = wave.m_wave.wBlockAlign;
```

```
        m_wave. wBitsPerSample = wave. m_wave. wBitsPerSample;
        //fact chunk
        /* CHAR szFactID[4];
        DWORD dwFactSize; */
        //data chunk
        m_wave. dwDataSize = wave. m_wave. dwDataSize;
        m_dataArray. resize(m_wave. dwDataSize / (m_wave. wBitsPerSample / 8));
        for (int i =0;i < int(m_wave. dwDataSize /
                (m_wave. wBitsPerSample / 8));i ++)
        {
                m_dataArray[i] = wave. m_dataArray[i];
                //实际数据存放区 为指正, 数量为dwDataSize
        }
}
CWave & CWave::operator = (const CWave &wave)
{
    if (this == &wave)//避免自我赋值,释放内存将错误
            return *this;
    for (int i =0;i <4;i ++)
    {
            m_wave. szRiffID[i] = wave. m_wave. szRiffID[i];
            m_wave. szRiffFormat[i] = wave. m_wave. szRiffFormat[i];
            m_wave. szFmtID[i] = wave. m_wave. szFmtID[i];
            m_wave. szDataID[i] = wave. m_wave. szDataID[i];
    }
    m_wave. dwRiffSize = wave. m_wave. dwRiffSize;
    m_wave. dwFmtSize = wave. m_wave. dwFmtSize;
    m_wave. wFormatTag = wave. m_wave. wFormatTag;// WAVE_FORMAT_PCM;//音频格式 . wav
    m_wave. wChannels = wave. m_wave. wChannels;
    m_wave. dwSamplesPerSec = wave. m_wave. dwSamplesPerSec;
    m_wave. dwAvgBytesPerSec = wave. m_wave. dwAvgBytesPerSec;
    m_wave. wBlockAlign = wave. m_wave. wBlockAlign;
    m_wave. wBitsPerSample = wave. m_wave. wBitsPerSample;
    //data chunk
    m_wave. dwDataSize = wave. m_wave. dwDataSize;
    m_dataArray. resize(m_wave. dwDataSize / (m_wave. wBitsPerSample / 8));
    for (int i =0;i < int(m_wave. dwDataSize /
            (m_wave. wBitsPerSample / 8));i ++)
    {
            m_dataArray[i] = wave. m_dataArray[i];
            //实际数据存放区为指正, 数量为dwDataSize
    }
    return *this;
```

```
}

CWave::~CWave()
{
    return;
}
void CWave::read(CFile &file)
{
    BYTE buf_byte[4];
    BYTE buf_byte2[2];
    file.SeekToBegin();
    file.Read(m_wave.szRiffID,4 * sizeof(CHAR));
    file.Read(buf_byte,4 * sizeof(CHAR));
    Binary2Int(m_wave.dwRiffSize,buf_byte,4);
    file.Read(m_wave.szRiffFormat,4 * sizeof(CHAR));
    file.Read(m_wave.szFmtID,4 * sizeof(CHAR));
    file.Read(buf_byte,4 * sizeof(CHAR));
    Binary2Int(m_wave.dwFmtSize,buf_byte,4);
    file.Read(buf_byte2,2 * sizeof(CHAR));
    Binary2Int(m_wave.wFormatTag,buf_byte2,2);
    file.Read(buf_byte2,2 * sizeof(CHAR));
    Binary2Int(m_wave.wChannels,buf_byte2,2);
    file.Read(buf_byte,4 * sizeof(CHAR));
    Binary2Int(m_wave.dwSamplesPerSec,buf_byte,4);
    file.Read(buf_byte,4 * sizeof(CHAR));
    Binary2Int(m_wave.dwAvgBytesPerSec,buf_byte,4);
    file.Read(buf_byte2,2 * sizeof(CHAR));
    Binary2Int(m_wave.wBlockAlign,buf_byte2,2);
    file.Read(buf_byte2,2 * sizeof(CHAR));
    Binary2Int(m_wave.wBitsPerSample,buf_byte2,2);
    char szDataId[5];
    file.Read(szDataId,4 * sizeof(CHAR));
    szDataId[4] ='\0';
    char temp[5] = "data";
    while (strcmp(szDataId,temp)! =0)
    {
            file.Seek( -2,CFile::current);
            file.Read(szDataId,4 * sizeof(CHAR));
    }
    file.Read(buf_byte,4 * sizeof(CHAR));
    Binary2Int(m_wave.dwDataSize,buf_byte,4);
    //数据区写
    int ndata = m_wave.dwDataSize / (m_wave.wBitsPerSample / 8);
```

```
        m_dataArray.resize(ndata);
        BYTE temp_byte;
        SHORT temp_short;
        for (int i =0;i < ndata;i ++ )
        {
            if (m_wave.wBitsPerSample == 16)
            {

                    file.Read(&temp_short,sizeof(SHORT));
                    m_dataArray[i] = temp_short;
            }
            else
            {

                    file.Read(&temp_byte,sizeof(BYTE));
                    m_dataArray[i] = temp_byte;
            }
        }
        Normalization();//归一化为 -1 ~ 1
}

bool equal_char(char *a,char *b,int nLen)
{
    for (int i =0;i < nLen; ++i)
    {
            if (a[i]! =b[i])
                    return false;
    }
    return true;
}

void CWave::SetWave()
{
    m_wave.szRiffID[0] ='R';m_wave.szRiffID[1] ='I';
    m_wave.szRiffID[2] ='F';m_wave.szRiffID[3] ='F';
    //dwRiffSize;
    m_wave.szRiffFormat[0] ='W';m_wave.szRiffFormat[1] ='A';
    m_wave.szRiffFormat[2] ='V';m_wave.szRiffFormat[3] ='E';
    //fmt chunk
    m_wave.szFmtID[0] ='f';m_wave.szFmtID[1] ='m';
    m_wave.szFmtID[2] ='t';m_wave.szFmtID[3] ='';
    //dwFmtSize;
    m_wave.wFormatTag = 1;// WAVE_FORMAT_PCM;//音频格式 .wav
```

```
    m_wave. wChannels = 1;//默认为单通道
    //data chunk
    m_wave. szDataID[0] ='d';m_wave. szDataID[1] ='a';
    m_wave. szDataID[2] ='t';m_wave. szDataID[3] ='a';
    //DWORD dwDataSize;
    m_dataArray. resize(0);
}
template < typename DataType >    //模板声明,其中 T 为类型参数
void CWave::Binary2Int(DataType &result,BYTE  * ch,int M)
{
     result =0;
     DataType temp =0;
     for (int i =0;i < M;i ++ )
     {
         temp = DataType (ch[i]);
         result  + = DataType(temp * exp2(8  *  i));
     }
}
//写入文件
void CWave::write(CFile &file)
{
    file. SeekToBegin();
    file. Write(&m_wave,sizeof(Wave));//头文件写入
    int nData = m_wave. dwDataSize / (m_wave. wBitsPerSample / 8);
    BYTE temp_byte;
    SHORT temp_short;
    invNormalization();//逆归一化为范围值
    if (m_wave. wBitsPerSample == 16)
    {
            for (int i =0;i < nData;i ++ )
            {
                    temp_short = SHORT(m_dataArray[i]);
                    file. Write(&temp_short,sizeof(SHORT));
            }

}
else
{
            for (int i =0;i < nData;i ++ )
            {
                    temp_byte = BYTE(m_dataArray[i]);
                    file. Write(&temp_byte,sizeof(BYTE));
            }
```

```
            //file. Write( &ByteArray,m_wave. dwDataSize) ;
        }
    }
//数值归一化
void CWave::Normalization( )
{
    int ndata = m_wave. dwDataSize / (m_wave. wBitsPerSample / 8) ;
    if (m_wave. wBitsPerSample == 16)
    {
        for (int i =0;i < ndata;i ++ )
        {
            m_dataArray[i] = m_dataArray[i] / max_16_bits;
        }
    }
    else
    {
        for (int i =0;i < ndata;i ++ )
        {
            m_dataArray[i] = (m_dataArray[i] - max_8_bits) / max_8_bits;
        }
    }

}
//数值逆归一化
void CWave::invNormalization( )
{
    int ndata = m_wave. dwDataSize / (m_wave. wBitsPerSample / 8) ;
    if (m_wave. wBitsPerSample == 16)
    {
        for (int i =0;i < ndata;i ++ )
        {
            m_dataArray[i] = m_dataArray[i] * max_16_bits;
        }
    }
    else
    {
        for (int i =0;i < ndata;i ++ )
        {
            m_dataArray[i] = m_dataArray[i] * max_8_bits + max_8_bits;
        }
    }
}
```

（17）打开 RecordControlDlg.h 文件进行修改，代码如下：

```
#pragma once
#include <mmsystem.h>
#pragma comment(lib,"winmm.lib")
#include <vector>
#include "afxwin.h"
using namespace std;
// RecordControlDlg 对话框
class RecordControlDlg : public CDialogEx
{
    DECLARE_DYNAMIC(RecordControlDlg)
public:
    RecordControlDlg(CWnd * pParent = NULL);//标准构造函数
    virtual ~RecordControlDlg();
//对话框数据
    enum { IDD = IDD_RECORD_CONTROL };
    HWAVEIN m_hWaveIn;
    WAVEFORMATEX m_WaveFormatEx;//格式头
    PBYTE m_pBuffer1;
    PBYTE m_pBuffer2;
    PWAVEHDR m_pWaveHdr1;
    PWAVEHDR m_pWaveHdr2;
    BOOL m_IsRecording;
    DWORD m_dwDataLength;//数据实际长度
    CFile m_File;//若录音完毕再存储,则在 doc 中用
    //vector<BYTE> m_SaveBuffer;
    PBYTE m_SaveBuffer;
protected:
    virtual void DoDataExchange(CDataExchange * pDX);// DDX/DDV 支持
    DECLARE_MESSAGE_MAP()
public:
    afx_msg void OnBnClickedRecordStart();
    afx_msg void OnBnClickedRecordEnd();
    afx_msg void OnBnClickedOk();
    afx_msg void OnBnClickedCancel();
        int fmt_SampleRate;
    int fmt_BitsPerSample;
    void SetWaveFormatEX(int SampleRate,int BitsPerSample);
    static void CALLBACK WaveInProc(HWAVEIN hWi,UINT uMsg,
            DWORD dwInstance,DWORD dwParam1,DWORD dwParam2);
    void OnWIM_OPEN(WPARAM wParam,LPARAM lParam);
    void OnWIM_DATA(WPARAM wParam,LPARAM lParam);
```

```
    void OnWIM_CLOSE(WPARAM wParam,LPARAM lParam);
    void WriteWaveFileHeader(const PWAVEFORMATEX pWFX,DWORD dwBufferSize);
};
```

（18）打开 RecordControlDlg. cpp 文件进行修改，在头文件中加入"Wave. h"和自定义"#define INP_BUFFER_SIZE 512"。添加自定义函数 void SetWaveFormatEX（int SampleRate, int BitsPerSample），代码如下：

```
void RecordControlDlg::SetWaveFormatEX(int SampleRate,int BitsPerSample)
{
    m_WaveFormatEx. wFormatTag = WAVE_FORMAT_PCM;//波形格式,设为 PCM
    m_WaveFormatEx. cbSize = 0;//When the wFormatTag is PCM,the parameter is abort.
    m_WaveFormatEx. nChannels = 1;//默认为单声道
    m_WaveFormatEx. nSamplesPerSec = SampleRate;
    m_WaveFormatEx. wBitsPerSample = BitsPerSample;
    m_WaveFormatEx. nBlockAlign = m_WaveFormatEx. nChannels * m_WaveFormatEx. wBitsPerSample
/ 8;
    m_WaveFormatEx. nAvgBytesPerSec = m_WaveFormatEx. nBlockAlign * m_WaveFormatEx.
    nSamplesPerSec;
}
```

（19）给消息响应函数 void RecordControlDlg:: OnBnClickedRecordStart()添加代码，代码如下：

```
void RecordControlDlg::OnBnClickedRecordStart()
{
    // TODO:在此添加控件通知处理程序代码
    SetWaveFormatEX(fmt_SampleRate,fmt_BitsPerSample);
    if (waveInOpen(&m_hWaveIn,WAVE_MAPPER,&m_WaveFormatEx,
    DWORD(WaveInProc),DWORD(this),CALLBACK_FUNCTION)! = MMSYSERR_NOERROR)
    {
            AfxMessageBox(_T("error"));
    }
    m_pBuffer1 = new BYTE[INP_BUFFER_SIZE];//(PBYTE)malloc(INP_BUFFER_SIZE);
    m_pBuffer2 = new BYTE[INP_BUFFER_SIZE];//(PBYTE)malloc(INP_BUFFER_SIZE);
    if (m_pBuffer1 == NULL || m_pBuffer2 == NULL)
    {
            AfxMessageBox(_T("error"));
    }
    //allocate memory for wave header
    m_pWaveHdr1 = new WAVEHDR;//reinterpret_cast<PWAVEHDR>(malloc(sizeof(WAVEHDR)));
    m_pWaveHdr2 = new WAVEHDR;//reinterpret_cast<PWAVEHDR>(malloc(sizeof(WAVEHDR)));
    if (m_pWaveHdr1 == NULL || m_pWaveHdr2 == NULL)
    {
            AfxMessageBox(_T("error"));
```

```
    }
    //准备数据块内容
    m_pWaveHdrA - 3 - > lpData = (LPSTR)m_pBuffer1;
    m_pWaveHdrA - 3 - > dwBufferLength = INP_BUFFER_SIZE;
    m_pWaveHdrA - 3 - > dwBytesRecorded = 0;
    m_pWaveHdrA - 3 - > dwUser = 0;
    m_pWaveHdrA - 3 - > dwFlags = 0;
    m_pWaveHdrA - 3 - > dwLoops = 1;
    m_pWaveHdrA - 3 - > lpNext = NULL;
    m_pWaveHdrA - 3 - > reserved = 0;
    waveInPrepareHeader(m_hWaveIn,m_pWaveHdr1,sizeof(WAVEHDR));
    m_pWaveHdr2 - > lpData = (LPSTR)m_pBuffer2;
    m_pWaveHdr2 - > dwBufferLength = INP_BUFFER_SIZE;
    m_pWaveHdr2 - > dwBytesRecorded = 0;
    m_pWaveHdr2 - > dwUser = 0;
    m_pWaveHdr2 - > dwFlags = 0;
    m_pWaveHdr2 - > dwLoops = 1;
    m_pWaveHdr2 - > lpNext = NULL;
    m_pWaveHdr2 - > reserved = 0;
    waveInPrepareHeader(m_hWaveIn,m_pWaveHdr2,sizeof(WAVEHDR));
    //addbuffer
    waveInAddBuffer(m_hWaveIn,m_pWaveHdr1,sizeof (WAVEHDR));
    waveInAddBuffer(m_hWaveIn,m_pWaveHdr2,sizeof (WAVEHDR));
    //Begin recording
    waveInStart(m_hWaveIn);
}
```

（20）添加自定义函数 WaveInProc、OnWIM_OPEN、OnWIM_DATA、OnWIM_CLOSE 和 WriteWaveFileHeader，代码如下：

```
void CALLBACK RecordControlDlg::WaveInProc(HWAVEIN hWi,UINT uMsg,DWORD dwInstance,
DWORD dwParam1,DWORD dwParam2)
{
    RecordControlDlg * pObject = (RecordControlDlg * )dwInstance;
    switch (uMsg)
    {
    case WIM_CLOSE:
            pObject - > OnWIM_CLOSE(dwParam1,dwParam2);
            break;
    case WIM_DATA:
            pObject - > OnWIM_DATA(dwParam1,dwParam2);
            break;
    case WIM_OPEN:
            pObject - > OnWIM_OPEN(dwParam1,dwParam2);
```

```
            break;
        }
}

void RecordControlDlg::OnWIM_OPEN(WPARAM wParam,LPARAM lParam)
{
    m_IsRecording = TRUE;
    m_dwDataLength = 0;
    m_SaveBuffer = new BYTE[INP_BUFFER_SIZE * 800];
}

void RecordControlDlg::OnWIM_DATA(WPARAM wParam,LPARAM lParam)
{
    //1. 保存数据
    //2. 提供数据块
    DWORD dwBytesRecorded = ((PWAVEHDR)wParam) - >dwBytesRecorded;//比特数
    PBYTE pSaveBuffer;//数据
    pSaveBuffer = new BYTE[dwBytesRecorded];
    if (pSaveBuffer == NULL)//没申请到缓存
    {
            waveInClose(m_hWaveIn);
            return;
    }
    //Copy the data to the save buffer.
    CopyMemory(pSaveBuffer,((PWAVEHDR)wParam) - >lpData,dwBytesRecorded);
    //小文件处理,小语音
    for (DWORD i = 0;i < dwBytesRecorded;i ++ )
    {
            m_SaveBuffer[m_dwDataLength + i] = *(pSaveBuffer + i);
    }
    m_dwDataLength + = dwBytesRecorded;
    delete[ ]pSaveBuffer;
    //If m_bRecording is FALSE,it may call the function waveInReset(). So don't add buffer.
    if (m_IsRecording == TRUE)
    {
            // Send out a new buffer. The new buffer is the original full buffer,used again.
            waveInAddBuffer(m_hWaveIn,(PWAVEHDR)wParam,sizeof (WAVEHDR));
    }
}

void RecordControlDlg::OnWIM_CLOSE(WPARAM wParam,LPARAM lParam)
{
    ///m_IsRecording = FALSE;
```

```
        waveInUnprepareHeader(m_hWaveIn,m_pWaveHdr1,sizeof(WAVEHDR));
        waveInUnprepareHeader(m_hWaveIn,m_pWaveHdr2,sizeof(WAVEHDR));
    }

    void RecordControlDlg::WriteWaveFileHeader(const PWAVEFORMATEX pWFX,DWORD dwBufferSize)
    {
        Wave wave;
        wave.szRiffID[0] ='R';wave.szRiffID[1] ='I';
        wave.szRiffID[2] ='F';wave.szRiffID[3] ='F';
        wave.dwRiffSize = m_dwDataLength + 44 - 8;
        wave.szRiffFormat[0] ='W';wave.szRiffFormat[1] ='A';
        wave.szRiffFormat[2] ='V';wave.szRiffFormat[3] ='E';
        //fmt chunk
        wave.szFmtID[0] ='f';wave.szFmtID[1] ='m';
        wave.szFmtID[2] ='t';wave.szFmtID[3] ='';
        wave.dwFmtSize = 16;
        wave.wFormatTag = pWFX->wFormatTag;// WAVE_FORMAT_PCM;//音频格式 . wav
        wave.wChannels = pWFX->nChannels;
        wave.dwSamplesPerSec = pWFX->nSamplesPerSec;
        wave.dwAvgBytesPerSec = pWFX->nAvgBytesPerSec;
        wave.wBlockAlign = pWFX->nBlockAlign;
        wave.wBitsPerSample = pWFX->wBitsPerSample;
        //data chunk
        wave.szDataID[0] ='d';wave.szDataID[1] ='a';
        wave.szDataID[2] ='t';wave.szDataID[3] ='a';
        wave.dwDataSize = dwBufferSize;
        m_File.Seek(0,CFile::begin);//写文件头
        m_File.Write(&wave,sizeof(Wave));
    }
```

（21）给消息响应函数 void RecordControlDlg::OnBnClickedRecordEnd()添加代码，代码如下：

```
    void RecordControlDlg::OnBnClickedRecordEnd()
    {
        // TODO:在此添加控件通知处理程序代码
        m_IsRecording = FALSE;
        waveInReset(m_hWaveIn);//阻塞函数 返回所有数据块
        Sleep(500);
        waveInClose(m_hWaveIn);
    }
```

（22）给消息响应函数 void Ctest_recordDlg::OnBnClickedRecord()添加代码，代码如下：

```
    void Ctest_recordDlg::OnBnClickedRecord()
```

```
{
    // TODO:在此添加控件通知处理程序代码
    RecordControlDlg dlg;
    dlg.fmt_SampleRate = SampleRate;
    dlg.fmt_BitsPerSample = BitsPerSample;
    if (dlg.DoModal() == IDOK)
    {
            CFileDialog dlgFile(FALSE,_T("(*.wav)|*.wav"),_T("Record"),OFN_HIDEREADONLY |OFN_OVERWRITEPROMPT,_T("波形语音 (*.wav)|*.wav|GIF Files (*.gif)|*.gif|All Files (*.*)|*.*||"),
                    AfxGetMainWnd());
            if (dlgFile.DoModal() == IDOK)
            {
                    CString csPathName = dlgFile.GetPathName();
                    CFileException fe;
                    //TCHAR * pszFileName = _T("Open_File.wav");
            if(! dlg.m_File.Open(csPathName,CFile::modeCreate|CFile::modeReadWrite,&fe))
                    {
                            TRACE(_T("File could not be opened %d\n"),fe.m_cause);
                    }
                    //写语音头
                    if (0! = dlg.m_dwDataLength)
                    dlg.WriteWaveFileHeader(&dlg.m_WaveFormatEx,dlg.m_dwDataLength);
                    //写内容
                    dlg.m_File.Write(dlg.m_SaveBuffer,dlg.m_dwDataLength);
                    dlg.m_File.Flush();
                    dlg.m_File.Close();//实时处理时使用
                    delete[]dlg.m_SaveBuffer;
            }
    }
}
```

(23) 打开 Ctest_recordDlg.h，添加变量 Cstring m_csPathName；然后再打开 Ctest_recordDlg.cpp，编辑 void Ctest_recordDlg::OnBnClickedDisplay()函数，代码如下：

```
void Ctest_recordDlg::OnBnClickedDisplay()
{
    // TODO:在此添加控件通知处理程序代码
    CFileDialog dlgFile(TRUE,_T("(*.wav)|*.wav"),_T("Record"),OFN_HIDEREADONLY |
OFN_OVERWRITEPROMPT,
    _T("波形语音 (*.wav)|*.wav|GIF Files (*.gif)|*.gif|All Files (*.*)|*.*||"),
AfxGetMainWnd());
    if (dlgFile.DoModal() == IDOK)
    {
```

```
            m_csPathName = dlgFile.GetPathName();
            CFile file;
            CFileException fe;
            if (! file.Open(m_csPathName,CFile::modeRead | CFile::typeBinary,&fe))
            {
                TRACE(_T("File could not be opened %d\n"),fe.m_cause);
            }
            sndPlaySound(m_csPathName,SND_ASYNC);
            file.Close();
        }
    }
```

（24）按〈Ctrl + F5〉键，生成 MFC 程序，如图 B-3-10 所示。

（25）单击菜单栏上设置按钮，出现如图 B-3-11 所示参数配置对话框，进行参数调整。调整完成后单击“确定”按钮。

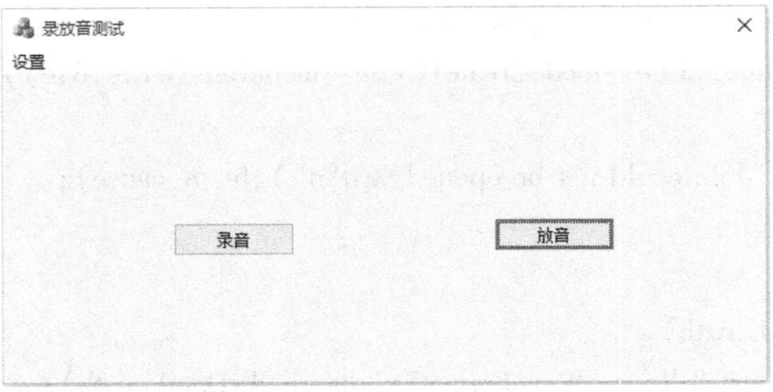

图 B-3-10　程序初始界面

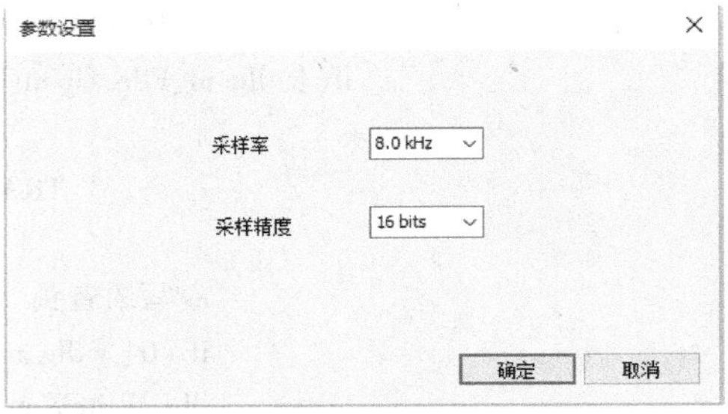

图 B-3-11　参数配置对话框

（26）单击“录音”按钮，出现如图 B-3-12 的录音窗体，单击“开始”按钮，开始录音，录音结束后单击“结束”按钮。再单击“确定”按钮，对录音文件进行保存。

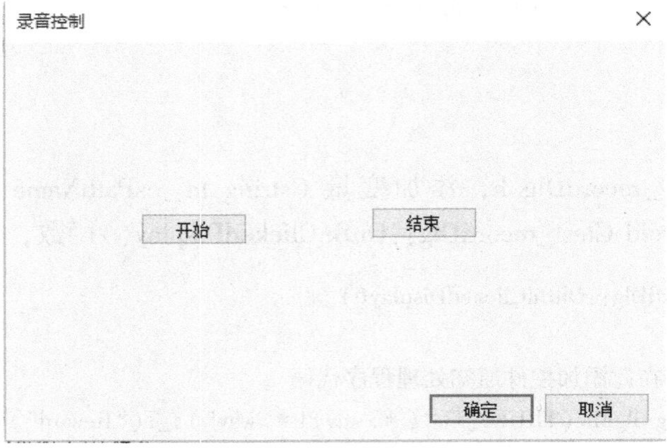

图 B-3-12　录音窗体

（27）单击图 B-3-10 中的放音按钮，弹出对话框，选中文件进行播放。

附录 C　书中涉及的 C++ 函数说明

函 数 名	功　能	所在章节
MakeERBFilters	生成 gammatone 滤波器系数	2
PronunciationSimulation	基于语音的离散模型生成基本音素	2
SoundIntensity	计算输入语音信号的声强	2
EqualLoudnessCurve	计算等响度曲线	2
window	获得指定的窗函数	3
DivFrame	对输入语音数据分帧	3
GetFrameEnergy	计算输入语音数据的短时能量	3
GetFrameAutoCorrlation	计算输入一帧语音数据的短时自相关	3
GetFramePeriodDogram	平均周期图法求功率谱密度	3
GetFrameCepstrum	计算一帧语音的倒谱	3
GetFrameMelCoefficient	计算一帧语音的美尔倒谱系数	3
MelBanks	计算美尔滤波器组系数	3
rota	Levinson - Durbin 法求预测系数	3
TransformFromLpcToLsp	将 LPC 参数转换为 LSP 参数	3
TransformFromLspToLpc	将 LSP 参数转换为 LPC 参数	3
EndPointsDetectionEnergyZeroCrossing	双门限法端点检测	4
DoubleThreshold	单参数双门限法	4
PitchDetectionAutoCorrlation	自相关法基音周期检测	4
PitchDetectionSift	简化逆滤波法基音周期检测	4
Medfilter	一维中值滤波	4
FormantEvaluateCepstrum	倒谱法共振峰检测	4
FormantEvaluateLpc	LPC 法共振峰检测	4
simplesubspec	基本谱减法降噪	5
WienerScalart96m	维纳滤波降噪	5
lms	LMS 自适应滤波降噪	5
lms_notch	基于 LMS 的自适应陷波滤波器降噪	5
lbg	矢量量化的 LBG 算法	6
DTW	动态时间规整算法	7
fisher_lda	使用 LDA 算法进行特征降维	8
CKnnEmotionRecognition	基于 KNN 算法对测试语音进行分类	8
OverlapAdd2	重叠相加法实现帧合成	9
SpeechSynthesisLinearCoefficientsAndError	通过线性系数和误差合成语音	9
SpeechSynthesisLinearCoefficientsAndPitch	通过线性系数和基音周期合成语音	9
SpeechSynthesisFormantAndPitch	基于共振峰和基音参数合成语音	9
SpeechSynthesisChangeSpeed	语音变速	9
SpeechSynthesisChangeTune	语音变调	9
GCC_Method	基于广义互相关法的声源定位	10
Spectrum_Method	基于空间谱估计的声源定位	10
LSB_Hide	基于 LSB 算法进行语音隐藏	11
LSB_Extract	基于 LSB 算法提取隐藏信息	11
Echo_Hide	基于回声法进行语音隐藏	11
Echo_Extract	基于回声法提取隐藏信息	11
pcm_encode	13 折线法 PCM 编码	12
pcm_decode	13 折线法 PCM 解码	12

参 考 文 献

[1] 宋知用. MATLAB 在语音信号分析与合成中的应用 [M]. 北京：北京航空航天大学出版社，2013.
[2] 赵力，梁瑞宇，魏昕，等. 语音信号处理 [M]. 3 版. 北京：机械工业出版社，2016.
[3] 梁瑞宇，赵力，魏昕. 语音信号处理实验教程 [M]. 北京：机械工业出版社，2016.
[4] 杨绿溪. 现代数字信号处理 [M]. 北京：科学出版社，2007.
[5] 陈永彬. 语音信号处理 [M]. 上海：上海交通大学出版社，1991.
[6] 姚天任. 数字语音处理 [M]. 武汉：华中理工大学出版社，1992.
[7] 奚吉. 语音信息隐藏关键技术的研究 [D]. 南京：东南大学，2013.
[8] 黄程韦. 实用语音情感识别若干关键技术研究 [D]. 南京：东南大学，2013.
[9] 李春晓. 基于语音识别的莫尔斯报文系统设计与实现 [D]. 哈尔滨：哈尔滨工程大学，2006.
[10] 鲁鹏. HELP 语音分析处理的研究 [D]. 沈阳：东北大学，2005.
[11] 刘维巍. 语音信号基音周期检测算法研究 [D]. 哈尔滨：哈尔滨工程大学，2010.
[12] 张宝峰. 基于 DSP 的语音识别算法研究与实现 [D]. 兰州：兰州理工大学，2011.
[13] 张玉新. 基于音频特性的西瓜成熟度无损检测技术研究 [D]. 保定：河北农业大学，2009.
[14] 张永皋. 基于 CHMM 的语音情感识别的研究 [D]. 南京：南京师范大学，2009.
[15] 许春民. 基于传声器阵列技术的车辆噪声源识别方法研究 [D]. 西安：长安大学，2011.
[16] 张豪杰. 基音与共振峰相结合的情感语音合成技术研究 [D]. 重庆：重庆邮电大学，2012.
[17] 吴力勤. 基于 ADPCM 语音压缩编码算法的研究与实现 [D]. 成都：四川大学，2006.
[18] 张兴辉. 强噪声环境下的语音检测研究 [D]. 长春：长春理工大学，2009.
[19] 李鉴峰. 阵列天线 DOA 估计算法的研究与改进 [D]. 大连：大连理工大学，2008.
[20] 王欣. 噪声环境下低速率语音编码的研究 [D]. 合肥：中国科学技术大学，2007.
[21] 彭吉龙. 车辆噪声源阵列识别技术研究 [D]. 西安：长安大学，2013.
[22] 吕军. 基于语音识别的汉语语音评价系统的研究与实现 [D]. 南京：东南大学，2007.
[23] 赵力，邹采荣. 汉语连续语音识别中语音处理和语言处理统合方法的研究 [J]. 声学学报，2001 (1)：73-78.
[24] 赵力，邹采荣，吴镇扬. 基于分段模糊聚类算法的 VQ-HMM 语音识别模型参数估计 [J]. 电路与系统学报，2002，7 (3)：66-69.
[25] 赵力，邹采荣，吴镇扬. 基于 3 维空间 Viterbi 算法的汉语连续语音识别方法的研究 [J]. 电子学报，2000，28 (7)：67-69.
[26] 赵力，邹采荣. 基于 3 维空间 Viterbi 算法的音素模型和声调模型识别概率统合方法的研究 [J]. 声学学报，2001 (3)：259-263.
[27] 赵力，邹采荣，吴镇扬. 基于模糊 VQ 和 HMM 的无教师说话人自适应 [J]. 电子学报，2002，30 (7)：967-969.
[28] 赵力，邹采荣. HMM 在说话人识别中的应用 [J]. 电路与系统学报，2001，6 (3)：51-57.
[29] 赵力，钱向民，邹采荣，等. 语音信号中的情感特征分析和识别的研究 [J]. 通信学报，2000，21 (10)：606-609.
[30] 赵力，钱向民，邹采荣，等. 语音信号中的情感识别的研究 [J]. 软件学报，2001，12 (7)：1050-1055.
[31] 林玮，杨莉莉，徐柏龄. 基于修正 MFCC 参数汉语耳语音的话者识别 [J]. 南京大学学报：自然科学版，2006，(1)：54-62.